全相位数字谱分析方法

黄翔东　王兆华　著

科学出版社
北京

内 容 简 介

本书系统地阐述新的信号检测方法——全相位数字谱分析方法，此方法解决了现有谱分析存在的谱泄漏突出和相位谱模糊的问题。本书将系统论述全相位谱分析理论的来源、原理、应用价值，涉及的内容包括全相位数据预处理、全相位 FFT 频谱分析、基于谱内插的全相位 FFT 频谱校正理论、基于相位差的全相位频谱校正理论、全相位密集谱校正理论、全相位 FFT 测相理论及其衍生测相方法、双相位 FFT 谱分析方法、全相位 DTFT 谱分析方法、基于全相位谱分析的欠采样互素谱感知、全相位谱分析的应用举例等内容。鉴于当前全相位谱分析理论已经被同行在图像分析、物联网感知、光学工程、电力谐波分析、旋转机械故障诊断、通信、仪器仪表、雷达、水声、语音处理、生物医学等工程领域展开了大量应用，故运用本书的新成果有望于进一步提升现有的各工程领域的性能。

本书全部研究成果都经过了严格的理论推导、算法设计、仿真实验等多层次的验证，另外，绝大多数的研究成果还配有 MATLAB 程序代码，非常适合为从事工科门类中涉及信息检测的科研工作的学者和工程师作参考。另外，就高等院校的读者而言，可作为研究生参考资料，也适合于高年级本科生阅读。

图书在版编目(CIP)数据

全相位数字谱分析方法/黄翔东，王兆华著. —北京：科学出版社，2016
ISBN 978-7-03-051090-7

Ⅰ. ①全… Ⅱ. ①黄… ②王… Ⅲ. ①数字信号处理 Ⅳ. ①TN911.72

中国版本图书馆 CIP 数据核字 (2016) 第 305345 号

责任编辑：鲁永芳 刘凤娟／责任校对：邹慧卿
责任印制：张 伟／封面设计：耕者设计工作室

科学出版社 出版
北京东黄城根北街 16 号
邮政编码：100717
http://www.sciencep.com

北京虎彩文化传播有限公司 印刷
科学出版社发行 各地新华书店经销

*

2017 年 1 月第 一 版　开本：720×1000 1/16
2020 年 1 月第四次印刷　印张：21 3/4
字数：421 000

定价：139.00 元(含光盘)
(如有印装质量问题，我社负责调换)

前　　言

近年来，随着以感知层为核心的物联网应用在通信、交通、电力、医疗、农业、安防、军用、海洋工程等各工程领域中的普遍展开，人类社会将逐渐进入以"信息物理融合"为基础的"第四次工业革命"时代。以物联网为技术牵引，衡量"工业4.0时代"是否成熟的一个重要标志就是"生产高度数字化"。在这个时代背景下，泛在分布的传感器采集到的数据必然呈现几何级数的增长，而传感器能否从海量数据中准确提取现场对象的内在信息（即实现"智能感知"），就成了一个非常关键的因素。这迫切需要在信号处理领域有一套较系统和完善的信号处理方法来实现该任务。

信号处理所做的其实就是两件事情：信号分解和信号重构。通俗地说，信号分解要解决的是"分析信号包含哪些成分"的问题；信号重构要解决的是"怎样提取出想要的信号成分"的问题。由此展开一系列具体应用，如信号分解衍生出了频谱分析、各种变换、压缩编码、稀疏表示、阵列参数估计等；与此对应，信号重构衍生出了数字滤波、各种反变换、信号解码、信号去噪、波束生成等。而从物联网应用来看，侧重的是"感知"目标对象的属性、特征以及环境状态，因而从信号处理角度来看，物联网应用更期望在信号分解理论上有所突破，特别是频谱分析理论。

从数字信号处理的观点来看，无论信号分解或重构，都是建立在离散数据处理上的。而任何数字信号处理算法只能在有限长数据中进行，这就实际上需要对信号作截断，而截断会使得信号处理（如数字滤波、谱分析、信号重构等）的性能下降，这是个普遍存在而不可忽视的问题，也是数字信号处理这门学科不容回避的问题。

本书提出用"全相位处理方法"去解决数据截断引起的信号处理性能下降的问题，其基本思路就是：考虑包含某样点的所有可能的数据截断情况并分别进行处理，再有机综合这些处理结果即得到最终的输出。在命名这种新处理方法时，曾考虑过用"重叠信号处理"或"全重叠信号处理"等词。侯正信教授提出的"全相位"这个词是非常恰当的，"全"是指整体，即综合考虑所有分段，"相位"是指局部，即某样点对应于输入和输出分段中所处的位置，因而"全相位"是个辩证统一的概念，既反映了以最大程度进行重叠处理的外在形式，又蕴含了其总体性能改善是源于对各子处理进行有机综合的内在实质。

若用全相位方法去处理因截断引起的谱分析性能下降问题，就衍生出了本书的全相位谱分析理论。截断问题的广泛存在性，注定赋予了全相位谱分析理论在工程中的广泛适用性。本书的全相位谱分析理论旨在解决谱分析领域的一系列难题，如相位估计、密集谱识别与估计、低频实信号的频率估计、欠采样下信号的频率估计、短样本频率估计等。

作者在 2009 年出版了专著《数字信号全相位谱分析与滤波技术》，该专著出版以来，学术界和工程界的同行们给予了较高的关注，并且专著所论述的学术方法在无线通信、仪器仪表设计、故障诊断、光学工程、雷达、水声、生物医学、生物信息学等各个工程领域中得到了广泛应用。有关全相位信号处理方法的理论及应用的论文如雨后春笋般出现 (迄今为止，期刊论文数目达到 600 余篇，学位论文 80 余篇)。这些来自同行们的大量反馈对于本书的形成和完善起到了非常积极的推动作用。

2009 年的专著更侧重于介绍全相位滤波，全相位谱分析仅少量内容。而近几年来，我们能感觉到，国内同行对谱分析领域的需求更加广泛，因而我们在全相位谱分析领域做了大量细化、深入和拓展性的新研究工作。本书把已被国内同行验证符合工程应用的全相位谱分析的新成果纳入其中，对大多数学术观点作了更有深度的重新阐述，因而本书相比于 2009 年的专著，内容丰富程度大幅度提高，覆盖面更广，这与国内同行们的支持是分不开的。另外，本书还弥补了 2009 年专著的一个缺陷，就是为几乎所有的学术内容配备了 MATLAB 程序代码 (文件名与相应的图、表编号一致)，这样更方便于读者加深对理论原理及应用的理解。期望通过以上改进，本书可以更有针对性、更深入地为同行研究提供支持。

本书获得国家自然科学基金面上项目 (批准号：61271322) 和国家自然科学基金重点项目 (批准号：61434004) 以及科技部 863 项目 (批准号：2015AA01A703) 资助。三十余年来，国家自然科学基金委员会对我们在全相位信号处理的研究方向给予了持续支持，反映了国家对基础研究的高度重视。我们也真诚期望能将基础性研究成果回馈给国家和人民。

本书还得到了中国工程院毛二可院士、刘尚合院士的推荐和 IEEE Fellow、"长江学者" 马建国教授的充分肯定以及科学出版社鲁永芳编辑的大力支持，天津大学青岛海洋工程研究院信息工程研究所提供了清静的写作环境，另外，研究生张博、黎鸣诗做了一些勘误工作，一并表示真诚感谢。

限于作者的水平，不妥之处在所难免，恳切希望读者给予批评指正。

黄翔东　王兆华
2016 年 9 月于天津大学

目　　录

第 1 章　绪论 ··· 1
　1.1　新信息时代对谱分析需求 ·· 1
　　　1.1.1　谱分析问题概括 ··· 1
　　　1.1.2　信号间断问题举例 ·· 2
　1.2　截断问题的各种解决方案 ·· 5
　1.3　全相位谱分析理论的发展历史概述 ··· 6
　　　1.3.1　重叠数字滤波阶段 ·· 7
　　　1.3.2　全相位谱分析的创立和完善 ··· 8
　　　1.3.3　全相位谱分析理论的应用与全面发展 ······························ 11
　1.4　本书的主要内容 ··· 18
　1.5　本书的主要特点 ··· 19
　参考文献 ··· 20

第 2 章　全相位数据预处理 ··· 29
　2.1　引言 ·· 29
　2.2　三种全相位数据预处理 ·· 30
　　　2.2.1　无窗全相位数据预处理 ·· 30
　　　2.2.2　单窗全相位数据预处理 ·· 31
　　　2.2.3　双窗全相位数据预处理 ·· 32
　　　2.2.4　全相位预处理的统一表示及其卷积窗性质 ························ 33
　2.3　确定信号的全相位数据预处理 ·· 36
　　　2.3.1　DFT 谱性能特征变化 ··· 36
　　　2.3.2　自相关特性的变化 ·· 40
　2.4　全相位数据预处理后的统计特性 ··· 43
　　　2.4.1　统计特性衡量指标及其仿真测试 ····································· 43
　　　2.4.2　统计特性变化的理论证明 ··· 46
　2.5　小结 ·· 48
　参考文献 ··· 49

第 3 章　全相位 FFT 频谱分析 ·· 51
　3.1　数字谱分析理论的发展历程 ·· 51

3.1.1 工程应用对谱分析的需求 ··· 51
 3.1.2 数字谱分析发展的四个阶段 ··· 52
 3.1.3 全相位 FFT 谱分析与工程应用需求 ··· 56
3.2 全相位 FFT 谱分析方法的衍生 ·· 56
 3.2.1 传统 DFT 谱分析的缺陷及其原因 ··· 56
 3.2.2 从传统 FFT 谱分析到全相位 FFT 的衍生 ·· 58
 3.2.3 简化的全相位 FFT 谱分析流程 ··· 61
3.3 传统 FFT 谱分析和全相位 FFT 谱分析的数学公式 ······································· 63
 3.3.1 单频复指数信号的传统 FFT 分析 ·· 63
 3.3.2 单频复指数信号的全相位 FFT 分析 ··· 64
 3.3.3 单频复指数信号的 FFT 和全相位 FFT 的矩阵形式分析 ·························· 65
 3.3.4 单频复指数信号的 FFT 谱与全相位 FFT 谱对照 ··································· 68
3.4 传统 FFT 与全相位 FFT 分析数据实测与矢量解释 ······································· 70
 3.4.1 数据实测分析 ·· 70
 3.4.2 矢量分析 ·· 72
3.5 全相位 FFT 谱分析的基本性质 ·· 73
 3.5.1 性质 1 ·· 73
 3.5.2 性质 2 ·· 74
 3.5.3 性质 3 ·· 77
 3.5.4 性质 4 ·· 79
 3.5.5 基本性质导出的噪声环境下全相位 FFT 与 FFT 的关系 ·························· 82
3.6 全相位 FFT 谱分析两时延谱自适应调节机理 ·· 84
 3.6.1 传统数据和全相位预处理后的数据的傅里叶变换表示 ····························· 84
 3.6.2 复指数信号的传统傅里叶谱及全相位傅里叶谱的内在机理 ······················· 86
 3.6.3 全相位 FFT 的两个子谱自适应调节机理 ··· 90
3.7 全相位 FFT 谱分析与平滑周期图谱分析的比较 ··· 93
 3.7.1 全相位 FFT 谱分析与平滑周期图谱分析的区别 ···································· 93
 3.7.2 仿真实验比较 ·· 94
3.8 小结 ··· 96
参考文献 ··· 97

第 4 章 基于谱内插的全相位 FFT 频谱校正理论 ·· 99
4.1 现有谱校正方法及其主要问题 ··· 99
 4.1.1 为什么要引入谱校正 ··· 99
 4.1.2 谱校正器的误差来源 ·· 100

4.1.3　现有的内插型的 FFT 频谱校正法 ·············· 101
　　　4.1.4　现有 FFT 谱校正方法的缺陷 ················· 106
　4.2　通用的内插型的全相位 FFT 谱校正器构造 ············ 108
　4.3　双谱线内插型全相位 FFT 谱校正法 ················ 109
　4.4　小结 ·································· 115
　参考文献 ··································· 115

第 5 章　基于相位差的全相位频谱校正理论 ············· 118
　5.1　内插型谱校正器与相位差型谱校正器的区别 ············ 118
　5.2　传统 FFT 相位差频谱校正法原理 ················· 119
　5.3　两种基于全相位 FFT 的相位差频谱校正法 ············· 121
　　　5.3.1　apFFT/FFT 相位差频谱校正法 ················ 121
　　　5.3.2　全相位时移相位差谱校正法 ·················· 124
　　　5.3.3　多频信号的频谱校正实验对比 ················· 127
　5.4　衍生于全相位 FFT 的前后向子分段相位差频率估计法 ······· 131
　　　5.4.1　单频估计器需考虑的问题 ··················· 131
　　　5.4.2　前后向子分段相位差法原理 ·················· 132
　　　5.4.3　频率估计性能定量分析 ···················· 134
　　　5.4.4　含噪单频信号测频仿真 ···················· 137
　5.5　两种基于全相位 FFT 的相位差校正法的精度改进措施 ······· 139
　　　5.5.1　提高精度的措施思考 ····················· 139
　　　5.5.2　高精度 apFFT/FFT 相位差频率估计器 ············· 140
　　　5.5.3　高精度全相位时移相位差频率估计器 ·············· 144
　5.6　三种高精度全相位频率估计器对比 ················· 149
　　　5.6.1　高精度前后向子分段相位差频率估计器 ············· 149
　　　5.6.2　单频情况下三种改进的频率估计器对比 ············· 149
　5.7　小结 ·································· 152
　参考文献 ··································· 153

第 6 章　全相位密集谱校正理论 ··················· 156
　6.1　密集谱校正问题 ··························· 156
　6.2　全相位 FFT 密集谱识别与校正 ··················· 157
　　　6.2.1　无噪情况的全相位幅值谱和相位谱识别 ············· 157
　　　6.2.2　基于全相位 FFT 的密集频率与相位的校正算法 ········· 161
　　　6.2.3　含噪情况下的密集谱与单频谱的识别 ·············· 164
　　　6.2.4　密集谱校正实验仿真 ····················· 166

6.3　低频实信号的密集谱校正 ··· 167
　　　　6.3.1　低频实信号谱校正难度 ·· 167
　　　　6.3.2　短区间正弦信号参数测量误差来源剖析 ···················· 169
　　　　6.3.3　基于解析全相位基波信息提取的短区间正弦波频率估计 ······ 170
　　　　6.3.4　卷积窗对测频影响分析 ·· 174
　　　　6.3.5　测频实验及其误差分析 ·· 175
　　6.4　小结 ·· 177
　　参考文献 ·· 178

第 7 章　全相位 FFT 测相理论及其衍生测相方法 ·································· 180
　　7.1　全相位 FFT 测相的衍生问题 ····································· 180
　　7.2　谐波参数估计模型的克拉默–拉奥下界 ··························· 181
　　　　7.2.1　实正弦信号模型的克拉默–拉奥下界 ·························· 181
　　　　7.2.2　复指数信号模型的克拉默–拉奥下界 ·························· 184
　　　　7.2.3　全相位 FFT 测相模型的克拉默–拉奥下界 ··················· 185
　　7.3　全相位 FFT 测相的理论方差 ····································· 190
　　　　7.3.1　纯信号的全相位 FFT 谱和噪声干扰分析 ···················· 190
　　　　7.3.2　高斯白噪声干扰下的全相位 FFT 相位谱性能 ············· 191
　　　　7.3.3　量化误差对全相位 FFT 相位测量的影响 ···················· 193
　　　　7.3.4　全相位测相 FFT 方差验证与克拉默–拉奥下界对照 ······ 194
　　7.4　衍生于全相位 FFT 的双子段相位估计法 ························ 197
　　　　7.4.1　从全相位 FFT 测相法到双子段测相法的衍生机理 ········ 198
　　　　7.4.2　双子段相位估计法原理 ·· 199
　　　　7.4.3　基于矢量合成的测相精度比较分析 ··························· 201
　　　　7.4.4　基于统计分析的测相精度分析 ··································· 202
　　　　7.4.5　双子段测相器方差与全相位 FFT 测相器方差及其克拉默–拉奥
　　　　　　　下界的比较 ··· 205
　　　　7.4.6　测相均方根误差的仿真实验验证 ································ 206
　　7.5　小结 ·· 209
　　参考文献 ·· 210

第 8 章　双相位 FFT 谱分析方法 ·· 212
　　8.1　引入双相位 FFT 的必要性 ·· 212
　　8.2　从全相位 FFT 到双相位 FFT 的衍生 ····························· 213
　　　　8.2.1　衍生过程 ·· 213
　　　　8.2.2　衍生举例 ·· 215

　　　　8.2.3　简化的双相位 FFT ·· 216
　8.3　双相位 FFT 的性质 ·· 217
　　　　8.3.1　相位谱性质 ·· 217
　　　　8.3.2　振幅谱性质 ·· 220
　　　　8.3.3　相位谱性质和振幅谱性质的矢量解释 ······························· 225
　8.4　双相位 FFT 的短样本谱分析性能 ·· 226
　8.5　基于双相位 FFT 的相位测量 ·· 229
　　　　8.5.1　双相位 FFT 相位测量的克拉默–拉奥下界 ························· 229
　　　　8.5.2　双相位 FFT 测相仿真实验 ··· 230
　8.6　小结 ·· 232
　参考文献 ·· 232

第 9 章　全相位 DTFT 谱分析方法 ·· 234
　9.1　引入全相位 DTFT 的必要性 ··· 234
　9.2　从全相位 FFT 到全相位 DTFT 的衍生 ····································· 235
　　　　9.2.1　衍生过程尝试 ·· 235
　　　　9.2.2　全相位 DTFT 谱的正确衍生过程 ·································· 237
　9.3　全相位 DTFT 谱分析性质 ·· 238
　　　　9.3.1　全相位 DTFT 蕴含子谱补偿机理 ·································· 238
　　　　9.3.2　全相位 DTFT 谱性质 ··· 241
　　　　9.3.3　基于全相位 DTFT 振幅谱峰搜索的低频正弦信号频率估计 ···· 244
　9.4　密集谱分布下的全相位 DTFT 谱分析 ······································· 246
　　　　9.4.1　存在密集谱情况下的全相位 DTFT 相位谱性质 ················· 246
　　　　9.4.2　基于 apDTFT 相位谱特征的密集谱识别 ························· 248
　　　　9.4.3　基于 apDTFT 相位谱特征的低频正弦波频率估计 ·············· 250
　　　　9.4.4　强干扰下的密集谱识别与校正 ···································· 255
　　　　9.4.5　噪声下的基于 apDTFT 相位谱的短区间正弦波频率估计 ····· 258
　9.5　小结 ·· 260
　参考文献 ·· 260

第 10 章　基于全相位谱分析的欠采样互素谱感知 ······························· 262
　10.1　欠采样互素谱感知问题 ··· 262
　10.2　互素谱欠采样谱感知理论 ·· 263
　　　　10.2.1　互素欠采样 ··· 263
　　　　10.2.2　互素谱分析流程 ·· 264
　　　　10.2.3　基于全相位滤波的互素谱分析 ·································· 266

10.3 基于相位差谱校正的高精度、高效互素谱频率估计器 ·············· 274
    10.3.1 高效互素谱估计器流程 ································· 274
    10.3.2 高效互素谱估计原理 ··································· 275
    10.3.3 频率估计仿真实验 ····································· 281
10.4 基于鲁棒中国余数定理的余弦实信号频率估计器 ················ 283
    10.4.1 测频方案及原理 ······································· 284
    10.4.2 仿真实验 ··· 289
10.5 小结 ·· 291
参考文献 ··· 292

第 11 章 全相位谱分析的应用举例 ······························ 294
11.1 介质损耗角测量 ·· 294
    11.1.1 问题描述 ··· 294
    11.1.2 传统正交滤波缺陷及其原因 ····························· 295
    11.1.3 基于全相位数据预处理的正交滤波 ······················· 297
    11.1.4 介质损耗角测量仿真实验及分析 ························· 299
11.2 电力系统谐波分析 ·· 301
    11.2.1 电力谐波特点及全相位方法的优势 ······················· 302
    11.2.2 仿真实验 ··· 303
11.3 激光波长测量 ·· 304
    11.3.1 激光波长测量方法及其模型 ····························· 304
    11.3.2 激光波长测量仿真及分析 ······························· 305
11.4 激光测距 ·· 307
    11.4.1 基本测距原理 ··· 307
    11.4.2 基于全相位 FFT 的单频测距方案 ························· 308
    11.4.3 基于全相位 FFT 的辅频测距方案 ························· 310
    11.4.4 激光测距仿真实验 ····································· 311
11.5 超分辨率时延估计 ·· 312
    11.5.1 问题描述 ··· 312
    11.5.2 数学模型 ··· 313
    11.5.3 全相位窄带滤波 ······································· 314
    11.5.4 基于全相位窄带滤波的时延估计算法 ····················· 315
    11.5.5 时延估计仿真实验及分析 ······························· 318
11.6 基于全相位 FFT 的脑机接口设计 ····························· 320
    11.6.1 基于稳态视觉诱发电位的脑机接口系统构成 ··············· 320

  11.6.2 SSVEP-BCI 实验平台介绍 ·· 322
  11.6.3 基于全相位 FFT 测相的 SSVEP-BCI 解码 ···························· 324
11.7 基于全相位 FFT 的旋转机械故障诊断 ·· 326
  11.7.1 旋转机械故障的谐波特征 ·· 326
  11.7.2 基于全相位 FFT 谱校正谐波提取的故障信号重构 ················ 327
11.8 小结 ··· 331
参考文献 ·· 331

第1章 绪　　论

1.1 新信息时代对谱分析需求

1.1.1 谱分析问题概括

随着以感知层为核心的物联网应用在通信、交通、电力、医疗、农业、安防、军用、海洋工程等各工程领域中的普遍展开，人类社会将逐渐进入以"信息物理融合"为基础的"第四次工业革命"时代。以物联网为技术牵引，衡量"工业 4.0 时代"是否成熟的一个重要标志就是"生产高度数字化"。在这个时代背景下，泛在分布的传感器采集到的数据必然呈现几何级数的增长，而传感器能否从海量数据中准确提取现场对象的内在信息 (即实现"智能感知")，就成了一个非常关键的因素。

而数字谱分析的任务就是"分析清楚信号包含哪些成分，并提取出各成分的特征"，换用物联网的语言来描述，其实就是要"实现对现场环境和对象的智能感知"；具体从物联网工程需求来看，应在耗费尽量少的观测样本前提下实现对现场环境和对象快速、准确、全面的感知。因而随着电子信息领域中以"物联网"为特征的新技术革命纵深发展，客观上期望在信号处理领域可以出现并完善一套兼顾"快""准""全""省"四个特征的谱分析方法。

自从 1965 年快速傅里叶变换 (fast Fourier transform, FFT) 算法出现后，数字信号处理就成为一门独立的学科，在此后的 50 余年中，各种快速、优良的数字信号处理算法层出不穷，基本已形成一套完整的理论体系。而除了算法的丰富外，各种数字信号处理器件 (如数字信号处理器、现场可编程门阵列 (field-programmable gate array, FPGA)、复杂可编程逻辑器件 (complex programmable logic device, CPLD) 等) 不断高速化、集成化也是促成这门学科发展的动力。可以说，从硬件资源来看，微电子行业已为未来"工业 4.0 时代"提供了较充分的支撑。

从理论层次来看，数字谱分析方法的研究，也经历了基于 FFT 的经典谱分析理论、参数建模谱分析理论、子空间分解的谱分析理论、稀疏样本谱分析理论的四代革新。遗憾的是，这四代谱分析方法不能兼备"快""准""全""省"这四个特征，只能在其中一方面或几方面有所侧重 (第 3 章将详细论述这个问题)。而为应对未来"工业 4.0 时代"将呈现的数字化程度越来越高的信息社会，需要从浩如烟海的大数据中快速、准群地提取信息，关键在于数字谱分析理论要在兼顾"快""准""全""省"这四个方面有所突破。

但在数字信号处理中,当涉及硬件实现时,都会遇到一个很普遍的问题:一般要处理的原始信号序列长度是非常长的,但受物理设备条件所限,每次(如一个时钟周期内)输入给数字信号处理相关硬件(如 DSP)的必定是有限长的数字序列,也就是说要对原有长序列进行一次截断(或称"间断")。显然,截断后的短序列相比于原有未截断的长序列的信号属性必然要发生变化。例如,截取高斯白噪声的一段,其截断后的序列的均值和方差等统计特性相对于原有白噪声序列肯定会有变化;再如截取低频正弦序列的一段,则截断后的短序列在时域表现为在序列两端的幅值出现大的跳变,在频域表现为信号频谱会出现泄漏。这种由于截断而引起的序列性能下降显然会导致后续硬件设备的数字信号处理性能的下降。

间断其实是自然界的普遍现象,如物体的边缘、图像的边界、声音的间断等。这些不同的截断方式都可通过"数字化"手段以离散序列的形式表现出来,显然其采样得到的离散序列也具有间断特性。然而,客观世界中关键的信息往往蕴含在其间断特征里。例如,地震波检测中,其振动信号的间断特征可以提供灾难程度的判断依据;旋转机械振动信号的瞬时间断特征常作为齿轮和轴承等关键部件是否出现故障的依据;从物联网传感器信号提取出的间断特征往往是现场突发事件的深度反映等。

因此,以解决截断问题作为突破口,是开辟并完善一套符合"快""准""全""省"四个特征的谱分析方法的有效途径。本书所系统论述的"全相位数字谱分析理论及方法"就应运而生了。

1.1.2 信号间断问题举例

下面列举四种数字信号处理中的间断问题。

1. FFT 频谱分析中有限信号边界的间断

若以 $f_s=32\text{Hz}$ 的采样频率对幅度为 1、频率为 f_0 的余弦波 $x(t)=\cos(2\pi f_0 t)$ 进行采样,则采样序列为 $x(n)=\cos(2\pi f_0/f_s n)$。若固定采样频率,连续取其中 $N=32$ 个样点作 FFT,下面讨论 f_0 取不同值时因信号边界的不同而导致的 FFT 谱差异情况。

图 1-1(a) 为 $f_0=1\text{Hz}$ 的情况,这时连续取的 32 个样点正好截断得到信号的一个周期,由于 FFT 所处理的是截断后周期延拓的信号,故延拓后仍是一个连续余弦波,则 FFT 后在频率 $k=1$ 处有一幅度为 1 的输出。

图 1-1(b) 为 $f_0=1.3\text{Hz}$ 的情况,这时连续取的 32 个样点不是一个整周期,从图中可看出截断后周期延拓的信号有跳变,则 FFT 后在频率 $k=1$ 处的输出幅度小于 1,而且在其他各频率点都有输出,即有泄漏。

图 1-1(c) 为 $f_0=1.5\text{Hz}$ 的情况,如图所示截断是一个半周期,从图中可看出截

断后周期延拓的信号有最大跳变,则 FFT 后在频率 $k=1$ 处的输出幅度更小于 1,而且在其他各频率点都有更大输出,泄漏更大。

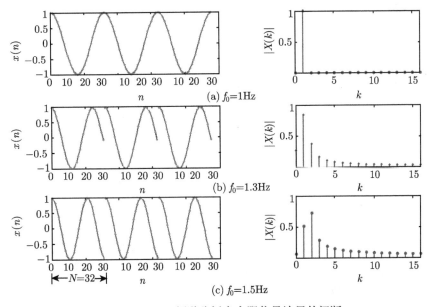

图 1-1 FFT 频谱分析中有限信号边界的间断

因此,图 1-1 表明,FFT 谱的泄漏程度与信号边界处的波形间断程度密切相关,波形间断程度越大,谱泄漏 (spectral leakage) 也越大。

2. 间断频率特性的 FIR 滤波器设计

在有限冲激响应 (finite impulse response,FIR) 滤波器设计中,常会遇到频率特性有间断率的 FIR 滤波器设计。如图 1-2 所示,分别采用传统频率采样法进行低通、带通、微分、点通、点阻滤波器设计 (即对频率向量 $\boldsymbol{H}$ 进行逆离散傅里叶变换 (inverse discrete fourier transform, IDFT) 而得到滤波器系数),其中理想滤波器传递曲线如图 1-2(a) 所示。如果不加窗,就会出现 Gibbs 现象,幅频曲线就会在间断附近引起振荡,如图 1-2(b) 的 $|H_1(e^{j\omega})|$ 所示。如果加窗,幅频曲线的过渡就会加宽,如图 1-2(c) 的 $|H_2(e^{j\omega})|$ 所示。特别是对于设计点通和点阻滤波器时,其性能更差。

因而,图 1-2 表明,在设计频率有间断特性的滤波器时,在频率间断处常会出现较大的振荡,加窗并不是解决办法。

3. 间断函数的傅里叶级数重构

在数字信号处理中的重构中,常遇到有间断点的信号重构,如图 1-3(a) 所示锯齿形、矩形、正负锯齿形等信号的重构。这里的重构,首先需对有限个样点进行离散傅里叶变换 (discrete Fourier transform, DFT),再利用 DFT 信息来重新构造原连续波形。

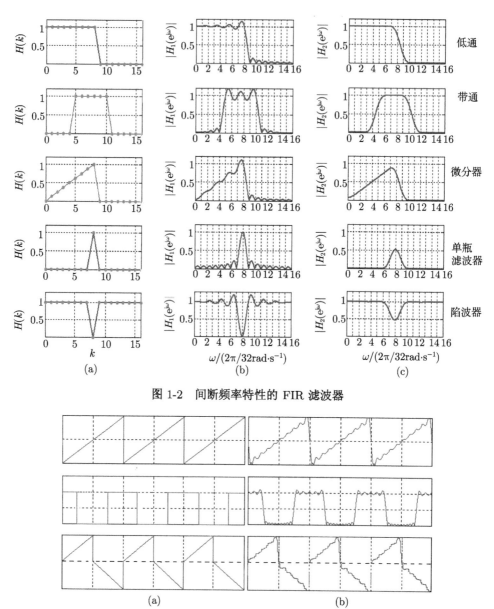

图 1-2 间断频率特性的 FIR 滤波器

图 1-3 间断函数的傅里叶重构

由于取有限点,不加窗就会出现 Gibbs 现象,即在间断附近引起较大的振荡,在波形平缓区也会出现一定的起伏(图 1-3(b))。如果加窗,在原间断波形附近就会出现过渡,从而引起重构波形的失真。

4. 有限变换域滤波器中边界引起的间断

在图 1-4(a) 所示的由正反 FFT 组成的频域滤波器中,若该有限长的频域向量 $\boldsymbol{H} = [H_0 H_1, \cdots, H_{N-1}]^T$ 出现间断,则也会引起信号失真。这种失真相当于仅对图 1-4(b) 包含 a_0 的某分段作 FFT(对于图像滤波,则以有限像素块的正反二维傅里叶变换的方式进行,如图 1-4(c) 采用大小为 8×8 像素块的滤波)。这样滤波前其信号如图 1-4(c) 直线和两块灰度相同的图像所示,经有限 FFT 滤波处理后,原来连续直线在分界处出现折断,而灰度相同的图像变成灰度不相同,如图 1-4(d) 所示。

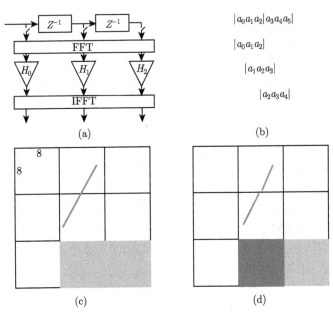

图 1-4 有限变换域滤波器中边界引起的间断

1.2 截断问题的各种解决方案

事实上,音、视频研究领域的国内外专家学者早已注意到将连续样本直接截断引起的数字信号处理性能下降的问题,并提出了一些改善措施。

直接对截断后的序列进行"加窗"的方法[1]是一种最简单的措施。这是因为在时域中直接将样本序列截断通常会出现序列首尾波形幅值不连续的现象,在频域中则对应着输入序列的傅里叶谱和矩形窗序列的傅里叶谱相卷积的结果,由于矩形窗的傅里叶谱存在很大的旁瓣泄漏，这使得截断后的序列也会出现严重的频谱泄漏，"加窗"实际上就是用其他窗的傅里叶谱取代矩形窗的傅里叶谱，并与输入序列的傅里叶谱进行卷积，由于常用的窗 (如汉宁窗、凯泽窗、布莱克曼窗) 傅里叶谱的第一旁瓣衰减都大于矩形窗谱，因此加窗后序列的旁瓣泄漏会得以抑制。例如，在 Mpeg-1 中的音频部分的第 I、II 层算法中就使用了加窗技术[2]：每隔一定时间间隔更新 32 个音频数据进入存储量为 512 个样本大小的先入先出的数据缓冲区中，随后便对更新后的 512 个数据用一指定的同样长度的特殊序列进行"加窗"并作改进的离散余弦变换 (modified discrete coine transform, MDCT) 变换[2]。然而，"加窗"在抑制旁瓣泄漏的同时会产生"主瓣模糊"的问题，因此"加窗"方法尤其不适合于信号包含多个密集频率成分的场合，如正交频分复用 (orthogonal frequency division multiplexing, OFDM) 信号。

通过重叠方式来改善由截断引起的数字信号处理性能下降问题是很多国内外学者持有的观点。如 Malvar 等提出通过重叠正交变换[3] 和双正交变换[4] 来改善图像处理编码中引起的"方块效应"。在重叠变换中，信号被分块后，每块信号需和相邻块的部分信号一起作变换运算，这种算法在图像压缩中得到广泛应用；而"双正交重叠变换的压缩效果甚至好于 Daubichies9/7 小波"[4]。但重叠变换仅仅是从图像压缩编码的角度去考虑问题，没有从滤波处理的角度作尝试，没有回答如何经过重叠变换进行图像平滑、锐化、特征提取等常用的图像滤波问题。而且，文献 [3]、[4] 的"重叠"仅仅是 50% 的重叠，各相邻分段间只不过是存在一半数据的相互"覆盖"而已。

本书所详细讲述的全相位谱分析方法是"全相位数字信号处理"(包括全相位谱分析和全相位滤波两个主要研究领域) 的一个分支，全相位数字信号处理是最大重叠比例 $(N-1)/N$ 的信号处理方法，它考虑了对某个输入样本的所有长度为 N 的分段情况，如图 1-4(b) 中的分段，将 $a_0a_1a_2$，$a_1a_2a_3$，$a_2a_3a_4$ 都考虑作为输入，这是本书算法尝试的出发点。后续章节即将证明，由于考虑到了所有输入分段情况，其谱分析性能可以得到很大程度的改善，符合工程应用领域对谱分析的"快""准""全""省"四方面需求。

1.3 全相位谱分析理论的发展历史概述

全相位数字信号处理是天津大学王兆华教授和侯正信教授提出的一种数字信号处理的新方法，经过 30 余年的研究，该方法涉及范围包括数字图像和信号的滤波器设计、信号重构、信号的频谱分析、自适应信号处理等众多研究领域。这些研究成果在 150 余处的文献中得以体现。

全相位数字信号处理包括全相位谱分析和全相位滤波两个基本问题，这两个

1.3.1 重叠数字滤波阶段

1. 重叠数字滤波来源

全相位数字信号处理最早源于 1983 年王兆华在图像处理中的重叠数字滤波的研究[5]，因而可以说图像处理领域是早期全相位数字信号处理这株"嫩芽"所根植的"土壤"。当时为的也是解决图像分块处理引起的边界"方块效应"问题，王兆华引入了将某个像素的所有 $N \times N$ 的分块情况全部进行考虑的"重叠数字滤波"方法，成功减轻了图像滤波中存在的"方块效应"现象。

亚 Nyquist 取样图像的内插恢复是当时电视技术中的一个关键技术，王兆华用重叠方法内插模板解决了内插模板设计问题[5]，还对 PAL、NTSC 制的一帧图像和一场图像分别在 Walsh 变换域和傅里叶变换域进行了二维列率谱 (频谱) 的分析。他在文献 [6] 中还专门对所用的重叠模板的序谱特性作了深入研究，在此基础上，侯正信在文献 [7] 中把重叠滤波模板的构造从 DFT 域、Walsh 域延伸到了逆离散余弦变换 (inverse discrete cosine transform, IDCT) 域，使其图像内插效果得到了进一步改善。在此期间，关于图像内插和滤波模板的构造及其性能研究，大量文献作出了描述[8-10]。

王兆华在 20 世纪 80 年代末、90 年代初把重叠数字滤波思想与具体的工程项目结合，其理论突破表现在两方面：二维抽取和内插[8,9] 及其图像放大模板[10] 的研究。这阶段这些理论的工程应用形式呈现多样化：作为主要负责人，王兆华在重叠数字滤波及其相关领域完成了 1 项国家高技术研究发展计划 (863 计划) 项目、2 项国家自然科学基金项目、2 项天津市自然科学基金项目及多项横向项目，获得 1992 年国家自然科学基金优秀成果奖。

之前图像内插的研究局限于亚 Nyquist 图像的内插上，即 1/2 的内插，王兆华研究了 1/3、1/4 甚至 1/8 的内插模板的设计问题，这些问题都可用重叠数字滤波模板解决。他分别用 Walsh 方法[15,17] 和傅里叶方法对二维抽取和内插作了理论阐述，并比较了两者的区别。这些内插模板的设计具有思路清晰、物理意义明确的优点。

图像放大是当时电视技术领域的一个关键技术，一般方法是通过简单的相邻像素重复或平均的方法来实现，但这样放大的图像很粗糙，没有考虑到人眼的视觉特性，王兆华为此构造了用于图像放大的模板。为解决 $N \times N$ 屏幕组成电视墙设备中的大量放大运算问题，他充分利用人眼特性，用邻域像素交换法实现了 $N \times N(N=3\sim 8)$ 的图像放大，从而节约了大量硬件资源，取得了电视墙的关键性技术突破[11-13]。同期，侯正信教授把 Walsh 变换、傅里叶变换和 IDCT 变换统一起来,构造了适用于任意正交变换的二维重叠数字滤波模板设计的理论框架[7]。

另外,王兆华在 1993 年完成专著《计算机图像处理方法》,这是对以往学术思想的一次总结[11]。

2. 从重叠数字滤波到"全相位"滤波

从 20 世纪 90 年代中后期开始,王兆华和侯正信对重叠数字滤波有了更深层次的认识。

侯正信提出了离散列率滤波器的概念[14],首次把二维重叠数字滤波的思想从二维图像滤波转到了一维离散序列的滤波,并推导出了一维离散列率滤波器(即 FIR 滤波系数)的数学通用公式。在文献 [14]、[15] 中,还对此滤波系数所涉及的卷积问题作了研究。

2001 年,王兆华发表了 DFT 域的无窗重叠数字滤波器的方框图[16],该方框图很生动地反映了重叠滤波过程,同时也提供了重叠滤波的电路实现途径。他还指出:类似于二维重叠数字滤波可用模板来实现,一维重叠数字滤波同样可等效为 FIR 滤波器处理。

侯正信对重叠数字滤波的概念作了深刻挖掘:既然要考虑包含某输入数据的所有长度为 N 的分段情况,那么该数据就遍历了长度为 N 的分段的所有位置时刻,也就是遍历了所有的相位,于是他把重叠数字滤波取名为"全相位滤波"。

1.3.2 全相位谱分析的创立和完善

全相位数字信号处理不应仅局限于图像和离散序列的滤波领域。2001 年至今,王兆华及其博士生们在频谱分析、自适应信号处理、滤波器组的设计、信号重构等领域作了更广泛的研究。

1. 全相位滤波理论的开拓与完善

王兆华把二维重叠数字滤波模板的构造本质与更基础的一维 FIR 数字滤波器联系起来,思考着给定频域向量,怎样构造出传输特性优良、设计简单、具有零相位特性、结构灵活的数字滤波器的问题。在文献 [16] 中,通过构造反映重叠滤波的循环叠加矩阵,直接由 DFT 域频域向量解析生成 FIR 滤波器的系数,并构造了一维重叠数字滤波器的电路框图[17];在文献 [18] 中,他把这种滤波器拓展到了加前窗和后窗的情况;在文献 [19] 中,他指出了该滤波器具有灵活的改变频率特性的性质;在文献 [20] 中,他系统地总结了该滤波器的各性质,并命名为"全相位滤波器"。

侯正信等在文献 [21] 中,首次对无窗情况 DFT 域全相位滤波器的传输特性作了分析,导出了该滤波器频率响应函数的解析表达式,并且在文献 [22] 中,推导了一种全相位滤波器的等价滤波结构,把全相位滤波理论解析得非常清晰;文献 [23] 提出用无窗的方式,设计了半带滤波器等。

在文献 [24]~[28] 中,王兆华指导的苏飞博士对加前窗 -DFT- 频域加权 -IDFT-加后窗 - 输出移位叠加的全相位滤波器的各个侧面作了非常细致的推导和论述,并且在自适应滤波领域展开了研究[27,29],丰富了全相位滤波理论。黄晓红博士在文献 [23]、[30]~[32] 中对苏飞做的工作进行了一些补充。

在王兆华教授指导下,黄翔东在文献 [33] 中提出用循环移位图的方法,把无窗、单窗和双窗三种情况的子滤波器和总频率响应函数的关系清晰地解构出来;在文献 [34]、[35] 中,借用全相位滤波器频率响应函数与子滤波器频率响应函数的关系,导出了全相位傅里叶重构与子傅里叶重构的关系,提出全相位傅里叶重构方法,在不增加傅里叶系数的数目情况下,实现了误差更小的全相位重构;在文献 [36] 中,提出了重叠基矩阵概念,推导出任意正交变换下等效 FIR 滤波器的构造通式;在文献 [37] 中,证明了全相位滤波器频响函数等于频域向量与卷积窗傅里叶变换的离散卷积,进而指出三种加窗全相位滤波器中,单窗全相位方法尤其适合设计具有间断特性的数字滤波器;在文献 [36] 中,针对窄带陷波间断特性的特殊情况,导出了滤波器系数查找表,实现了自适应陷波器设计;在文献 [38] 中,提出全相位 FIR 滤波器族理论,使得全相位方法不仅可以设计传统 1 型 FIR 滤波器,而且还可以设计 2 型、3 型、4 型 FIR 滤波器;在文献 [39] 中,把频率向量的采样模式,从传统奇对称的情况拓展到了偶对称情况,从而拓展了一倍的频率采样点,提高了全相位滤波器的设计灵活性;在文献 [40] 中,结合无窗和双窗两种加窗方式,以及结合偶对称和奇对称两种频率采样模式,完成了四种类型的两通道完全重构全相位 FIR 滤波器组的设计;在文献 [41] 中,推导了二维频域向量与二维全相位图像滤波模板间的解析关系;在文献 [42] 中,推导了三维频域向量与三维立体信息恢复模板的解析关系;在文献 [43] 中,提出三维磁共振成像 (magnetic resonance imaging, MRI) 全相位傅里叶重构方法;在文献 [44] 中,提出了幅频补偿的概念,使得全相位滤波器的边界频率除了落在奇对称和偶对称的频点外,还可以落在任意频点位置上;在文献 [45] 中,提出频率响应可控的简化全相位滤波结构;在文献 [46] 中,针对陷波情形,用单窗全相位设计法导出了陷波频点落在任意位置的陷波器系数表达式,实现了由滤波器参数到系数的一步解析设计;在文献 [47] 中,结合单窗全相位法,推导出中心频点可任意控制的 FIR 滤波器系数表达式;在文献 [48] 中,推导出一般意义上的低通滤波器系数的解析表达式,其设计效率比经典 Remez 算法呈现数量级的提升;在文献 [49] 中,推导出了边界频带任意控制的低通滤波器的解析表达式;在文献 [50] 中,把全相位滤波理论与频率响应屏蔽 (frequency response masking, FRM) 理论结合起来,完成了陷波频率点可精确控制的高效 FRM 陷波器设计;在文献 [51] 中,把全相位滤波器配置为高通传输特性,实现了双马赫–曾

德尔干涉仪 (dual Mach-zehnder interferometer, DMZI) 光纤周界防范系统的入侵的端点时刻检测; 在文献 [52] 中, 全相位滤波器组应用于光纤安防系统的动作模式识别等。

2. 全相位谱分析理论的开拓与完善

提出全相位滤波理论后, 王兆华从信号处理学科的整体出发, 思考怎样建立整个全相位信号处理理论体系的问题: 既然信号处理主要包括信号分解 (即 "分析信号包含哪些成分") 和信号重构 (即 "怎样提取出想要的信号成分") 两个基本问题, 而全相位滤波仅是属于信号重构方面的问题。只有全相位方法能在信号分解方面有所贡献, 才可以构建出一套完整的信号处理 理论体系。出于以上考虑, 全相位谱分析理论的学术思想就应运而生了。

全相位滤波与全相位谱分析这两个问题之所以如同 "一叶开两花" 般地可以归结在整个 "全相位信号处理" 的名目下, 原因在于两者存在相通性。具体说来, 无论是滤波或者谱分析, 都是数据间断引起的问题, 即给定样本长度 N 后, 如果把包含某输入样点所有 N 种情况的子 FIR 滤波情况 (或者子 FFT 谱) 综合起来, 就分别得到全相位滤波和全相位谱分析结果。

从工程角度看来, 既然谱分析的任务就是为解决 "分析信号包含哪些成分" 的基本问题, 那么谱分析方法若能解决以下问题, 其应用价值必然是非常高的: ①减轻各成分间谱泄漏, 抑制各成分的谱间干扰 (inter-spectra interference); ②谱分析既可提供精确的功率和幅值信息, 又可提供精确的相位信息; ③可以从谱分析结果中精确获得信号参数信息; ④方法简单, 可快速实现。而全相位谱分析方法满足以上全部条件, 故从近年来同行的反馈来看, 在无线通信、仪器仪表设计、故障诊断、光学工程、雷达、水声、生物医学、生物信息学等各个工程领域中获得广泛应用。

2003 年, 王兆华教授在文献 [53] 中, 首次提出 "全相位 FFT(all-phase FFT, apFFT) 谱分析" 的概念, 并指出, 相比于传统 FFT 谱分析, 全相位 FFT 谱分析具有更优良的抑制谱泄漏的性能[53-56]; 在文献 [57] 中, 黄翔东等还从理论上解释了 apFFT 的谱泄漏得以抑制的原因, 进而在文献 [58] 中, 解构出了全相位 FFT 谱与 N 个子 FFT 谱之间的关系, 并且推导出了无窗全相位 FFT 谱的解析表达式, 还从该解析式中导出一个特殊性质 —— "相位不变性"[59]; 在文献 [60] 中, 还定量分析了在噪声背景下 apFFT 的测相性能; 在文献 [61] 中, 黄翔东等 还推导了噪声中 apFFT 测相方差的理论表达式, 并验证其正确性; 还结合参数估计理论, 指出 apFFT 测相实际上属于两参数 (相位和幅值) 联合估计模型, 而不是传统的三参数 (频率、相位和幅值) 估计模型, 故具有更低的克拉默–拉奥界 (Cramer-Rao bound, CRB), 而 apFFT 测相方差可以逼近这个更低的克拉默–拉奥界; 基于此, 利用 apFFT 的 N 个子谱相互抵消原理, 黄翔东等还提出了双相位 FFT(dual-phase

1.3 全相位谱分析理论的发展历史概述

FFT, dpFFT) 测相法[62]以及双子段相位估计法[63-65], 该方法比经典 apFFT 测相法精度还高, 更进一步逼近新的克拉默-拉奥界。

优良的抑制谱泄漏性能和高精度的相位测量性质 ("相位不变性") 是 apFFT 特有的, 构成了全相位谱分析理论的基石。利用 apFFT 的两个性质, 可以在谱校正方面做很丰富的工作。谱校正的目的就是精确估计信号各成分的频率、幅值和相位参数。黄翔东等在文献 [66] 中, 利用 apFFT 与 FFT 谱的相位差关系, 提出 apFFT/FFT 相位差频谱校正法; 在文献 [67]、[68] 中, 存在时移关系的两个序列的 apFFT 峰值谱相位信息, 导出了全相位时移相位差频谱校正法; 在文献 [69] 中, 还针对密集谱情况, 提出基于全相位 FFT 的密集谱识别与校正算法; 在文献 [70] 中, 结合希尔伯特变换, 还解决了观测区间小于一个周期情况下的低频正弦信号的频率测量问题; 此外, 黄翔东等还利用谱校正结果, 展开了一系列应用研究, 如铁道二进制频移键控 (binary frequency-shift key, 2FSK) 信号频率估计[71]、介质损耗角的测量[72]、机械故障诊断[73]、光学工程应用[74,75]、通信中的正交振幅调制 (quadrature amplitude modulation, QAM) 星座解码[76] 等。

除了全相位 FFT 外, 黄翔东等还把全相位谱分析方法从离散谱分析领域推广到了连续谱分析领域, 提出全相位离散时间傅里叶变换 (all-phase discrete time Fourier transform, apDTFT) 谱分析方法[77], 解决了短样本密集频率信号的参数测量方法的问题。近期, 还与中国余数定理结合, 在欠采样频率估计[78-80]、互素谱分析[81]、稀疏阵列的 DOA(direction of arrival) 估计[82] 等方面展开了研究, 其研究成果得以在 IEEE 汇刊上发表[83]。

此外, 国内同行也对全相位谱分析理论作了很有意义的补充。例如, 刘渝教授等在文献 [84] 中提出了一种基于无窗 apFFT 的两根峰值谱线的频谱校正法; 任志良教授等在文献 [85] 中针对全相位时移相位差为一个样本的延时情况, 提出更确切的频率校正解析式, 此外还在文献 [86] 中针对低频测量情况, 提出一种可消除 apFFT/FFT 相位差频谱校正法双边带误差的方法; 冯正和教授等在文献 [87] 中提出迭代延时-补偿法消除了 apFFT 测相位差时负频率分量引起的系统误差等。

1.3.3 全相位谱分析理论的应用与全面发展

全相位谱分析与滤波理论创立后, 因其具有较高的实用价值, 国内同行将该理论在图像内插与压缩编码、物联网感知、光学工程、电力谐波分析、旋转机械故障诊断、通信、仪器仪表、雷达、水声、语音处理、生物医学等多个领域展开了应用, 相关论文如雨后春笋般出现。下面分别对以上各个领域的应用作概述。

1. 图像内插与压缩编码

由于全相位的概念源于重叠数字滤波, 最早就是为克服图像滤波的 "方块效应"而提出的,因而在图像内插与压缩编码领域有着天然的结合性。

就图像内插而言,全相位方法可以有很高的灵活性,表现为可以选择不同的正交变换域 (如离散傅里叶变换 (discrete Fourier transform, DFT) 域[88]、DCT 域[89]、IDCT 域[90-92]、U 变换域[93]),或者依据不同的像素栅格 (如钻石形型[94]、交错采样型[95] 等),可以设计出不同内插模板。

而图像内插,意味着图像尺寸和分辨率的改变[96],即依据少数像素即可恢复大范围的图像,而且全相位内插模板可以很容易实现线性相位特性,不会在图像恢复中引入相位失真,由此可以将全相位内插模板用于图像编解码中,侯正信教授、杨爱萍副教授和王成优副教授等做了非常丰富的工作[97-100]。

另外,全相位滤波模板都是从频域出发进行设计,因而只要改变频域矩阵,就可以得到不同处理特性模板,可作降噪[101]、方向检测[102,103] 等用途,除消加性噪声外,还可以消除乘性干扰噪声[104] 等。

2. 物联网感知

物联网通常要求系统能够实时感知目标特征 (如射频身份识别 (radio-frequency identification, RFID) 标签位置特征) 和现场的状态信息 (如无线感知区域的空闲频段、煤矿系统的电网状态等),而这些信息可以通过采集无线电信号或者现场振动信号的频率、幅值和相位值反映出来。由于全相位 FFT 具有很优良的抑制谱泄漏性能和相位估计精度,故在物联网感知中有很广泛的用途。

例如,文献 [105] 设计了基于双频副载波调幅的调制和解调系统,利用全相位 FFT 的相位不变性,可以在远低于 915MHz 载波频率的采样速率下,准确提取出发送信号和接收信号之间的相位差信息 (即为阅读器和标签的距离反映),从而实现目标位置的精确感知[106];文献 [107] 则利用 apFFT 的良好的抑制谱泄漏性能,感知出现场可用的空闲频带,在相同虚警率条件下,相比传统能量检测法可以提高检测概率;文献[108]利用全相位 FFT 法精确的相位测量特性,在现场频率快速变化的场合,实现了同频融合分层;文献 [109] 则将全相位滤波应用于大振幅振荡风洞试验中,指出 "有噪声的信号中,全相位数字滤波能够减少滤波过程中信号相位和幅值失真";文献 [110] 对采集到的电气化铁路段的 ZigBee 组网的振动信号作分析,利用文献 [66] 提出的 apFFT/FFT 相位差校正法的频率、幅值、相位的高精度估计特性,实现了电气化铁路谐波的高精度监测;类似地,利用 apFFT 频谱校正法的高精度参数估计性能,文献 [111] 实现了对现场煤矿电网质量的精确评估分析。

3. 光学工程

众所周知,光具有波粒二象性。因而光信号的检测,实际上就是对光传感器上采集到的光调制对应振动信号的频率、幅值和相位信息的检测，而 apFFT 具备很优良的抑制谱泄漏性能和相位不变性，利用 apFFT 谱校正法还可以精确估计光调制信号的频率、幅值参数，故全相位频谱分析方法在光学工程中应用极其广泛。

在光学目标重构中，apFFT 可以有助于实现光学目标的精确重构[112-114]。文献 [114] 提出了一种基于 apFFT 谱分析的傅里叶望远术图像重构法，通过对回波信号作全相位傅里叶变换，能准确地直接提取信号的相位和振幅信息，再结合相位闭合算法消除畸变相位，实现了重构目标图像；文献 [113] 提出了一种新的基于 apFFT 的光学系统融合处理算法，对接收端回波信号直接提取全相位谱相位及幅值信息实现目标图像重构，证明 apFFT "能够有效抑制各种因素带来的频率误差，经室外实验系统验证，成像能力大大优于传统重构算法，重构目标分辨率接近理论极限值"。

在激光测距应用中，近年来同行们证明了 apFFT 的工程价值。例如，文献 [115] 为提高返回光信号和参考光信号相位差测量的精度，将 apFFT 频谱校正法引入到激光测距系统中，实验证明了该方法在整个归一化频率偏差范围内，相比于双谱线法和能量重心法具有更高的估计精度和较好的稳定性；类似地，基于 apFFT 的激光测距在文献 [116]、[117] 也有详细报道；文献 [117] 还指出："采用矩形窗的全相位谱分析鉴相方差最小，可达克拉默–拉奥下界 (Cramer-Rao lower bound, CRB) 的 1.3 倍，当信噪比 (signal to noise ratio, SNR) 为 34 dB 时，每秒百万次鉴相的精确度为 3.3 mrad，测距精确度达 1 mm"；文献 [118] 则指出："基于 apFFT 的激光测距系统可以有效地解决相位法测距中存在的抗干扰能力差、距离模糊较难抑制等问题，调制信号频率为 100 MHz、信噪比为 30 dB 时测距准确度优于 0.5 mm。

此外，利用 apFFT 的高精度相位测量特性，还可以测出目标的加速度等物理参数。例如，文献 [119] 通过把 apFFT 用于自混合干涉位移信号相位解调中，重构位移曲线，进而获得加速度值。

最近，作者参与的国家重点基础研究发展计划 (973 计划) 课题中，还把全相位滤波应用于 DMZI 光纤周界防范系统中，实现了对入侵地点的精确定位[120] 和入侵振动时刻的高精度检测[51] 等。

4. 电力谐波分析

电力系统中，除工频基波外，还存在各次谐波和非整数倍工频的间谐波，这些谐波的频率、幅值和相位反映了电力系统中的电能质量。经典的 FFT 测谐波方法，需要采样速率满足同步采样 (即采样到的波形恰好包含信号波形的整数个周期) 条件，谐波参数才可以分析正确。而 apFFT 可以在非同步采样情况下，直接从峰值谱上得到谐波相位估计，而且由于 apFFT 谱泄漏小，谐波间的相互干扰也小，经进一步谱校正后，就可以得到相比于经典 FFT 法更精确的谐波参数。

例如，文献 [121] 利用 MATLAB 模拟三相电信号，从定性定量角度验证分析了全相位 FFT 的优越特性；文献 [122] 指出："apFFT 算法具有初始相位不变和有效防止频谱泄漏的特性，可以很好地解决非同步采样的频谱校正问题"；文献 [123] 验证了滑窗 apFFT 在电网频率偏移时较高的谐波检测精度；文献 [124] 指出："用 apFFT 算法，同时调整采样率能抑制包括基波的所有 0.1 次整数倍谐波的频谱泄漏，能高精度地检测间谐波的大小、相位和频率，为电网间谐波检测和分析提供了一种新的有效途径"；文献 [125] 指出："将全相位 FFT 算法与比值法测量结果进行比较，结果表明该算法简单实用、精度高，特别是对间谐波的检测，能有效防止频谱泄漏，抗干扰能力强"；文献 [126] 指出："根据 apFFT 谱分析方法的相位不变特性可以精确地得到各个谐波的相位，再利用全相位时移相位差校正法获取各个谐波的频率和幅值。基于 CortexM3 内核的 STM32 芯片给予该算法以硬件实现后，测量所得结果准确度较高，该方案对电力系统谐波检测有一定参考价值"；文献 [127] 采用基于双窗 apFFT 的时移相位差频谱校正法，结合拟牛顿算法，"实现了间谐波幅值、频率和相位三个特征的较高精度检测，且该算法具有较高的抗噪声干扰能力"；文献 [128] 指出："将现有的 IEC61000—4—7:2002 谐波标准推荐的方法与全相位谱分析相结合，适用于在非同步采样下谐波间谐波测量，即使各次谐波和间谐波相对相位出现变化，测量值仍然具有较高的精度并能保持恒定"；文献 [129] 指出："全相位时移相位差法能够精确提取出谐波信号中各次谐波的频率、幅值和相位信息，精度可达到小数点后第 7 位，远好于传统的加窗 FFT 方法"。

5. 旋转机械故障诊断

对于旋转机械振动系统而言，转子(或马达)的转动带动一系列机械部件(如轴承、叶轮、曲轴、齿轮等)的振动，因而当这些机械部件出现故障时，振动传感器采集到的振动信号的频率、幅值、相位必然和正常运转时有所区别，apFFT 及其频谱校正法具有很高的频率、幅值、相位估计精度，因而在旋转机械故障诊断中具有很高的应用价值[130]。

例如，文献 [131] 构建了基于 DSP 及全相位 FFT 算法的机械传动测试系统，经现场试验，证明"该系统具有抗干扰能力强、测量精度高、实时性好等特点"；文献 [132] 将全相位 FFT 引入到钢质悬臂梁的随机振动的 Hv 频响函数估计中，并验证了其有效性，发现"相比于经典的 Hv 估计法，全相位 Hv 频响函数估计可以改善频响函数估计效果，减小了频响估计误差对 MIMO 随机振动试验控制效果的影响"；文献 [133] 设计了一种利用全相位 FFT 分析技术的多传感器遍历的异步振动辨识方法，在对某型号航空设备的旋转叶片完成振动测量实验中发现："叶片异步振动辨识结果与叶片理论设计基本一致，成功解决了叶片异步振动欠采样问题，进一步完善了叶尖定时测振系统"；文献 [134] 将 apFFT 用于输电线路的故障定位中,证实了"通过 apFFT 计算电流故障分量的相位来比较相邻测点的电流相位差和设定阈值的大小关系,可以将故障点定位在相邻测点所在杆塔之间,并判断出故障类型";文献 [135] 设计了基于大频差双频激光的叶尖间隙测量方案和系统,发现"若采用全相位傅里叶变换得到测量光路和参考光路的相位差,进而反算间隙,可以实现静态、动态标定和测量。解决了非接触高速旋转叶片叶尖间隙测量中无法动态标定和恶劣环境下众多噪声干扰等问题。系统测距精度可达 $34.26\mu m$,相位差标准差为 $0.257°$"。

6. 通信

全相位方法在通信中的应用主要在两方面:一是星座点解调;二是构造全相位 OFDM(正交频分复用) 系统。

在通信中,符号率固定的情况下,可以通过赋予同一符号周期内的载波以不同的幅值、相位值,来提高信息传输速率;在发送端,则需要对这些幅值和相位作判决,完成解码。而基于全相位 FFT 谱分析的谱校正法可以很精确地估计幅值和相位值,故适用于星座点的识别[76]。

另一方面,OFDM 作为多载波调制系统,给定有限的传输带宽,可以实现非常高的比特率,已成为 4G 移动通信和未来 5G 移动通信的必选方案。然而,OFDM 有一个很脆弱的环节,那就是对于相互重叠且正交的发送子载波而言 (在发送端依靠 IFFT 来实现),在接收端必须完全恢复发送载波的频率,才可以实现有效的解码 (在接收端依靠 FFT 来实现),否则若载波频率发生偏离,各子载波的正交性将不再满足,就会导致子通道间发生干扰,误码率会急剧提高。因而,在实际的 OFDM 系统中 (如中华人民共和国广播电影电视行业移动多媒体标准:GY/T 220.1—2006),通常要通过在发送端发送各类导频 (如连续导频、数据子载波、离散导频) 这种提高传输冗余度的方式来作解码。

作者在 2009 年的专著[136] 中提出了全相位 OFDM 系统,该系统利用了 apFFT 的振幅谱与传统 FFT 振幅谱的平方成正比的性质,依据该性质,当存在载频偏离时,对于全相位 OFDM 系统而言,原有 OFDM 的通道间干扰会按照平方关系大幅度地衰减,从而大大消除了对频偏的敏感性,提高了通信的可靠性。基于此系统,侯春萍教授等学者在这方面做了大量的研究工作,详见文献 [137]~[146]。

7. 仪器仪表

现代仪器仪表都已数字化,其主要流程是:由传感器采集到的微弱电信号,经模拟放大、模数转换后,经过数字测量算法的处理,再经输出显示其测量结果;因而,现代仪器仪表的核心是测量算法设计,特点是将测量算法植入 DSP、FPGA 等数字器件中,只需更新算法即可实现仪表的升级。而客观世界的许多物理量,如大气动力学研究中的雷达风速测量、阵列信号处理中的波达方向估计、振动分析中的转速测量、多普勒效应测量等,都可以转化为频率测量问题,因而基于 apFFT 的频率、相位、幅值估计算法在仪器仪表应用中有很高的价值。

例如,文献 [147] 基于 apFFT 测量理论,使用 ARM 公司的高性能 32bit CortexM32 内核处理器 STM32F103,设计并制作了有效分辨精度为 1° 的数字仪表;文献 [148]、[149] 针对强载波干扰能够淹没罗兰 -C 信号的缺陷,采用 apFFT 对罗兰 -C 的载波信号初相位作识别,实验证明,基于 apFFT 的罗兰 -C 导航仪在信干比 (SIR) 为 -40dB 的恶劣情况下仍可准确地识别出相位编码;文献 [150] 为了快速捕获高动态直接序列扩频信号,设计了一种基于 apFFT 的变换域伪码捕获方法,实验表明:"相比于传统的 FFT 伪码捕获法,植入 apFFT 的伪码搜索系统完成对多普勒频移的高精度估计,而且适用于强噪声且快速移动的复杂通信环境";文献 [151] 也开展了类似的工作,得到了与文献 [150] 同样的结论;文献 [152] 将全相位数据预处理与希尔伯特 - 黄变换 (Hilbert-Huang transform,HHT) 相结合,用于非平稳信号的瞬时频率测量中,实验中发现:"基于全相位 HHT 的瞬时测频仪,其方差更小,具有更高的精确性";文献 [153] 则将全相位时移相位差频率测量法,在 FPGA 平台上给予硬件实现从而制作了频率计,实验中发现:"该方案能有效克服频率泄漏对相位差测量的影响,测频精度高,抗噪性能强,并且具有测频绝对精度在大倍频程的测量频段内基本保持不变的优点";文献 [154] 则针对目前我国矿用牵引变频器成套测试设备缺乏、测量频率范围过窄的现状,采用虚拟仪器与控制技术开发了一套变频器自动测试系统。实验表明,该系统植入 apFFT 算法后,可以 "提高系统低频测量实时性和非正弦电参数检测的精度,而且运行稳定可靠,提高了测试的效率和精度,其标准化的测试流程具有推广价值";文献 [155] 则基于文献 [71] 的工作,将全相位低通滤波和全相位谱分析方法用于铁道信号的频率检测中,高精度地完成了铁路 2FSK 信号的基带边频测量和高频载波测量,而且可以适用于多种铁道制式;文献 [156] 则将 apFFT 应用于半球谐振陀螺振动信号的解调中,实验发现:"全相位 FFT 解调法在不同信号强度下对白噪声均最不敏感,为半球谐振陀螺的信号处理与闭环控制设计提供了理论依据";文献 [157] 将全相位窄带滤波技术应用于螺旋天线接收的远距离电晕放电检测中,在 260m 的距离上检测到微弱的电晕信号;文献 [158] 将全相位滤波理论应用于导弹时序测量中,证实了"全相位方法能够满足零相位处理信号的要求,为导弹测试信号的研究提供了一种可参考的方法"。

8. 雷达和水声

全相位方法在雷达和水声的应用主要有两方面:①微弱信号检测,雷达和水声信号都是微弱信号,而实际上全相位 FFT 具有很优良的抑制谱泄漏性能,有利于

1.3 全相位谱分析理论的发展历史概述

区分微弱信号谱和泄漏谱,特别是在强噪声干扰场合,可以起到微弱信号谱不至于被噪声淹没的效果;②增强雷达和水声阵列信号的检测效果。雷达和水声领域,广泛采用布置接收阵列的方法来检测远场入射信号(如实现 DOA 估计和波束生成等),而经典阵列信号处理中的 DOA 估计和波束生成,基于阵元之间接收信号存在相位差这个原理,故既然 apFFT 具有精确的测相功能和测频功能,在雷达和水声领域已经获得了广泛的应用。

在微弱信号检测方面,文献 [159] 提出了结合全相位信号处理方法的频域相干累加方法,通过对海上实验数据进行分析,得出了"该方法既可以提高信号的信噪比又可以减小谱间干扰"的结论,"为微弱信号检测研究提供了一种新想法";文献 [160]、[161] 将 apFFT/FFT 相位差校正法用于超声波频率测量,实验结果表明:"当在超声波频率未知时,用 apFFT/FFT 相位差校正法在测量超声波传输时间方面,效果更好";文献 [162] 将全相位时移相位差法应用于船模试验信号频谱的动态分析中,对两船近距航行模型试验表明:"该方法适合于对全拘束船模的垂荡力和艏摇力矩信号开展频谱分析,分析得到的一阶波浪力幅值及相位差表现出较好的规律性";文献 [163] 将全相位频谱校正技术应用于水声通信中,实验表明:"采用全相位频谱校正技术进行多普勒频移估计,进而进行多普勒补偿以降低通信系统误码率,从而提高水下移动通信系统的可靠性"。

例如,文献 [164] 把 apFFT/FFT 相位差校正法应用于全孔径相位的方位估计中,通过计算该相位差解算出目标方位信息,试验表明:"该算法比传统的 FFT 方位估计算法精度高,比子空间类算法鲁棒性好,通过对多波束测深系统的水池试验数据进行处理,展示了此算法的有效性与实用性";文献 [165] 针对具有不稳定强线谱特征的水下目标,提出了一种基于目标线谱校正技术的信号波达方向 (DOA) 估计方法,该方法结合矩形窗谱校正技术和全相位修正方法对目标线谱参数进行估计,实验结果表明:"该技术在小孔径基阵目标方位被动估计和 CW 波的波达方向估计等方面应用效果较好";文献 [166] 将 apFFT 引入基阵波束域空间,"与常规的 FFT 波束形成算法相比,全相位 FFT 旁瓣更低,具有更强的谱泄漏抑制能力,能够有效消除隧道效应";文献 [167] 用重采样与 apFFT 处理技术,实现了频率和相位的高精度估计,同时消除多普勒频移造成的时间模糊,减少了运动造成的合成孔径处理空间增益损失,显著改善了通信质量;文献 [168] 对相控阵天线波束的各个接收序列分别进行 apFFT 分析,取各阵列的 apFFT 峰值谱相位差值,求解信号幅度,仿真实验结果表明:"该方法可有效避免第一类相位差法在不同步采样时误差较大的情形,测量结果明显优于第一类相位差法"。

9. 生物医学

该领域分为两个方面:①生物信息学中的基因检测;②医学中的病变检测。在基因检测方面,可以通过对现有各物种的 DNA 序列 (由四种碱基按顺序组合而成),通过数值映射手段,将 DNA 符号序列转化为数值序列,然后通过全相位信号处理手段分析其频域特性,从分析结果中判断物种的相似性、三周期性及识别外显子和内含子等;在医学病理检测方面,通过对医学信号作全相位滤波和谱分析,借助全相位滤波找出异常病变的病变时刻,借助全相位谱分析提取出病变点的频域特征,作为病理诊断的依据等。

在生物信息学中的基因检测方面,文献 [169] 提出将全相位数字信号处理技术应用到基因识别算法中,通过对原始数据进行全相位数据预处理,保持数据截断后首尾波形的连续,因而极大程度地减少了截断效应,而且应用全相位窄带滤波器对基因序列作滤波,证明了在核苷酸水平上有较高的预测准确性;类似地,文献 [170] 基于全相位滤波理论,设计了一种新的 FIR 窄通带滤波器——全相位窄通带滤波器 (all-phase narrow pass-band filter, APNPBF) 去寻找蛋白质编码区,并对美国国家生物信息库里的 ALLSEQ 和 HMR 的 1952 个 DNA 序列集做了预测实验,实验表明 APNPBF 可以达到很高的碱基层预测准确率,优于现有方法。

在医学信号检测方面,文献 [171] 采用全相位设计法,设计出了可以取出心电心电图 (electrocardiog ram, ECG) 基线漂移和工频干扰的全相位滤波器,基于此还实现了心电信号的 P、Q、S、T、R 的精确定位;文献 [172] 将全相位滤波应用于超宽带微波检测乳腺肿瘤中,对包含乳房组织信息的接收信号作全相位 FFT,分别加入高斯白噪声和多径噪声,设计全相位滤波器并进行滤波,结果表明在 3~4GHz 频段范围内频谱幅度的高低能够反映肿瘤尺寸的大小;文献 [173] 将全相位滤波器应用于多普勒胎心率检测中,实验结果表明,全相位低通滤波器可以很好地完成胎儿信号的包络提取的任务,从而提高了胎儿心率检测精度。

1.4 本书的主要内容

本书主要包括三大部分的内容:第一部分包括第 1 章和第 2 章,主要阐述的是全相位处理方法的基本概念;第二部分包括第 3~9 章,主要阐述的是全相位谱分析方法的理论原理;第三部分包括第 10 章和第 11 章,主要阐述的是全相位谱分析方法的应用举例。

第一部分 (包括第 1 章和第 2 章) 主要介绍了全相位谱分析方法的研究发展历史和全相位数据预处理的概念。第 1 章追溯了全相位谱分析方法的学术根源,概括了王兆华和黄翔东的主要研究工作,并调研全相位谱分析方法在国内同行中的应用情况;第 2 章还分析了确定信号经全相位预处理后波形和谱线的变化,讨论了全相位预处理信号的统计特性,重点阐述了预处理后随机噪声的均值和方差等统计特征变化。全相位数据预处理是全相位谱分析和全相位滤波的基础。

第二部分 (包括第 3~9 章) 是本书的主体，主要介绍全相位谱分析理论及其衍生出来的各种谱分析方法的原理。其中第 3 章将系统介绍全相位 FFT 谱分析理论的原理，分析全相位 FFT 的各条性质和计算复杂度，并与现有的各类谱分析方法作对照，体现了谱分析的"快"和"全"的特色；第 4 章和第 5 章都是介绍全相位 FFT 频谱校正法，以体现全相位 FFT 谱分析的"准"的特色，其中第 4 章介绍基于内插的全相位 FFT 谱分析校正方法；第 5 章介绍基于相位差的全相位 FFT 谱分析校正方法；第 6 章将专门针对密集谱识别问题作研究，提出基于全相位 FFT 谱分析的密集谱识别和校正方法，短样本是造成密集的因素，因而第 6 章体现了全相位 FFT 谱分析的"省"的特色；第 7 章将讨论全相位 FFT 谱分析测相性能、测相参数估计模型及其理论方差下限、衍生几种高精度测相法等问题；第 8 章将从全相位 FFT 谱分析衍生出双相位谱分析，并推导和进行仿真实验来验证该谱分析的一些性能；第 9 章将全相位 FFT 离散谱分析推广到全相位 DTFT 连续谱分析，并证明全相位 DTFT 谱的基本性质，给出基于全相位 DTFT 的密集谱分析器和短样本频率估计器的设计。

第三部分 (包括第 10 章和第 11 章) 主要介绍基于全相位谱分析方法的应用。将全相位 FFT 谱分析及其频谱校正法延伸到了欠采样互素谱分析、超分辨率时延估计、欠采样相位计设计、微弱信号检测、电力系统谐波分析、激光波长测定及激光测距、旋转机械信号故障诊断、脑机接口设计等多个应用领域。

1.5 本书的主要特点

特点 1：本书学术思想源自于从 20 世纪 80 年代至今王兆华教授开辟的全相位滤波理论，后续从中衍生出全相位谱分析理论，两者共同组成了全相位信号处理理论。可以说，30 余年学术观点一脉相承，本书的"全相位数字谱分析方法"介绍的所有理论、算法都是原创。

特点 2：本书介绍的每一个谱分析方法，都有严格的理论推导、清晰的算法步骤陈述和仿真实验对照作支撑。其中主要的算法还配备 MATLAB 程序代码供读者参考，以帮助读者理解，力图将可靠的、原创性的理论和技术融入到读者所从事的专业领域中。

特点 3：本书所研究的全相位谱分析理论的课题，大多都是自 2009 年的专著《数字信号全相位谱分析与滤波技术》出版和课题组以往的一些有影响力的学术论文发表以来，国内同行在各领域应用反馈回来的一些实用性、普遍性、关键性的问题，有的是国内同行给的一些好的建议，本书把这些反馈问题和有益的建议提炼出来，再找到解决办法，对原有的理论、算法作拓展延伸。因而本书相比于 2009 年专著，内容更加丰富，阐述得也更有力度，这与国内同行们的支持分不开。也期望通过出版本书，为同行从事的科研及技术开发工作提供更有力的知识参考。

参 考 文 献

[1] Saramaki T. A class of window functions with nearly minimum sidelobe energy for designing FIR filters. IEEE International Symposium on Circuits and Systems, 1989: 359-362.

[2] Iso B. Information technology——Coding of moving picture and associated audio for digital storage media at up to about 1.5 mbit/s: Part 2: Video. Mbit/s Part Video International Standard First Edition, 1993.

[3] Malvar H S, Staelin D H. The LOT: Transform coding without blocking effects. IEEE Transactions on Acoustics Speech & Signal Processing, 1989, 37(4): 553-559.

[4] Malvar H S. Biorthogonal and nonuniform lapped transforms for transform coding with reduced blocking and ringing artifacts. IEEE Transactions on Signal Processing, 1998, 46(4): 1043-1053.

[5] 王兆华, Amiri H. 用二维重叠数字滤波器再生亚 Nyquist 取样信号. 天津大学学报, 1983, (1): 47-63.

[6] 王兆华, 李乐俊. 二维内插模板的重叠序谱分析. 信号处理, 1985, 1(2): 103-108.

[7] 侯正信. 三种二维重叠数字滤波器的构造. 天津大学学报 1985, (1): 29-72.

[8] 王兆华. 立体数字信息的压缩和重构. 电子学报, 1988, 16(4): 40-46.

[9] 王兆华. 二维抽取和内插. 信号处理, 1987, 4: 3.

[10] 王兆华. 图像放大用的内插模板. 电视技术, 1988, (4): 2-7.

[11] 王兆华. 计算机图像处理方法. 北京: 宇航出版社, 1993.

[12] 王兆华. 亚 Nyquist 取样 PAL 信号的二维重构. 通信学报. 1987, 8(1): 93-97.

[13] Wang Z H. Two-dimentional decimation and interpolation. ntzArchiv, 1988, Bd(H8): 201-204.

[14] 侯正信. 离散余弦列率滤波器的设计及应用. 天津大学学报: 自然科学与工程技术版, 1999, (3): 324-328.

[15] 侯正信. 离散余弦列率滤波器的卷积算法. 通信学报, 1999, S1(1999): 211-214.

[16] 王兆华, 韩萍, 曹继华. Fourier 重叠数字滤波器. 信号处理, 2001, 17(2): 189-191.

[17] 王兆华. 一种频域自适应滤波器: 中国, ZL02205818.4.

[18] 王兆华, 侯正信. 一种带窗的频域滤波器: 中国, ZL03247171.4.

[19] 苏飞, 王兆华. 严格子带互补的正交镜像滤波器组设计. 2003 年通信理论与信号处理年会论文集, 北京, 2003: 965-973.

[20] 王兆华, 侯正信, 苏飞. 全相位数字滤波. 信号处理, 2003, 19(1): 4.

[21] 侯正信, 王兆华, 杨喜. 全相位 DFT 数字滤波器的设计与实现. 电子学报, 2003, 31(4): 539-543.

参考文献

[22] 侯正信, 陈平, 徐妮妮. 全相位 DFT 数字滤波器的一种等价结构. 信号处理, 2004, 20(3): 272-276.

[23] 黄晓红, 王兆华. 全相位数字滤波器的研究与设计. 电子测量与仪器学报, 2006, 20(1): 98-103.

[24] 苏飞, 王兆华. 一种新的带窗重叠自适应滤波器. 电子与信息学报, 2005, 27(1): 27-30.

[25] 苏飞, 王兆华. 基于带双窗 $N-1/N$ 重叠频域 FIR 滤波器的自适应除噪. 电子测量与仪器学报, 2005, 19(1): 7-13.

[26] 苏飞, 王兆华. 二维 Fourier 带窗内插模板的设计. 中国图象图形学报: A 辑, 2004, 9(4): 439-444.

[27] 苏飞, 王兆华. 基于变换域全相位 FIR 自适应滤波算法. 电子学报, 2004, 32(11): 1859-1863.

[28] 苏飞, 王兆华. DFT 域全相位数字滤波器的设计与实现. 信号处理, 2004, 20(3): 231-235.

[29] 苏飞, 姜道连. 全相位自适应滤波器设计. 信号处理, 2014, 30(8): 937-943.

[30] 黄晓红, 王兆华, 范小志. 全相位偶对称频率采样法设计 FIR 滤波器. 传感技术学报, 2007, 20(5): 1090-1094.

[31] 黄晓红, 苏飞, 王兆华. 基于单窗全相位数字滤波器和 LMS 准则的窗函数设计. 传感技术学报, 2007, 20(6): 1312-1315.

[32] 黄晓红, 王兆华, 黄翔东. 频率特性有间断点的滤波器的全相位设计. 电路与系统学报, 2005, 10(4): 21-24.

[33] 黄翔东, 王兆华. 一种基于循环移位图的全相位 DFT 数字滤波器频率响应的求取法. 信号处理, 2007, 23(4): 531-535.

[34] 黄翔东, 王兆华, 李文元. 用全相位傅氏法重构间断信号. 通信学报, 2005, 26(9): 93-96.

[35] Huang X D, Liu K H, Wang Z H. Transfer characteristic analysis of all-phase Fourier filter. The 5th International conference on Visual Information Engineering(VIE2008), 2008: 337-340

[36] 黄翔东, 王兆华. 任意正交变换下的全相位等效 FIR 滤波器的构造. 天津大学学报, 2006, 39(9): 1120-1125.

[37] 黄翔东, 王兆华. 一种设计频率特性有间断滤波器的新方法. 天津大学学报, 2006, 39(5): 614-620.

[38] 黄翔东, 王兆华. 全相位 FIR 滤波器族. 信号处理, 2008, 24(3): 470-475.

[39] 黄翔东, 王兆华. 基于两种对称频率采样的全相位 FIR 滤波器设计. 电子与信息学报, 2007, 29(2): 478-481.

[40] 黄翔东, 王兆华. 两通道完全重构全相位 FIR 滤波器组的设计. 天津大学学报, 2006, 39(12): 1504-1508.

[41] 黄翔东, 王兆华, 李文元. 2 维加窗全相位图像滤波模板的设计. 中国图象图形学报, 2006, 11(6): 811-817.

[42] 黄翔东, 王兆华. 用于立体数字信息恢复的 DFT 域三维滤波器设计. 中国体视学与图像分析, 2008, 13(1): 1-5.

[43] 褚晶辉, 王亚, 吕卫, 等. 一种 MRI 图像的全相位傅氏重建方法: 中国, CN201310202652, 2013.5.27.

[44] 黄翔东, 王兆华. 基于全相位幅频特性补偿的 FIR 滤波器设计. 电路与系统学报, 2008, 13(2): 1-5.

[45] 黄翔东, 吕卫, 阮晓岩, 等. 频率响应可控的简化全相位滤波结构研究. 中国科技论文, 2009, 4(1): 54-59.

[46] 黄翔东, 王兆华. 基于双相移组合全相位法的 FIR 陷波器设计. 系统工程与电子技术, 2008, 30 (1): 14-18.

[47] Huang X D, Chu J H, Lu W, et al. Simplified method of designing FIR filter with controllable center frequency. Transactions of Tianjin University, 2010, 16(4): 262-266.

[48] Huang X D, Jing S X, Wang Z H, et al. Closed-form FIR filter design based on convolution window spectrum interpolation. IEEE Transactions on Signal Processing, 2016, 64(5): 1173-1186.

[49] Huang X D, Wang Y D, Yan Z Y, et al. Closed-form FIR filter design with accurately controllable cut-off frequency. Circuits, Systems, and Signal Processing, 2016: 1-21.

[50] 黄翔东, 王兆华, 吕卫. 陷波频率点可精确控制的高效 FRM 陷波器设计. 系统工程与电子技术, 2009, 31(10): 2320-2322.

[51] Huang X D, Yu J, Liu K, et al. Configurable filter-based endpoint detection in DMZI vibration system. IEEE Photonics Technology Letters, 2014, 26(19): 1956-1959.

[52] Huang X D, Wang Y D, Liu K, et al. Event discrimination of fiber disturbance based on filter bank in DMZI sensing system. IEEE Photonics Journal, 2016, 8(3): 1-14.

[53] 王兆华, 侯正信, 苏飞. 全相位 FFT 频谱分析. 通信学报, 2003, 24(B11): 16-19.

[54] 苏飞, 王兆华. 全相位 FIR 滤波器及其在频谱分析中的应用. 数据采集与处理, 2004, 19(1): 61-66.

[55] 王兆华, 侯正信. 全相位 FFT 频谱分析装置: 中国, ZL200420028959.8. 2005.

[56] 吴国乔, 王兆华, 黄晓红. 离散频谱的全相位校正法. 数据采集与处理, 2005, 20(3): 286-290.

[57] 黄翔东, 王兆华. 全相位 DFT 抑制谱泄漏原理及其在频谱校正中的应用. 天津大学学报, 2007, 40(7): 574-578.

[58] 王兆华, 黄翔东, 杨尉. 全相位 FFT 相位测量法. 世界科技研究与发展, 2007, 29(4): 28-32.

[59] Huang X D, Wang Z H, Ren L M, et al. A novel high-accuracy digitalized measuring phase method. 9th International Conference on Signal Processing Proceedings, 2008: 120-123.

[60] 王兆华, 黄翔东. 基于全相位谱分析的相位测量原理及其应用. 数据采集与处理, 2009, 24(6): 777-782.

[61] 黄翔东, 王兆华. 全相位 FFT 相位测量法的抗噪性能. 数据采集与处理, 2011, 26(3): 286-291.

参考文献

[62] 黄翔东, 王兆华. 一种测相装置及其控制方法: 中国, ZL201010577153.4. 2010.

[63] 黄翔东, 南楠, 余佳. 一种双向 DFT 对称补偿相位测量方法及其装置: 中国, CN201410161972.9, 2014.4.22.

[64] 黄翔东, 南楠, 余佳, 等. 双向 DFT 对称补偿测相法. 电子与信息学报, 2014, 36(10): 2526-2530.

[65] 黄翔东, 余佳, 孟天伟, 等. 衍生于全相位 FFT 的双子段相位估计法. 系统工程与电子技术, 2014, 36(11): 2149-2155.

[66] 黄翔东, 王兆华. 基于全相位频谱分析的相位差频谱校正法. 电子与信息学报, 2008, 30(2): 293-297.

[67] 黄翔东, 王兆华. 全相位时移相位差频谱校正法. 天津大学学报, 2008, 41(7): 815-820.

[68] 王兆华, 黄翔东. 全相位时移相位差频谱校正法: 中国, ZL2006101294444.0.

[69] 黄翔东, 王兆华, 罗蓬, 等. 全相位 FFT 密集谱识别与校正. 电子学报, 2011, 39(1): 172-177.

[70] 闫格, 黄翔东, 刘开华. 解析全相位短区间正弦波频率估计算法研究. 信号处理, 2012, 28(11): 1558-1564.

[71] 黄翔东, 何宇清, 李长滨. 一种检测铁路 2FSK 信号频率的新方法. 天津大学学报, 2007, 40(9): 1115-1119.

[72] 黄翔东, 王兆华. 采用全相位基波信息提取的介损测量. 高电压技术, 2010, 36(6): 1494-1500.

[73] Huang X D, Cui H T, Wang Z H, et al. Mechanical fault diagnosis based on all-phase FFT parameters estimation. 2010 IEEE 10th International Conference on Signal Processing, 2010: 176-179.

[74] 崔海涛, 黄翔东, 蒋长丽. 基于全相位 FFT 的激光测距法. 计算机工程与应用, 2011, 47(8s): 61-63.

[75] 黄翔东, 李海亮, 王玲. 光时域反射仪的事件检测算法设计. 计算机工程与应用, 2012, 48(S2): 493-495.

[76] 黄翔东, 王兆华, 崔海涛. 基于 FFT 频谱校正的全数字 QAM 解调法. 电子技术应用, 2010, 36(12): 103-106.

[77] 黄翔东, 朱晴晴. 短样本密集频率信号的参数测量方法: 中国, ZL201110033383.9.

[78] 黄翔东, 丁道贤, 孟天伟. 欠采样速率下的高频余弦信号的频率测量方法及其装置: 中国, CN201410141095.9.

[79] 黄翔东, 丁道贤, 孟天伟, 等. 基于中国余数定理的欠采样下余弦信号的频率估计. 物理学报, 2014, 63(19): 204304-1-214304-7.

[80] 黄翔东, 孟天伟, 丁道贤, 等. 前后向子分段相位差频率估计法. 物理学报, 2014, 63(21): 204304-1-214304-7.

[81] Huang X D, Yan Z Y, Jing S X, et al. Co-prime sensing-based frequency estimation using reduced single-tone snapshots. Circuits, Systems, and Signal Processing, 2016, 35(9): 3355-3366.

[82] 黄翔东, 冼弘宇, 闫子阳, 等. 时–空欠采样下的频率和 DOA 联合估计算法. 通信学报, 2016, 37(5): 21-28.

[83] Huang X D, Han Y W, Yan Z Y, et al. Resolution doubled co-prime spectral analyzers for removing spurious peaks. IEEE Transactions on Signal Processing, 2016, 64(10): 2489-2498.

[84] 邓振淼, 刘渝. 基于全相位频谱分析的正弦波频率估计. 数据采集与处理, 2008, 23(4): 449-453.

[85] 张涛, 任志良, 陈光, 等. 改进的全相位时移相位差频谱分析算法. 系统工程与电子技术, 2011, 33(7): 1468-1472.

[86] 谭思炜, 任志良, 孙常存. 全相位 FFT 相位差频谱校正法改进. 系统工程与电子技术, 2013, 35(1): 34-39.

[87] 王建武, 冯正和. 全相位相位差测量中的系统误差及其校正. 系统工程与电子技术, 2014, 36(9): 1707-1711.

[88] 苏飞, 孙杰, 秦娟, 等. 2 维全相位内插核的设计与实现. 中国图象图形学报, 2014, 19(12): 1721-1729.

[89] 何凡. 基于全相位 DCT 的图像内插方法研究与方向滤波器组设计. 天津: 天津大学, 2008.

[90] 李莉, 侯正信, 王成优, 等. 基于全相位 DCT/IDCT 内插的去马赛克算法. 光电工程, 2008, 35(12): 96-100.

[91] 赵黎丽. 基于 IDCT/DCT 域的全相位数字滤波和图像内插. 天津: 天津大学, 2006.

[92] 侯正信, 郭旭静, 杨喜. 基于全相位 IDCT 滤波器的内插重采样分层编码技术. 电子与信息学报, 2005, 27(6): 865-869.

[93] 郭芬红, 熊昌镇, 熊刚强. 全相位 U 变换图像内插方法. 吉林大学学报: 工学版, 2013, (增刊 1): 345-351.

[94] 侯正信, 郭岩松, 刘建忠, 等. 全相位双正交五株形滤波器组的设计与应用. 天津大学学报, 2012, (1): 87-94.

[95] 杨爱萍, 侯正信, 王成优, 等. 全相位内插交错采样超分辨率融合. 计算机工程与应用, 2009, 45(8): 16-19.

[96] 侯正信, 刘建忠, 宋占杰, 等. 全相位多维多抽样率数字滤波器设计. 天津大学学报, 2011, 44(4): 331-338.

[97] 庞茜, 侯正信, 杨爱萍, 等. 基于下采样和全相位 DCT 内插的 WDCT-JPEG 块编码. 计算机工程与应用, 2012, 48: 155-157.

[98] 郭芬红, 熊昌镇. 全相位双正交离散 Tchebichef 变换图像编码与重构算法. 通信学报, 2010, (s1): 17-25.

[99] 赵赛远. 全相位双正交变换研究及其图像编码应用. 天津: 天津大学, 2008.

[100] 王成优, 侯正信, 何凯. 基于小波变换和全相位内插的 Bayer 模式图像压缩算法. 中国科技论文在线, 2009:1-8.

[101] 侯正信, 任亮, 郭旭静. 一种新的全相位 Contourlet 离散变换在图像去噪中的应用. 中国图象图形学报, 2008, 13(5): 870-875.

参考文献

[102] 侯正信, 李莉, 王成优, 等. 全相位方向滤波器组设计及其应用. 天津大学学报, 2009, 42(4): 362-367.

[103] 杨爱萍, 侯正信, 王成优, 等. 基于全相位频谱分析的图像配准. 天津大学学报, 2008, 41(12): 1465-1472.

[104] 郭旭静, 王祖林, 侯正信. 乘性噪声消除的全相位分级非下采样 Contourlet 算法. 电子测量与仪器学报, 2008, 22(2): 86-90.

[105] 史伟光, 刘开华, 房静静, 等. 双频副载波调幅的 UHFRFID 定位研究. 哈尔滨工业大学学报, 2012, 44(3): 81-86.

[106] 闫格. 情境感知信号处理技术研究. 天津: 天津大学, 2013.

[107] 洪雪华, 马永涛, 刘开华, 等. 一种基于全相位 FFT 的频谱感知算法. 计算机工程, 2015, 41(2): 91-95.

[108] 仝建武, 刘良兵, 李子豪, 等. 基于全相位的同频融合分层算法. 后勤工程学院学报, 2014, 30(1): 84-88.

[109] 蒋永, 孙海生, 沈志宏, 等. 非定常大振幅振荡试验数据处理研究. 实验流体力学, 2015, 29(1): 97-102.

[110] 滕志军, 张晓旭, 李国强, 等. 基于 ZigBee 的电气化铁路谐波监测系统研究. 电工电能新技术, 2014, 33(12): 65-70.

[111] 任子晖, 付华科, 李伟泺, 等. 基于全相位傅里叶变换的煤矿电网电能质量分析. 电力系统保护与控制, 2011, 39(22): 103-107.

[112] 董磊, 刘欣悦, 林旭东, 等. 傅里叶望远镜外场实验性能改进和结果分析. 光学学报, 2012, 2: 22-28.

[113] 曹蓓, 罗秀娟, 陈明徕, 等. 相干场成像全相位目标直接重构法. 物理学报, 2015, 64(12): 124205-124205.

[114] 陈卫, 黎全, 王雁桂. 基于全相位谱分析的傅里叶望远术目标重构. 光学学报, 2010, 30(12): 3441-3446.

[115] 贾方秀. 多频调制的相位法激光测距中若干关键技术研究. 哈尔滨: 哈尔滨工业大学, 2010.

[116] 许学君. 激光并行测距关键技术研究. 大连: 大连海事大学, 2011.

[117] 王选钢, 缑宁祎, 张珂殊. 相位式激光测距全相位谱分析鉴相算法. 信息与电子工程, 2013, 10(6): 725-729.

[118] 姜成昊, 杨进华, 张丽娟, 等. 基于激光拍频高准确度相位式测距方法. 光子学报, 2014, 43(9): 912006-0912006.

[119] 杨颖, 李醒飞, 李洪宇, 等. 基于激光自混合效应的加速度传感器. 光学学报, 2013, (2): 234-240.

[120] Chen Q N, Liu T G, Liu K, et al. An improved positioning algorithm with high precision for dual Mach-Zehnder interferometry disturbance sensing system. Journal of Lightwave Technology, 2015, 33(10): 1954-1960.

[121] 张西原. 基于全相位 FFT 的三相电相位测量系统研究. 海口: 海南大学, 2012.

[122] 卢新宁, 张永辉. 基于全相位 FFT 的三相伏安相位检测算法. 电子质量, 2011, 9: 71-73.

[123] 张国军, 于欢欢, 张强. 滑窗 APDFT 算法在电力谐波检测中的应用. 电力系统及其自动化学报, 2012, 24(6): 46-51.

[124] 汪小平, 黄香梅. 基于全相位 FFT 时移相位差的电网间谐波检测. 重庆大学学报: 自然科学版, 2012, 35(3):81-84.

[125] 付贤东, 康喜明, 卢永杰, 等. 全相位 FFT 算法在谐波测量中的应用. 电测与仪表, 2012, 49(2): 19-22.

[126] 曹浩, 刘得军, 冯叶, 等. 全相位时移相位差法在电力谐波检测中的应用. 电测与仪表, 2012, 49(7): 24-28.

[127] 彭祥华, 周群, 曹晓燕. 一种高精度的电网谐波/间谐波检测的组合优化算法. 电力系统保护与控制, 2014, 42(23): 95-101.

[128] 周林, 杜金其, 李怀花, 等. 基于 IEC 标准和全相位谱分析的谐波间谐波检测方法. 电力系统保护与控制, 2013, 41(11): 51-59.

[129] 杨宇祥, 樊巨宝. 基于全相位 FFT 算法的电力谐波检测方法. 中国科技论文在线, 2013.

[130] 阮晓岩. 全相位分析方法在旋转机械故障诊断中的应用研究. 天津: 天津大学, 2009.

[131] 秦小屿, 陈卫泽. 全相位 FFT 算法在机械传动测试系统中的应用. 电讯技术, 2010, 50(5): 117-120.

[132] 崔旭利, 陈怀海, 贺旭东, 等. 全相位 Hv 频响函数估计在 MIMO 随机振动试验控制中的应用. 振动工程学报, 2011, 24(2): 181-185.

[133] 欧阳涛, 段发阶, 李孟麟, 等. 旋转叶片异步振动全相位 FFT 辨识方法. 振动工程学报, 2011, 24(3): 268-273.

[134] 范新桥, 朱永利, 卢伟甫. 采用电流分布式测量和相位比较方式的输电线路故障定位. 高电压技术, 2012, 38(6): 1341-1347.

[135] 王凯, 段发阶, 郭浩天, 等. 基于大频差双频激光的发动机叶尖间隙测量技术. 光电子. 激光, 2013, 24(10): 1984-1988.

[136] 王兆华, 黄翔东. 数字信号全相位谱分析与滤波技术. 北京: 电子工业出版社, 2009.

[137] 丁丽娅, 侯春萍, 王兆华. 基于 APFFT 的 OFDM 系统. 中国电子学会第十五届信息论学术年会暨第一届全国网络编码学术年会论文集 (下册), 2008.

[138] 闫磊, 侯春萍, 傅金琳, 等. OFDM 系统中基于全相位算法的最大似然信道估计器. 计算机工程与应用, 2009, 45(7): 24-27.

[139] 侯永宏. 数字电视地面传输中的关键技术研究. 天津: 天津大学, 2009.

[140] 孙山林, 侯春萍. 全相位 OFDM 系统的最大自相关帧同步. 计算机工程与应用, 2009, 45(4): 23-25.

[141] 孙山林, 侯春萍, 阎磊. 全相位 OFDM 系统子载波间干扰的性能分析. 计算机工程与应用, 2009, 45(9): 21-23.

[142] 阎磊, 侯春萍, 傅金琳, 等. OFDM 系统中基于全相位算法的最大似然信道估计器. 计算机工程与应用, 2009, 45(7): 24-28.

[143] 孙山林, 侯春萍. 全相位 OFDM 系统频偏估计器. Computer Engineering and Applications, 2010, 46(24): 85-87.

[144] 张亮. 基于脉冲成形技术的全相位 OFDM 系统 PAPR 降低算法. 南开大学学报: 自然科学版, 2012, 45(1): 41-45.

[145] 张亮. 全相位 OFDM 系统的调制解调新算法. 哈尔滨工业大学学报, 2012, 44(5): 97-100.

[146] 赵嘎. 基于 FPGA 的全相位 OFDM 系统关键技术研究. 昆明: 云南大学, 2013.

[147] 邱良丰, 刘敬彪, 于海滨. 基于 STM32 的全相位 FFT 相位差测量系统. 电子器件, 2010, 33(3): 357-361.

[148] 林洪文, 周洪庆, 刘福太, 等. 强载波干扰条件下的罗兰-C 相位编码识别研究. 测试技术学报, 2012, 26(3): 252-255.

[149] 林洪文, 张其善, 杨东凯, 等. 基于 apFFT 的罗兰-C 信号相位编码识别. 天津大学学报, 2011, 44(3): 257-260.

[150] 王松, 葛海波. 基于全相位 FFT 的伪码捕获研究. 计算机工程与设计, 2012, 33(10): 3708-3714.

[151] 庞统, 张天骐, 赵德芳, 等. 基于部分相关和全相位预处理的伪码快速捕获方法. 计算机应用研究, 2011, 28(6):2092-2094.

[152] 周云, 李世平, 罗鹏, 等. 基于全相位 HHT 的瞬时频率测量. 计量学报, 2012, 33(003): 266-271.

[153] 贺同, 陈星, 洪龙龙. 基于 FPGA 的全相位 FFT 高精度频率测量. 电子测量技术, 2013, 36(8): 80-83.

[154] 何为, 颜学龙, 李延平. 基于虚拟仪器的牵引变频器测试系统. 计算机测量与控制, 2013, 21(11): 2935-2937.

[155] 卢新宁. 基于全相位 FFT 的铁道信号频率检测算法研究. 海口: 海南大学, 2013.

[156] 江黎, 覃施甦, 周强, 等. 半球谐振陀螺力反馈模式下信号处理方法分析. 压电与声光, 2014, 36(6): 917-920.

[157] 樊高辉, 刘尚合, 魏明, 等. 用于远距离电晕放电检测的窄带测试系统设计. 高电压技术, 2014, 40(9):2770-2777.

[158] 王龙, 何玉珠. 基于全相位数字滤波的导弹时序测量技术. 电子测量技术, 2015, 38(3):10-12.

[159] 石珺. 基于信号相干特性的水声微弱信号检测方法研究. 哈尔滨: 哈尔滨工程大学, 2013.

[160] 方汉方, 黄勇, 蔡艺剧, 等. 超声波传输时间的高精度测量. 信号处理, 2012, 28(4): 595-600.

[161] 方汉方. 基于 FFT 超声波传输时间高精度测量的研究. 成都: 西华大学, 2012.

[162] 肖汶斌, 董文才. 基于全相位时移相位差的船模试验信号频谱分析方法研究. 船舶力学, 2013, 17(9): 998-1008.

[163] 孙向前, 李晴, 范展. 全相位频谱校正技术在水声通信中的应用研究. 声学技术, 2015, 34(2): 127-133.

[164] 周天, 陈宝伟, 李海森, 等. 基于全孔径波束相位的方位估计新算法. 仪器仪表学报, 2010, (10): 2267-2271.

[165] 李运周, 王冀锋, 姜春华. 谱校正技术在水下信号波达方向估计中的应用. 声学技术, 2011, 30(5): 456-459.

[166] 陈宝伟. 超宽覆盖多波束测深技术研究与实现. 哈尔滨: 哈尔滨工程大学, 2012.

[167] 王志杰, 李宇, 黄海宁. 全相位 FFT 在合成孔径水声通信运动补偿中的应用. 电子与信息学报, 2013, 35(9): 2206-2211.

[168] 李法鑫, 杜娟, 姚飞娟, 等. 全相位算法在相控阵天线幅相校正测量中的应用. 科学技术与工程, 2015, (4): 114-118.

[169] 王飞宇. 基于全相位数字信号处理的基因识别算法研究. 宁波：宁波大学, 2014.

[170] 马玉韬, 轩秀巍, 车进, 等. 基于全相位滤波理论的基因预测. 上海交通大学学报（自然版）, 2013, 47(7): 1149-1154.

[171] 王玲, 黄翔东, 李海亮, 等. 一种去除 ECG 中基线漂移和工频干扰的高效滤波方法. 计算机工程与应用, 2013, 49(s3): 25-28.

[172] 杨世平. 超宽带微波检测乳腺肿瘤频谱分析及全相位方法的应用. 天津: 天津大学, 2013.

[173] 卢士涌. 多普勒胎心率检测算法的改进与实现. 济南: 山东大学, 2008.

第 2 章 全相位数据预处理

2.1 引 言

为改善在数字滤波、频谱分析、自适应信号处理、图像处理等场合普遍存在的因数据截断而带来的数字信号处理性能下降的问题，本章引入一种输入数据经历从长度为 $(2N-1)$ 的数据向量 $\boldsymbol{x}=[x(n+N-1),\cdots,x(n),\cdots,x(n-N+1)]^{\mathrm{T}}$ 到长度为 N 的数据向量 $\boldsymbol{x}_1=[x_1(0),x_1(1),\cdots,x_1(N-1)]^{\mathrm{T}}$ 的预处理的方法——全相位数据预处理方法，这是一种新颖的数据预处理方法。其中向量 $\boldsymbol{x}_1$ 可看成用卷积窗 $\boldsymbol{w}_\mathrm{c}$(后面会详细介绍) 对向量 $\boldsymbol{x}$ 进行数据加权后，将左边各数据向右平移 N 个延时单元，再与位置重叠的另一个数据相加而成。在预处理过程中，实际上对包含输入样点 $x(n)$ 的所有长度为 N 的分段情况全部进行了考虑，因而我们把这种数据预处理称为"全相位数据预处理"。

信号可划分为确定信号和随机信号，经全相位预处理后其属性都会有所变化。对于确定信号，经全相位数据预处理后其波形特征及频谱特征的变换规律，以及对于随机信号，经全相位数据预处理后其数字特征 (如均值、方差、自相关函数等) 的变换规律需要给予理论证明和实验验证。

通常数据预处理是一种为优化系统性能而采用的措施。虽然全相位预处理和传统预处理都使得系统性能得到优化，但两者却有区别。以往数据预处理不是从考虑所有分段的角度而提出的，而是以完成某种特定任务为目的设定的。如文献 [1] 为提高医疗图像的可视效果，对摄取的图像采用了降噪的预处理措施；文献 [2] 为提高网页挖掘 (web page mining, WPM) 的效率采用了增强数据聚集度的预处理措施等。全相位数据预处理是从考虑所有分段衍生出的，它不是为实现某一特定功能而设立的，而是为消除数据处理中的间断效应而引入的，间断是客观世界的很普遍的现象，因而它是面向更广泛应用的。

比方说，数据经全相位预处理后，后续处理既可以是 FIR 滤波，也可以是频谱分析、统计分析等。数据经全相位预处理后再进行传统滤波实际上就形成了全相位数字滤波；同样道理，数据经全相位预处理后再进行传统频谱分析就形成全相位频谱分析；数据经全相位预处理后再进行传统自适应信号处理就形成全相位自适应信号处理。通过进行全相位数据预处理操作，数字滤波、谱分析等系统性能得以优化。

2.2 三种全相位数据预处理

前面指出，全相位输入数据处理需借助卷积窗 w_c 来完成从 $(2N-1)$ 的数据向量 $\bm{x} = [x(n+N-1),\cdots,x(n),\cdots,x(n-N+1)]^{\mathrm{T}}$ 到长度为 N 的数据向量 $\bm{x}_1 = [x_1(0), x_1(1), \cdots, x_1(N-1)]^{\mathrm{T}}$ 的映射，那么如何构造这一卷积窗？如何使得卷积窗体现对包含输入样点 $x(n)$ 的所有长度为 N 的分段情况全部进行了考虑？如何根据卷积窗对全相位数据预处理进行分类？这是本节需要考虑并解决的问题。

假设我们所研究的系统是线性时不变性 (linear time invariant, LTI) 系统[3]，它满足齐次性、叠加性和时不变性。由于全相位数据预处理要考虑到包含某输入样点 $x(n)$ 所有长度为 N 的分段情况，假设存在某个 $\bm{T}$ 映射分别对各分段进行处理，其所有分段的输入、输出关系可列举如下：

$\bm{x}_0$: $[x(n), x(n-1), \cdots, x(n-N+1)] \to y_0(n)$

$\bm{x}_1$: $[x(n+1), x(n), \cdots, x(n-N+1)] \to y_1(n)$

……

$\bm{x}_{N-1}$: $[x(n+N-1), x(n+N-1), \cdots, x(n)] \to y_{N-1}(n)$

显然以上处理需耗费 N 次基于 $\bm{T}$ 映射的信号处理操作。为使得信号处理过程得以简化，并使得信号处理性能得以改善，全相位数据预处理的任务就是：使得预处理后的长度为 N 的数据向量 $\bm{x}_1 = [x_1(0), x_1(1), \cdots, x_1(N-1)]^{\mathrm{T}}$ 经过同样的 $\bm{T}$ 映射后，系统的输出 $y(n)$ 即为 $y_0(n) + y_1(n) + \cdots + y_{N-1}(n)$。对于一些常用的信号处理操作 (如数字滤波、谱分析)，正是在对各路输出 $y_i(n)$ 隐含的叠加过程中使得输出性能得以改善的。

根据卷积窗的不同，全相位数据预处理可分为无窗、单窗和双窗三种类别[4,5]，下面分别进行介绍。

2.2.1 无窗全相位数据预处理

根据 LTI 系统的叠加性，应有所有输入段 $\bm{x}_i$ 产生的响应值的叠加等于将所有输入段 $\bm{x}_i$ 叠加后去激励系统后产生的响应值，但如何去叠加所有的 N 个激励向量 $\bm{x}_0 \sim \bm{x}_{N-1}$ 呢？由于 $\bm{x}_i$ 是由各个时刻的数据组合而成 (包含数据 $x(n)$)，若直接把各时刻的输入数据进行简单求和，就会在时序上把数据打乱。另外，最终馈入系统的数据向量长度必须为 N，因而叠加后的数据矢量长度不会发生变化。为解决以上两个矛盾，我们采用了先周期延拓，再作求和截断的方法来实现。以 $N=3$ 为例，如图 2-1 所示。

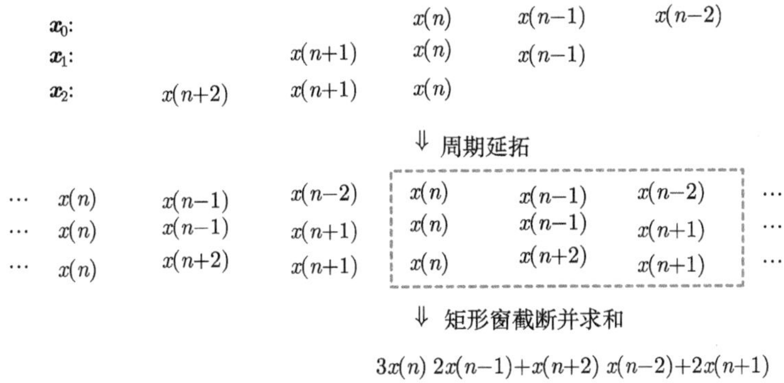

2.2 三种全相位数据预处理

$$
\begin{array}{llllll}
\boldsymbol{x}_0: & & & x(n) & x(n-1) & x(n-2) \\
\boldsymbol{x}_1: & & x(n+1) & x(n) & x(n-1) & \\
\boldsymbol{x}_2: & x(n+2) & x(n+1) & x(n) & &
\end{array}
$$

⇓ 周期延拓

$$
\begin{array}{lllllll}
\cdots & x(n) & x(n-1) & x(n-2) & x(n) & x(n-1) & x(n-2) & \cdots \\
\cdots & x(n) & x(n-1) & x(n+1) & x(n) & x(n-1) & x(n+1) & \cdots \\
\cdots & x(n) & x(n+2) & x(n+1) & x(n) & x(n+2) & x(n+1) & \cdots
\end{array}
$$

⇓ 矩形窗截断并求和

$$3x(n)\ \ 2x(n-1)+x(n+2)\ \ x(n-2)+2x(n+1)$$

图 2-1 无窗全相位数据预处理流程

图 2-1 中的数据处理过程分为如下步骤:

(1) 对输入的各数据矢量 $\boldsymbol{x}_i$ 在原位置分别进行周期延拓。
(2) 对在原位置周期延拓后的序列,进行竖直方向的求和,形成新的周期序列。
(3) 用矩形窗 $\boldsymbol{R}_N$ 对新的周期序列进行截断,产生无窗全相位输入序列。

于是,图 2-1 可用图 2-2 的无窗全相位数据预处理框图来等价。

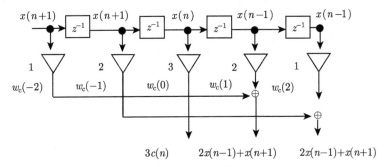

图 2-2 无窗全相位数据预处理的电路框图 ($N = 3$)

从图 2-2 中可看出,无窗全相位数据预处理相当于用一长为 $(2N - 1)$ 的三角窗对向量 $\boldsymbol{x} = [x(n+N-1), \cdots, x(n), \cdots, x(n-N+1)]^\mathrm{T}$ 进行加权后,再将前 $N-1$ 个数据移位 N 个延时单元和后 N 个数据相加而成。

2.2.2 单窗全相位数据预处理

为改善无窗全相位数据预处理的性能,可用一窗序列 $\boldsymbol{f}$ 对各数据矢量 $\boldsymbol{x}_i$ 进行加权后馈入系统,再将各对应 $\boldsymbol{x}_i$ 的输出 $y_i(n)$ 进行求和。

于是,单窗情况下全相位数据预处理的框架如图 2-3 所示 (以 $N=3$ 为例,假设所加的三角窗为 $[1\ 2\ 1]^\mathrm{T}$)

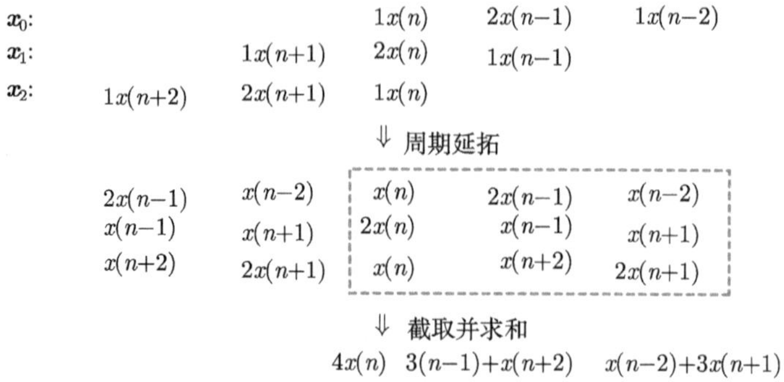

$$
\begin{array}{lllll}
\boldsymbol{x}_0: & & & 1x(n) & 2x(n-1) & 1x(n-2) \\
\boldsymbol{x}_1: & & 1x(n+1) & 2x(n) & 1x(n-1) & \\
\boldsymbol{x}_2: & 1x(n+2) & 2x(n+1) & 1x(n) & &
\end{array}
$$

⇩ 周期延拓

$$
\begin{array}{lll}
2x(n-1) & x(n-2) & \boxed{x(n) \quad 2x(n-1) \quad x(n-2)} \\
x(n-1) & x(n+1) & \boxed{2x(n) \quad x(n-1) \quad x(n+1)} \\
x(n+2) & 2x(n+1) & \boxed{x(n) \quad x(n+2) \quad 2x(n+1)}
\end{array}
$$

⇩ 截取并求和

$$4x(n) \quad 3(n-1)+x(n+2) \quad x(n-2)+3x(n+1)$$

图 2-3 单窗全相位数据预处理流程

图 2-3 中的数据处理过程分为如下步骤：

(1) 用窗序列 f 对 x_i 进行加权。

(2) 将加窗后的序列在原位置进行周期延拓。

(3) 对周期延拓后的序列进行竖直方向的求和，形成新的周期序列。

(4) 用矩形窗 R_N 对新周期序列进行截断，产生单窗全相位输入序列。

显然，图 2-3 的过程即可用图 2-4 来等价。

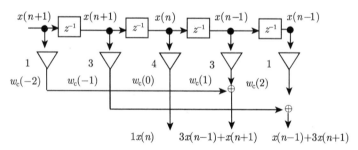

图 2-4 单窗全相位数据预处理的电路框图 ($N = 3$)

图 2-4 中的 w_c 为前窗 f 与翻转后的矩形窗 R_N 的卷积，即 w_c=[1 1 1]*[1 2 1]=[1 3 4 3 1]。

2.2.3 双窗全相位数据预处理

为进一步改善单窗全相位数据预处理的性能，可将简单求和环节改为用某一窗序列进行垂直方向加权求和，这就形成双窗全相位数据预处理方法。只需将图 2-3 单窗全相位数据预处理的步骤 (3)、(4) 作如图 2-5 所示的改进 (假设此后窗序列为三角窗 $[1\ 2\ 1]^T$)。

2.2 三种全相位数据预处理

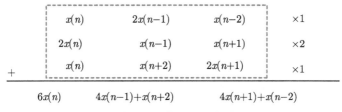

图 2-5 双窗全相位数据预处理的步骤 (3)、(4)

图 2-5 中的数据处理过程分为如下步骤：

(1) 用窗序列 f 对 x_i 进行加权。

(2) 将加窗后的序列在原位置进行周期延拓。

(3) 用窗序列 f 对在原位置周期延拓后的序列竖直方向加权。

(4) 对双加权周期延拓后的序列，进行竖直方向的求和，形成新的周期序列。

(5) 用矩形窗 R_N 对新的周期序列进行截断，产生双窗全相位输入序列。

图 2-5 的双窗全相位数据预处理可用图 2-6 来等价。

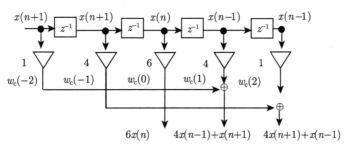

图 2-6 双窗全相位数据预处理的电路框图 ($N=3$)

图 2-6 中的 w_c 为前窗 f 与翻转后的矩形窗 R_N 的卷积，本例中 $w_c = [1\ 2\ 1]*[1\ 2\ 1] = [1\ 4\ 6\ 4\ 1]$。

2.2.4 全相位预处理的统一表示及其卷积窗性质

综上所述，三种全相位数据预处理处理过程是完全一致的，即先用卷积窗 w_c 对长度为 $2N-1$ 的输入向量 $\boldsymbol{x} = [x(n+N-1),\cdots,x(n),\cdots,x(n-N+1)]^T$ 进行数据加权，再将间距为 N 个延时单元的数据重叠累加而形成输出长度为 N 的输出向量 $\boldsymbol{y} = [y_0(n),\cdots,y_{N-1}(n)]^T$ 的过程。于是三种全相位数据预处理的统一流程如图 2-7 所示。

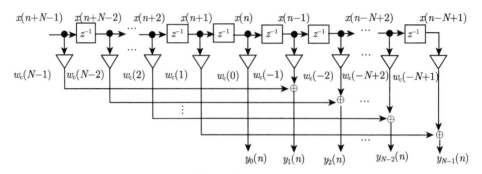

图 2-7 三种全相位数据预处理的统一结构

不妨定义尺寸为 $(2N-1) \times N$ 的矩阵 $\boldsymbol{P}$ 为

$$\boldsymbol{P} = \begin{bmatrix} 0 & \cdots & 0 & w_c(0) & 0 & \cdots & 0 \\ w_c(-N+1) & \cdots & 0 & 0 & w_c(1) & \cdots & 0 \\ \vdots & & \vdots & \vdots & \vdots & & \vdots \\ 0 & \cdots & w_c(-1) & 0 & 0 & \cdots & w_c(N-1) \end{bmatrix} \quad (2\text{-}1)$$

从而全相位数据预处理可以统一用矩阵形式表示为

$$\boldsymbol{y} = \boldsymbol{P}\boldsymbol{x} \quad (2\text{-}2)$$

三种全相位数据预处理结构完全一致,而区别仅在于卷积窗,因而有必要研究卷积窗的性质,由于卷积窗 $\boldsymbol{w}_c$ 是由前窗序列 $\boldsymbol{f}$ 和翻转的后窗序列 $\boldsymbol{b}$ 卷积而成 (即为两个窗序列的互相关),因而其数学式可表示为

$$w_c(n) = f(n) * b(-n) = \begin{cases} \sum_{k=0}^{N-1-k} b_k f_{k+n}, & n \in [0, N-1] \\ \sum_{k=-n}^{N-1} b_k f_{k+n}, & n \in [-N+1, -1] \\ 0, & \text{其他} \end{cases} \quad (2\text{-}3)$$

为使得输入序列和输出序列的幅值不出现偏离,在实际数据处理中需对卷积窗进行归一化,可选用卷积窗中心元素 $w_c(0)$ 作为归一化因子 C,即

$$C = w_c(0) = \sum_{m=0}^{N-1} b_m f_m \quad (2\text{-}4)$$

由式 (2-2) 易推知,当前窗序列 $\boldsymbol{f}$ 和后窗序列 $\boldsymbol{b}$ 都为对称窗时,卷积窗 $\boldsymbol{w}_c$ 也为对称窗,即

$$w_c(n) = w_c(-n) \quad (2\text{-}5)$$

2.2 三种全相位数据预处理

现在来研究卷积窗的平移相加归一性,此性质在后面的证明中要用到。当 $n \in [0, N-1]$ 时,根据卷积窗的中心对称性,有

$$w_c(n-N) = w_c(N-n) = \sum_{k=0}^{N-1-(N-n)} f(k)b(k+N-n)$$

$$= \sum_{k=0}^{n-1} f(k)b(k+N-n) \tag{2-6}$$

将式 (2-3)、式 (2-6) 进行叠加,有

$$w_c(n) + w_c(n-N) = \sum_{k=0}^{N-1} f(k)b(k+n) + \sum_{k=0}^{n-1} f(k)b(k+N-n), \quad 0 \leqslant n \leqslant N-1 \tag{2-7}$$

若式 (2-7) 的求和结果可以归一,则称卷积窗具有平移相加归一性。下面分无窗、单窗和双窗三种情况进行讨论。

1) 无窗情况

无窗时,由式 (2-3) 和式 (2-6) 可得到归一化后的卷积窗元素 $w_c(n)$ 为

$$w_c(n) = \frac{1}{N} R_N(n) * R_N(-n) = \frac{N-|n|}{N}, \quad n \in [-N+1, N-1] \tag{2-8}$$

则

$$w_c(n) + w_c(n-N) = \frac{N-n}{N} + \frac{N-(N-n)}{N} = 1 \tag{2-9}$$

式 (2-9) 表明:无窗情况的卷积窗具有平移相加归一性。

2) 单窗情况

令 f 为某一对称窗,后窗 b 为矩形窗,则式 (2-7) 可进一步推导为

$$w_c(n) + w_c(n-N) = \sum_{k=0}^{N-1-n} f(k) + \sum_{k=0}^{n-1} f(k) \tag{2-10}$$

由于前窗 f 为对称窗,则将式 (2-10) 进一步推导如下:

$$\sum_{k=0}^{N-1-n} f(k) + \sum_{k=0}^{n-1} f(k) = \sum_{k=0}^{N-1-n} f(N-1-k) + \sum_{k=0}^{n-1} f(k)$$

$$= \sum_{k=n}^{N-1} f(k) + \sum_{k=0}^{n-1} f(k) = \sum_{k=0}^{N-1} f(k) = C \tag{2-11}$$

将式 (2-11) 除以归一化因子 C,则有

$$w_c(n) + w_c(n-N) = 1 \tag{2-12}$$

式 (2-12) 表明：单窗情况的卷积窗具有平移相加归一性。

3) 双窗情况

利用前窗 f、后窗 b 相等并具有的对称性，对式 (2-6) 进行代换，有

$$w_c(n) + w_c(n-N) = \sum_{k=n}^{N-1} f(k)f(k-n) + \sum_{k=0}^{n-1} f(k)f(n-1-k) \quad (2\text{-}13)$$

而由式 (2-4) 可推出其双窗归一化因子 C 为

$$C = \sum_{k=0}^{N-1} f(k)b(k) = \sum_{k=0}^{N-1} f^2(k) \quad (2\text{-}14)$$

显然，式 (2-13) 中的两求和式无法合并，其结果不等于式 (2-14) 中的归一化因子 C，因此双窗情况的卷积窗不具有平移相加归一性。

为比较三种加窗情况下的卷积窗的平移相加归一性，表 2-1 列出了 $N=4$ 时，无窗、汉明单窗和汉明双窗三种情况下归一化后的卷积窗数值。

表 2-1　无窗、汉明单窗、汉明双窗情况的卷积窗元素数值($N = 4$)

	$w_c(-3)$	$w_c(-2)$	$w_c(-1)$	$w_c(0)$	$w_c(1)$	$w_c(2)$	$w_c(3)$
无窗	0.2500	0.5000	0.7500	1.0000	0.7500	0.5000	0.2500
汉明单窗	0.0471	0.5000	0.9529	1.0000	0.9529	0.5000	0.0471
汉明双窗	0.0053	0.1028	0.5974	1.0000	0.5974	0.1028	0.0053

从表 2-1 可看出，无窗、单窗情况均满足式 (2-9) 所示的平移相加归一化特性，而双窗情况不满足。从表 2-1 中双窗情况下的卷积窗数据可看出 (也容易证明)，它满足

$$w_c(n) + w_c(n-N) \leqslant 1, \quad n = 0, \cdots, N-1 \quad (2\text{-}15)$$

式 (2-15) 的等号当且仅当 $n=0$ 时成立。

2.3　确定信号的全相位数据预处理

本节研究确定信号经全相位数据预处理后的特性变化，信号的 DFT 谱和自相关函数能比较好地反映出确定信号的特性，因而研究确定信号经全相位数据预处理后的这两个基本特征的变化。

2.3.1　DFT 谱性能特征变化

1. 传统加窗前、后的波形及其谱线分析

以最常见的余弦函数确定信号为例，我们先来分析未经全相位数据预处理的余弦信号波形，令 $N=32$，则频率采样间隔 $\Delta\omega = 2\pi/32 \text{ rad} \cdot \text{s}^{-1}$，假设有五个单频

2.3 确定信号的全相位数据预处理

余弦信号,它们的数字角频率依次偏离 0、0.125、0.25、0.375、0.5 个 $\Delta\omega$,令观察区间 $n \in [0, N-1]$,则此信号的传统截断波形及其加汉明窗截断波形如图 2-8(a)、(b) 所示。

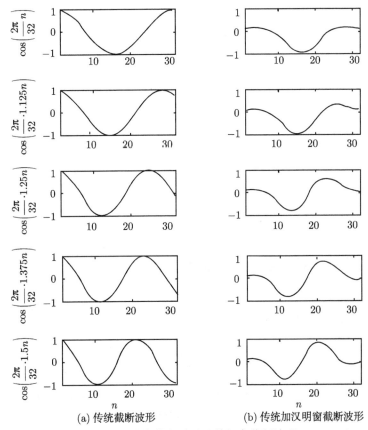

(a) 传统截断波形 (b) 传统加汉明窗截断波形

图 2-8 余弦信号的传统截断波形及其加窗截断波形 ($N = 32$)

对图 2-8 各序列作 DFT,即得到此信号的 DFT 谱线,如图 2-9 所示。

从图 2-8(a) 可看出,当信号频率偏离 0 个 $\Delta\omega$ 时,信号的首尾波形幅值是相同的,若对观察区间进行周期为 N 的延拓,则可形成连续的波形,因而如图 2-9(a) 第一行所示,其对应的谱线只有一根,不存在频谱泄漏。随着信号频率偏离程度的增大,信号的首尾波形差异越来越大,若对观察区间进行周期为 N 的延拓,其延拓后的信号必然会出现幅值的间断,一旦出现间断就意味着引入了很多高频成分而使得分析的波形失真,而这些由截断引起的波形失真在频谱图上会以如图 2-9(a) 所示的主谱线周围的泄漏表现出来。随着信号频率的偏离程度越来越大,如图 2-9(a) 后四行所示,主谱线越来越不突出,频谱泄漏越来越严重。

正因为存在谱泄漏,即使对于仅包含一个频率成分的信号,在谱图中却有多根

谱线将之反映出来 (图 2-9); 当信号包含多个频率成分时,各成分间的谱泄漏更会彼此干扰,进一步降低谱分析精度[6-8]。

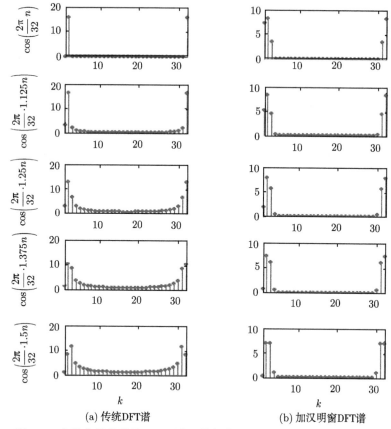

图 2-9 余弦信号的传统 DFT 谱及其加窗 DFT 谱 ($N = 32$)

为解决由截断引起的波形不连续及其频谱泄漏问题,通常采用加窗的方法。从图 2-8(b) 可看出,对截断信号加窗后,信号的首尾波形变得都连续了,这种波形连续在频谱图上以少数几根旁谱线表现出来,这在信号频率偏离程度较大时特别明显 (如图 2-9(b) 后两行所示)。但同时也可看出,无论信号频率的偏离程度较小还是很大,波形都失真了。需要注意的是,当信号频率没有偏离或偏离程度很小时,泄漏问题并不突出,但加窗后,信号旁谱线的泄漏反而突出起来 (如图 2-9(b) 前两行所示)。

2. 全相位预处理后的波形及其谱线分析

上述五种余弦信号经全相位数据预处理后的波形如图 2-10 所示。

对图 2-10 的各序列作 DFT,即可得到其离散谱线,如图 2-11 所示。

2.3 确定信号的全相位数据预处理

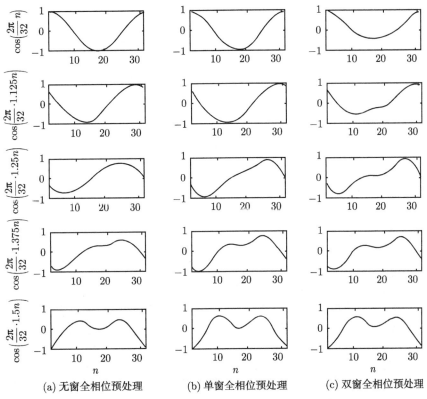

(a) 无窗全相位预处理　　(b) 单窗全相位预处理　　(c) 双窗全相位预处理

图 2-10　三种全相位数据预处理后的余弦信号波形

从图 2-10(a)~(c) 可看出，无论信号频率偏离的程度有多大，经三种全相位数据预处理后信号首尾的波形都基本保持了连续性，从而使得截断误差减小。当信号频率偏离 0 个 $\Delta\omega$ 时，无窗、单窗全相位数据预处理不会出现波形失真；当偏离程度较小时，无窗、单窗的波形失真也较小，所以图 2-11(a)、(b) 中前两行的频谱泄漏很小。图 2-10(c) 的双窗出现波形失真，但相对于图 2-8(b) 传统加窗情况，失真程度要小得多，因而对应的图 2-11(c) 中前两行的旁谱线泄漏也比图 2-9(b) 中前两行的旁谱线泄漏要小。随着信号频率偏离程度的增大，双窗全相位数据预处理后的谱分析性能比无窗、单窗要增强，当信号频率偏离 0.5 个 $\Delta\omega$ 时，双窗谱分析结果基本只剩下两根高度相等的主谱线，而无窗、单窗情况除了两根主谱线外，还存在很小的旁谱泄漏。其中单窗谱线泄漏相比于无窗时要小些。

从传统处理和全相位数据预处理的波形及其谱线对比可看出，对于单频信号，传统方法的谱线泄漏范围很大，泄漏的程度很严重；加窗后旁谱泄漏的范围缩小，但抑制程度不够大[5,9]。经全相位数据预处理后，旁谱泄漏范围全部缩小，对于不同的频率偏离情况，三种全相位数据预处理后的波形失真和泄漏抑制也得到不同程度的改善[5,9]。

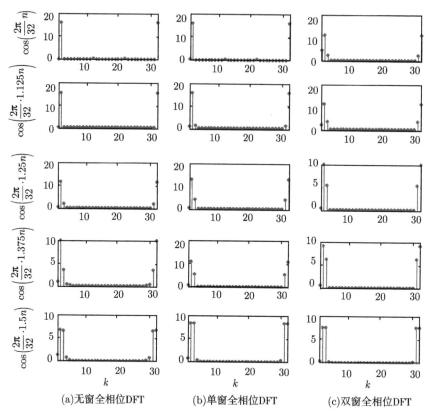

(a)无窗全相位DFT　　(b)单窗全相位DFT　　(c)双窗全相位DFT

图 2-11　三种全相位数据预处理后的余弦信号的 DFT 谱 ($N=32$)

以上对于简单的单频信号，全相位数据预处理显示了它的优势。实际信号总是包含多种频率成分，各频率成分将会引起谱间干扰，由于经全相位数据预处理后各主频的旁谱泄漏会减小，谱泄漏的有效范围比传统 FFT 小，因而这必然会使得谱间干扰减小。

对样本序列进行全相位数据预处理后，再进行传统 FFT 谱分析就构成了全相位 FFT 谱分析，全相位 FFT 谱分析会在后面的章节详细给出。

2.3.2　自相关特性的变化

我们知道，序列 $\{x(n)\}$ 的自相关函数可表示为

$$r_{xx}(m) = E[x(n)x^*(n+m)] = \lim_{N\to\infty} \frac{1}{2N+1} \sum_{n=-N}^{N} x(n)x^*(n+m) \tag{2-16}$$

在用计算机处理时，只能处理有限个数据，因而只能用较大的 N 值近似估计

2.3 确定信号的全相位数据预处理

这个自相关函数 $r_{xx}(m)$。

若给定一确定性复指数信号 $x(n)$, 令 $W = \mathrm{e}^{-\mathrm{j}2\pi/N}$, 有

$$x(n) = A\mathrm{e}^{\mathrm{j}(-\beta 2\pi n/N + \phi)} = A\mathrm{e}^{\mathrm{j}\phi}W^{\beta n}, \quad n = -N+1, \cdots, 0, \cdots, N-1 \quad (2\text{-}17)$$

假定进行无窗全相位预处理，重新给出式 (2-3) 的卷积窗元素 $w_\mathrm{c}(m)$ 为

$$w_\mathrm{c}(m) = \frac{1}{N}R_N(m) * R_N(-m) = \frac{N-|m|}{N}, \quad m \in [-N+1, N-1] \quad (2\text{-}18)$$

设图 2-7 所示的经过无窗全相位预处理之后的数据为 $y_m(n)$, 则有

$$y_m(n) = w_\mathrm{c}(-m)x(n-m) + w_\mathrm{c}(N-m)x(n+N-m), \quad m = 0, 1, \cdots, N-1 \quad (2\text{-}19)$$

将式 (2-17)、式 (2-18) 代入式 (2-19), 可得

$$\begin{aligned}
y_m(n) &= \frac{N-m}{N}x(n-m) + \frac{m}{N}x(n+N-m) \\
&= \frac{A\mathrm{e}^{\mathrm{j}\phi}}{N}\left[(N-m)W^{\beta(n-m)} + mW^{\beta(n+N-m)}\right] \\
&= \frac{A\mathrm{e}^{\mathrm{j}\phi}W^{\beta(n-m)}}{N}\left[(N-m) + mW^{\beta N}\right]
\end{aligned} \quad (2\text{-}20)$$

由此可以推导出 $y_m(n)$ 的自相关函数最大值 $r_{yy}(0)$ 为

$$\begin{aligned}
r_{yy}(0) &= E(|y_m(n)|^2) = \frac{1}{N}\sum_{m=0}^{N-1}[y_m(n) \cdot y_m^*(n)] \\
&= \frac{1}{N}\sum_{m=0}^{N-1}\left[\frac{A\mathrm{e}^{\mathrm{j}\phi}W^{\beta(n-m)}}{N}\left((N-m) + mW^{\beta N}\right)\right] \\
&\quad \cdot \left[\frac{A\mathrm{e}^{\mathrm{j}\phi}W^{\beta(n-m)}}{N}\left((N-m) + mW^{\beta N}\right)\right]^* \\
&= \frac{A^2}{N^3}\sum_{m=0}^{N-1}\left[(N-m) + mW^{\beta N}\right] \cdot \left[(N-m) + mW^{-\beta N}\right] \\
&= \frac{A^2}{N^3}\sum_{m=0}^{N-1}\left[(N-m)^2 + m^2 + 2(N-m)m \cdot \cos(\beta \cdot 2\pi)\right]
\end{aligned} \quad (2\text{-}21)$$

令 $\beta = k + \Delta k$, k 为整数, $-0.5 \leqslant \Delta k \leqslant 0.5$, 则式 (2-21) 可进一步表示为

$$\begin{aligned}
r_{yy}(0) &= \frac{A^2}{N^3}\sum_{m=0}^{N-1}\left(N^2 - 2mN + 2m^2\right) \\
&\quad + \frac{2A^2\cos(2\pi \cdot \Delta k)}{N^3}\sum_{m=0}^{N-1}\left(Nm - m^2\right)
\end{aligned} \quad (2\text{-}22)$$

由于满足

$$\sum_{m=0}^{N-1} m^2 = \frac{N(N-1)(2N-1)}{6}, \quad \sum_{n=0}^{N-1} m = \frac{N(N-1)}{2} \qquad (2\text{-}23)$$

则将式 (2-23) 代入式 (2-22)，有

$$r_{yy}(0) = \frac{2N^2+1}{3N^2}A^2 + \frac{(N^2-1)}{6N^2}A^2\cos(2\pi \cdot \Delta k) \qquad (2\text{-}24)$$

式 (2-24) 揭示了自相关函数峰值与信号频偏 Δk 之间的关系，图 2-12 中画出了此峰值在有噪和无噪情况下随频率偏移量变化的仿真曲线。

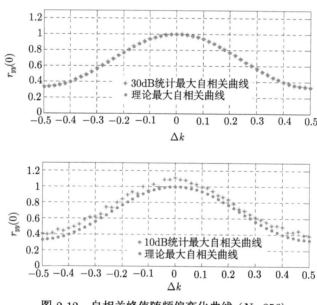

图 2-12　自相关峰值随频偏变化曲线 (N=256)

从图 2-12 可以看出，当信噪比为 30dB 时，其随频偏的变化曲线几乎没有误差，再观察此时有频偏 Δk =0.4 的曲线，可直接测量出其频偏量而且很准确。当信噪比降到 10dB 时，将出现一定的误差，但从两条曲线可以看出其误差不超过 0.05 倍的频率分辨率，也可较准确地确定其频偏量。由式 (2-24) 和图 2-12 可推知，预处理后数据的自相关函数的最大值可以用来校正余弦信号的频率偏移量，特别在噪声中检测频偏量有较大的作用，因而从自相关函数的角度去估计余弦信号的频率也是频谱校正的一种思路。

2.4 全相位数据预处理后的统计特性

2.4.1 统计特性衡量指标及其仿真测试

前面几节分析的时域特性都是针对确定性信号而言，但现实生活中存在于很多非确定性信号，即随机信号。例如，各种无线电设备中的噪声与干扰、日常生活中的各种语音信号等都是随机信号。它和确定性信号的区别在于：它不能用确定的数学公式表示出来，也不能准确地予以预测。从而对随机信号一般只能在统计的意义上进行研究，这也相应地决定了其分析与处理方法和确定性信号有着较大的区别。

在这里，我们主要考虑的是全相位预处理后的数据统计特性，主要考查的性能衡量指标是均值、方差、自相关函数。它们在对随机信号的处理当中有着很多应用，例如，相关函数在噪声信号的检测、信号中隐含周期性的检测、信号相关性的检验、信号时延长度的测量以及功率谱估计等都有着广泛的应用。假设要分析的数据样本为 $x(n)$, $n = 0, 1, \cdots, N-1$，本节所要用到的基本公式主要是

均值为

$$m_x = E(x(n)) = \lim_{N \to \infty} \frac{1}{N} \sum_{n=0}^{N-1} x(n) \tag{2-25}$$

方差为

$$E[y_m(n)] = w_c(m) E[x(n-m)] + w_c(m-N) E[x(n+N-m)]$$
$$= [w_c(m) + w_c(m-N)] E[x(n)], \quad m \in [0, N-1] \tag{2-26}$$

在用计算机处理时，只能处理有限个数据，因而只能用较大的 N 值近似估计它们的参数指标。

现将高斯平稳随机序列 $x(n)$ 分别馈入到如图 2-7 所示的无窗、单窗和双窗全相位预处理装置，$x(n)$ 服从均值 $m_x = 2$，方差 $\sigma_x^2 = 1$ 的正态分布。

则在时刻 n，传统输入数据向量是 $\boldsymbol{x}_n = [x(n), x(n-1), \cdots, x(n-N+1)]^T$，而对 $(2N-1)$ 个数据 $x(n+N-1), \cdots, x(n), \cdots, x(n-N+1)$ 进行全相位预处理后的数据向量则为 $\boldsymbol{y}_n = [y_0(n), y_1(n), \cdots, y_{N-1}(n)]^T$。随着时刻 n 推移，我们不断地对图 2-7 输出的 N 个测试点进行记录观察，经过足够大的 L 个时刻后，再对各观察点 $y_i(n)$ 的均值和方差数据进行统计，其均值和方差按式 (2-25)、式 (2-26) 进行计算。表 2-2、表 2-3 分别给出了 N 取不同值时传统方法和三种全相位预处理方法在各个输出端口的观测统计结果 (假定记录的时刻数 $L = 1000$)。

表 2-2 传统方法和三种全相位预处理前、后数据的均值和方差的测试结果($N=4$)

		$y_0(n)$	$y_1(n)$	$y_2(n)$	$y_3(n)$
传统情况	均值	2.0316	2.0331	2.0346	2.0333
	方差	0.9944	0.9937	0.9923	0.9931
无窗	均值	2.0067	2.0082	2.0070	2.0070
	方差	1.0707	0.6691	0.5382	0.6722
汉明单窗	均值	1.9568	1.9578	1.9588	1.9572
	方差	1.0597	0.9694	0.5535	0.9693
汉明双窗	均值	1.9846	1.1928	0.4073	1.1950
	方差	1.0299	0.3703	0.0217	0.3655

表 2-3 传统方法和三种全相位预处理前、后数据的均值和方差的测试结果($N=8$)

		$y_0(n)$	$y_1(n)$	$y_2(n)$	$y_3(n)$	$y_4(n)$	$y_5(n)$	$y_6(n)$	$y_7(n)$
传统情况	均值	1.9973	1.9961	1.9965	1.9967	1.9980	2.0039	2.0033	2.0043
	方差	1.0062	1.0064	1.0066	1.0064	1.0080	1.0102	1.0108	1.0107
无窗	均值	1.9973	1.9966	1.9975	1.9981	1.9997	2.0009	1.9995	1.9989
	方差	1.0062	0.7887	0.6335	0.5401	0.5100	0.5417	0.6343	0.7890
汉明单窗	均值	1.9860	1.9864	1.9879	1.9869	1.9858	1.9842	1.9822	1.9836
	方差	0.9685	0.9284	0.8126	0.5932	0.4716	0.5941	0.8145	0.9291
汉明双窗	均值	2.0212	1.8197	1.3437	0.8823	0.6937	0.8818	1.3443	1.8200
	方差	1.0108	0.8146	0.4278	0.1477	0.0614	0.1482	0.4284	0.8157

观察表 2-2、表 2-3 的均值测量数据可发现：数据经传统数据处理 (实际上就是直接取输入 $2N-1$ 个数据的后 N 个值) 后，由于没有经历附加的数据操作，其均值和方差基本都不变。

而数据经无窗和单窗全相位预处理后，各个测试点上的数据均值基本不变，仍等于 2 左右；而经双窗全相位预处理后，其均值普遍变小了，并且中间元素的均值比两旁元素的方差要小。

表 2-3 的方差测量数据表明：数据经三种类型的全相位预处理后，其方差都变小了，中间元素的方差比两旁元素都小，且双窗情况的方差比无窗和单窗都小。

表 2-2、表 2-3 是在 N 个输出测试点上，对所有时刻进行观测统计的结果。为进一步使得数据特征的变化在各个时刻都能反映出来，我们可改换测试方式，即在每个 n 时刻，对 N 个输出都进行一次统计平均，得出各个时刻的即时均值 $\bar{y}(n)$ 和即时方差 $\sigma_y^2(n)$，即

$$\bar{y}(n) = \frac{1}{N} \sum_{i=0}^{N-1} y_i(n) \tag{2-27}$$

$$\sigma_y^2(n) = \frac{1}{N} \sum_{i=0}^{N-1} [y_i(n) - \bar{y}(n)]^2 \tag{2-28}$$

2.4 全相位数据预处理后的统计特性

再将这些均值和方差值绘成随时刻 n 而变化的曲线。以单窗情况为例，阶数 N 取 4 时的测量曲线如图 2-13 所示。

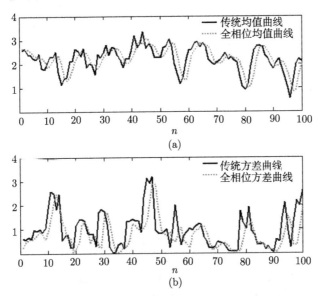

图 2-13 传统和单窗全相位均值和方差测量曲线 ($N = 4$)

阶数 $N=64$ 的测量结果如图 2-14 所示。

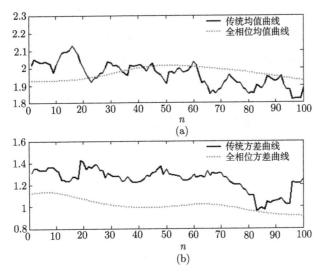

图 2-14 传统和单窗全相位均值和方差测量曲线 ($N = 64$)

阶数 $N=256$ 的测量结果如图 2-15 所示。

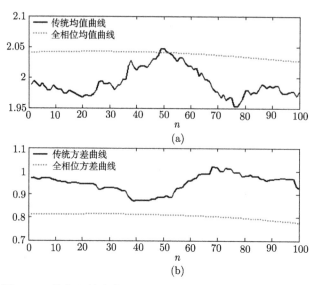

图 2-15 传统和单窗全相位均值和方差测量曲线 ($N = 256$)

对比图 2-13~图 2-15 的测量曲线可以看出，当阶数 $N=4$ 时，由于观察区间太小，测量出来的传统均值和方差曲线在不同时刻变化都很大，全相位均值和方差曲线比传统曲线变化平缓些，但不是很明显。当阶数 $N=64$ 时，图 2-14 的传统均值和方差曲线相对于图 2-13 变得平缓些，但全相位均值和方差曲线更加平滑，在整个时间轴上只有轻微的波动。当阶数 $N=256$ 时，图 2-15 的传统均值和方差曲线的平滑程度改善不明显，但全相位均值和方差曲线几乎成了一条平线。

另外，对比图 2-13~图 2-15 中全相位方差曲线可看出，随着 N 的增大，全相位方差数值减小的程度越明显，其随时刻而变化的曲线也越来越平；也就是说，高斯随机序列经全相位数据预处理后数据变得更加集中，更加平稳。

数据经无窗、单窗全相位预处理后的均值基本不变，方差值减小的性质具有很高的实用价值，这是因为：均值不变，意味着离散数据的整体幅值水平不会改变，而方差衡量的是离散数据偏离中心值的程度，方差减小，意味着在统计意义上离散数据更加向均值靠拢，即更具"收敛性"[10]。如果将全相位数据预处理用于传统自适应信号处理中，将会减少收敛次数及收敛时间，降低稳态误差。文献 [11]~[13] 把全相位数据预处理与传统 LMS 自适应算法结合起来，在自适应滤波、自适应系统辨识、自适应除噪等方面做了大量仿真研究，取得很好的效果。

2.4.2 统计特性变化的理论证明

表 2-2、表 2-3 和图 2-13~图 2-15 的结果由仿真实验得出，由这些结果可归纳出下列三个重要性质，这些性质可根据卷积窗的平移相加归一性来证明。

2.4 全相位数据预处理后的统计特性

性质 1 平稳随机信号经归一化后的无窗或单窗全相位预处理后,其均值不变,而经归一化后的双窗全相位预处理后,其均值减小。

证明 假设在图 2-7 中,输入信号为高斯平稳随机信号,其均值表示为

$$E\left[x(n)\right] = \bar{x} \tag{2-29}$$

显然图 2-7 中,结合 $w_c(n) = w_c(-n)$,输出端各观察数据 $y_m(n)$ 可表示为

$$y_m(n) = w_c(m)x(n-m) + w_c(m-N)x(n+N-m), \quad m \in [0, N-1] \tag{2-30}$$

对式 (2-30) 两端取数学期望,有

$$\begin{aligned} E\left[y_m(n)\right] &= w_c(m)E\left[x(n-m)\right] + w_c(m-N)E\left[x(n+N-m)\right] \\ &= \left[w_c(m) + w_c(m-N)\right]E\left[x(n)\right], \quad m \in [0, N-1] \end{aligned} \tag{2-31}$$

对于无窗、单窗情况的卷积窗,由于 $\boldsymbol{w}_c$ 具有平移相加归一性,联立式 (2-12),有

$$E\left[y_m(n)\right] = E\left[x(n)\right] = \bar{x} \tag{2-32}$$

而双窗情况的 $\boldsymbol{w}_c$ 不具有平移相加归一性,根据式 (2-15),有

$$E\left[y_m(n)\right] < E\left[x(n)\right] = \bar{x} \tag{2-33}$$

若把输出端观察的数据 $y_m(n)$ 看成是平稳随机过程在时刻 n 的一次实现,则根据统计信号处理理论,平稳随机信号全部样本序列在一个时刻上的集合平均和一个样本序列在整个时间轴上的平均结果是一致的[14],因此式 (2-32)、式 (2-33) 决定了平稳随机序列经无窗、单窗全相位预处理后,其数学期望值 (即均值) 不变,而经双窗全相位预处理后,其数学期望值 (即均值) 减小。

性质 2 平稳随机信号经归一化后的无窗、单窗或双窗全相位预处理后,其方差值减小。

证明 令图 2-7 中输入的平稳随机信号的方差为 $\mathrm{Var}[x(n)] = \sigma_x^2$,则对式 (2-30) 两端取方差,根据输入信号各时刻的统计独立性,有

$$\begin{aligned} \mathrm{var}\left[y_m(n)\right] &= w_c^2(m)\mathrm{var}\left[x(n-m)\right] + w_c^2(m-N)\mathrm{var}\left[x(n+N-m)\right] \\ &= \left[w_c^2(m) + w_c^2(m-N)\right]\sigma_x^2, \quad m \in [0, N-1] \end{aligned} \tag{2-34}$$

对于无窗、单窗情况所满足的式 (2-12) 中平移相加归一性,根据平均数不等式,有

$$w_c^2(m) + w_c^2(m-N) \leqslant \left[w_c(m) + w_c(m-N)\right]^2 = 1 \tag{2-35}$$

联立式 (2-34)、式 (2-35)，有

$$\text{var}[y_m(n)] \leqslant \sigma_x^2, \quad m \in [0, N-1] \tag{2-36}$$

式 (2-36) 中的等号当且仅当 $m=0$ 时成立。而输出端要求在同一时刻对 N 个观察点上的数据进行组合，这些数据仅有第一个方差不变，其他方差都减小，因此总的输出数据的方差都会减小。而对于双窗情况，由于式 (2-15) 成立，根据不等式的放缩性，同样有式 (2-36) 成立。

因此，平稳信号无论经过哪种全相位预处理，其方差都减小。

性质 3 平稳随机信号经归一化后的无窗全相位预处理后，其平均方差值约等于原方差值的 2/3。

证明 时刻 n 的平均方差值即为 N 个输出测试点的各个方差值估计的平均值，联立式 (2-34)，该方差可表示为

$$\bar{\sigma}_y^2(n) = \frac{1}{N}\sum_{m=0}^{N-1}\text{var}[y_m(n)] = \frac{\sigma_x^2}{N}\sum_{m=0}^{N-1}\left[w_c^2(m) + w_c^2(m-N)\right] \tag{2-37}$$

把式 (2-18) 无窗情况的卷积窗元素 $w_c(m)$ 代入式 (2-38)，联立式 (2-23) 有

$$\bar{\sigma}_y^2(n) = \frac{\sigma_x^2}{N^3}\sum_{m=0}^{N-1}\left(N^2 + 2m^2 - 2mN\right) = \frac{2N^2+1}{3N^2}\sigma_x^2 \tag{2-38}$$

当 N 比较大时，$1/N$ 趋于 0，则有

$$\lim_{N\to+\infty}\bar{\sigma}_y^2(n) = 2\sigma_x^2/3 \tag{2-39}$$

由此可见，全相位预处理之后数据的方差减小 1/3[4,15]。

由于无窗全相位预处理后，其均值不变，而方差减小为原来的 2/3，可推知，经过预处理后，随机变化的数据仍在原有平均水平上，但分布范围减小了，分布的密集程度提高了。

对表 2-3 无窗全相位输出的 8 个方差数据进行平均，得到其平均方差值为 0.6804，即近似为 2/3 左右，这就从实验上证明了本性质。

2.5 小 结

本章较详细地阐述了全相位数据预处理三种加窗情况的具体流程并给出了它们的电路结构图。它们与传统数据截断的区别主要表现在时域特性和统计特性两方面：时域上主要是分析了采用预处理之后其截断信号所发生的变化，比较详细地

讨论了这些变化对后续处理的影响并给出了其图形说明；另外，本章还求取了预处理后数据的最大自相关函数值，并指出该值与余弦信号的频偏值之间存在解析关系，这在从噪声中检测余弦信号的频率偏移程度中也是一种频谱校正思路，并且其也有比较强的抗噪能力，针对有时只需探知其频偏程度的场合具有较大优势，但其缺点是若要想准确知道余弦信号的频率，始终离不开我们后续章节将要提到的频谱分析。从这点意义上讲，就如自相关函数用于检测含噪余弦信号的周期性，不需准确知道信号的具体频率，因此，可以根据各种不同的应用场合而采用不同的方法。

本章提出基于三种卷积窗的全相位数据预处理算法，指出若对离散数据全相位预处理后再进行传统的线性处理，则可改善处理性能。初步研究了确定信号经全相位预处理后的波形及其FFT谱线的特征变化。从统计意义上主要是针对截断数据经全相位预处理之后是否能保留一些原信号的基本特征及其方差性能都给出了较详细分析及相关公式推导。另外，理论分析和实验验证了随机信号经全相位预处理后的统计特征和平稳性能的改善情况。由于全相位数据预处理具有提高数据收敛性和平稳性的优良性能，因而在自适应信号处理和统计分析领域具有较高的应用价值。

参 考 文 献

[1] Li Y F, Zhang M. An effective lossless compression algorithm for medical image set based on denoise improved MMP method. IEEE International Symposium on Micro-Nano Mechatronics and Human Science, 2003: 729-732.

[2] Ramya C, Shreedhara K S, Kavitha G. Preprocessing: A prerequisite for discovering patterns in WUM process. International Journal of Information and Electronics Engineering, 2011, 3(2): 196-199.

[3] Oppenheim A V, Schafer R W, Buck J R. Discrete-Time Signal Processing. Englewood Cliffs, NJ: Prentice-Hall, 1999.

[4] 王兆华, 黄翔东. 基于全相位谱分析的相位测量原理及其应用. 数据采集与处理, 2009, 24(6): 777-782.

[5] 王兆华, 侯正信, 苏飞. 全相位数字滤波. 信号处理, 2003, 19(1): 4.

[6] Pintelon R, Schoukens J. Time series analysis in the frequency domain. IEEE Transactions on Signal Processing, 1999, 47(1): 206-210.

[7] Lin Y P, Ban Y Y, Su C C, et al. Windowed multicarrier systems with minimum spectral leakage. IEEE International Conference on Acoustics, Speech, and Signal Processing, 2004.

[8] 王兆华, 黄翔东. 数字信号全相位谱分析与滤波技术. 北京: 电子工业出版社, 2009.

[9] 王兆华, 侯正信, 苏飞. 全相位FFT频谱分析. 通信学报, 2003, 24(B11): 16-19.

[10] Ferrara E, Widrow B. Multichannel adaptive filtering for signal enhancement. IEEE Transactions on Acoustics Speech & Signal Processing, 1981, 28(3): 606-610.
[11] 苏飞, 姜道连. 全相位自适应滤波器设计. 信号处理, 2014, 30(8): 937-943.
[12] 苏飞, 王兆华. 基于带双窗 $N-1/N$ 重叠频域 FIR 滤波器的自适应除噪. 电子测量与仪器学报, 2005, 19(1): 7-13.
[13] 苏飞, 王兆华. 基于变换域全相位 FIR 自适应滤波算法. 电子学报, 2004, 32(11): 1859-1863.
[14] Gray R M, Davisson L D. An introduction to statistical signal processing. IET, 2010, (1): 33.
[15] 黄翔东, 丁道贤, 南楠, 等. 高斯噪声中的全相位 FFT 振幅谱性能分析. 计算机工程与应用, 2013, 49(S3): 426-429.

第3章 全相位 FFT 频谱分析

3.1 数字谱分析理论的发展历程

3.1.1 工程应用对谱分析的需求

谱分析既是信号处理中的一个极其重要的研究课题，又是在通信、雷达、声纳、光学工程、物联网工程、仪器仪表、电力系统分析、机械故障诊断等方面应用非常广泛的处理工具。

谱分析的任务就是"分析清楚信号包含哪些成分，并提取出各成分的特征"。在工程实践中，总是期望可以"快""准""全""省"地完成数字信号的谱分析。

所谓"快"，就是期望谱分析方法计算复杂度低，方法简单，尽量有快速算法实现；另一方面，能够快速实现的算法必然耗费的内存少，耗费的系统资源少，这样谱分析才能尽量满足工程应用中的实时处理需求。

所谓"准"，就是期望谱分析结果可以准确反映实际成分的位置。具体来说，就是尽可能抑制谱泄漏、谱间干扰以及出现"伪峰"(spurious peak)等问题。

所谓"全"，就是期望谱分析结果应尽量不丢失信息。具体来说，就是期望既可以提供准确的"振幅谱(或功率谱)"，又可以提供易于解释的"相位谱"。而"相位谱"里蕴含的相位信息常常是现代谱分析忽略的内容。但工程中相位信息却非常重要，如在旋转机械故障诊断中，有时一个振幅谱往往对应着两三个解释(如振动信号频谱中经常存在着较大的 2 倍频分量，则表明可能存在不对中或者轴弯曲或者机械松动的问题，到底是哪种情况，很难说清楚)，这时如果结合相位分析，就很容易作出准确判断[1]。

所谓"省"，就是期望谱分析算法在保证足够高的谱分析精度的前提下，所耗费的样本数量尽量少，样本观测时间短，既降低数据采集设备的成本，又提升对外界环境的反映能力。

从 1965 年著名学者 Cooley 和 Turkey 提出了离散傅里叶变换的快速算法——快速傅里叶变换 (FFT)[2]，从而开辟数字信号处理这门独立的新学科至今，谱分析大致经历了四个认识阶段。这四个阶段的谱分析在这四个方面的性能各有侧重。下面逐个作剖析。

3.1.2 数字谱分析发展的四个阶段

1. 基于 FFT 的经典谱分析

1965 年 FFT 的出现具有重大的意义，FFT 不仅引领了第一代数字谱分析方法的诞生，而且还使得数字信号处理作为一门学科独立出来。FFT 之所以能够带动一个学科的发展，原因就在于它从根本上解决了工程中对数字谱分析 "快" 的需求，通过把经典离散傅里叶分析中的 $N \times N$ 的方阵与 N 维列向量的乘积问题，转化为多级并行蝶形运算问题，复数乘法计算量降至 $N/2 \times \log_2 N$ 次。可以说，以 FFT 快速算法为牵引，带动了通信、光学工程、电力、机械、仪器仪表、雷达、声纳等各工科领域的 "快速" 发展。

然而，对于环境存在噪声的情况，直接作 FFT 的谱分析，会因噪声的存在导致谱分析方差过大的问题。为了抑制噪声，一个简单的方法就是引入各类平滑周期图 (periodogram): 把输入样本进行分段处理 (段与段之间允许重叠)，并且各分段之间还可以加窗，通过对各段加窗后的功率谱 (FFT 振幅谱的平方) 作平均，可以抑制噪声的干扰，具体的方法有 Bartlett 周期图、Welch 周期图[3]、Nuttall 周期图[4] 等。

FFT 的结果是复数，蕴含相位信息，但其相位信息不容易理解 (后面章节会详细分析这个问题)，因而在经典谱分析中，经常把 FFT 作取模平方处理，而把相位谱信息忽略掉，例如，在周期图中，需要对所有分段的功率谱 (即对 FFT 模值平方的绝对值) 作平均，其结果必然丢弃了相位信息。然而，相位谱其实蕴含了很重要的信息，例如，若对线性调频信号作谱分析，如果忽略 FFT 的相位信息，仅保留 FFT 取模的谱图，这样处理就连线性调频变化的趋势都无法区分[5]。因而若 FFT 取模后把相位信息丢掉，必然导致谱分析性能不 "全"。

另外，无论是直接作 FFT，还是分段功率谱平均的周期图 (即间接 FFT)，都存在分辨率较低、方差性能差的缺陷。

分辨率较低是由 FFT 固有的 "栅栏效应" 造成的，给定 N 个样本，FFT 最小可分辨的频率间隔只能达到 $2\pi/N$，若进一步引入周期图中的分段处理，其分辨率还会进一步降低，进而难以精确估计真实的谱峰位置；如果从数据观测的角度来看，分辨率低的原因，对周期图法是假定了数据窗以外的数据全部为零，对自相关法是假定了在延迟窗外的自相关函数全部为零，这种假设显然是不符合实际的。

方差性能差的缺陷是因为无法实现功率谱密度原始定义中的求均值和求极限的运算，使得谱参数的估计引入较大的不确定性。

从工程应用来看，分辨率低，方差性能差，经典 FFT 谱分析就是满足不了 "准" 的需求。

而经典谱分析就是因为具备 FFT 的快速运算的优势，从提出至今，仍经久不衰,在仪器仪表、通信、光学工程、电力谐波分析、雷达、声纳等领域获得广泛应用。

2. 基于参数模型的现代谱分析

基于参数模型的现代谱分析从根本上取消了经典谱分析中延迟窗以外的自相关函数为零的限制,它利用已知的样本的先验知识构造数据产生的模型,并合理地外推未知样本或未知自相关函数,这样就使得现代谱分析具有潜在的高分辨率。

具体来说,参数模型法认为:任何平稳随机信号都由白噪声激励某个稳定的线性时不变系统而产生,因而只要估计出白噪声功率 σ_w^2 和线性系统模型参数 (从而可确定频率响应函数 $H(e^{j\omega})$),即可确定其功率谱为 $\sigma_w^2 |H(e^{j\omega})|^2$。根据线性模型的零、极点分布特点不一样,参数模型法分为自回归 (auto-regressive, AR) 模型法[6]、滑动平均 (moving-average, MA) 模型法[7] 和 ARMA 模型法等,其中 AR 模型法最常用。因而若模型选择得当,且模型的参数估计准确,参数模型法可以获得比经典谱分析准确得多的谱估计,可满足工程应用对谱分析"准"的需求。

然而,基于参数模型的现代谱分析相比于经典谱分析,不再具备 FFT 的快速算法优势,其计算复杂度要高很多。例如,对于 AR 模型功率谱估计,需要统计多个时延的自相关函数 (或协方差函数) 估计值,基于此需耗费多次迭代才可求解 Yule-Walker 方程,而获得 AR 模型参数。无法满足工程应用"快"的需求。

显然,在参数模型谱估计中,模型的类型、阶数的选择非常重要,若选择不当,则会导致模型不匹配而造成出现"伪峰"等问题[7];通常还需要专门的模型阶次判定程序 (如 Akaike 提出的 AIC 判据[8] 及其改进版本[9] 等) 来实现最佳阶数的估计等。其实,各种阶次判据仅能作参考,在实际应用中,通常要对各阶次模型作多次尝试才能确定[10]。因而要实现准确的谱估计,参数模型法用起来并不方便。

3. 基于子空间分解的现代谱估计方法

各种基于子空间分解的现代谱估计方法可以避开参数模型法中的模型和阶次选择的失配问题,从而使得算法操作起来更为方便。

最早的子空间分解法是 Capon 提出的最小方差功率谱估计方法 (minimum variance spectral estimator, MVSE)[11],该方法先构造由协方差函数估计组成的 Toeplitz 矩阵 $\boldsymbol{R}_p$,并求出该矩阵的逆 $\boldsymbol{R}_p^{-1}$,再通过频率扫描获得与 $\boldsymbol{R}_p^{-1}$ 相关的"伪谱"$P_{\mathrm{MV}}(\omega)$ (不是真正意义上的功率谱,但可以描述信号真正谱的相对强度)。但是,对 $\boldsymbol{R}_p^{-1}$ 作 Cholesky 分解可获得各阶次 AR 模型的参数和激励噪声功率,因而理论上,最小方差谱的倒数是从 0 阶到 p 阶所有 AR 谱倒数之和,由于倒数相当于一个平均,因此 MV 谱的分辨率小于 AR 谱,所以 Capon 谱估计法虽然操作简单,但要以牺牲谱的准确性作为代价。

子空间分解的进一步发展,就是把观测样本空间分解为信号子空间和噪声子空间,由此产生了两种经典方法:多重信号分类法 (multiple signal classification, MUSIC)[12] 和 ESPRIT 方法[13](estimation of signal parameters via rotational invariance techniques, 旋转不变法),这两种算法都源于阵列信号处理中的来波到达角估计的问题,都同属特征结构的子空间方法。

子空间方法建立在如下基本观察之上:若传感器个数比信源个数多 (对于时间序列谱分析,则对应所选取自相关函数的最高阶数比频率成分的数目大),则阵列数据的信号分量 (或时间序列中的频率成分) 一定位于一个低秩的子空间,这个子空间可以唯一确定信号的波达方向 (或时间序列的信号频率值),并且可以用数值稳定的奇异值分解精确确定波达方向 (或信号频率值)。获得观测信号的协方差估计矩阵后,对于 MUSIC 算法,通过对该矩阵作特征值分解,把分解得到的噪声子空间的特征向量取出来构造噪声正交投影矩阵,再用该正交投影矩阵对所有到达角 (或频率分量) 进行扫描,从而得到伪谱,找出伪谱的谱峰即获得 DOA 估计 (或频率估计); 而对于 ESPRIT 算法,则需在 MUSIC 的噪声子空间分离的基础上,把信号子空间的自协方差矩阵以及信号与平移后的信号的互协方差矩阵构造出来,对这两者作广义特征值分解后,获得 DOA 估计 (或频率估计)。MUSIC 和 ESPRIT 算法都可以得到超分辨率的谱分析解,故符合工程应用中 "准" 的需求。

值得注意的是,MUSIC 和 ESPRIT 算法都可以通过直接求根的途径获得信号的频率估计结果,避开了模型匹配的过程和频率扫描过程,从而计算复杂度相比于模型法更低些。但相比于经典谱估计,因需作统计分析得协方差矩阵以及矩阵特征值分解,仍不具备 FFT 的快速算法优势,计算量仍稍大些。

MUSIC 和 ESPRIT 算法在求时间序列的各成分的参数时,不包含信号成分的频率信息,因而仍不 "全"。

4. **基于稀疏短观测样本的谱估计新方法**

无论是参数模型谱估计法,还是子空间分解的谱估计法,其实都难以胜任短样本的谱估计场合。这是因为这两种谱估计法都有个前提:获得准确的样本自相关函数估计,然而自相关函数估计需要对样本作统计平均得到,因而无法胜任短样本的场合。

21 世纪以来,谱估计发展的一个重要突破就是基于稀疏观测样本的谱估计方法,这类方法不再从固定的自相关函数估计中作分解而得到谱估计,而是通过构造与自相关函数有关的目标函数,借助递推迭代措施,使得自相关函数不断更新,获得逐渐精确的谱估计结果。

基于稀疏观测样本的谱估计方法的基本思想是引入类似于压缩感知[14] 的思路,即把谱分析问题看成是从众多的频率位置 (理论上可无穷大,视应用需求而定) 中确定稀疏频率成分的位置问题,压缩感知允许观测数据是稀疏的,因而在谱分析中,允许观测样本也是稀少的。例如,文献 [15] 提出压缩感知匹配跟踪法 (compressive sampling matching pursuit, CoSaMP) 用于谱信息恢复,该方法可在数据不完整 (incomplete samples) 的情况下进行源数据恢复。然而文献 [16] 指出,CoSaMp 方法要求源信号成分的基函数遵循严格等距条件 (restricted isometry property),而在实际高分辨率的谱估计问题中很难满足该条件,例如,在一维或二维的 SAR 成像的谱估计中,这些方法均失效。

因而需延续压缩感知的"稀疏"参数估计思路,并寻求新的目标函数来完善现代谱估计。Stoica 等在文献 [17] 中提出了噪声协方差矩阵 (noise covariance matrix) 的概念,基于该矩阵构造信号与当前观测估计的误差范数的目标函数,对该目标函数作数学上的优化,即可设计出迭代自适应方法 (iterative adaptive approach, IAA),在每次迭代过程中,IAA 方法对源功率作更新。文献 [17] 严格证明了该迭代会收敛于真实的 DOA 位置。IAA 方法具有很高的理论价值和使用价值,因为该方法可只需很少几个快拍 (甚至一个快拍) 就可实现源估计,而传统的 ESPRIT 和 MUSIC 等算法都需要很多个快拍才能估计出 DOA;而且该方法是非参数的 (non parametric,事先不用任何参数假定)、数据自适应的 (data-dependant)。另外,该方法适用于传感器位置任意分布的场合和数据不完备场合,且对于不同入射角的相干源 (coherent) 都可以区分[17]。IAA 算法因涉及矩阵求逆而计算复杂度较高,文献 [18] 引入 Gohberg-Semencul 分解简化了其复杂度。

在 IAA 方法基础上,Stoica 等相继提出了 SLIM(sparse learning via interative minimization) 方法[19] 和 SPICE (semiparametric/sparse iterative covariance-based estimation) 方法[20]。这些算法的共同思路是优化目标函数,并引入最优化理论将目标函数给予转化,基于此简化迭代,可以精确获得真实目标的角度位置 (即对应于谱峰)。

应当讲,谱分析理论权威 Stoica 提出的 IAA、SLIM 和 SPICE 这三大基于稀疏信号处理的谱估计方法开拓了现代谱分析的新局面,使得密集谱估计问题得到了解决,即符合了工程应用对谱分析"准"的需求。另外,依据短快拍 (或短样本) 即可进行 DOA 估计 (或频率估计),即符合了工程应用对谱分析"省"的需求。

但这些算法有一个难以克服的缺点,就是在把谱峰搜索问题看成是从众多的频率位置中确定稀疏频率成分的位置问题,这就需要构造遍布在每个潜在频率位置的"谱字典",挨个把字典元素与递推迭代得到的协方差矩阵作匹配,即需作复杂度很高的频率扫描,迭代每更新一次,所有频率不得不重新扫描一次,不具备 MUSIC 和 ESPRIT 算法直接可以通过求根而得到参数估计结果的优势,因而算法的计算复杂度非常高,难以适应工程应用的"快"的需求。

另外,稀疏短观测样本谱估计方法与子空间分解法一样,只能扫描获得伪谱,既不能得到确切的功率谱,又不能得到相位谱,故谱分析结果其实是不"全"的。

基于以上分析,可得出结论:数字谱分析方法虽经历了四个时代的革新,但仍难以同时兼顾"快""准""全""省"四个方面的实际工程需求。

3.1.3 全相位 FFT 谱分析与工程应用需求

本书提出全相位 FFT(apFFT) 谱分析方法,有望同时兼顾以上四方面的工程需求。本章将详细讲述 apFFT 如何体现"快"和"全"。

除此以外,第 4 章、第 5 章介绍的各种基于 apFFT 的谱校正算法,可以突破 apFFT 的"栅栏效应",精确估计出频率位置,幅值估计依赖于频率高估计,频率测准了,幅值自然可以测准;而第 7 章介绍的 apFFT 测相估计分析,证明 apFFT 可以获得远比现有测相法更小的测相方差,因而无论将 apFFT 谱分析用于测频、测相还是测幅,均可符合工程应用中对谱分析"准"的需求。

而第 6 章介绍的全相位密集谱校正法,可以依据很短的样本,区分密集频率;特别是对于观测样本不足一个信号周期的情况,仍可以完成精确测频,故符合"省"的工程需求。

另外,第 8 章和第 9 章分别从全相位 FFT 谱分析中衍生出了"双相位 FFT 谱分析方法"和"全相位 DTFT 谱分析方法",进一步完善了满足实际工程四个方面需求的新型的频谱分析理论体系。

3.2 全相位 FFT 谱分析方法的衍生

众所周知,只有当样本长度 $N = 2^n, n \in Z^+$ 时,离散傅里叶变换 (DFT) 才可以由 FFT 快速算法实现,其复数乘法计算复杂度才降至 $N/2 \times \log_2 N$ 次。由于 DFT 和 FFT 的计算结果都是一样的,仅仅是计算过程不一样,而且由于 FFT 在各行业内应用太广泛,行业内更多地使用 FFT 这个词,故本书对这两个词不作过细区分。

3.2.1 传统 DFT 谱分析的缺陷及其原因

图 3-1 是传统 FFT 谱分析流程:输入的 N 个数据 $x(0) \sim x(N-1)$,经过序列 $f = [f(0), \cdots, f(N-1)]$ 加窗后,再作 FFT,即得谱分析结果 $X(0) \sim X(N-1)$。

FFT 谱分析具有两个突出缺陷:①其振幅谱容易出现谱泄漏,谱泄漏会引起各频率成分出现严重的谱间干扰;②其相位谱信息紊乱,不容易直接读懂。

下面举一实例来说明。

例 1 假设从 $t = 0$ 时刻开始,以采样速率 $f_s = 16\text{Hz}$ 对于频率 f_0 分别为 3Hz、3.2Hz 和 3.4Hz 的正弦信号 $x(t) = 2\cos(2\pi f_0 t + 100°)$ 分别连续采集 $N = 16$

3.2 全相位 FFT 谱分析方法的衍生

个样点 $x(0) \sim x(N-1)$,对其直接作 FFT 和加汉明窗的 FFT,其归一化的振幅谱 $|X(k)|$ 和相位谱 $\varphi_X(k)$ 如图 3-2 和图 3-3 所示。

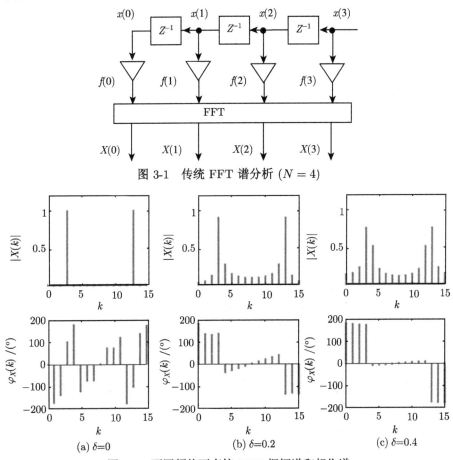

图 3-1 传统 FFT 谱分析 ($N = 4$)

图 3-2 不同频偏下直接 FFT 振幅谱和相位谱

对图 3-2 和图 3-3 的谱分析结果作如下分析:FFT 的频率分辨率为 $\Delta f = f_s/N = 1$Hz,对于 3Hz、3.2Hz 和 3.4Hz 的三个频率 f_0,可分别表示为 $f_0 = 3\Delta f$,$f_0 = (3+0.2)\Delta f$,$f_0 = (3+0.4)\Delta f$,故其关于频率分辨率归一化后的频偏值 δ 分别为 0、0.2 和 0.4。

对于不加窗的情况,从图 3-2(a) 可看出,$\delta = 0$ 时,即不存在频偏时,FFT 振幅谱 $|X(k)|$ 不存在谱泄漏,谱峰 $k = 3$ 处的幅值达到理想值 1,谱峰相位值 $\varphi_X(3)$ 也等于理想值 $100°$;当 $\delta \neq 0$ 时,对于频偏值 δ 分别为 0.2 和 0.4 的图 3-2(b) 和图 3-2(c),$|X(k)|$ 出现了明显的谱泄漏,δ 越大,谱泄漏越严重,而且谱峰相位值 $\varphi_X(3)$ 也不等于理想值 $100°$,不容易读懂。

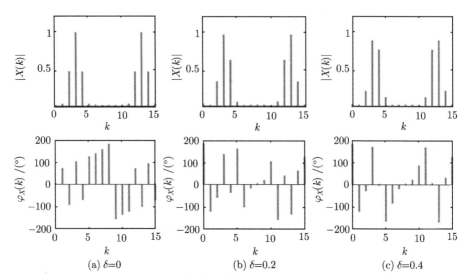

图 3-3 不同频偏下加窗 FFT 振幅谱和相位谱

对于加窗的情况,从图 3-3(a) 可看出,$\delta = 0$,即不存在频偏时,FFT 振幅谱 $|X(k)|$ 反而引入了谱泄漏,谱峰 $k = 3$ 两旁幅值明显的谱线为两根;谱峰相位值 $\varphi_X(3)$ 不等于理想值 $100°$,相位谱值仍很紊乱;当 $\delta \neq 0$ 时,对于频偏值 δ 分别为 0.2 和 0.4 的图 3-3(b) 和图 3-3(c),$|X(k)|$ 的谱泄漏相比于不加窗的情况有所减弱,而且谱峰相位值 $\varphi_X(3)$ 也不等于理想值 $100°$,相位谱仍不容易读懂。

正是因为 FFT 相位谱紊乱,不容易读懂,所以在周期图经典谱估计中,干脆给忽略了,仅重视 $X(k)$ 取模平方后的结果 (即功率谱)。很显然,这样处理无法估计出初相值 $\theta_0 = 100°$。

图 3-2 和图 3-3 所展现的 FFT 谱分析中存在的谱泄漏和相位谱紊乱的原因在于数据截断,即因为输入数据 $x(n)$ 是无限长的,对于余弦信号 $a_0 \cos(\omega_0 n + \theta_0)$,其理想傅里叶变换是两个单位冲击脉冲 $a_0/2 \cdot \exp(j\theta_0)\delta(\omega - \omega_0)$ 和 $a_0/2 \cdot \exp(-j\theta_0)\delta(\omega + \omega_0)$,但是 FFT 却只能对有限长序列作变换,故对输入数据作了截断,只对截断后的样本 $x(0) \sim x(N-1)$ 作 FFT,截断后的样本相比于原有的无限长序列,其谱特性就出现了如图 3-2 和图 3-3 所示的变化,即产生了严重的谱泄漏和相位谱紊乱。

因而,若要改善传统 FFT 的谱泄漏和相位谱紊乱这两个问题,就必须从解决数据截断问题入手。

3.2.2 从传统 FFT 谱分析到全相位 FFT 的衍生

如何尽可能地消除 FFT 的截断效应?应从局部到整体来看这个问题。对于输入序列 $\cdots, x(-N), x(-N+1), \cdots, x(-1), x(0), x(1), \cdots, x(N-1) \cdots$,若研究某

3.2 全相位 FFT 谱分析方法的衍生

样点 $x(0)$, 图 3-1 的传统 FFT 仅考虑了其中一种长度为 N 的截断情况, 如果把所有包含样点 $x(0)$ 的长度为 N 的截断情况全部考虑进去, 则存在也只存在 N 个包含该点的 N 维向量, 即

$$\begin{aligned}
\boldsymbol{x}'_0 &= [x(0), x(1), \cdots, x(N-1)]^{\mathrm{T}} \\
\boldsymbol{x}'_1 &= [x(-1), x(0), \cdots, x(N-2)]^{\mathrm{T}} \\
&\cdots\cdots \\
\boldsymbol{x}'_{N-1} &= [x(-N+1), x(-N+2), \cdots, x(0)]^{\mathrm{T}}
\end{aligned} \tag{3-1}$$

显然, 在式 (3-1) 中, 样点 $x(0)$ 遍历了输入向量中所有可能的位置, 即遍历了所有可能的起始相位, 故名 "全相位"。

而在图 3-1 中, 样点 $x(0)$ 是第一个进入 FFT 分析器的, 故若对式 (3-1) 中每个向量进行循环移位把样本点 $x(0)$ 移到首位, 则可得到另外的 N 个 N 维向量

$$\begin{aligned}
\boldsymbol{x}_0 &= [x(0), x(1), \cdots, x(N-1)]^{\mathrm{T}} \\
\boldsymbol{x}_1 &= [x(0), x(1), \cdots, x(-1)]^{\mathrm{T}} \\
&\cdots\cdots \\
\boldsymbol{x}_{N-1} &= [x(0), x(-N+1), \cdots, x(-1)]^{\mathrm{T}}
\end{aligned} \tag{3-2}$$

对式 (3-2) 的每个数据向量作传统 FFT, 可得频域数据 $X_i(k), i = 0, 1, \cdots, N-1$, 对所有这些子频域数据进行求和平均, 即得全相位 FFT 谱分析结果, 即

$$Y(k) = \frac{1}{N} \sum_{i=0}^{N-1} X_i(k), \quad k = 0, 1, \cdots, N-1 \tag{3-3}$$

图 3-4 对以上衍生过程作了总结 (以 $N = 6$ 为例)。

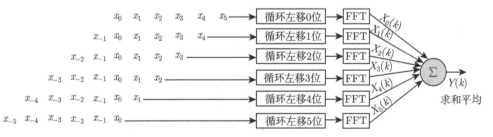

图 3-4 从传统 FFT 到全相位 FFT 的衍生过程 ($N = 6$)

以一简单例子来说明图 3-4 的衍生过程。

令 $N=6$, $\{x(n)=2\cos(2.2\times 2n\pi/6+0°), -5 \leqslant n \leqslant 5\}$ 的 11 个输入数据 $x_{-5} \sim x_5$ 为 $\{1.0000, -1.9563, 1.6180, -0.2091, 1.3383, 2.0000, -1.3383, -0.2091, 1.6180, -1.9563, 1.0000\}$。

若考虑所有包括中心样点 $x_0=1.0000$ 的长度为 N 的截断情况,对各截断序列进行循环移位后并与 x_0 对齐,则可形成如下 6 个子分段 $\boldsymbol{x}_0 \sim \boldsymbol{x}_5$ 的数据:

$\quad\quad n=0 \quad\ n=1 \quad\ n=2 \quad\ n=3 \quad\ n=4 \quad\ n=5$
$\boldsymbol{x}_0$: 2.0000, −1.3383, −0.2091, 1.6180, −1.9563, 1.0000
$\boldsymbol{x}_1$: 2.0000, −1.3383, −0.2091, 1.6180, −1.9563, −1.3383
$\boldsymbol{x}_2$: 2.0000, −1.3383, −0.2091, 1.6180, −0.2091, −1.3383
$\boldsymbol{x}_3$: 2.0000, −1.3383, −0.2091, 1.6180, −0.2091, −1.3383
$\boldsymbol{x}_4$: 2.0000, −1.3383, −1.9563, 1.6180, −0.2091, −1.3383
$\boldsymbol{x}_5$: 2.0000, 1.0000, −1.9563, 1.6180, −0.2091, −1.3383

分别对 $\boldsymbol{x}_0 \sim \boldsymbol{x}_5$ 进行 FFT 后则可得各子分段离散谱 $X_i(k)(i,k=0,\cdots,5)$,再对各子谱 $X_i(k)$ 进行求和平均就得到了 apFFT 谱 $Y(k)$,则子振幅谱 $|X_i(k)|$ 如图 3-5(a)~(f) 所示,apFFT 的振幅谱 $|Y(k)|$ 如图 3-5(g) 所示,表 3-1 给出了各子相位谱 $\varphi_i(k)$ 和 apFFT 相位谱 $\varphi_Y(k)$。

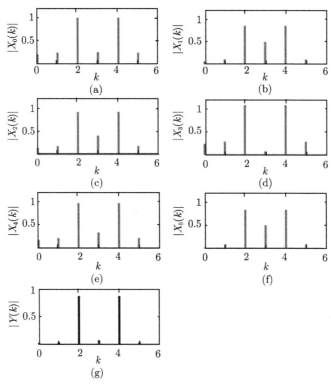

图 3-5 各子 FFT 振幅谱和全相位 FFT 振幅谱 ($N=6$)

3.2 全相位 FFT 谱分析方法的衍生

表 3-1　各子相位谱和 apDFT 相位谱数据($N=6$)

	$k=0$	$k=1$	$k=2$	$k=3$	$k=4$	$k=5$
$\varphi_0(k)$	$0°$	$38.4416°$	$84.0000°$	$0°$	$-84.0000°$	$-38.4416°$
$\varphi_1(k)$	$180.0000°$	$-39.5873°$	$4.5901°$	$0°$	$-74.5901°$	$39.5873°$
$\varphi_2(k)$	$180.0000°$	$-49.4839°$	$73.2937°$	$0°$	$-73.2937°$	$49.4839°$
$\varphi_3(k)$	$0°$	$-151.5476°$	$55.3662°$	$0°$	$-55.3662°$	$151.5476°$
$\varphi_4(k)$	$180.0000°$	$103.0317°$	$34.7744°$	$180.0000°$	$-34.7744°$	$-103.0317°$
$\varphi_5(k)$	$0°$	$60.0000°$	$30.0000°$	$180.0000°$	$-30.0000°$	$-60.0000°$
$\varphi_Y(k)$	$0°$	$39.8709°$	$59.1647°$	$0°$	$-59.1647°$	$-39.8709°$

从图 3-5(a)~(f) 可看出，各子谱在主谱线 $k=2$ 周围的旁谱线泄漏都很大，求和平均的结果使得各子谱的泄漏相互抵消了很大一部分，从而导致最终形成的 apFFT 谱 $Y(k)$ 的旁谱线泄漏很小 (图 3-5(g))。apFFT 的这种优良的抑制谱泄漏的性质意味着，当信号包含多种频率成分时，各频率成分的谱间干扰会变得很小 (两个复指数成分的谱间干扰明显比各子谱要小)。

从表 3-1 可看出，在主谱线 $k=2$ 处有的子相位谱 $\varphi_i(2)$ 与初相理论值 $60°$ 差别较大，最精确的 $\varphi_3(2)$ 也仅有 $55.3662°$，与理论值相差近 $5°$，而全相位 DFT 相位谱 $\varphi_Y(2)$ 则为 $59.1647°$，与理论值相差不到 $1°$。这意味着，apFFT 具有较好的测相位性能。

3.2.3 简化的全相位 FFT 谱分析流程

图 3-4 的 apFFT 需耗费 N 次 FFT 谱分析，随着阶数 N 增大，其计算量也会增大很多，难以满足工程应用需求，因而需要对 apFFT 谱分析进行简化。

注意图 3-4 的每一个衍生步骤都是线性过程。随着样本 $x(n)$ 的更新，apFFT 的计算结果也在稳健地更新。图 3-4 的 apFFT 系统完全是个线性时不变 (LTI) 系统。LTI 系统满足齐次性和叠加性，即多个激励的响应的求和等同于系统对多个激励求和的响应结果。

故若把式 (3-2) 的各个数据向量对准 $x(0)$ 相加并取其均值，则可得到长度为 N 的全相位数据向量，即

$$\boldsymbol{y} = \frac{1}{N}[\, Nx(0)\,,\, (N-1)x(1)+x(-N+1), \cdots, x(N-1)+(N-1)x(-1)]^T \quad (3\text{-}4)$$

对式 (3-4) 的数据向量 $\boldsymbol{y}$ 作传统 FFT 谱分析，同样可得全相位 FFT 谱分析的结果，这样就节省了 $N-1$ 次 FFT 计算。因而就可得到如图 3-6 所示的简化的 apFFT 谱分析流程。

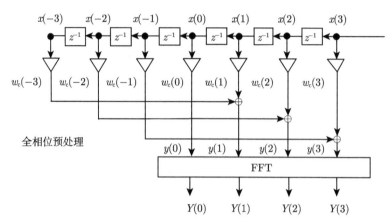

图 3-6 简化的全相位 FFT 谱分析流程

图 3-6 的简化 apFFT 仅包含两个简单步骤:

Step 1 全相位数据处理,即用长为 $(2N-1)$ 的卷积窗 $\boldsymbol{w}_c$ 对输入数据 $x(n)$ 加权,然后将间隔为 N 的数据两两叠加 (中间元素除外) 而形成 N 个数据 $y(0)$, $y(1), \cdots, y(N-1)$;

Step 2 对 $y(0), y(1), \cdots, y(N-1)$ 作 FFT 得离散谱 $Y(k)$。

图 3-6 中的卷积窗 $\boldsymbol{w}_c$ 为两个矩形窗的卷积结果,其卷积窗元素为

$$w_c(n) = (N-|n|)/N, \quad -N+1 \leqslant n \leqslant N-1 \tag{3-5}$$

为改善谱分析性能,可以对图 3-4 的各个子 FFT 用某一常用窗 $\boldsymbol{f}$ 进行加窗,或者将图 3-4 的对各子谱 $X_i(k)$ 的简单求和平均改为用某一常用窗 $\boldsymbol{b}$ 对各个子谱 $X_i(k)$ 作加权平均,这样卷积窗元素为

$$w_c(n) = f(n) * b(-n) \tag{3-6}$$

类似于第 2 章,若 $\boldsymbol{f}$、$\boldsymbol{b}$ 同为矩形窗 $\boldsymbol{R}_N$,则称 apFFT 为 "无窗" 全相位 FFT;若 $\boldsymbol{f}$、$\boldsymbol{b}$ 中只有一个为矩形窗 $\boldsymbol{R}_N$,则称为 "单窗" 全相位 FFT;若 $\boldsymbol{f} = \boldsymbol{b} \neq \boldsymbol{R}_N$、$\boldsymbol{b}$ 中只有一个为矩形窗 $\boldsymbol{R}_N$,则称为 "双窗" 全相位 FFT。显然图 3-6 只需更换卷积窗 $\boldsymbol{w}_c$,即可更换全相位 FFT 谱分析的类型,很灵活。

若从计算复杂度考虑,从图 3-6 可看出,N 阶 apFFT 由于加窗需耗费 $(2N-1)$ 次实数乘累加运算,另外还有 FFT 所需的 $N/2 \cdot \log_2 N$ 次复数乘法 (即 $2N \cdot \log_2 N$ 次实数乘法运算),因而共需 $(2N-1+2N\log_2 N)$ 次实数乘法运算;若与传统加窗 FFT 耗费的实数乘法运算量 $(N+2N\log_2 N)$ 相比,其计算效率为[21]

$$\eta(n) = \frac{N + 2N\log_2 N}{2N - 1 + N/2 \cdot \log_2 N} \times 100\%, \quad N = 2^n \tag{3-7}$$

得出的全相位 FFT 的计算效率曲线如图 3-7 所示。

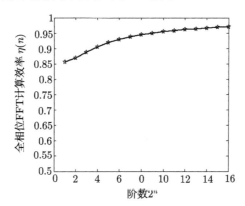

图 3-7 全相位 FFT 随阶数变化的计算效率曲线

从图 3-7 看出，全相位 FFT 计算效率随阶数增大而升高。当阶数 $N=2^7=128$ 时，计算效率达到 94% 左右，也就是说仅牺牲了约 6% 的计算量，即可换来谱分析性能的极大改善，因而所付出的代价是值得的，下面的仿真实验证实了这一点。

因而，简化后的 apFFT 节省了 $N-1$ 次 FFT 计算，延续了 FFT 经典谱分析的计算复杂度低的优势，相比于参数模型谱分析法、子空间分解谱分析法、稀疏样本谱分析法，算法复杂度低得多，符合工程应用对谱分析"快"的需求。因此，apFFT 是对传统 FFT 谱分析的一个有益的补充，丰富了经典 FFT 谱分析理论。

3.3 传统 FFT 谱分析和全相位 FFT 谱分析的数学公式

3.3.1 单频复指数信号的传统 FFT 分析

不妨设单频复指数信号为

$$x(n) = e^{j(\omega_0 n + \theta_0)} = e^{j(\beta 2\pi/N n + \theta_0)}, \quad \beta = (k^* + \delta), \quad k^* \in Z^+, \quad -0.5 < \delta \leqslant 0.5 \tag{3-8}$$

式 (3-8) 中，信号的数字频率 ω_0 表示为 β 倍频率间隔 $\Delta \omega = 2\pi/N$ 的形式 (注：β 可以是小数)，则 $\{x(n)\}$ 的不加窗的传统 FFT 谱 (除以 N 进行归一化) 为

$$\begin{aligned}
X(k) &= \frac{1}{N} \sum_{n=0}^{N-1} e^{j\theta_0} e^{j2\pi n\beta/N} e^{-j2\pi kn/N} = \frac{1}{N} e^{j\theta_0} \sum_{n=0}^{N-1} e^{j2\pi(\beta-k)n/N} \\
&= \frac{1}{N} e^{j\theta_0} \frac{1 - e^{j2\pi(\beta-k)}}{1 - e^{j2\pi(\beta-k)/N}} \\
&= \frac{1}{N} e^{j\theta_0} \frac{e^{-j\pi(\beta-k)} - e^{j\pi(\beta-k)}}{e^{-j\pi(\beta-k)/N} - e^{j\pi(\beta-k)/N}} \cdot \frac{e^{j\pi(\beta-k)}}{e^{j\pi(\beta-k)/N}}
\end{aligned}$$

$$= \frac{1}{N} \frac{\sin[\pi(\beta-k)]}{\sin[\pi(\beta-k)/N]} e^{j\left[\theta_0 + \frac{N-1}{N}(\beta-k)\pi\right]}, \quad k=0,1,\cdots,N-1 \qquad (3\text{-}9)$$

从式 (3-9) 可看出，传统 FFT 的相位谱为

$$\varphi_X(k) = \theta_0 + \frac{N-1}{N}(\beta-k)\pi = \theta_0 + \frac{N-1}{N}(k^* - k + \delta)\pi \qquad (3\text{-}10)$$

从式 (3-10) 可看出，$\varphi_X(k)$ 与频偏值 δ 密切相关。只有当 δ 为 0 时 (即对应图 3-2(a) 的不存在谱泄漏的情况)，峰值谱 $k=k^*$ 处的相位谱 $\varphi_X(k^*)$ 才等于真实值 θ_0。否则，从相位谱图 $\varphi_X(k)$ 上很难直接挖掘相位信息，这就是 FFT 相位谱分布比较紊乱的原因。

3.3.2 单频复指数信号的全相位 FFT 分析

由于式 (3-2) 的 $x_i(n)$ 由式 (3-1) 的 $x_i'(n)$ 循环左移 i 位而来，根据 DFT 的移位性质，式 (3-2) 的 $x_i(n)$ 的离散傅里叶变换 $X_i(k)$ 和式 (3-1) 的 $x_i'(n)$ 的离散傅里叶变换 $X_i'(k)$ 之间有很明确的关系

$$X_i(k) = X_i'(k) e^{j\frac{2\pi}{N}ik}, \quad i,k = 0,1,\cdots,N-1 \qquad (3\text{-}11)$$

故根据式 (3-3) 中 apFFT 的定义，有

$$Y(k) = \frac{1}{N}\sum_{i=0}^{N-1} X_i(k) = \frac{1}{N}\sum_{i=0}^{N-1} X_i'(k) e^{j\frac{2\pi}{N}ki} \qquad (3\text{-}12)$$

联立式 (3-8)，则式 (3-1) 的 $x_i'(n)$ 可以表示为

$$x_i'(n) = x(n-i) = e^{j\theta_0} e^{j2\pi(n-i)\beta/N} \qquad (3\text{-}13)$$

故 $x_i'(n)$ 的归一化后的 FFT 谱为

$$X_i'(k) = \frac{1}{N}\sum_{n=0}^{N-1} x_i'(n) e^{-j\frac{2\pi}{N}kn} = \frac{1}{N}\sum_{n=0}^{N-1} e^{j\theta_0} e^{j2\pi(n-i)\beta/N} e^{-j\frac{2\pi}{N}kn}$$

$$= \frac{e^{j\theta_0}}{N} e^{-j2\pi i\beta/N} \sum_{n=0}^{N-1} e^{j2\pi n(\beta-k)/N}, \quad i=0,1,\cdots,N-1 \qquad (3\text{-}14)$$

联立式 (3-12) 和式 (3-14)，有

$$Y(k) = \frac{e^{j\theta_0}}{N^2} \sum_{i=0}^{N-1} e^{-j\frac{2\pi(\beta-k)i}{N}} \cdot \sum_{n=0}^{N-1} e^{j\frac{2\pi(\beta-k)n}{N}} \qquad (3\text{-}15)$$

进一步对式 (3-15) 进行等比级数求和，有

$$Y(k) = \frac{e^{j\theta_0}}{N^2} \cdot \frac{1-e^{-j2\pi(\beta-k)}}{1-e^{-j\frac{2\pi(\beta-k)}{N}}} \cdot \frac{1-e^{j2\pi(\beta-k)}}{1-e^{j\frac{2\pi(\beta-k)}{N}}}$$

$$= \frac{e^{j\theta_0}}{N^2} \cdot \frac{\left(e^{j\pi(\beta-k)} - e^{-j\pi(\beta-k)}\right)}{\left(e^{j\pi(\beta-k)/N} - e^{-j\pi(\beta-k)/N}\right)} \cdot \frac{\left(e^{-j\pi(\beta-k)} - e^{j\pi(\beta-k)}\right)}{\left(e^{-j\pi(\beta-k)/N} - e^{j\pi(\beta-k)/N}\right)}$$

$$= \frac{e^{j\theta_0}}{N^2} \cdot \frac{\sin^2\left[\pi(\beta-k)\right]}{\sin^2\left[\pi(\beta-k)/N\right]}, \quad k = 0, 1, \cdots, N-1 \tag{3-16}$$

联立式 (3-9) 和式 (3-16)，有

$$|Y(k)| = |X(k)|^2, \quad k = 0, 1, \cdots, N-1 \tag{3-17}$$

因而，序列 $\{x(n) = e^{j(n\beta 2\pi/N + \theta_0)}, -N+1 \leqslant n \leqslant N-1\}$ 的全相位 FFT 谱幅值为传统 FFT 谱幅值的平方，注意这里的平方关系是对所有 N 根谱线而言的，这意味着旁谱线相对于主谱线的比值也按照这种平方关系而衰减下去，从而主谱线显得更为突出，因而 apFFT 具有很好的抑制谱泄漏的性能。

而取出式 (3-16) 的相位部分，有

$$\varphi_Y(k) = \theta_0, \quad k = 0, 1, \cdots, N-1 \tag{3-18}$$

对比式 (3-10) 和式 (3-18) 可发现：传统 FFT 各条谱线的相位值与其对应的频率偏离值 $\beta-k$ 密切相关，而全相位 FFT 谱的相位值为 θ_0，即为中心样点 $x(0)$ 的理论相位值，该值既与频率偏离值 δ 无关，又与谱序号 k 无关。也就是说，全相位 FFT 具有"相位不变性"。这意味着，图 3-6 的全相位 FFT 基本框图本身就可构成一个高精度的数字相位分析仪：对输入的 $2N-1$ 个数据进行 apFFT 后，从 apFFT 的谱分析结果找出峰值谱序号 k^*，再测出此峰值谱 $Y(k^*)$ 的相位值，此测量值即是输入序列的中心样点的理论相位值，而且频率 β 值不管偏离 k 值多少，在峰值谱线处所测的相位始终正确。

3.3.3 单频复指数信号的 FFT 和全相位 FFT 的矩阵形式分析

我们再用矩阵形式分析单频复指数信号的 FFT 和 apFFT 频谱。这里以 $N=4$ 为例，设采样信号为

$$x(n) = a_0 e^{j(n\beta 2\pi/N + \theta_0)} = a_0 e^{j\phi_0} W^{-\beta n}, \quad n \in [-3, 3] \tag{3-19}$$

其中，$W = \exp(-j2\pi/N)$，则传统 FFT 谱分析结果 $X(k)$ 可以写成归一化后的 $N \times N$ 的 DFT 矩阵与输入长度为 N 的列向量相乘的形式，即

$$\begin{bmatrix} X(0) \\ X(1) \\ X(2) \\ X(3) \end{bmatrix} = \frac{1}{4} \begin{bmatrix} W^0 & W^0 & W^0 & W^0 \\ W^0 & W^1 & W^2 & W^3 \\ W^0 & W^2 & W^4 & W^6 \\ W^0 & W^3 & W^6 & W^9 \end{bmatrix} \cdot \begin{bmatrix} W^{0\beta} \\ W^{-1\beta} \\ W^{-2\beta} \\ W^{-3\beta} \end{bmatrix} a_0 e^{j\theta_0} \tag{3-20}$$

进一步化简式 (3-20)，有

$$\begin{bmatrix} X(0) \\ X(1) \\ X(2) \\ X(3) \end{bmatrix} = \frac{a_0 e^{j\theta_0}}{4} \begin{bmatrix} W^0 + W^{(0-\beta)} + W^{2(0-\beta)} + W^{3(0-\beta)} \\ W^0 + W^{(1-\beta)} + W^{2(1-\beta)} + W^{3(1-\beta)} \\ W^0 + W^{(2-\beta)} + W^{2(2-\beta)} + W^{3(2-\beta)} \\ W^0 + W^{(3-\beta)} + W^{2(3-\beta)} + W^{3(3-\beta)} \end{bmatrix}$$

$$= \frac{a_0 e^{j\theta_0}}{4} \begin{bmatrix} \dfrac{W^0\left(1 - W^{(0-\beta)4}\right)}{1 - W^{(0-\beta)}} \\ \dfrac{W^0\left(1 - W^{(1-\beta)4}\right)}{1 - W^{(1-\beta)}} \\ \dfrac{W^0\left(1 - W^{(2-\beta)4}\right)}{1 - W^{(2-\beta)}} \\ \dfrac{W^0\left(1 - W^{(3-\beta)4}\right)}{1 - W^{(3-\beta)}} \end{bmatrix}$$

$$= \frac{a_0 e^{j\theta_0}}{4} \begin{bmatrix} \dfrac{W^{-2\beta}\left(W^{2\beta} - W^{-2\beta}\right)}{W^{-\beta/2}\left(W^{\beta/2} - W^{-\beta/2}\right)} \\ \dfrac{W^{2(1-\beta)}\left(W^{-2(1-\beta)} - W^{2(1-\beta)}\right)}{W^{(1-\beta)/2}\left(W^{-(1-\beta)/2} - W^{(1-\beta)/2}\right)} \\ \dfrac{W^{2(2-\beta)}\left(W^{-2(2-\beta)} - W^{2(2-\beta)}\right)}{W^{(2-\beta)/2}\left(W^{-(2-\beta)/2} - W^{(2-\beta)/2}\right)} \\ \dfrac{W^{2(3-\beta)}\left(W^{-2(3-\beta)} - W^{2(3-\beta)}\right)}{W^{(3-\beta)/2}\left(W^{-(3-\beta)/2} - W^{(3-\beta)/2}\right)} \end{bmatrix} \quad (3\text{-}21)$$

将 $W = \exp(-j2\pi/N)$ 代入式 (3-21)，有

$$\begin{bmatrix} X(0) \\ X(1) \\ X(2) \\ X(3) \end{bmatrix} = \frac{a_0}{4} \begin{bmatrix} e^{j\theta_0} e^{-j\pi(0-\beta)(1-1/4)} \dfrac{\sin[\pi(0-\beta)]}{\sin[\pi(0-\beta)/4]} \\ e^{j\theta_0} e^{-j\pi(1-\beta)(1-1/4)} \dfrac{\sin[\pi(1-\beta)]}{\sin[\pi(1-\beta)/4]} \\ e^{j\theta_0} e^{-j\pi(2-\beta)(1-1/4)} \dfrac{\sin[\pi(2-\beta)]}{\sin[\pi(2-\beta)/4]} \\ e^{j\theta_0} e^{-j\pi(3-\beta)(1-1/4)} \dfrac{\sin[\pi(3-\beta)]}{\sin[\pi(3-\beta)/4]} \end{bmatrix} \quad (3\text{-}22)$$

对于 apFFT，则同样用矩阵形式表示出来，结合图 3-6 的等效流程，对于无窗情况，全相位预处理的卷积窗为 $\boldsymbol{w}_c = [1111]^* [1\ 1\ 1\ 1] = [1\ 2\ 3\ 4\ 3\ 2\ 1]^T$，故用 DFT

3.3 传统 FFT 谱分析和全相位 FFT 谱分析的数学公式

矩阵对预处理后的数据作变换有

$$\begin{bmatrix} Y(0) \\ Y(1) \\ Y(2) \\ Y(3) \end{bmatrix} = \frac{a_0 \mathrm{e}^{\mathrm{j}\theta_0}}{4} \begin{bmatrix} W^0 & W^0 & W^0 & W^0 \\ W^0 & W^1 & W^2 & W^3 \\ W^0 & W^2 & W^4 & W^6 \\ W^0 & W^3 & W^6 & W^9 \end{bmatrix} \cdot \frac{1}{4} \begin{bmatrix} 4W^{+0\beta} \\ 3W^{-\beta} + W^{3\beta} \\ 2W^{-2\beta} + 2W^{2\beta} \\ W^{-3\beta} + 3W^{\beta} \end{bmatrix} \quad (3\text{-}23)$$

将式 (3-23) 各项展开,得

$$\begin{bmatrix} Y(0) \\ Y(1) \\ Y(2) \\ Y(3) \end{bmatrix} = \frac{a_0 \mathrm{e}^{\mathrm{j}\theta_0}}{4} \begin{bmatrix} W^0 & W^0 & W^0 & W^0 \\ W^0 & W^1 & W^2 & W^3 \\ W^0 & W^2 & W^4 & W^6 \\ W^0 & W^3 & W^6 & W^9 \end{bmatrix} \cdot \frac{1}{4} \begin{bmatrix} W^{+0\beta} + W^{+0\beta} + W^{+0\beta} + W^{+0\beta} \\ W^{-1\beta} + W^{-1\beta} + W^{-1\beta} + W^{+3\beta} \\ W^{-2\beta} + W^{-2\beta} + W^{+2\beta} + W^{+2\beta} \\ W^{-3\beta} + W^{+1\beta} + W^{+1\beta} + W^{+1\beta} \end{bmatrix}$$

$$= \frac{a_0 \mathrm{e}^{\mathrm{j}\theta_0}}{4} \begin{bmatrix} W^0 & W^0 & W^0 & W^0 \\ W^0 & W^1 & W^2 & W^3 \\ W^0 & W^2 & W^4 & W^6 \\ W^0 & W^3 & W^6 & W^9 \end{bmatrix}$$

$$\cdot \left\{ \begin{bmatrix} W^{+0\beta} \\ W^{-1\beta} \\ W^{-2\beta} \\ W^{-3\beta} \end{bmatrix} + \begin{bmatrix} W^{+0\beta} \\ W^{-1\beta} \\ W^{-2\beta} \\ W^{+1\beta} \end{bmatrix} + \begin{bmatrix} W^{+0\beta} \\ W^{-1\beta} \\ W^{+2\beta} \\ W^{+1\beta} \end{bmatrix} + \begin{bmatrix} W^{+0\beta} \\ W^{+3\beta} \\ W^{+2\beta} \\ W^{+1\beta} \end{bmatrix} \right\} \quad (3\text{-}24)$$

式 (3-24) 中右边的信号是全相位输入数据,由 4 个 $N=4$ 的截断信号移位相加组成,如下式所示 (为节省篇幅,以 $Y(1)$ 为例):

$$\begin{bmatrix} Y(0) \\ Y(1) \\ Y(2) \\ Y(3) \end{bmatrix}$$

$$= \frac{a_0 \mathrm{e}^{\mathrm{j}\theta_0}}{4^2} \begin{bmatrix} \cdots\cdots \\ (W^0 + W^{(1-\beta)} + W^{2(1-\beta)} + W^{3(1-\beta)})(W^0 + W^{-(1-\beta)} + W^{-2(1-\beta)} + W^{-3(1-\beta)}) \\ \cdots\cdots \\ \cdots\cdots \end{bmatrix}$$

$$(3\text{-}25)$$

从而有

$$\begin{bmatrix} Y(0) \\ Y(1) \\ Y(2) \\ Y(3) \end{bmatrix} = \frac{a_0 \mathrm{e}^{\mathrm{j}\theta_0}}{4^2} \begin{bmatrix} \cdots\cdots \\ \dfrac{1-W^{4(1-\beta)}}{1-W^{(1-\beta)}} \cdot \dfrac{1-W^{-4(1-\beta)}}{1-W^{-(1-\beta)}} \\ \cdots\cdots \\ \cdots\cdots \end{bmatrix}$$

$$= \begin{bmatrix} a_0 \mathrm{e}^{\mathrm{j}\theta_0} \left\{ \dfrac{1}{4} \dfrac{\sin[\pi(0-\beta)]}{\sin[\pi(0-\beta)/4]} \right\}^2 \\ a_0 \mathrm{e}^{\mathrm{j}\theta_0} \left\{ \dfrac{1}{4} \dfrac{\sin[\pi(1-\beta)]}{\sin[\pi(1-\beta)/4]} \right\}^2 \\ a_0 \mathrm{e}^{\mathrm{j}\theta_0} \left\{ \dfrac{1}{4} \dfrac{\sin[\pi(2-\beta)]}{\sin[\pi(2-\beta)/4]} \right\}^2 \\ a_0 \mathrm{e}^{\mathrm{j}\theta_0} \left\{ \dfrac{1}{4} \dfrac{\sin[\pi(3-\beta)]}{\sin[\pi(3-\beta)/4]} \right\}^2 \end{bmatrix} \quad (3\text{-}26)$$

可见，其矩阵分析结果与式 (3-16) 相同。

3.3.4　单频复指数信号的 FFT 谱与全相位 FFT 谱对照

以一实例来将单频复指数信号的 FFT 谱与 apFFT 谱进行对比。

例 2　令 $N=32$，对信号 $x(n) = \mathrm{e}^{\mathrm{j}(\omega_0 n + 100°)}$ 分别进行传统 FFT 和无窗 apFFT，图 3-8~图 3-10 分别给出了信号的数字角频率分别取为 $\omega_0 = 12\Delta\omega$、

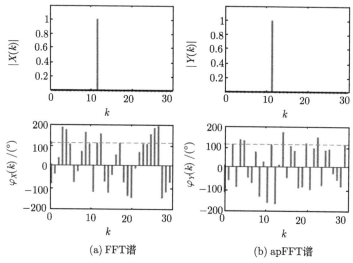

图 3-8　单频复指数信号的 FFT 谱和 apFFT 谱 ($N=32, \omega_0 = 12\Delta\omega$)

$\omega_0 = 12.2\Delta\omega$、$\omega_0 = 12.4\Delta\omega$ 时的传统 FFT 振幅谱 $|X(k)|$ 和相位谱 $\varphi_X(k)$，以及 apFFT 振幅谱 $|Y(k)|$ 和相位谱 $\varphi_Y(k)$。

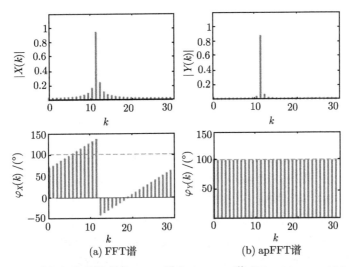

图 3-9 单频复指数信号的 FFT 谱和 apFFT 谱 ($N = 32, \omega_0 = 12.2\Delta\omega$)

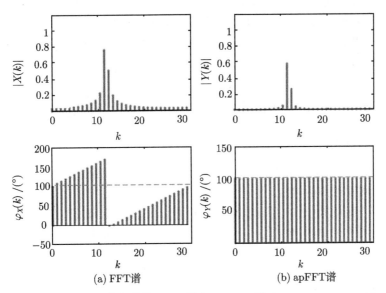

图 3-10 单频复指数信号的 FFT 谱和 apFFT 谱 ($N = 32, \omega_0 = 12.4\Delta\omega$)

从图 3-8~图 3-10 可总结出如下规律：

(1) 从图 3-8 可看出，当数字角频率 ω_0 为整频点时，apFFT 与传统 FFT 的振幅谱没有明显的差别，就像 2.3 节分析的一样，从时域角度上看其周期延拓之后的信号为一完全逼近原信号的连续信号，它们的泄漏情况都不存在。从它们的相位谱图上看，传统 FFT 和全相位 FFT 的相位谱在对应频率点时 ($k = 12$ 处) 的相位能准确反映信号的初始相位 $100°$（注意这时其他频点 ($k \neq 12$ 处) 的相位是无意义的，因为这时两种谱分析都不存在泄漏，故其他频点的能量为 0，不存在相位，在 MATLAB 仿真环境下给出的是任意相位）。

(2) 从图 3-9 和图 3-10 可看出，当数字角频率 ω_0 为非整频点时 ($\omega_0 = 12.2\Delta\omega$，$\omega_0 = 12.4\Delta\omega$)，传统 FFT 会引入明显的谱泄漏，偏离整频点程度越大，谱泄漏越严重，表现在峰值谱 $k = 12$ 处两旁冒出很多旁谱线；而全相位 FFT 只会引入轻微的谱泄漏，即使对于 $\omega_0 = 12.4\Delta\omega$ 的大频偏情况，也仅在 $k = 11$ 和 $k = 13$ 两个位置出现幅值较高的旁谱线，而 FFT 大幅值旁谱线则有十几根。

(3) 从图 3-9 和图 3-10 还可看出，当数字角频率 ω_0 为非整频点时 ($\omega_0 = 12.2\Delta\omega$，$\omega_0 = 12.4\Delta\omega$)，传统 FFT 的相位谱 $\varphi_X(k)$ 很紊乱，峰值振幅谱位置读不出理想相位值 $100°$；而全相位 FFT 的相位谱 $\varphi_Y(k)$ 非常规则，不论是 $\omega_0 = 12.2\Delta\omega$ 的小频偏情况，还是 $\omega_0 = 12.4\Delta\omega$ 的大频偏情况，在整个频率轴上的所有谱线的相位值都为 $100°$，展现出全相位 FFT 独有的 "相位不变性"。

因而，全相位 FFT 除了提供具有泄漏程度小的振幅谱，还能提供相位特性非常直观的相位谱，相比于经典周期图法、参数模型现代谱估计法、MUSIC 伪谱扫描法、稀疏样本谱估计法这四代谱估计方法只能提供功率谱，不能提供相位谱的缺陷，是一个明显的改进之处。也就是说，全相位 FFT 谱分析符合工程应用对谱分析的 "全" 的需求。

3.4 传统 FFT 与全相位 FFT 分析数据实测与矢量解释

3.4.1 数据实测分析

这里我们举一个简单的例子来说明 apFFT 为何泄漏小和在任何频率点的相位都反映出了原信号的初相位。

例 3 仍采用式 (3-8) 所示的单指数信号，这里取 $N=4$，$\beta=1.3$，$\varphi_0=0°$，即信号 $x(n) = e^{j(n1.3 \times 2\pi/4 + 0 \times \pi/180)}, n = -3, \cdots, 0, \cdots, 3$；7 个取样值为

$$x = [0.98769 + 0.15643i, -0.58779 + 0.80902i, -0.45399 - 0.89101i, 1,$$
$$-0.45399 + 0.89101i, -0.58779 - 0.80902i, 0.9876 - 0.15643i]$$

这 7 个取样值组成 4 个 $N=4$ 数组，经循环左移后形成组成 apFFT 的 4 组长度为 $N=4$ 的数组，如表 3-2 所示。

3.4 传统 FFT 与全相位 FFT 分析数据实测与矢量解释

表 3-2 组成 apFFT 的 4 组 $N=4$ 数据段

	$n=0$	$n=1$	$n=2$	$n=3$
$x_0(n)$	1	−0.45399+0.89101i	−0.58779−0.80902i	0.98769−0.15643i
$x_1(n)$	1	−0.45399+0.89101i	−0.58779−0.80902i	−0.45399−0.89101i
$x_2(n)$	1	−0.45399+0.89101i	−0.58779+0.80902i	−0.45399−0.89101i
$x(n)$	1	0.98769+0.15643i	−0.58779−0.80902i	−0.45399−0.89101i

当对如表 3-2 所示的 4 段数据作 FFT 时得到的频域数据 $X_i(k)$ 如表 3-3 所示。

表 3-3 每个数据段的 DFT 结果

	$k=0$	$k=1$	$k=2$	$k=3$
$X_0(k)$	0.2265−0.0186i	0.6588 + 0.5627i	−0.0202− 0.2859i	0.1251− 0.1582i
$X_1(k)$	−0.1229−0.2022i	0.8222 + 0.2022i	0.2200− 0.2022i	−0.0286 + 0.2022i
$X_2(k)$	−0.1229 + 0.2022i	0.8222−0.2022i	0.2200 + 0.2022i	−0.0286−0.2022i
$X_3(k)$	0.2265 + 0.0186i	0.6588−0.5627i	−0.0202 + 0.2859i	0.1251 + 0.1582i
$Y(k)$	0.0562	0.7506	0.1298	0.0222

根据 DFT 的线性可叠加性，将上述每个数据段的 DFT 结果对应频率点相加并取平均等价于每个数据段先叠加再取平均，其振幅谱即 apFFT 的振幅谱，如表 3-3 第 5 行所示。

观察表 3-2 和表 3-3 的结果，传统 FFT 分析的即是表 3-2 的第 1 组数据，其谱分析结果则对应表 3-3 的第 1 组数据。而表 3-3 的第 5 行是 apFFT 振幅谱，其主谱线之外 ($k \neq 1$ 的情况) 的振幅要远小于传统 FFT 对应的振幅，如传统的 FFT 即表 3-1 的第 1 组数据 $k=0$ 的振幅值为 |0.2265−0.0186i |=0.23721，而 apFFT 时 $k=0$ 的振幅值为 0.0562。其主谱线的幅值与旁频点的幅值之间的衰减分贝数也要比传统 FFT 高，这点从图 3-8 和图 3-9 的对比中也可以得到。

在这里还有一个值得我们特别关注的是将 4 组数据相加之后的相位变化。可以看到表 3-3 前 4 组数据的相位都不是初相位，第 5 组 apFFT 的各条谱线上的相位都为 0，即为真实初始相位 0°。而 apFFT 正是通过将各子 FFT 的相位正负相互抵消而实现真正的保留初始相位不变的特性。

若取 $N=4$，$\beta=1.3$，$\theta_0 = 10°$，相应地可以得到每组数据对应频率点的相位值，如表 3-4 所示。

对比上面的数据可知道：apFFT 实质上是将初相位叠加在每个频率点，就如式 (3-16) 中所示，因此，其每个对应频率点最终总平均之后的结果还是初相位值。

表 3-4 每个数据段的 DFT 相位谱

	$k=0$	$k=1$	$k=2$	$k=3$
$\varphi_0(k)$	$-2.5000°+10°$	$20.5000°+10°$	$-92.5000°+10°$	$-29.5000°+10°$
$\varphi_1(k)$	$-121.5000°+10°$	$12.5000°+10°$	$-21.5000°+10°$	$102.5000°+10°$
$\varphi_2(k)$	$121.5000°+10°$	$-12.5000°+10°$	$21.5000°+10°$	$-102.5000°+10°$
$\varphi_3(k)$	$2.5000°+10°$	$-20.5000°+10°$	$92.5000°+10°$	$29.5000°+10°$
$\varphi_Y(k)$	$10°$	$10°$	$10°$	$10°$

3.4.2 矢量分析

全相位 FFT 为什么相位不用校正？以一个例子来作说明。

例 4 以 $N=6$，$x(n)=\mathrm{e}^{\mathrm{j}(\omega_0 n+12°)}$，$\omega_0=2.3\times 2\pi/6$，$-5\leqslant n \leqslant 5$ 为例，代入以上参数可得数据向量

$$\boldsymbol{x}=[\mathrm{e}^{42°},\mathrm{e}^{-\mathrm{j}180°},\mathrm{e}^{\mathrm{j}42°},\mathrm{e}^{\mathrm{j}96°},\mathrm{e}^{-\mathrm{j}126°},\mathrm{e}^{\mathrm{j}12°},\mathrm{e}^{\mathrm{j}150°},\mathrm{e}^{-\mathrm{j}72°},\mathrm{e}^{\mathrm{j}66°},\mathrm{e}^{-\mathrm{j}156°},\mathrm{e}^{-\mathrm{j}18°}]^\mathrm{T}$$

列举出所有包含 $x(0)=\mathrm{e}^{\mathrm{j}12°}$ 的长度为 6 的数据向量，并对这些数据向量分别进行循环移位，使得移位后的各向量 $\boldsymbol{x}_i$ 的第一个元素为 $x(0)$，有

$$\boldsymbol{x}_0=[\mathrm{e}^{\mathrm{j}12°},\mathrm{e}^{\mathrm{j}150°},\mathrm{e}^{-\mathrm{j}72°},\mathrm{e}^{-\mathrm{j}66°},\mathrm{e}^{-\mathrm{j}156°},\mathrm{e}^{-\mathrm{j}18°}]^\mathrm{T}$$
$$\boldsymbol{x}_1=[\mathrm{e}^{\mathrm{j}12°},\mathrm{e}^{\mathrm{j}150°},\mathrm{e}^{-\mathrm{j}72°},\mathrm{e}^{\mathrm{j}66°},\mathrm{e}^{-\mathrm{j}156°}\mathrm{e}^{-\mathrm{j}126°}]^\mathrm{T}$$
$$\boldsymbol{x}_2=[\mathrm{e}^{\mathrm{j}12°},\mathrm{e}^{\mathrm{j}150°},\mathrm{e}^{-\mathrm{j}72°},\mathrm{e}^{\mathrm{j}66°},\mathrm{e}^{\mathrm{j}96°},\mathrm{e}^{-\mathrm{j}126°}]^\mathrm{T}$$
$$\boldsymbol{x}_3=[\mathrm{e}^{\mathrm{j}12°},\mathrm{e}^{\mathrm{j}150°},\mathrm{e}^{-\mathrm{j}72°},\mathrm{e}^{\mathrm{j}42°},\mathrm{e}^{\mathrm{j}96°},\mathrm{e}^{-\mathrm{j}126°}]^\mathrm{T}$$
$$\boldsymbol{x}_4=[\mathrm{e}^{\mathrm{j}12°},\mathrm{e}^{\mathrm{j}150°},\mathrm{e}^{-\mathrm{j}180°},\mathrm{e}^{\mathrm{j}42°},\mathrm{e}^{\mathrm{j}96°},\mathrm{e}^{-\mathrm{j}126°}]^\mathrm{T}$$
$$\boldsymbol{x}_5=[\mathrm{e}^{\mathrm{j}12°},\mathrm{e}^{42°},\mathrm{e}^{-\mathrm{j}180°},\mathrm{e}^{\mathrm{j}42°},\mathrm{e}^{\mathrm{j}96°},\mathrm{e}^{-\mathrm{j}126°}]^\mathrm{T}$$

对以上各向量分别进行 DFT，可得各子 DFT 向量 $\boldsymbol{X}_i$，即

$$\boldsymbol{X}_0=[0.867\mathrm{e}^{-\mathrm{j}3°},1.286\mathrm{e}^{\mathrm{j}27°},5.172\mathrm{e}^{\mathrm{j}57°},2.258\mathrm{e}^{-\mathrm{j}93°},1.041\mathrm{e}^{-\mathrm{j}63°},0.819\mathrm{e}^{-\mathrm{j}33°}]^\mathrm{T}$$
$$\boldsymbol{X}_1=[0.867\mathrm{e}^{-\mathrm{j}141°},1.286\mathrm{e}^{-\mathrm{j}51°},5.172\mathrm{e}^{\mathrm{j}39°},2.258\mathrm{e}^{-\mathrm{j}51°},1.041\mathrm{e}^{\mathrm{j}39°},0.819\mathrm{e}^{\mathrm{j}129°}]^\mathrm{T}$$
$$\boldsymbol{X}_2=[0.867\mathrm{e}^{\mathrm{j}81°},1.286\mathrm{e}^{-\mathrm{j}129°},5.172\mathrm{e}^{\mathrm{j}21°},2.258\mathrm{e}^{-\mathrm{j}9°},1.041\mathrm{e}^{\mathrm{j}141°},0.819\mathrm{e}^{-\mathrm{j}69°}]^\mathrm{T}$$
$$\boldsymbol{X}_3=[0.867\mathrm{e}^{-\mathrm{j}57°},1.286\mathrm{e}^{\mathrm{j}153°},5.172\mathrm{e}^{\mathrm{j}3°},2.258\mathrm{e}^{\mathrm{j}33°},1.041\mathrm{e}^{-\mathrm{j}117°},0.819\mathrm{e}^{\mathrm{j}93°}]^\mathrm{T}$$
$$\boldsymbol{X}_4=[0.867\mathrm{e}^{\mathrm{j}165°},1.286\mathrm{e}^{\mathrm{j}75°},5.172\mathrm{e}^{-\mathrm{j}15°},2.258\mathrm{e}^{\mathrm{j}75°},1.041\mathrm{e}^{-\mathrm{j}15°},0.819\mathrm{e}^{-\mathrm{j}105°}]^\mathrm{T}$$
$$\boldsymbol{X}_5=[0.867\mathrm{e}^{\mathrm{j}27°},1.286\mathrm{e}^{-\mathrm{j}3°},5.172\mathrm{e}^{-\mathrm{j}33°},2.258\mathrm{e}^{\mathrm{j}117°},1.041\mathrm{e}^{\mathrm{j}87°},0.819\mathrm{e}^{\mathrm{j}57°}]^\mathrm{T}$$

将这 N 个向量进行求和平均后，即得全相位 DFT 的分析结果，即

$$\boldsymbol{Y}=[0.1252\mathrm{e}^{\mathrm{j}12°},0.2754\mathrm{e}^{\mathrm{j}12°},4.4576\mathrm{e}^{\mathrm{j}12°},0.8494\mathrm{e}^{\mathrm{j}12°},0.1806\mathrm{e}^{\mathrm{j}12°},0.1118\mathrm{e}^{\mathrm{j}12°}]^\mathrm{T}$$

可见求和平均使得 $Y(k)(k=0,\cdots,N-1)$ 的幅值得到抑制，然而 $k\neq 2$ 的各旁谱相对于 $k=2$ 的主谱抑制得更严重，故显得主谱线更为突出。另外，需注意到

各子 DFT 向量 $\boldsymbol{X}_i(k)(i=0,\cdots,N-1)$ 的振幅谱值是相等的，且两两互相关于 $\varphi=12°$ 对称，故叠加形成的 $\boldsymbol{Y}$ 向量的各元素的相位全都是 $12°$。

图 3-11 给出了 $k=2$ 处各子谱 $\boldsymbol{X}_i(2)$ 合成全相位谱 $\boldsymbol{Y}(2)$ 的矢量图。

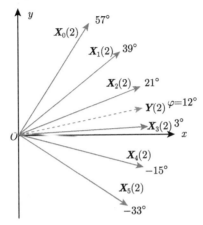

图 3-11　主谱 $k=2$ 处的相位合成矢量图

从例 4 分析可推知，不管输入信号的频率是 $2\Delta\omega$，还是 $2.12\Delta\omega$、$2.33\Delta\omega$，频率偏差引起的相位误差互相抵消，所以频率偏移不影响相位值，即测出的相位与频偏无关，在峰值谱 $k=2$ 处 apFFT 的相位就是正确相位，该性质的数学证明还可见文献 [22]、[23]。

3.5　全相位 FFT 谱分析的基本性质

3.5.1　性质 1

性质 1　全相位 FFT 谱分析系统是一个线性系统，仍保留了传统 FFT 谱分析的"线性"性质及其相移性质。

剖析图 3-6 全相位 FFT 的基本结构可看出，整个谱分析过程包含全相位数据预处理和 FFT 两部分，其中"全相位数据预处理"仅进行了一些乘累加操作，显然这一过程具有线性时不变性质，而 FFT 系统是一个典型的线性时不变系统，这就保证了整个全相位谱分析系统的 LTI 特性。因而若用 $Y(k)$ 表示全相位 DFT 谱，用符号"$\Leftrightarrow$"表示时域与频域的对应关系，则以下诸式成立。

线性性 (齐次性和叠加性)：

$$x(n) \Leftrightarrow Y(k) \rightarrow Ax(n) \Leftrightarrow AY(k), \quad A\text{为常数} \tag{3-27}$$

$$\left.\begin{array}{l}x_0(n) \Leftrightarrow Y_0(k) \\ x_1(n) \Leftrightarrow Y_1(k)\end{array}\right\} \to x_0(n) + x_1(n) \Leftrightarrow Y_0(k) + Y_1(k) \tag{3-28}$$

$$\left.\begin{array}{l}x_0(n) \Leftrightarrow Y_0(k) \\ x_1(n) \Leftrightarrow Y_1(k)\end{array}\right\} \to A_0 x_0(n) + A_1 x_1(n) \Leftrightarrow A_0 Y_0(k) + A_1 Y_1(k) \tag{3-29}$$

相移性：

$$x(n) \Leftrightarrow Y(k) \to x(n) W_N^{-nl} \Leftrightarrow Y((k-l))_N R_N(k) \tag{3-30}$$

式中，$W_N = \exp(-j2\pi/N)$，而 $Y((k-l))_N R_N(k)$ 表示将长度为 N 的序列 $\{Y(k)\}$ 向右循环移位 l 个频率间隔。

证明 由于卷积窗具有对称性，第 2 章已给出，对于图 3-6 的全相位预处理后的数据可表示为 $y(n) = w_c(n)\,x(n) + w_c(n-N)\,x(n-N)$，故 apFFT 谱分析结果为

$$Y(k) = \sum_{n=0}^{N-1}[w_c(n)\,x(n) + w_c(n-N)\,x(n-N)] W_N^{nk},\quad k=0,\cdots,N-1 \tag{3-31}$$

令 $x_1(n) = Ax(n)$，代入式 (3-31)，提出 A 值到求和式的外面，可得相应的 apFFT 谱 $Y_1(k) = AY(k)$，这样就证明了式 (3-27) 所表示的齐次性。

令 $x(n) = x_0(n) + x_1(n)$，代入式 (3-31)，则可将求和项拆成 $x_0(n)$ 和 $x_1(n)$ 的 apFFT 谱 $Y_0(k)$、$Y_1(k)$ 两项，这就证明了式 (3-28) 所表示的叠加性。

由式 (3-27)、式 (3-28) 可以很容易地得到式 (3-29)。

再考虑序列 $x'(n) = x(n) W_N^{-nl}$ 的 apFFT 谱 $Y'(k)$，代入式 (3-31)，有

$$\begin{aligned}Y'(k) &= \sum_{n=0}^{N-1}\left[w_c(n)\,x(n)\,W_N^{-nl} + w_c(n-N)\,x(n-N)\,W_N^{-(n-N)l}\right] W_N^{nk} \\ &= \sum_{n=0}^{N-1}\left[w_c(n)\,x(n)\,W_N^{-nl} + w_c(n-N)\,x(n-N)\,W_N^{-nl} W_N^{Nl}\right] W_N^{nk} \\ &= \sum_{n=0}^{N-1}\left[w_c(n)\,x(n)\,W_N^{-nl} + w_c(n-N)\,x(n-N)\,W_N^{-nl}\right] W_N^{nk} \\ &= \sum_{n=0}^{N-1} y(n)\,W_N^{n(k-l)} = Y((k-l))_N R_N(k)\end{aligned} \tag{3-32}$$

从而证明了式 (3-30) 所示的相移性质。

3.5.2 性质 2

性质 2 序列 $\{x(n) = e^{j(\omega_0 n + \theta_0)}\}$ 归一化后的全相位 FFT 振幅谱与传统 FFT 振幅谱存在平方关系，即无窗全相位 FFT 振幅谱值即为传统不加窗 FFT 功率谱值，双窗全相位 FFT 振幅谱值即为传统加窗 FFT 功率谱值。

3.5 全相位 FFT 谱分析的基本性质

推论 给定同样的数据样本个数，全相位 FFT 可以获得比传统 FFT 更优良的抑制谱泄漏性能。

有读者可能会认为：前面举的例子 apFFT 耗费了 $2N-1$ 个样点，而传统 FFT 耗费了 N 个样点，那 apFFT 当然可得到更优良的抑制谱泄漏性能。前面给的例子仅为了推导出数学解析式，下面来研究对于相同信号，耗费了 $2N-1$ 个样点的 N 阶 apFFT 和耗费了 $2N$ 个样点的传统 FFT 的抑制谱泄漏性能。

例 5 令 $N=32$，$\Delta\omega = 2\pi/N$，给定 $2N=64$ 个样点 $x(n) = \exp[\mathrm{j}(\omega_0 n + \theta_0)]$，$-N+1 \leqslant n \leqslant N$，对于 $\omega_0 = 12.1\Delta\omega$ 和 $\omega_0 = 12.3\Delta\omega$ 两种情况，分别用 N 个样点 $x(0) \sim x(N-1)$ 作传统 N 点的无窗 FFT，用 $2N$ 个样点 $x(-N+1) \sim x(N)$ 作传统 $2N$ 点的无窗 FFT，用 $2N-1$ 个样点 $x(-N+1) \sim x(N-1)$ 作传统 N 阶的无窗 apFFT，其得到的振幅谱 $|X_1(k)|$、$|X_2(k)|$、$|Y(k)|$ 如图 3-12(a)、(b) 所示。

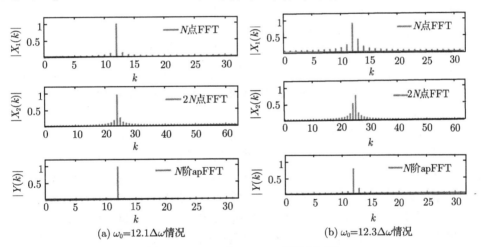

(a) $\omega_0 = 12.1\Delta\omega$ 情况 (b) $\omega_0 = 12.3\Delta\omega$ 情况

图 3-12 FFT 与 apFFT 谱泄漏对比

从图 3-12 和图 3-13 可总结出如下规律：

(1) FFT 谱泄漏不会随着耗费的样点数的增加而得到明显改善，耗费的样点增加虽然可以增加谱线数量，使得频率分辨率提高 1 倍，但是从图 3-12 和图 3-13 可以看出，在峰值谱线周围，增多的谱线并不是泄漏减轻的旁谱线，而是泄漏仍很严重的谱线。

(2) 从图 3-12(a)、(b) 可以看出：N 阶 apFFT 振幅谱比 $2N$ 点 FFT 振幅谱的谱泄漏低得多。需要强调的是，前者是比后者还少耗费了 1 个样点。

为什么 apFFT 耗费的样本少，却可以得到泄漏性能更高的谱？下面从多个角度来论证这个问题。

1) 从数据分段的角度进行分析

全相位谱分析将包含样点 x_0 的所有长为 N 的序列分别进行了传统 FFT 谱分析，并且对这 N 路的分析结果进行了加窗综合处理。这 N 路谱分析的旁瓣泄漏经加权平均后会抵消很大一部分，从而提高了谱分析性能。

从表 3-3 可见，各分段 DFT 的谱值在叠加过程中，主谱线幅值 ($k=1$) 相互抵消得不多，而旁谱线幅值 ($k=0,2,3$) 却相互抵消了很大部分。因此，平均后的结果更加 "凸现" 了主谱线的强度，体现了全相位 FFT 频谱分析良好的抑制旁谱泄漏性能。

2) 从时域波形的角度进行分析

图 2-10 给出了全相位预处理后的余弦信号波形，从波形可看出，全相位预处理消除了序列的波形首尾幅度不连续的现象，并且波形失真的程度比传统加窗情况要小，这无疑会削弱 FFT 谱分析的 "截断效应"，从而提高了谱分析性能。

3) 从数量关系的角度进行分析

式 (3-17) 已证明：序列 $\{x(n) = e^{j(\omega_0 n + \theta_0)}\}$ 归一化后的全相位 FFT 振幅谱与传统 FFT 振幅谱存在平方关系，即无窗全相位 FFT 振幅谱值即为传统不加窗 FFT 功率谱值，双窗全相位 FFT 振幅谱值即为传统加窗 FFT 功率谱值 (双窗情况下节会证明)。

3.3.1 节和 3.3.2 节已从两种不同的角度对此性质进行证明。

性质 2 是全相位 FFT 谱分析的一个非常重要的性质，它所揭示的平方关系是对所有的 N 条谱线而言，显然这种平方关系使得旁谱线相对于主谱线幅度的比例也按平方关系减小，从而使得主谱更为突出。需指出，该结论在这里是针对单频复指数信号而言的；对于包含多种频率成分的信号，虽然每种频率成分会对所有谱线都产生影响，但由于全相位频谱泄漏范围较小，这种影响相比于传统 FFT 谱分析要小得多。因此，当 N 足够大时，一般情况下各谱线仍近似存在这种平方关系。

例 6 对 $x(n) = 2\cos(10.1 \times 2n\pi/128) + 2\cos(30.2 \times 2n\pi/128) + 2\cos(50.3 \times 2n\pi/128)$ 分别进行 $N=128$ 的加汉宁窗的传统 FFT 谱分析和加汉宁双窗的全相位 FFT 谱分析，其归一化后传统 FFT 谱 $X(k)$ 和全相位 FFT 谱 $Y(k)$ 如图 3-13 所示，其对应的谱线幅值如表 3-5 所示。

从表 3-5 的实验数据可看出，即使是对于信号含有多个频率成分的情形，全相位 FFT 振幅谱幅值与传统 FFT 功率谱幅值仍近似相等，在图 3-13 的振幅谱线图则表现为全相位谱线具有更小的泄漏。

3.5 全相位 FFT 谱分析的基本性质

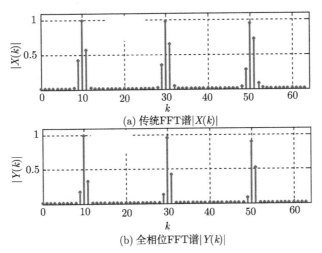

图 3-13 传统和全相位 FFT 谱线对照

表 3-5 传统 FFT 振幅谱、功率谱和全相位 FFT 振幅谱的幅值对照($N=128$)

	$k=9$	$k=10$	$k=11$	$k=29$	$k=30$	$k=31$	$k=49$	$k=50$	$k=51$
$\|X(k)\|$	0.4196	0.9924	0.5700	0.3479	0.9740	0.6451	0.2805	0.9424	0.7175
$\|X(k)\|^2$	0.1761	0.9262	0.3249	0.1210	0.9427	0.4162	0.0727	0.8882	0.5142
$\|Y(k)\|$	0.1760	0.9270	0.3248	0.1210	0.9422	0.4161	0.0727	0.8882	0.5142

3.5.3 性质 3

性质 3 长度为 $2N-1$ 的复指数序列经过 N 阶无窗、单窗和双窗全相位 FFT 谱分析后,其主谱线上的相位谱值等于输入序列的中心样点相位的理论值,即全相位 FFT 谱分析具有 "相位不变性质"。

证明 3.3 节和 3.4 节已从两种不同的角度对此性质进行证明,故全相位 FFT 谱分析具有 **"相位不变性质"**。

当然,工程应用中接触的信号往往是多频成分的复合正弦信号,这些实际序列的全相位 FFT 相位谱又应是如何的呢? 这可以很容易地从全相位 FFT 谱的 LTI 性质和频谱泄漏小的性质推理出:

(1) 根据 LTI 性质,复合后的各谱线上的谱值等于所有频率成分各自的全相位 FFT 谱值的简单叠加。

(2) 由于全相位谱线的泄漏很小,泄漏范围很窄 (通常只在主谱线左、右两根旁谱线中存在明显泄漏),这样各频率成分间的相位影响程度很小,尤其对于主谱线而言,其能量较强,受其他频率成分的干扰更小,因而主谱线附近的相位谱值可近似认为就是信号的初相值。

从表 3-4 各分段 DFT 的相位谱值可见，在 $k=1$ 处，第一组和第四组是 $20.5° + 10°$ 和 $-20.5° + 10°$，第二组和第三组分别是 $12.5° + 10°$ 和 $-12.5° + 10°$，它们的相位正负相互抵消，而实现真正的保留初始相位 (10°) 不变的特性。

因而全相位 DFT 既可精确地估计初相位，又可很好地抑制旁谱泄漏。当 DFT 长度 N 增大时，其相位估计精度将愈加精确，下面给出例子。

例 7 有一个含多个不同频率成分和初相位的复合正弦序列如下式所示：

$$x(n) = \cos(20.1 \times 2n\pi/128 + \pi/6) + \cos(40.2 \times 2n\pi/128 + \pi/3)$$
$$+ \cos(60.3 \times 2n\pi/128 + \pi/2), \quad n \in [-N+1, N-1], N = 128$$

即各频率成分的初相分别为 30°、60°、90°。现对此序列分别进行传统加汉宁窗 FFT 谱分析和全相位双窗 FFT 谱分析，得到相应的振幅谱和相位谱如图 3-14 所示。

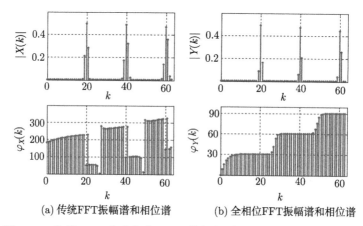

(a) 传统FFT振幅谱和相位谱　　(b) 全相位FFT振幅谱和相位谱

图 3-14　传统 FFT 和全相位 FFT 的振幅谱和相位谱对照 ($N = 128$)

表 3-6 给出了在主谱线 $k=20$ 附近的全相位 FFT 谱线的相位值。

表 3-6　全相位 FFT 谱的相位值(真实初相为 20°)

	$k=18$	$k=19$	$k=20$	$k=21$	$k=22$
$\varphi_Y(k)/(°)$	20.00007263	20.00000014	20.00000002	20.00000013	20.00021918

从表 3-6 可看出，主谱线附近的全相位相位谱值与信号初相值非常相近 (如果是单频复指数信号，则两者完全相等)，其精度达到 $(10^{-5})°$，主谱 $k=20$ 处的精度甚至达到 $(10^{-7})°$。

表 3-6 展现的相位精度意味着全相位 FFT 谱分析具有如下的实际意义：无需通过任何校正措施，从全相位 FFT 主谱线上即可得到高精度初相估计。

需指出，性质 3 中全相位 FFT 谱的这种"相位不变性"是决定全相位 FFT 谱具有很高应用价值的一个重要原因。性质 2 又指出，全相位 FFT 振幅谱值近似等于传统 FFT 谱的功率谱幅值，这时肯定有读者问，既然两者在幅值上相等，那么为得到泄漏小的谱线，简单用传统 FFT 功率谱线取代全相位 FFT 谱不就行了？显然两者有本质区别：传统 FFT 功率谱线仅是衡量信号能量特征的一种表示法，是通过简单取振幅模的平方值而得到的，因而各条功率谱线值是非负的，不含任何信号的相位信息。而全相位 FFT 谱则不然，根据性质 3，全相位 FFT 的各频率成分对应的主谱线上的相位值还近似等于信号的初始相位，因而全相位 FFT 谱分析不但具有抑制频谱泄漏的性质，而且还精确地保留了真实相位信息。全相位 FFT 谱分析与传统功率谱分析的另外一个区别之处在于，全相位 FFT 谱分析还可以检测出微弱信号，关于此应用，将在后面章节给出具体实验说明。

3.5.4 性质 4

性质 4 apFFT 对噪声方差有抑制作用，高斯随机噪声经 FFT 和无窗 apFFT 后，其频谱均方和之比为 2/3。

证明 文献 [24] 理论推导了高斯随机噪声经 FFT 后的频谱均方差的变换情况。

假定高斯噪声 $x(n)$ 的方差为 σ_x^2，令 $W_N = \mathrm{e}^{-\mathrm{j}2\pi/N}$，则对于传统 FFT，高斯随机噪声经过 FFT 后，其归一化后的谱输出 $X(k)$ 为

$$X(k) = \frac{1}{N} \sum_{n=0}^{N-1} x(n) W_N^{nk} \tag{3-33}$$

对式 (3-33) 两端取方差，利用 $|W_N^{nk}| = 1$ 及其噪声样本间的统计分布独立性，有

$$\begin{aligned} \mathrm{var}\,[X(k)] &= \frac{1}{N} \sum_{n=0}^{N-1} |W_N^{nk}|^2 \, \mathrm{var}\,[x(n)] \\ &= \frac{1}{N} \sum_{n=0}^{N-1} \sigma_x^2 = \sigma_x^2 \end{aligned} \tag{3-34}$$

可见传统 FFT 对高斯噪声处理后，其谱方差等于输入噪声的方差。

而对于无窗 apFFT 情况，第 2 章已经证明其全相位预处理输出方差为

$$\mathrm{var}\,[y_m(n)] = [w_\mathrm{c}^2(m) + w_\mathrm{c}^2(m-N)]\sigma_x^2, \quad m = 0, 1, \cdots, N-1 \tag{3-35}$$

而 apFFT 输出为

$$Y(k) = \frac{1}{N} \sum_{m=0}^{N-1} y_m(n) W_N^{mk} \tag{3-36}$$

对式 (3-36) 两端取方差，利用 $|W_N^{nk}|=1$ 及其噪声样本统计分布独立性，有

$$\text{var}\,[Y(k)] = \frac{1}{N}\sum_{m=0}^{N-1} |W_N^{nk}|^2\,\text{var}\,[y_m(n)]$$

$$= \frac{1}{N}\sum_{m=0}^{N-1}[w_c^2(m)+w_c^2(m-N)]\sigma_x^2 \qquad (3\text{-}37)$$

将无窗的卷积窗 $w_c(m)=(N-|m|)/N$ 代入式 (3-37)，易证得

$$\text{var}\,[Y(k)] = \frac{2N^2+1}{3N^2}\sigma_x^2 \qquad (3\text{-}38)$$

将式 (3-38) 除以式 (3-34)，并取极限，有

$$\lim_{N\to+\infty}\frac{\text{var}\,[Y(k)]}{\text{var}\,[X(k)]} = \lim_{N\to+\infty}\frac{2N^2+1}{3N^2} = 2/3 \qquad (3\text{-}39)$$

式 (3-39) 即证明了论题。

  需指出的是，式 (3-35) 反映了噪声经过全相位数据预处理后，其 N 个输出端数据方差是各不相等的 (即两端数据方差大，中间数据方差小)；但由于式 (3-33) 的 FFT 的线性组合的作用，式 (3-27) 表明 apFFT 最终输出的 N 个数据方差 (即频谱均方和) 都变为相同了，且在数值上为传统 FFT 方差的 2/3。

  图 3-15(a) 和 (b) 分别是 $N=256$ 时随机噪声的 FFT 振幅谱和功率谱，图 3-15(c) 和 (d) 分别是 $N=256$ 时随机噪声的 apFFT 振幅谱和功率谱，从图可见，apFFT 的随机噪声的平均功率要比 FFT 随机噪声的平均功率小。取其实验数据的均值，则 apFFT 噪声方差/FFT 噪声方差 =0.0002173/0.00033039=0.65771，即接近 2/3，这证明了式 (3-39) 的结论。

  一维随机噪声经 FFT 和 apFFT 后，其频谱均方和之比为 2/3，则可容易推导出二维随机噪声经 FFT 和 apFFT 后，其频谱均方和之比为 $(2/3)^2=4/9$。图 3-16(a) 和 (b) 分别是 $N=64$ 时随机噪声经二维 FFT 和二维 apFFT 的振幅谱，由图 3-16 可见 apFFT 的噪声振幅均为 FFT 的一半。

  与图 3-16 对应的噪声频谱均方和的实验数据分别为：二维 apFFT 噪声方差 $=8.7288\times10^{-6}$，二维 FFT 噪声方差 $=2.000958\times10^{-5}$，则二维 apFFT 噪声方差/二维 FFT 噪声方差 $=0.43625\approx4/9$。

  以上是无窗情况，对于加窗情况，双窗 apFFT 和加窗 FFT 的噪声方差如表 3-7 所示。

3.5 全相位 FFT 谱分析的基本性质

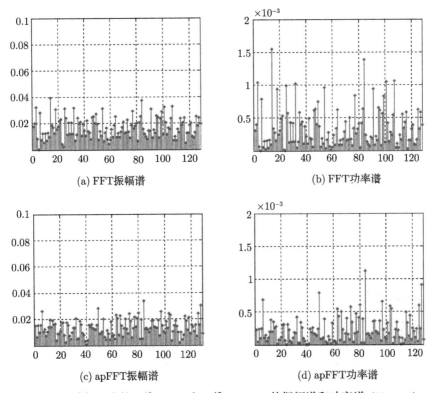

图 3-15 随机噪声的一维 FFT 和一维 apFFT 的振幅谱和功率谱 (N=256)

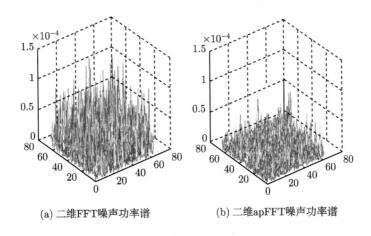

图 3-16 传统 FFT 和全相位 FFT 的功率谱和相位谱对照 ($N = 64$)

表 3-7 传统 FFT 振幅谱、功率谱和全相位 FFT 振幅谱的幅值对照($N=128$)

	矩形窗	汉宁窗	汉明窗	三角窗	凯撒 (1) 窗
FFT	0.0039063	0.0055147	0.0055739	0.005188	0.0039294
apFFT	0.0026093	0.0039797	0.0039894	0.003731	0.0027049
apFFT/FFT	0.66797	0.72166	0.71574	0.71925	0.68836

由表 3-7 可见, 在相同窗时, apFFT 的噪声方差均比 FFT 小近 1/3, 其中无窗时噪声方差最小, 表 3-7 中凯撒窗中的 1 值为凯撒窗系数。

apFFT 噪声方差比 FFT 小的性能在用 apFFT 和 FFT 解调数字键控信号 (见第 10 章) 应用中得到验证, 同样信噪比下, apFFT 解调的误码要比 FFT 小, 其星座图更集中。

但在有频偏时, apFFT 谱峰值要比 FFT 小, 在频偏为 0.5 左右更明显, 加窗 apFFT 比无窗略好些, 所以在分析有噪信号时, 可分别对其作 apFFT 谱分析和 FFT 谱分析, 以便分辨各种频偏的小信号。

3.5.5 基本性质导出的噪声环境下全相位 FFT 与 FFT 的关系

基于以上四条性质, 我们来深入剖析一下 N 阶 FFT 与 apFFT 两种谱分析方式的内在定量关系, 假定所分析的信号 $x(n)$ 为幅值为 a_0 的单指数信号 $s(n) = a_0 e^{j(\beta 2\pi n/N + \theta_0)}$ 与均值为 0、方差为 σ^2 的高斯白噪声 $v(n)$ 的叠加, 即

$$x(n) = a_0 e^{j(\beta 2\pi n/N + \theta_0)} + v(n), \quad \beta = (k^* + \delta), \quad k^* \in Z^+, \quad |\delta| \leqslant 0.5 \quad (3\text{-}40)$$

先来对其中确定信号 $s(n)$ 的谱分析作比较, 前面已经证明, 单位幅度的单指数信号 $e^{j(\beta 2\pi n/N + \theta_0)}$ 的 FFT 谱和 apFFT 谱分别如式 (3-9) 与式 (3-16) 所示, 由于 FFT 和 apFFT 都是线性系统, 即满足齐次性, 故幅值为 a_0 的单指数信号 $s(n) = a_0 e^{j(\beta 2\pi n/N + \theta_0)}$ 归一化后的 FFT 谱 $S(k)$ 和归一化后的 apFFT 谱 $S_{\text{ap}}(k)$ 分别表示为

$$\begin{cases} S(k) = \dfrac{a_0}{N} \cdot \dfrac{\sin[\pi(\beta-k)]}{\sin[\pi(\beta-k)/N]} e^{j[\theta_0 + \frac{N-1}{N}(\beta-k)\pi]} \\ S_{\text{ap}}(k) = \dfrac{a_0}{N^2} \cdot \dfrac{\sin^2[\pi(\beta-k)]}{\sin^2[\pi(\beta-k)/N]} e^{j\phi_0} \end{cases}, \quad k = 0, 1, \cdots, N-1 \quad (3\text{-}41)$$

式 (3-41) 粗看上去, 似乎随着谱分析阶数 N 的增大, 归一化后的全相位谱 $S_{\text{ap}}(k)$ 的幅值相比于传统 FFT 谱 $S(k)$ 会以更大速率衰减下去。其实不然, 因为当 N 足够大时, 有如下等价无穷小关系成立, 即

$$\sin[\pi(\beta-k)/N] \sim \pi(\beta-k)/N \quad (3\text{-}42)$$

3.5 全相位 FFT 谱分析的基本性质

联立式 (3-41) 与式 (3-42), 结合 $\mathrm{sinc}(x)=\sin(\pi x)/(\pi x)$, 则有如下两式成立:

$$S(k) \approx \frac{A}{N} \cdot \frac{\sin[\pi(\beta-k)]}{[\pi(\beta-k)/N]} \mathrm{e}^{\mathrm{j}[\theta_0+\frac{N-1}{N}(\beta-k)\pi]}$$
$$= A\,\mathrm{sinc}\,(\beta-k)\,\mathrm{e}^{\mathrm{j}[\theta_0+\frac{N-1}{N}(\beta-k)\pi]}, \quad k=0,1,\cdots,N-1 \quad (3\text{-}43)$$

$$S_{\mathrm{ap}}(k) \approx \frac{a_0}{N^2} \cdot \frac{\sin^2[\pi(\beta-k)]}{[\pi(\beta-k)/N]^2} \mathrm{e}^{\mathrm{j}\theta_0}$$
$$= a_0\,\mathrm{sinc}^2\,(\beta-k)\,\mathrm{e}^{\mathrm{j}\theta_0}, \quad k=0,1,\cdots,N-1 \quad (3\text{-}44)$$

再对其中随机干扰信号 $v(n)$ 的谱分析作比较, 由于 $v(n)$ 是随机的, 故其 FFT 谱和 apFFT 谱都是随机过程。根据统计分析容易推知, $v(n)$ 的归一化 FFT 谱 $V(k)$ 的方差为 σ^2/N, 而 $v(n)$ 的归一化 apFFT 谱 $V_{\mathrm{ap}}(k)$ 由于在预处理过程中方差减小 $1/3$, 故其谱方差为 $(2/3)\sigma^2/N$, 即

$$\mathrm{var}[V_{\mathrm{ap}}(k)] = \frac{2}{3}\mathrm{var}[V(k)] = \frac{2}{3N}\sigma^2 \quad (3\text{-}45)$$

则联立式 (3-40)~ 式 (3-45), 可推出最终的 FFT 谱与 apFFT 谱为

$$\begin{cases} X(k) = A\,\mathrm{sinc}\,(\beta-k)\,\mathrm{e}^{\mathrm{j}[\theta_0+\frac{N-1}{N}(\beta-k)\pi]} + V(k) \\ X_{\mathrm{ap}}(k) = A\,\mathrm{sinc}^2\,(\beta-k)\,\mathrm{e}^{\mathrm{j}\theta_0} + V_{\mathrm{ap}}(k) \end{cases}, \quad k=0,1,\cdots,N-1 \quad (3\text{-}46)$$

而峰值谱处的 FFT 谱与 apFFT 谱分别为

$$\begin{cases} X(k^*) = a_0\,\mathrm{sinc}\,(\delta)\,\mathrm{e}^{\mathrm{j}[\theta_0+\frac{N-1}{N}\delta\pi]} + V(k^*) \\ X_{\mathrm{ap}}(k^*) = a_0\,\mathrm{sinc}^2\,(\delta)\,\mathrm{e}^{\mathrm{j}\theta_0} + V_{\mathrm{ap}}(k^*) \end{cases} \quad (3\text{-}47)$$

式 (3-46)、式 (3-47) 可清楚地反映 FFT 谱与 apFFT 谱的如下定量关系:

(1) apFFT 谱泄漏与 FFT 谱泄漏的平方成正比关系;

(2) 在峰值谱 $k=k^*$ 处, apFFT 的相位与频偏 δ 无关, 而 FFT 的相位与频偏 δ 有关;

(3) apFFT 谱分析的噪声方差比 FFT 情况低 $1/3$;

(4) $\mathrm{sinc}(\bullet)$ 函数中不含有阶数 N, 故 apFFT 在峰值谱 $k=k^*$ 周围的泄漏与阶数 N 无关。

在实际应用中, 频率值 β 有可能是未知的, 但可以通过振幅谱峰搜索获知峰值谱位置 k^* 的值, 由于 apFFT 对噪声方差有削弱作用, 故在测相时, 不考虑噪声影响 (令 $\sigma=0$), 则可以直接取峰值谱处的相位值作为初相的估计, 即

$$\hat{\theta}_0 = \mathrm{ang}\,[X_{\mathrm{ap}}(k^*)] \quad (3\text{-}48)$$

根据式 (3-47) 可导出频偏的估计式，进而导出频率估计式，即

$$\hat{\delta} = \frac{\text{ang}\,[X(k^*)] - \text{ang}\,[X_{\text{ap}}(k^*)]}{(1-1/N)\pi} \Rightarrow \omega_0 = (k^* + \hat{\delta})\Delta\omega \tag{3-49}$$

将式 (3-47) 中的两个峰值谱幅度作比值，可得幅值估计，即

$$\hat{a}_0 = \frac{|X(k^*)|^2}{|X_{\text{ap}}(k^*)|^2} \tag{3-50}$$

从能量角度看，若把 FFT 谱近似看成是信号能量集中在以峰值谱为中心的 5 根谱线上，则有如下近似：

$$\sum_{k=k^*-2}^{k^*+2} |X(k)|^2 \approx a_0^2 \Rightarrow \hat{a}_0 = \sqrt{\sum_{k=k^*-2}^{k^*+2} |X(k)|^2} \tag{3-51}$$

式 (3-51) 即为能量重心法[25,26]的幅值估计原理，由于 apFFT 振幅谱为 FFT 振幅谱的平方，故相应有

$$\hat{a}_0 = \sqrt{\sum_{k=k^*-2}^{k^*+2} |X_{\text{ap}}(k)|} \tag{3-52}$$

式 (3-51) 与式 (3-52) 这两个幅值估计式，在纯单频复指数信号情况下看似等价，但是在存在多频信号成分的实际工程应用中，两者有区别。因为存在多频成分时，还要考虑成分之间的谱间干扰，由于 apFFT 谱泄漏比 FFT 谱泄漏小，故谱间干扰误差小。在频率邻近时，基于 apFFT 的式 (3-52) 的幅值估计比基于 FFT 的式 (3-51) 的幅值估计会更准确些。

式 (3-48)~式 (3-52) 是第 4 章和第 5 章详述的全相位频谱校正的理论基础。

3.6　全相位 FFT 谱分析两时延谱自适应调节机理

前面各节从子谱补偿、数学推导、矩阵分析、矢量分析、数据分析共五个角度论证了 apFFT 的抑制谱泄漏和相位不变性的原因，为帮助读者加深对 apFFT 原理的认识，本节从两时延谱自适应调节的机理来论证这个问题。

3.6.1　传统数据和全相位预处理后的数据的傅里叶变换表示

1) 传统处理的傅里叶变换表示

传统截断处理信号 $x_N(n)$ 是矩形窗 $\boldsymbol{R}_N$ 与原信号 $x(n)$ 乘积的结果，即

$$x_N(n) = x(n)R_N(n) \tag{3-53}$$

3.6 全相位 FFT 谱分析两时延谱自适应调节机理

传统加窗截断后的信号 $x_N(n)$ 是用所加的窗 $\boldsymbol{f}$ 与原信号 $x(n)$ 乘积的结果，即

$$x_N(n) = x(n)f(n) \tag{3-54}$$

现比较两者傅里叶变换的频谱关系。

假设原信号 $x(n)$ 频谱为 $X(j\omega)$；矩形窗的频谱为 $R_N(j\omega)$；所加的窗 $\boldsymbol{f}$ 的频谱为 $F(j\omega)$，则根据时域乘积与频域卷积的对应关系，有如下两式成立：

$$x_N(n) = x(n)\, R_N(n) \leftrightarrow X_N(j\omega) = \frac{1}{2\pi}X(j\omega) * R_N(j\omega) \tag{3-55}$$

$$x_N(n) = x(n)\, f(n) \leftrightarrow X_N(j\omega) = \frac{1}{2\pi}X(j\omega) * F(j\omega) \tag{3-56}$$

即传统处理后的信号频谱为原信号频谱与所加窗的频谱 ($R_N(j\omega)$ 或 $F(j\omega)$) 的卷积结果，"↔" 表示互为傅里叶变换对。

2) 全相位数据预处理的傅里叶变换表示

图 3-6 中，全相位预处理后的数据 $y(n)$ 表示为

$$\begin{cases} y(0) = w_c(0)\, x(0) \\ y(1) = w_c(1)\, x(1) + w_c(-3)\, x(-3) \\ y(2) = w_c(2)\, x(2) + w_c(-2)\, x(-2) \\ y(3) = w_c(3)\, x(3) + w_c(-1)\, x(-1) \end{cases} \tag{3-57}$$

注意长度为 $2N-1$ 的卷积窗 $\boldsymbol{w}_c$ 的非零元素是定义在 $n \in [-N+1, N-1]$ 区间的，也就是说该区间以外的元素值为 0，因而有 $w_c(-N) = 0$，从而式 (3-57) 的 $y(0)$ 也可表示为

$$y(0) = w_c(0)\, x(0) + w_c(-N)\, x(-N) \tag{3-58}$$

联立式 (3-57) 与式 (3-58)，而且注意到全相位预处理后只剩下 N 个数据，观测区间是 $n \in [0, N-1]$，相当于用矩形窗 $\boldsymbol{R}_N$ 对观测区间作了截断，故下式成立：

$$y(n) = [w_c(n)\, x(n) + w_c(n-N)\, x(n-N)]\, R_N(n) \tag{3-59}$$

可将式 (3-59) 分成 $y_1(n)$ 和 $y_2(n)$ 两部分，如下式所示：

$$\begin{aligned} y(n) &= w_c(n)\, x(n)\, R_N(n) + w_c(n-N)\, x(n-N)\, R_N(n) \\ &= y_1(n)\, R_N(n) + y_2(n)\, R_N(n) \end{aligned} \tag{3-60}$$

式 (3-60) 中，显然有 $y(n) = w_c(n-N)\, x(n-N) = y_1(n-N)$，即由两时延成分作矩形截断而成，下面研究这两个时延子谱的自适应调节原理。

则根据傅里叶变换的时域乘积与频域卷积的对应关系,有如下两式成立:

$$w_c(n)\, x(n) \leftrightarrow \frac{1}{2\pi} W_c(j\omega) * X(j\omega) \tag{3-61}$$

$$w_c(n-N)\, x(n-N) \leftrightarrow e^{-jN\omega} \frac{1}{2\pi} W_c(j\omega) * X(j\omega) \tag{3-62}$$

联立式 (3-60)~式 (3-62),令 $y_1(n) \leftrightarrow Y_1(j\omega)$,$y_2(n) \leftrightarrow Y_2(j\omega)$,则有

$$Y_1\left(e^{j\omega}\right) = \frac{1}{2\pi} W_c(j\omega) * X(j\omega), \quad Y_2\left(e^{j\omega}\right) = \frac{e^{-jN\omega}}{2\pi} W_c(j\omega) * X(j\omega) \tag{3-63}$$

联立式 (3-60) 和式 (3-63),则全相位预处理后信号的傅里叶谱表示为

$$\begin{aligned} Y\left(e^{j\omega}\right) &= [Y_1(j\omega) + Y_2(j\omega)] * R_N(j\omega) \\ &= \frac{1}{2\pi} \left[W_c(j\omega) * X(j\omega) + e^{-jN\omega} W_c(j\omega) * X(j\omega)\right] * R_N(j\omega) \end{aligned} \tag{3-64}$$

从式 (3-61)~式 (3-64) 可看出,全相位预处理后的傅里叶谱 $Y(j\omega)$ 由 $Y_1(j\omega)$ 和 $Y_2(j\omega)$ 两部分子谱的和与矩形窗傅里叶谱 $R_N(j\omega)$ 卷积而成。而 $Y_2(j\omega)$ 可由 $Y_1(j\omega)$ 作 $e^{-jN\omega}$ 的相移形成 (时延在频域中等价于作相移)。

3.6.2 复指数信号的传统傅里叶谱及全相位傅里叶谱的内在机理

单频复指数信号是最基本的数字信号。正如任何模拟周期信号都可分解为多个基波角频率的复指数信号的和一样,对于数字信号而言,任意长度为 N 的离散数字序列都可分解为多个单频复指数序列 (基频为 $\Delta\omega = 2\pi/N$ rad·s^{-1}) 的和,如余弦序列即为两个单频复指数序列的平均。因此,研究单频复指数信号的传统傅里叶谱和全相位傅里叶谱具有非常重要的意义。

1. 单频复指数信号的传统谱分析

单频复指数信号可表示为

$$x(n) = e^{j\omega_0 n}, \quad -\infty \leqslant n \leqslant +\infty, n \in Z \tag{3-65}$$

则它的理想傅里叶谱为 ω_0 处的单位冲激,可表示为

$$x(n) \leftrightarrow 2\pi \delta(\omega - \omega_0) \tag{3-66}$$

若对该信号进行传统矩形窗截断,则联立式 (3-55)、式 (3-66),有

$$x_N(n) = x(n)\, R_N(n) \leftrightarrow \frac{1}{2\pi} 2\pi \delta(\omega - \omega_0) * R_N(j\omega) = R_N(j(\omega - \omega_0)) \tag{3-67}$$

式 (3-67) 表明:只需对矩形窗傅里叶谱在 ω 轴上作大小为 ω_0 的平移,即得传统截断后信号的傅里叶谱。

3.6 全相位 FFT 谱分析两时延谱自适应调节机理

若对该信号进行加窗截断,则联立式 (3-56)、式 (3-66),有

$$x_N(n) = x(n) f(n) \leftrightarrow \frac{1}{2\pi} 2\pi \delta(\omega - \omega_0) * F(j\omega) = F(j(\omega - \omega_0)) \tag{3-68}$$

式 (3-68) 表明:只需对所加窗的傅里叶谱在 ω 轴上作大小为 ω_0 的平移,即得传统加窗截断后信号的傅里叶谱。

在均匀的频率采样点 $\omega_k = 2k\pi/N$ $(k = 0, \cdots, N-1)$ 上对式 (3-67) 和式 (3-68) 的 DTFT 谱进行离散采样后即得传统 DFT 谱,即下面两式成立:

$$X_N(k) = R_N(j(\omega - \omega_0))|_{\omega = \omega_k} = R_N(j(\omega_k - \omega_0)) \tag{3-69}$$

$$X_N(k) = F(j(\omega - \omega_0))|_{\omega = \omega_k} = = F(j(\omega_k - \omega_0)) \tag{3-70}$$

以 $N=10$ 为例,则 $\Delta\omega = 2\pi/10 \text{rad} \cdot \text{s}^{-1}$,令 $\omega_0 = 3.3\Delta\omega$,这时频率偏移 $\delta = 0.3$,对单频复指数信号 $x(n) = e^{j\omega_0 n}$ 进行研究。

图 3-17 所示的是分别用矩形窗截断法和汉宁窗截断法进行 DFT 谱分析的过程。第一行表示矩形窗和汉宁窗的连续傅里叶谱;对它们平移 $3.3\Delta\omega$ 后即得第

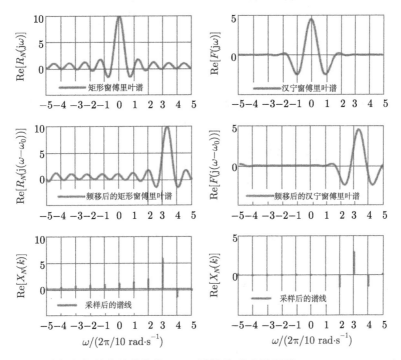

图 3-17 单频复指数信号的传统 DFT 谱线的形成原理图 ($N=10, \omega_0=3.3\Delta\omega$)

二行所示的窗序列谱；在 $\omega_k = 2k\pi/10$ 上对平移后的窗序列谱进行离散采样即得最后的传统 DFT 谱。由于这些谱值都是复数，因此图 3-17 只给出了实部谱图形。

从图 3-17 可看出，加窗后谱线泄漏减小的根本原因在于：汉宁窗谱的旁瓣泄漏范围比矩形窗要小。以上是信号频率值 $\delta \neq 0$ 的情况，下面分析 $\delta = 0$ 情况，令 $\omega_0 = 3\Delta\omega$，平移后的窗谱以及对其采样得到的传统 DFT 谱线如图 3-18 所示。

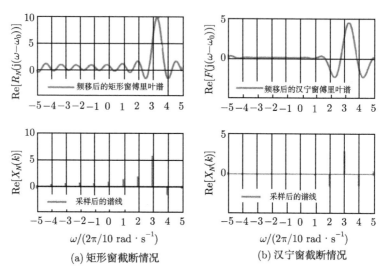

(a) 矩形窗截断情况   (b) 汉宁窗截断情况

图 3-18   单频复指数信号的传统 DFT 谱线的形成原理图 ($N=10, \omega_0=3\Delta\omega$)

图 3-18 表明，当信号频率没有偏离时 ($\delta \neq 0$)，信号频谱并没有泄漏，矩形窗截断得到的离散谱线仅有 1 根，加窗后反而引入了泄漏。

2. 单频复指数信号的全相位谱分析

若用卷积窗 w_c 对 $x(n)$ 截断后，有

$$x(n)w_c(n) \leftrightarrow \frac{1}{2\pi} 2\pi\delta(\omega - \omega_0) * W_c(\mathrm{j}\omega) = W_c(\mathrm{j}(\omega - \omega_0)) = Y_1(\mathrm{j}\omega) \tag{3-71}$$

即子谱 $Y_1(\mathrm{j}\omega)$ 为卷积窗谱 $W_c(\mathrm{j}\omega)$ 在 ω 轴上右移 ω_0 的结果，由于卷积窗为前窗和翻转的后窗的卷积，即

$$w_c(n) = f(n) * b(-n) \tag{3-72}$$

对式 (3-72) 两边作傅里叶变换有

$$W_c(\mathrm{j}\omega) = F(\mathrm{j}\omega) \cdot B^*(\mathrm{j}\omega) \tag{3-73}$$

式 (3-73) 中的共轭相乘的结果，使得卷积窗傅里叶谱为零相位，即 $W_c(\mathrm{j}\omega)$ 为实数，则式 (3-71) 中的子谱 $Y_1(\mathrm{j}\omega)$ 为实数谱。

3.6 全相位 FFT 谱分析两时延谱自适应调节机理

根据傅里叶谱的时移性质，联立式 (3-62) 和式 (3-71) 有

$$x(n-N)\,w_c(n-N) \leftrightarrow \mathrm{e}^{-\mathrm{j}N\omega}W_c(\mathrm{j}(\omega-\omega_0)) = \mathrm{e}^{-\mathrm{j}N\omega}Y_1(\mathrm{j}\omega) = Y_2(\mathrm{j}\omega) \tag{3-74}$$

联立式 (3-64)、式 (3-71) 和式 (3-74)，可得最终信号的傅里叶谱为

$$Y(\mathrm{j}\omega) = \left[W_c(\mathrm{j}(\omega-\omega_0)) + \mathrm{e}^{-\mathrm{j}N\omega}W_c(\mathrm{j}(\omega-\omega_0))\right] * R_N(\mathrm{j}\omega) \tag{3-75}$$

显然，式 (3-75) 中 $\mathrm{e}^{\mathrm{j}\omega_k}$ 值为 1，且在 ω_k 处的矩形窗频谱满足

$$R_N(k) = R_N(\mathrm{j}\omega_k) = \begin{cases} N, & k=0 \\ 0, & k=\pm 1, \pm 2, \cdots \end{cases} \tag{3-76}$$

即有

$$R_N(\mathrm{j}\omega)|\omega=\omega_k = N\delta(k) \tag{3-77}$$

把式 (3-77) 代入式 (3-75)，从而最终的全相位 FFT 谱线 $Y(k)$ 可表示为

$$Y(k) = 2W_c(\mathrm{j}(\omega_k-\omega_0)) * N\delta(k) = 2NW_c(\mathrm{j}(\omega_k-\omega_0)) \tag{3-78}$$

对式 (3-78) 中的 $Y(k)$ 除以 $2N$ 进行归一化，有

$$Y(k) = W_c(\mathrm{j}(\omega_k-\omega_0)) \tag{3-79}$$

即全相位 FFT 谱为平移后的卷积窗傅里叶谱在 $\omega_k = k2\pi/N$ 上等间隔采样的结果。文献 [27] 指出：卷积窗傅里叶谱比常用窗傅里叶谱具有更大的旁瓣衰减，故 apFFT 谱性能得以改善。下面分两种情况讨论：无窗 apFFT 和双窗 apFFT。

1) 无窗 apFFT 情况（即 $\boldsymbol{f} = \boldsymbol{b} = \boldsymbol{R}_N$）

由式 (3-73) 可推出

$$W_c(\mathrm{j}\omega) = |R_N(\mathrm{j}\omega)|^2 \tag{3-80}$$

故联立式 (3-69)、式 (3-79) 和式 (3-80) 可推导出如下平方关系：

$$|Y(k)| = |X_N(k)|^2 = |R_N(\mathrm{j}(\omega_k-\omega_0))|^2 \tag{3-81}$$

2) 双窗情况（即 $\boldsymbol{f} = \boldsymbol{b} \neq \boldsymbol{R}_N$）

由式 (3-73) 可推出

$$W_c(\mathrm{j}\omega) = |F(\mathrm{j}\omega)|^2 \tag{3-82}$$

故联立式 (3-70)、式 (3-79) 和式 (3-82)，有

$$|Y(k)| = |X_N(k)|^2 = |F(\mathrm{j}(\omega_k-\omega_0))|^2 \tag{3-83}$$

从而证明了性质 2，即序列 $\{x(n) = \mathrm{e}^{\mathrm{j}(\omega_0 n+\theta_0)}\}$ 归一化后的全相位 FFT 振幅谱与传统 FFT 振幅谱存在平方关系：无窗全相位 FFT 振幅谱值即为传统不加窗 FFT 功率谱值，双窗全相位 FFT 振幅谱值即为传统加窗 FFT 功率谱值。正因为存在振幅谱的平方关系，apFFT 具备很优良的抑制谱泄漏性能。

3.6.3 全相位 FFT 的两个子谱自适应调节机理

为使式 (3-71)~式 (3-79) 不过于抽象,对图 3-17 所分析的信号 $x(n) = e^{j\omega_0 n}$ 改用全相位方法进行谱分析。由于 $\omega_0=3.3\Delta\omega$,这时频率偏移量 $\delta = 0.3$,取 $n \in [-N+1, N-1]$,当无窗时,已证明 $Y_1(j\omega)$ 为实数谱,如图 3-19(a) 所示。

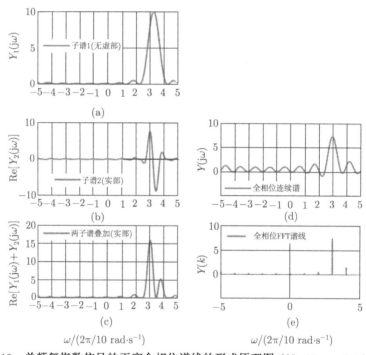

图 3-19 单频复指数信号的无窗全相位谱线的形成原理图 ($N=10, \omega_0=3.3\Delta\omega$)

由于式 (3-74) 中 $e^{-jN\omega}$ 的相移作用,子谱 $Y_2(j\omega)$ 变成了复数谱,如图 3-19(b) 所示 (给出的是 $Y_2(j\omega)$ 的实部),$Y_2(j\omega)$ 在主瓣内会出现较大的波动。需指出:若对子谱 $Y_1(j\omega)$、$Y_2(j\omega)$ 在 $\omega_k = 2k\pi/N$ 上进行离散采样,由于 $e^{-jN\omega}$ 值为 1,根据式 (3-71) 和式 (3-74),有 $Y_1(j\omega) = Y_2(j\omega)$ 同为实数。观察图 3-19(a) 和 (b) 还可发现,在 ω_k 上两子谱高度相同。需注意,由于图 3-19(a) 的 $\omega = 3\Delta\omega$ 处的采样在卷积窗旁瓣上,因此采样值也很低。

全相位傅里叶谱的形成需要将 $Y_1(j\omega)$、$Y_2(j\omega)$ 叠加,叠加后的结果如图 3-19(c) 所示,叠加后的频谱形成两个谱峰,旁瓣波动很小。但图 3-19(c) 的谱并不是最终实际信号的 DTFT 谱 $Y(j\omega)$。式 (3-75) 表明,将 $Y_1(j\omega) + Y_2(j\omega)$ 与矩形窗谱 $R_N(j\omega)$ 进行卷积得到 $Y(j\omega)$,卷积后图 3-19(d) 的 $Y(j\omega)$ 谱的"轮廓"大体与图 3-19(c) 保持一致,但 $R_N(j\omega)$ 具有很大的旁瓣起伏,使得图 3-19(d) 的 $Y(j\omega)$ 相对于图 3-19(c) 谱的波动更大。然而,式 (3-77) 指出:$R_N(j\omega)$ 具有良好的采样性质,故与 $R_N(j\omega)$

3.6 全相位 FFT 谱分析两时延谱自适应调节机理

卷积后,尽管 $Y(j\omega)$ 在整个 ω 轴上波动变大,但却不会对频率采样点上的值产生影响。因而最终在 $\omega_k = 2k\pi/N$ 上对 $Y(j\omega)$ 等间隔采样得到的 DFT 谱线是"去劣存精"的结果:起伏较大的连续谱部分不会被采到,而已被抑制的 ω_k 上的采样值保留下来了,图 3-19(e) 的 apFFT 谱 $Y(k)$ 也证实了这一点。

观察图 3-19(d) 在 $\omega_k = 2k\pi/N$ 上的采样值可发现,除两个谱峰附近处采样值较大外,其他采样点值都很小。因此图 3-19(e) 的离散谱线表现为主谱线周围仅有一根旁谱线泄漏,其他谱线泄漏值很小,它好于传统加窗情况。

需注意,尽管图 3-19(d) 的 $Y(j\omega)$ 出现另一个谱峰,但这个谱峰却没有落在采样点上,而是有所偏离,这有利于抑制离散旁谱的泄漏。

从以上分析可看出,由于两个子谱 $Y_1(j\omega)$、$Y_2(j\omega)$ 的相互调节作用,$Y(j\omega)$ 在频率采样点上总是能获得良好性能,这是 apFFT 谱分析的优势。显然,由于传统谱分析不能分成两个子谱进行相互调节,故不具有此优势。

可看出,当频率偏离值 $\delta \neq 0$ 时,无窗 apFFT 可很好地抑制旁谱泄漏。一种好的谱分析法总是期望在 $\delta \neq 0$ 或 $\delta = 0$ 时都获得优良性能。于是我们再分析 $\delta = 0$ 的情况。令 $\omega_0 = 3\Delta\omega = 3 \times 2\pi/10 \text{rad} \cdot \text{s}^{-1}$,这时频率偏移量 $\delta = 0$,相应的无窗全相位 DFT 谱分析过程如图 3-20 所示。

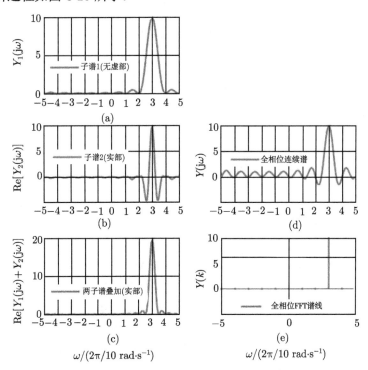

图 3-20 单频复指数信号的无窗全相位谱线的形成原理图 ($N=10$, $\omega_0=3\Delta\omega$)

从图 3-20(a)~(c) 可发现，子谱 $Y_1(j\omega)$、$Y_2(j\omega)$ 的谱峰位置是相同的，不像图 3-19 那样形成两个位置不同的谱峰，这意味着信号的全部能量都集中在一根主谱线上，自然不存在旁谱泄漏，图 3-20(e) 证实了这一点。

为了进一步说明两个子谱的调节作用，再来研究最大频率偏移 $\delta = 0.5$ 的情况，相应的无窗全相位 FFT 谱分析过程如图 3-21 所示。

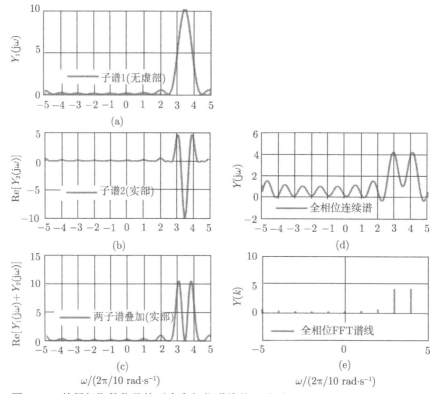

图 3-21　单频复指数信号的无窗全相位谱线的形成原理图 ($N=10, \omega_0=3.5\Delta\omega$)

从图 3-21 可看出，由于信号有较大频偏，无论是子谱 $Y_1(j\omega)$，还是子谱 $Y_2(j\omega)$，其两部分频谱已没有主次之分，它们在同一位置反向形成幅值较大的谱峰。两者共同调节的结果是：在 $\omega_k = 2k\pi/N$ ($k = 0, 1, \cdots, N-1$) 处进行采样后，原谱线一根变为两根，同时在其他频率采样点上，其泄漏得到更大程度的抑制。

因此，全相位 FFT 频谱分析隐含了两时延子谱 $Y_1(j\omega)$、$Y_2(j\omega)$ 的谱峰位置和幅度随频偏 δ 变化而相互灵活调节的内在机理。这样就使得无论信号频率怎么偏离，在 $\omega_k = 2k\pi/N$ ($k = 0, 1, \cdots, N-1$) 采样后的无窗全相位 FFT 频谱分析都能很好地抑制旁谱泄漏。而传统 FFT 没有蕴含两个时延子谱进行相互调节，故存在较明显的谱泄漏缺陷。

3.7 全相位 FFT 谱分析与平滑周期图谱分析的比较

3.7.1 全相位 FFT 谱分析与平滑周期图谱分析的区别

有的读者可能会把全相位 FFT 谱分析与平滑周期法 (如 Batlett 法、Welch 法、Nuttall 法、Blackman-Tuley 法等) 联系起来。因为这类平滑周期图也作了数据重叠，也是基于 FFT，也用到了子谱的平均，两者存在相似性，容易混淆。

平滑周期图的指导思想是[10]：把一段长的样本分成 L 段 (各段允许重叠)，分别求每一段的功率谱，然后加以平均，以达到所希望的目的。这样做的好处是：可以改善直接 FFT 的谱估计结果方差过大的问题。

这里指出，全相位 FFT 谱分析与平滑周期图是有很大区别的，而且仿真实验表明：全相位 FFT 谱分析方法性能高于平滑周期图法。两者区别总结如下：

(1) 在数据重叠方面：平滑周期图是子数据段与子数据段的部分重叠，而全相位 FFT 是考虑包含某样点所有可能长度为 N 的重叠；平滑周期图常采用相邻子数据段重叠 50% 的方法，而对于全相位 FFT，对中心样点来说，重叠的程度做到了最大，达到 $(N-1)/N \times 100\%$。

(2) 在 FFT 使用方面：给定数据段长度 L，平滑周期图的分段情况视子数据段长度 M 和重叠程度而定，而全相位 FFT 的子段长度即 $N=(L+1)/2$。为减小谱估计方差，平滑周期图通常要考虑多个分段，故通常 $M < N$。另外，平滑周期图要作多次 FFT，不能合为 1 次做。而全相位 FFT 有简化结构，N 次 FFT 可以简化为 1 次。

(3) 在谱分辨率方面：周期图和 apFFT 的谱分辨率由 FFT 长度决定，因为平滑周期图的 FFT 长度 $M < N$，故全相位 FFT 频率分辨率要高于周期图。得到的谱估计结果，全相位 FFT 主瓣更窄，更容易区分。

(4) 在子谱平均方面：平滑周期图是将所有长度为 M 的 FFT 功率谱 (即 FFT 振幅谱平方) 作平均，而全相位 FFT 是将所有长度为 N 的 FFT 谱直接作平均或加权平均 (无需对子谱作取模平方)。

(5) 在谱估计方差改善方面：平滑周期图是在子功率谱平均时，减小了谱估计方差，减小程度视子分段长度和总样本长度及其数据段重叠程度而定。而全相位 FFT 谱分析是直接在全相位数据预处理阶段，把方差降下来了。方差改善的程度是固定的，即约 1/3。

(6) 在计算复杂度方面：平滑周期图要作分段、加窗、多次 FFT 取模平方求功率谱再平均，而全相位 FFT 仅需 1 次简单的全相位预处理，再加 1 次 FFT，计算复杂度低于平滑周期图。

(7) 在保留相位信息方面：全相位 FFT 具有 "相位不变性"，保留了信号的相位信息，只要取谱峰的相位值，即可获得该频率成分的瞬时相位。平滑周期图是对功率谱平均，即对 FFT 取模平方后再平均，自然把相位信息丢弃了，因而提供的信息是不 "全" 的。丢失相位信息的这个缺陷不仅是经典周期图谱分析的缺陷，也是后面三代谱分析 (参数模型法、子空间分解法、稀疏样本谱估计法) 共同的缺陷。

3.7.2 仿真实验比较

例 8 令 $N = 1024$，对信号

$$x(n) = 2\cos(32.2 \times \Delta\omega \cdot n + 20°) + 4\cos(34.3 \times \Delta\omega \cdot n + 70°)$$
$$+ 2\cos(35.6 \times \Delta\omega \cdot n + 120°) + 3\cos(45.8 \times \Delta\omega \cdot n + 120°) + w(n)$$

其中，$\Delta\omega = 2\pi/N$，$w(n)$ 是方差为 0.25 的高斯白噪声，$n \in [-N+1, N]$，即共 $2N = 2048$ 个样点，取前 2047 个样点作全相位 FFT，取全部 2048 个样点作 Welch 平滑周期图谱估计 (设定子分段长度 $M = 256$，50% 重叠)。而为了作功率谱对比，全相位 FFT 提供的功率谱为 (单位: dB)

$$P_{ap}(k) = 20\lg(|Y(k)|), \quad k = 0, 1, \cdots, N-1 \tag{3-84}$$

图 3-22 给出了 Welch 功率谱估计图，图 3-23 给出了全相位 FFT 功率谱估计图，图 3-24 给出了峰值谱附近的全相位 FFT 的相位谱估计图。

从图 3-22 ～图 3-24 可总结如下规律:

(1) 从信号与噪声的对比度来看，全相位 FFT 功率谱的区分能力高于 Welch 功率谱。Welch 功率谱最高信号成分 ($\omega_2 = 35.3\Delta\omega$) 对应功率约 30dB，而平均噪声功率约 −14dB，两者相差 44dB。全相位 FFT 功率最高信号成分 ($\omega_2 = 35.3\Delta\omega$)

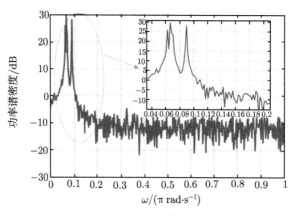

图 3-22 Welch 平滑周期图的功率谱估计

对应功率约 4dB，平均噪声功率约 −44dB，两者相差 48dB。这说明，全相位数据预处理阶段的方差削弱效果很明显。

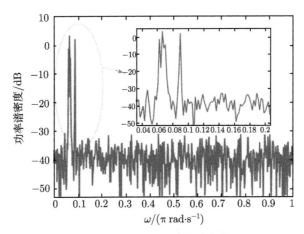

图 3-23　全相位 FFT 的功率谱图

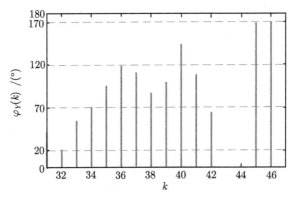

图 3-24　峰值谱附近的全相位 FFT 相位谱图

(2) 从信号分辨能力来看，全相位 FFT 功率谱的区分能力高于 Welch 功率谱。这是由有用信号谱峰主瓣宽度决定的，很明显图 3-23 全相位 FFT 功率谱的有用信号主瓣宽度明显比图 3-22 的 Welch 功率谱的主瓣宽度窄得多。这是因为，全相位谱分析的 FFT 点数是 $N = 1024$，而 Welch 功率谱估计的 FFT 点数是 $M = 256$；主瓣越窄，越容易辨别信号。

(3) 从密集谱区分能力来看，对于幅值分别为 2、4、3 的三个频率成分 $\omega_1 = 32.2\Delta\omega$、$\omega_2 = 34.3\Delta\omega$、$\omega_3 = 35.6\Delta\omega$，Welch 功率谱分析只能区分 $\omega_1 = 32.2\Delta\omega$ 和 $\omega_2 = 34.3\Delta\omega$，对于 $\omega_3 = 35.6\Delta\omega$ 的辨识已经模糊不清。而全相位 FFT 功率谱可

以较清晰地辨别出这三个密集成分,而且 $\omega_1 = 32.2\Delta\omega$ 与 $\omega_2 = 34.3\Delta\omega$ 的区分度也比 Welch 功率谱略好些。

(4) 从提供相位信息能力来看,Welch 功率谱完全不具备该能力。而全相位 FFT 可以在 $\omega_1 = 32.2\Delta\omega$、$\omega_2 = 34.3\Delta\omega$、$\omega_3 = 35.6\Delta\omega$、$\omega_4 = 45.8\Delta\omega$ 所对应的谱峰 $k = 32$、34、36 和 46 的位置,从图 3-24 可看出,可以从 $\varphi_Y(k)$ 中读出相位值分别为 20°、70°、120°、170°,与真实值完全相符合。

故基于以上分析,全相位 FFT 谱分析虽然比 Welch 谱估计少耗费一个样点,但在四个指标上都高于 Welch 平滑周期图谱估计,是一种性能更好的谱分析方法。特别是可以提供准确的相位信息这个优点,是现有各种现代谱估计方法所不具备的。

3.8 小　　结

本章系统回顾了跨越半个世纪的数字谱分析理论的发展历程,逐个分析了四代谱分析方法在 "快" "准" "全" "省" 这四个方面的侧重点。基于此,提出了对全相位 FFT 谱分析的性能要求应兼顾这四个方面。

本章有针对性地分析了 FFT 谱分析缺陷存在的原因在于截断问题,给出了从 FFT 谱分析到全相位 FFT 谱分析的衍生原理,并对全相位 FFT 谱分析作了简化,从而符合了工程应用对谱分析要 "快" 的需求。

在数量上,本章推导了单频复指数信号的传统 FFT 谱分析和全相位 FFT 谱分析的数学表达式,并指出:全相位 FFT 谱分析具有相比于传统 FFT 谱分析更优良的抑制谱泄漏性能,全相位 FFT 谱分析具备传统 FFT 谱分析不具有的 "相位不变性"。分别从矩阵分析、数据实测分析、矢量分析等多个角度论证 apFFT 谱分析相比于 FFT 谱分析在这两方面得以改善的原因。而准确的 "相位谱" 是全相位 FFT 谱分析的特色,是现有其他四大类谱分析所不具有的,符合了工程应用对谱分析要 "全" 的需求。

本章还严格证明了全相位 FFT 谱分析的四条基本性质,基于此分析了噪声环境下 apFFT 与 FFT 谱分析的内在联系,为第 4 章谱校正理论作了铺垫。

本章还详细阐述了全相位 FFT 谱分析蕴含的两个时延子谱的自适应相互调节原理,论证了为什么无论频偏值怎样变化,两个子谱总能有机地自适应相互配合,得到期望的良好的抑制谱泄漏性能。

本章还剖析了全相位 FFT 谱分析和平滑周期图谱分析的异同点,并给出了仿真实验,验证了全相位 FFT 谱分析在四个方面的性能都高于 Welch 平滑周期图谱分析。

后面的章节将解释全相位 FFT 谱分析为什么可以做到 "准" 和 "省"。正因为全相位 FFT 谱分析兼备了"快""准""全""省"这四个优点，所以同行们已经对全相位 FFT 谱分析在工科的各个领域展开了广泛应用，期望通过本章论述，可以使同行们更清楚地理解该谱分析的原理。有理由相信，全相位 FFT 谱分析在未来有望展现更高的应用价值。

参 考 文 献

[1] 屈梁生. 机械故障的全息诊断原理. 北京: 科学出版社, 2007.

[2] Cooley J W, Tukey J W. An algorithm for the machine computation of the complex Fourier series. Math. Comput., 1965, 19: 297-301.

[3] Welch P D. The use of fast Fourier transform for the estimation of power spectra: A method based on time averaging over short, modified periodograms. IEEE Transactions on Audio and Electroacoustics, 1967, 15(2): 70-73.

[4] Nuttall A H, Carter G C. Spectral estimation using combined time and lag weighting. Proceedings of the IEEE, 1982, 70(9): 1115-1125.

[5] Shie Q. Introduction to Time-frequency and Wavelet Transforms. Beijing: China Machine Press, 2005.

[6] Jones R H. Identification and autoregressive spectrum estimation. IEEE Transactions on Automatic Control, 1974, 19(6): 894-898.

[7] Marple Jr S L. Digital Spectral Analysis with Applications. Englewood Cliffs,NJ: Prentice-Hall, 1987.

[8] Akaike H. A new look at the statistical model identification. IEEE Transactions on Automatic Control, 1974, 19(6): 716-723.

[9] Kashyap R L. Inconsistency of the AIC rule for estimating the order of autoregressive models. IEEE Transactions on Automatic Control, 1980, 25(5): 996-998.

[10] 胡广书. 数字信号处理: 理论, 算法与实现. 北京: 清华大学出版社, 2003.

[11] Capon J. High-resolution frequency-wavenumber spectrum analysis. Proceedings of the IEEE, 1969, 57(8): 1408-1418.

[12] Schmidt R. O. Multiple emitter location and signal parameter estimation. IEEE Trans Antennas & Propag, 1986, 34(3): 276-280.

[13] Roy R, Kailath T. ESPRIT-estimation of signal parameters via rotational invariance techniques. IEEE Transactions on Acoustics, Speech and Signal Processing, 1989, 37(7): 984-995.

[14] Donoho D L. Compressed sensing. IEEE Transactions on Information Theory, 2006, 52(4): 1289-1306.

[15] Needell D, Tropp J. CoSaMP: Iterative signal recovery from incomplete and inaccurate samples. Applied & Computational Harmonic Analysis, 2008, 26(3): 301-321.

[16] Vu D, Xu L Z, Xue M, et al. Nonparametric missing sample spectral analysis and its applications to interrupted SAR. IEEE Journal of Selected Topics in Signal Processing, 2012, 6(1): 1-14.

[17] Yardibi T, Li J, Stoica P, et al. Source localization and sensing: A nonparametric iterative adaptive approach based on weighted least squares. IEEE Transactions on Aerospace and Electronic Systems, 2010, 46(1): 425-443.

[18] Xue M, Xu L Z, Li J. IAA spectral estimation: fast implementation using the Gohberg-Semencul factorization. IEEE Transactions on Signal Processing, 2011, 59(7): 3251-3261.

[19] Tan X, Roberts W, Li J, et al. Sparse learning via iterative minimization with application to MIMO radar imaging. IEEE Transactions on Signal Processing, 2011, 59(3): 1088-1101.

[20] Stoica P, Babu P, Li J. New method of sparse parameter estimation in separable models and its use for spectral analysis of irregularly sampled data. IEEE Transactions on Signal Processing, 2011, 59(1): 35-47.

[21] 黄翔东, 王兆华. 全相位 FFT 谱与传统 FFT 谱对比实验研究. 计算机工程与应用, 2010, 36(9s): 334-336.

[22] 王兆华, 黄翔东. 数字信号全相位谱分析与滤波技术. 北京: 电子工业出版社, 2009.

[23] 王兆华, 黄翔东. 基于全相位谱分析的相位测量原理及其应用. 数据采集与处理, 2009, 24(6): 777-782.

[24] 齐国清. 利用 FFT 相位差校正信号频率和初相估计的误差分析. 数据采集与处理, 2003, 18(1): 7-11.

[25] 朱小勇, 丁康. 离散频谱校正方法的综合比较. 信号处理, 2001, 17(1): 91-97.

[26] 丁康, 江利旗. 离散频谱的能量重心校正法. 振动工程学报, 2001, 14(3): 354-358.

[27] 黄翔东, 王兆华. 一种设计频率特性有间断滤波器的新方法. 天津大学学报, 2006, 39(5): 614-620.

第4章 基于谱内插的全相位 FFT 频谱校正理论

4.1 现有谱校正方法及其主要问题

4.1.1 为什么要引入谱校正

第 3 章详细论述了全相位 FFT 频谱分析原理，证明了全相位 FFT 谱分析的良好的抑制频谱泄漏性能和"相位不变性"等优良性质。"相位不变性"使得全相位 FFT 谱分析无需借助任何校正措施即可获得真实相位的精确估计。信号所包含的频率成分的属性包括频率、幅值、相位三个方面，因而还需进一步研究如何精确估计其他两个参数的问题。只有三个参数全部实现了高精度估计，才可以体现全相位 FFT 谱分析的"准"的特征。而频谱校正，是全相位 FFT 作谱分析时变得更"准"的有效手段。

精确的频率估计是信号处理的最基本问题之一，其应用领域也非常广泛。工程应用中的许多物理量的检测，如多普勒效应检测[1]、电磁学[2]、阵列波达方向估计[3]、振动分析中的转速测量[4]等都可转化为频率估计问题。而幅值反映了有用信号能量的强弱，其精确估计的价值不言而喻。

当然，不一定要借助 FFT 的方法来检测在噪声或其他干扰下的信号频率，一些现代谱分析方法，如基于子空间分解的方法 (如 ESPRIT 方法[5]、MUSIC 算法[6]) 和基于谱模型的方法 (如 AR 模型法[7]、ARMA 模型法[7]) 等，也可以估计出信号频率。然而，对于子空间分解方法，需要耗费很多的样本才可统计估计出信号的协方差函数，进而构造出协方差矩阵，进而还需要对协方差作特征值分解，才可分离出信号子空间和噪声空间，这需要耗费很大的计算量；而对于谱模型法，仍避不开耗费大量样本的协方差函数估计问题，而且一旦假设模型与信号不匹配，反而会引入伪峰问题，造成分析不准确。总之，无论哪种现代谱分析方法，都会耗费较大的计算量，而实际工程应用中，总是期望既"快"又"准"地估计出信号频率，因而这些现代谱估计法始终不具备 FFT 的快速计算效率的优势，在实际工程中的应用总是受到限制。

其实，直接从全相位 FFT 谱线图上就可大致判定各种频率成分的位置和能量的强弱，但这显然是很粗糙的。类似于传统 FFT，全相位 FFT 的分析结果仍然是离散谱线，于是就存在离散谱分析所固有的"栅栏效应"，使得无法直接从离散谱分析结果中得到精确的频率和幅值估计。

若选用的 FFT 长度为 N，则其数字角频率的最小分辨率为 $\Delta\omega = 2\pi/N$，于是信号频率的真实位置就应处在以 $\Delta\omega$ 为间隔的两条相邻的谱线之间。因此，为获得更精确的频率位置，就必须减小 $\Delta\omega$，这就迫使需增大样本长度 N，显然这会增大计算成本。众所周知，真实频率的最大似然解落在当 $N \to \infty$ 时信号的离散时间傅里叶变换 (DTFT) 的谱峰处，然而理想的 DTFT 工程上无法实现。故实际应用中，通常用 DFT (其快速算法为 FFT，由于不关心变换过程，本书对两者不作细分) 取代 DTFT，为克服 FFT 的栅栏效应，需进一步对 FFT 峰值谱附近的谱线作校正处理，获得更精确的频率估计。

早在 20 世纪 70 年代，就有学者致力于离散频谱校正理论的研究，并提出了一些校正频谱分析误差的方法，以满足实际应用中对频谱分析精度的要求。因而，频谱校正的任务就是利用离散谱分析所提供的信息对频率、幅值、相位这三个参量作精确估计。从利用谱线的数量来分类，频谱校正法分为两种：内插型频谱校正法和相位差频谱校正法。

为估计频率真实位置，一种最直接的方法就是利用主谱线及其附近的几根旁谱线的幅值作插值。Jain 等首次提出基于矩形窗的插值方法[8]，在此基础上，Grandke 应用了汉宁窗插值[9]，文献 [10] 应用了 Blackman-Harris 窗插值等。另外，丁康等提出基于离散频谱的三点卷积法[11,12] 和能量重心法[13,14]，这也是插值法的一个特例；另外，国际上也有一些经典的谱校正方法被提出，如 Quinn 校正法[15] 及其改进版本[16]、Macloed 校正法[17]、Provencher 校正法[18]、Candan 校正法[19] 及其改进版本[20]。

频谱校正方法的另外一个分支就是基于相位差的比较法。众所周知，频率对时间的积分即为相位变化量，因而直接从存在时延关系的两段样本提取单根 FFT 峰值谱的相位差信息，就可以衍生出不同形式的相位差频率估计法[21-24]；其中谢明在文献 [24] 提出了利用分段 FFT 的相位差提高正弦信号频率和初相估计精度的方法，并根据计算机模拟得出频率估计误差小于 0.02 倍的 FFT 的频率分辨率，相位误差小于 0.1°。丁康等在文献 [25] 中提出了一种时移相位差校正法，这是现有的基于传统 FFT 的频谱校正法中精度很高的一种方法。齐国清等在文献 [22] 中提出基于 DFT 相位的正弦波频率和初相的高精度估计方法，这种方法与时移相位差校正法类似，但可消除时移相位差校正法的 "相位模糊现象"，有很高的实用性。

然而现有的谱校正法都在传统 FFT 的架构下进行，因而传统 FFT 所固有的频谱泄漏效应和相位不准确的效应无疑会很大程度地影响这些校正法的性能。

4.1.2 谱校正器的误差来源

工程应用中，需要考虑谱估计器的三种误差来源：

(1) 系统误差。系统误差是估计器自身的误差，指的是对于无噪单频复指数信号而言,用估计器算出的频率值与真实频率值之间的偏差。若估计器存在系统误差,则该估计器就认为是"有偏"的。文献 [20] 指出:现有内插型 FFT 校正器都存在系统误差。但是如果校正器做得好,系统误差值就可以控制在很小的范围内。

(2) 谱间干扰误差。谱间干扰误差指的是信号包含的各个频率成分之间由于存在谱泄漏,造成相互影响而引入的误差。例如,多频余弦信号、多频复指数信号存在谱间干扰误差;即使对于单频余弦信号,因为余弦信号包含两个傅里叶分量,也会相互干扰,存在谱间干扰误差。

(3) 噪声干扰误差。噪声干扰误差指的是噪声的频谱总是宽带的,而信号频谱通常是窄带的,工程中,宽带噪声谱与窄带信号谱会有重叠,从而导致内插型 FFT 谱估计器引入的误差。

4.1.3 现有的内插型的 FFT 频谱校正法

目前,内插型谱校正法需借助峰值谱和相邻几根旁谱线,按照某个内插公式,估算出理想 DTFT 的精确频率位置。因而内插公式设计不同,谱校正方法也不同,故内插型校正法非常丰富。如能量重心法[11,14]、比值法[9]、FFT+DFT 谱连续细化法[26,27],以及 Quinn 校正法[15] 及其改进版本[16]、Macloed 校正法[17]、Jacobsen 校正法[28]、Candan 校正法[19] 及其改进版本[20] 等。这些频谱校正方法分别从不同的角度,根据 FFT 分析得到的离散数据而获得信号频率、幅值和相位的估计值。这些频谱校正方法的抗噪能力、对密集频率成分的分辨能力及其计算复杂度各有差别,但有一点是相同的,即它们都是基于传统 FFT 谱分析的结果进行频谱校正的。传统 FFT 谱分析固有的频谱泄漏效应注定会对频谱校正精度造成影响。下面给出一些常用的内插估计器。

1. 能量重心频谱校正法

能量重心频谱校正法的算法简单,因而应用很广泛。该法所依据的原理是经典 DFT 分析中的帕塞瓦尔定理,即信号的能量在时域和频域内是守恒的。我们知道,在时域内离散数据的能量是通过对所有采样值进行平方求和得到的,而在频域内,则可通过对所有谱线的幅值进行平方求和来表征。倘若离散谱泄漏不严重,为减小频谱估计的计算量,这些振幅谱的平方和 (即功率谱的求和) 可由主谱线及其附近的几根谱线求和来近似代替,这也是该法理论误差的来源。

因此,为提高估计精度,必须提高谱线的聚集度,这可通过加窗实现。直接对不加窗 FFT 的功率谱进行校正的误差是较大的。加窗不仅起到能量集中的作用,而且还会降低各个频率成分间的谱线干扰,因而是必须的。

一般情况下,某一频率成分的离散功率谱线分布如图 4-1 所示。

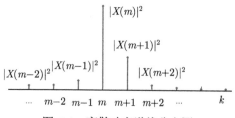

图 4-1 离散功率谱线分布图

其振幅谱值在主谱线附近的分布是不均匀的，主谱线两侧的谱线幅度有高有低。不难想象，类似于密度不均匀的物体存在重心，离散功率谱线也必然存在一个能量重心，该重心位置就是信号真实频率的理论位置。例如，图 4-1 的能量重心必然处于 $k = m$ 和 $k = m+1$ 之间。

令所选用的采样频率为 f_s，FFT 的长度为 N，则数字角频率的分辨率 $\Delta\omega = 2\pi/N$，对应的模拟频率分辨率为 f_s/N，若选用主谱线前后 M 根谱线进行校正，则不难得出数字频率估计 $\hat{\omega}$ 和模拟频率估计 $\hat{f}$ 值为

$$\hat{\omega} = \frac{\sum_{k=m-M}^{m+M} k \cdot |X_k|^2}{\sum_{k=m-M}^{m+M} |X_k|^2} \Delta\omega \Rightarrow \hat{f} = \frac{\hat{\omega}}{2\pi} \cdot f_s = \frac{\sum_{k=m-M}^{m+M} k \cdot |X_k|^2}{\sum_{k=m-M}^{m+M} |X_k|^2} \cdot \frac{f_s}{N} \tag{4-1}$$

式 (4-1) 中的 M 值通常取为 1 或 2，$M=2$ 时的校正精度高于 $M=1$ 的情况。事实上，频率和相位是紧密相连的两个概念，数字角频率的偏差对时间积分的结果就会引起相位的偏离。因而由式 (4-1) 得到 $\hat{\omega}$ 后，就可计算出 FFT 主谱线上的频率偏差，由于主谱线处于 $k = m$ 的位置上，因此，主谱线上的频率偏差为

$$\tilde{\omega} = \hat{\omega} - m\Delta\omega = \left(\frac{\sum_{k=m-M}^{m+M} k \cdot |X_k|^2}{\sum_{k=m-M}^{m+M} |X_k|^2} - m \right) \Delta\omega = \hat{\delta} \cdot \Delta\omega \tag{4-2}$$

式中，$\hat{\delta}$ 为比例偏差因子的估计，满足 $\hat{\delta} \in [-1/2, 1/2]$。

由于 FFT 谱分析属于线性谱分析，类似于长度为 N 的线性相位的 FIR 滤波器存在群延时 $\tau = (N-1)/2$，FFT 谱分析也存在时间常数 τ，τ 把频偏值与相偏值联系起来，因此由主振幅谱线上的频偏值 $\tilde{\omega}$ 可很容易地求取主谱线上的相位偏离值 $\Delta\phi$：

$$\Delta\phi = \tilde{\omega} \cdot \tau = \delta \cdot \Delta\omega \cdot \tau = \hat{\delta} \cdot \frac{2\pi}{N} \cdot \frac{N-1}{2} = \frac{N-1}{N} \cdot \hat{\delta} \cdot \pi \approx \hat{\delta} \cdot \pi \tag{4-3}$$

4.1 现有谱校正方法及其主要问题

若主谱线上的相位值为 ϕ_m，则信号真实初相位 $\hat{\phi}_0$ 的估计为

$$\hat{\phi}_0 = \phi_m + \Delta\phi = \phi_m + \hat{\delta} \cdot \pi \tag{4-4}$$

能量重心法也可以校正信号的幅值，其校正后的幅值 $\hat{A}$ 为

$$\hat{A} = \sqrt{K_t \sum_{k=m-M}^{m+M} |X_k|^2} \tag{4-5}$$

将式 (4-5) 中的 K_t 称为能量恢复系数，K_t 值与所选用的窗有关。文献 [13] 指出：加汉宁窗时 K_t 值取为 8/3。

式 (4-1)、式 (4-4) 和式 (4-5) 分别实现了信号的频率、初相和幅值的估计。可以看出，这三个式子都直接利用谱线幅值进行校正，校正的计算过程不依赖于窗函数，因此算法简单；文献 [13] 指出，该法的频率校正误差小于 $0.01\Delta\omega$，相位误差小于 $5°$。另外，能量重心法需要用到 5 根以上的谱线才能保证足够的精度，因此不适合于密集频谱的校正。

2. 比值法

比值法的校正步骤是：在归一化后的振幅谱线中选取相邻最大的两根进行比值（即将主谱线的幅值除以旁边幅值最大的一根谱线的幅值），将该比值记为 v，然后根据 v 求取比例偏差因子 δ。再类似于能量重心法，根据 δ 进行频率、幅值和相位的校正。

文献 [13] 指出，当选取汉宁窗时，频偏可近似表示为

$$\hat{\delta} \approx \begin{cases} (2-v)/(1+v), & |X(m+1)| \geqslant |X(m-1)| \\ -(2-v)/(1+v), & |X(m+1)| < |X(m-1)| \end{cases} \tag{4-6}$$

若主谱线处于 $k = m$ 的位置上，则校正后的 $\hat{\omega}$ 和 $\hat{f}$ 值分别为

$$\hat{\omega} = \left(m + \hat{\delta}\right)\Delta\omega, \quad \hat{f} = \left(m + \hat{\delta}\right) f_s/N \tag{4-7}$$

类似于能量重心法，根据式 (4-4) 可得到初相的估计 $\hat{\phi}_0$。

文献 [13] 指出，加汉宁窗时，比值法的幅值校正公式为

$$\hat{A} = |X(m)| \cdot (2\pi \cdot \hat{\delta}) \times \left(1 - \hat{\delta}^2\right) / \sin(\pi \cdot \hat{\delta}) \tag{4-8}$$

文献 [13] 指出，当 N 足够大时，比值法的频率校正误差小于 $0.0001\Delta\omega$，相位误差小于 $1°$。目前，基于汉宁窗的比值校正法被广泛用于电力系统的谐波分析和参量估计中[29,30]。

式 (4-6) 和式 (4-7) 都是针对汉宁窗的公式，因此比值法的校正过程具有过度依赖于窗函数的缺点，类似于能量重心法，比值法也不适合于密集频谱场合。

需指出，对于加汉宁窗的情况，若用其他校正法计算出频率偏差因子 $\hat{\delta}$ 后，再用式 (4-8) 也可得到较高的幅值校正精度，因而该式具有普遍意义。

3. FFT+DFT 谱连续细化法

FFT+DFT 谱连续细化法是对信号频率先作粗估计再进行精细估计的方法。校正过程如下：首先对原始信号序列进行长度为 N 的 FFT 频谱分析，在频谱分析图上找到最大的两根谱线 (如主谱线和相邻的一根次大的谱线)，真实频率位置肯定处于这两根大谱线间的小范围内，再在此小频率范围内进行精细 DFT，从而得到 M 根新的谱线。在这 M 根新谱线中找出最大的谱线位置，把此谱线位置对应的频率作为最后的频率估计。这里两次谱分析的频率分辨率是不同的，第一次谱分析的频率分辨率为 $2\pi/N$，第二次谱分析的频率分辨率为 $2\pi/(M\cdot N)$。

第一次 FFT 谱分析的数学表达式为

$$X(k) = \sum_{n=0}^{N-1} x(n)W_N^{nk}, \quad W_N = e^{-j\frac{2\pi}{N}}, \quad k \in [0, N-1] \tag{4-9}$$

假设 FFT 谱分析幅度在 $k=m$ 和 $k=m+1$ 之间取得最大值，则在此区间进行如下的精细 DFT 谱分析：

$$X(m+i\cdot \Delta k) = \sum_{n=0}^{N-1} x(n)W_N^{n(m+i\cdot \Delta k)}, \quad \Delta k = 1/M, \quad i = 0, \cdots, M-1 \tag{4-10}$$

假设精细谱分析的最大谱线位置为 $i=i_0$ 处，则频率估计式可表示为

$$\hat{\omega} = (m+i_0\cdot \Delta k)\cdot \Delta \omega = (m+i_0/M)\cdot 2\pi/N \tag{4-11}$$

例如，对信号 $x(n) = \cos(65.345\times 2\pi \cdot n/512)$ 先进行 $N=512$ 的 FFT，得到如图 4-2(a) 所示的谱线，可看出其最大谱线位置在 $m=65$ 处，再在 $k=65$ 和 $k=66$ 之间进行 $M=50$ 等间隔的 DFT 细化分析，得到如图 4-2(b) 所示的细化谱线，可看出其最大谱线的位置在 $i_0=17$ 处，则这时得到的信号频率估值为

$$\hat{\omega} = (m+i_0/M)\times 2\pi/N = (65+17/50)\times 2\pi/512 = 65.34\times 2\pi/512 \tag{4-12}$$

从以上分析可见，FFT+DFT 谱连续细化法是一种较机械的方法，虽然可以通过不断作细化谱分析来逐渐缩小真实频率所处的范围，但需付出很大的计算量作为代价。从式 (4-10) 可看出，第二次的细化 DFT 谱分析的点数比第一次并没有减少，仍为 N 次；更为麻烦的是，这时 DFT 的旋转因子也随着观察区间的细化而变化，从而精细离散谱分析无法借助于快速傅里叶变换算法来实现。另外，从图 4-2 的实验结果可看出，其频率估计的精度也不高，只有 $0.01\Delta \omega$。

4.1 现有谱校正方法及其主要问题

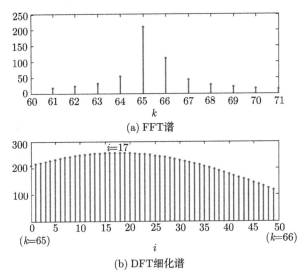

(a) FFT谱

(b) DFT细化谱

图 4-2 FFT 谱线及其 DFT 细化谱线图

4. Quinn 校正法

文献 [16] 给出了改进的 Quinn 校正法频率估计流程,见表 4-1。

表 4-1 Quinn 校正法频率估计流程

Step 1	对输入长度为 N 的序列作 FFT,得到峰值谱 $X(k)$,找出峰值谱位置 $k=m$
Step 2	求出峰值谱与左谱线的比值实部,即 $\alpha_1 = \mathrm{Re}[X(m)/X(m-1)]$,以及右谱线与峰值谱比值的实部,即 $\alpha_2 = \mathrm{Re}[X(m+1)/X(m)]$
Step 3	求出两个候选的频偏比值,即 $\hat{\delta}_1 = \alpha_1/(1-\alpha_1)$, $\hat{\delta}_2 = \alpha_2/(1-\alpha_2)$
Step 4	若 $\hat{\delta}_1 > 0$ 且 $\hat{\delta}_2 > 0$,则 $\hat{\delta} = \hat{\delta}_2$,否则 $\hat{\delta} = \hat{\delta}_1$
Step 5	最终归一化的频率估计,$\hat{f} = (m+\hat{\delta})/N$

5. Macloed 校正法[17]

文献 [17] 给出了改进的 Macloed 校正法频率估计流程,见表 4-2。

表 4-2 Macloed 校正法频率估计流程

Step 1	对输入长度为 N 的序列作 FFT,得到峰值谱 $X(k)$,找出峰值谱位置 $k=m$
Step 2	利用峰值谱和左右两根旁谱,求出两个代数式实部 α_1, α_2,即 $\alpha_1 = \mathrm{Re}[X(m-1)\bar{X}(m) - X(m+1)\bar{X}(m)]$, $\alpha_2 = \mathrm{Re}[2|X(m)|^2 + X(m-1)\bar{X}(m) + X(m+1)\bar{X}(m)]$,基于此,求出两者比值 $d = \alpha_1/\alpha_2$
Step 3	得到频偏估计,即 $\hat{\delta} = \left(\sqrt{1+8d^2}-1\right)/(4d)$
Step 4	最终归一化的频率估计,$\hat{f} = (m+\hat{\delta})/N$

6. Jacobsen 校正法[28]

文献 [28] 给出了改进的 Jacobsen 校正法频率估计流程，见表 4-3。

表 4-3　Jacobsen 校正法频率估计流程

Step 1	对输入长度为 N 的序列作 FFT，得到峰值谱 $X(k)$，找出峰值谱位置 $k = m$
Step 2	得到频偏估计，即 $\hat{\delta} = \mathrm{Re}\left[(X(m-1) - X(m+1))/(2X(m) - X(m-1) - X(m+1))\right]$
Step 3	最终归一化的频率估计，$\hat{f} = (m + \hat{\delta})/N$

7. Candan 校正法[19,20]

相比于现有的 FFT 频谱估计法，Candan 估计器精度最高。文献 [19] 给出了 Candan 校正法频率估计流程，见表 4-4。

表 4-4　Candan 校正法频率估计流程

Step 1	对输入长度为 N 的序列作 FFT，得到峰值谱 $X(k)$，找出峰值谱位置 $k = m$
Step 2	得到频偏估计，即 $\hat{\delta} = \dfrac{\tan(\pi/N)}{\pi/N} \mathrm{Re}[(X(m-1) - X(m+1))/(2X(m) - X(m-1) - X(m+1))]$
Step 3	最终归一化的频率估计，$\hat{f} = (m + \hat{\delta})/N$

文献 [20] 给出了 Candan 校正法的改进版本，其频率校正流程见表 4-5。

表 4-5　改进的 Candan 校正法频率估计流程

Step 1	对输入长度为 N 的序列作 FFT，得到峰值谱 $X(k)$，找出峰值谱位置 $k = m$
Step 2	得到频偏估计，即 $\hat{\delta} = \dfrac{\tan(\pi/N)}{\pi/N} \mathrm{Re}[(X(m-1) - X(m+1))/(2X(m) - X(m-1) - X(m+1))]$
Step 3	对频率估计作进一步修正，即 $\hat{\delta} \leftarrow \tan\left(\hat{\delta}\pi/N\right)/(\pi/N)$
Step 4	最终归一化的频率估计，$\hat{f} = (m + \hat{\delta})/N$

改进的 Candan 估计器在现有的 FFT 内插估计器中，精度是最高的。

对于 Quinn 校正器、Macloed 校正器、Jacobsen 校正器和 Candan 校正器，得出频偏估计后，按照式 (4-4) 可得相位估计，再利用矩形窗傅里叶谱和峰值信息，可得幅值谱估计。

4.1.4　现有 FFT 谱校正方法的缺陷

对以上给出的各种传统 FFT 谱校正器作分析，具有如下缺陷：

(1) 相位校正精度低。这是传统 FFT 谱校正的突出缺陷。对于非同步采样得到的样本，传统 FFT 相位谱上得到的相位值都是不准的。而且传统 FFT 谱校正是先得到频率校正值，再由频率校正结果去校正相位，故频率误差会带入到相位校正中去，因此精度低。而 apFFT 具有"相位不变性"，相位校正不依赖于频率，校正精度高。

(2) 频率校正精度不高。这是由 FFT 的谱泄漏决定的，谱泄漏导致信号的频率信息分散在多根谱线上，谱线越多，对其作谱综合的难度越大。而 apFFT 谱泄漏小，一般仅从主谱中泄漏出 1 或 2 根谱线，故精度会更高。在理论上，衡量频率估计器精度最有信服力的参考就是克拉默–拉奥界[31](CRB)，后续章节将证明：改进的全相位时移相位差法和 apFFT/FFT 相位差法都可以做到逼近 CRB 的效果。

(3) 幅值校正精度不高。在现有的估计方法中，都是先估计频率，再估计幅值，故频率校正误差也会扩散到幅值校正中去，频率估计精度不高必然导致幅值校正精度不高。

(4) 不适合校正密集谱。这是 FFT 谱校正法的必然缺陷，因为 FFT 谱本身具有很大的谱泄漏。如果不加窗，如 Quinn 校正法[16]、Macloed 校正法[17]、Provencher 校正法[18]、Candan 校正法[19] 及其改进版本[20] 都对不加窗的 FFT 谱作校正，当存在多频时，谱间干扰会导致谱校正不适用；如果加窗，这些谱校正公式将不再适用。即使对于允许加窗的谱校正法，如 Grandke 校正法[9]、能量重心法等[13,14]，加窗后的谱泄漏相比于 apFFT 仍然大，因而不适合校正密集谱。

当信号为无噪环境下的单频复指数序列时，以上给的各种内插型校正器还是比较严谨的，理论偏差比较小；但当信号为正弦形式 (包含两个共轭的复指数频率成分) 时，这两个频率成分间就存在相互干扰问题；当信号包含多种频率成分时，这种谱间干扰情况就更严重，加窗虽然可以减小谱间干扰，但其作用总是有限的；当信号的真实频率间隔小于 $3\Delta\omega \sim 4\Delta\omega$ 时，由于谱间干扰的存在，这些谱估计的性能会急剧变差，故这些传统校正法都不适合于密集频谱。

(5) 不适合校正短样本低频实数信号。对于低频实数信号 (如频率低于 1Hz 以下的地震次声波，大型发电机绝缘耐压需测试 0.1Hz 以下的超低频振动波)，两个正负边带谱隔得很近。这时，无法通过提高采样速率 f_s 或者增加采样点数来提高频谱校正精度。给定信号频率 f_0，其数字角频率为 $\omega_0 = 2\pi f_0/f_s$，当提高采样速率 f_s 时，数字角频率 ω_0 就越低，正负边频之间谱干扰会更大；而对于低频波而言，f_0 越低，周期 $T_0 = 1/f_0$ 就越大，受观测时间限制，不允许提高采样点数。故 FFT 频谱校正法不适合作短样本低频信号的测频。而 apFFT 具有很好的抑制谱泄漏效应，正负两个边带的干扰相比于 FFT 情况会小些，故适合校正低频实信号。

(6) 文献 [20] 指出，内插型校正器一般说来都是有偏估计器。这个偏离值会很小，但的确存在，这也是内插型校正器共同的缺陷。换句话说，即使在理想无噪情况，由以上内插估计器得到的频率估计偏差也不为 0。在现有的内插估计器中，只有文献 [20] 提出的 Candan 估计器的改进版本可以近似消除理论偏差。

因此，影响传统频谱校正性能的主要原因并不在于算法本身，而在于频谱分析的方式。传统 FFT 谱分析固有的频谱泄漏效应严重影响了频谱校正的性能。第 3 章已经证明了全相位谱分析具有抑制频谱泄漏性能和"相位不变性",因而为提高校正精度,根本措施在于:获得采集样本后,对样本直接作 FFT 改为作 apFFT,然后再用基于 apFFT 的频谱校正法估计出信号的频率、幅值和相位信息。下面分别介绍各种 apFFT 频谱校正法。

4.2 通用的内插型的全相位 FFT 谱校正器构造

注意,第 3 章提到了,对于单位振幅的复指数信号,全相位 FFT 振幅谱等于传统 FFT 振幅谱的平方。因而利用这个性质,其实可以把一部分内插型传统 FFT 频率校正器构造成基于全相位 FFT 的内插型校正器。

需指出,表 4-6 给出的通用构造法只可以将一部分传统的基于 FFT 的内插校正器改造为全相位 FFT 内插型校正器,但这仅限于对涉及取谱线幅度部分的内插型校正器(如能量重心法、比值法等),对于 Quinn 校正器、Macloed 校正器、Jacobsen 校正器、Candan 校正器等涉及取复谱线的实部的校正情况,并不适用。

表 4-6 通用的内插型的全相位 FFT 谱校正器构造

Step 1	对输入长度为 $2N-1$ 的序列作 apFFT,得到峰值谱 $Y(k)$,找出峰值谱位置 $k=m$
Step 2	用 $\sqrt{|Y(k)|}$ 替代内插型 FFT 频谱校正器的 $|X(k)|$
Step 3	用传统校正器获得频率估计 $\hat{\delta}$
Step 4	最终归一化的频率估计,$\hat{f}=(m+\hat{\delta})/N$

例如,对于比值法,假设全相位主谱线为 $Y(m)$,其校正过程仅需将比值 v 按下式作替换即可:

$$v = \sqrt{\frac{|Y(m)|}{\max(|Y(m-1)|,|Y(m+1)|)}} \tag{4-13}$$

类似地,全相位能量重心法的频谱校正公式与传统能量重心法区别不大,只需把频率校正式 (4-1) 和幅度校正式 (4-5) 中的传统 FFT 谱 $|X(k)|^2$ 换成全相位 FFT 谱 $|Y(k)|$ 即可,而由于它的相位不变性,不需相位校正公式。

应当指出,对于理想无噪单频复指数信号的频谱校正情况,内插类型的全相位校正器性能与内插 FFT 校正器一样,仅在原理上作了一个变量替换。但是,对于含噪的多频复指数信号,全相位内插方法比传统 FFT 内插法具备更高的精度。以能量重心法为例,原因如下:

(1) 传统能量重心法的原理是把主谱线及周围的几根功率谱线的求和近似看成信号的真实能量,因此谱线的能量聚集程度是影响能量重心法精度的最大因素。而全相位 FFT 谱分析具有良好的抑制频谱泄漏性能,这意味着把信号的真实能量更多地集中在主谱线附近,从而必然会比传统能量重心法具有更高的精度。

(2) 经全相位数据预处理后,高斯白噪声的方差变小,意味着在作 FFT 之前,噪声能量得以削弱了。这有利于提升精度。

4.3 双谱线内插型全相位 FFT 谱校正法

能量重心法因其算法简单、校正精度较高而具有很高的实用性,但是为得到较高的校正精度,该法不得不采用主谱线及左、右各两根共 5 根谱线进行频谱校正。全相位能量重心法只是对全相位 FFT 谱分析的结果进行校正,也采用了 5 根谱线进行校正。校正的谱线根数多固然对提高精度有利,但也本质上决定了该法无法胜任频谱密集场合。更重要的是,实际工程信号总会受到噪声干扰,而噪声具有宽谱特性,必然会对每根谱线都造成干扰,因而使用的谱线越多,受噪声干扰程度越大,抗噪性能也会随之下降。因此,需寻求一种需要谱线根数少且抗噪性能高的新的频谱校正法。

本节阐述基于无窗全相位 FFT 谱分析的双谱线内插校正法的原理,该法只需两根谱线进行校正,它不仅适用于校正密集频率分布场合,还适用于存在强干扰频率的场合。另外,该法的抗噪性能好。

1. 信号频率值的粗估计 [32]

双谱线法,顾名思义就是要先在离散频谱轴上把信号频率限制在两根谱线之间,也就是要先进行一次粗估计。

一般情况下,若信号的数字角频率为 ω^*,则在谱线分析图上会在 $k^*=[\omega^*/\Delta\omega]$ ("[ ]" 表示四舍五入) 附近出现一根主谱线和一些旁谱线,其离散谱线分布存在两种情况,如图 4-3 所示。

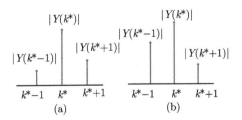

图 4-3 两种主谱线的分布图

根据主谱线的分布情况,我们可对信号频率 ω^* 作出粗估计[32]。当峰值谱线分布如图 4-3(a) 所示时,即右旁谱线幅值大于左旁谱线幅值,则 $\omega^*\in[k^*\Delta\omega,$

$(k^*+1/2)\Delta\omega]$,注意这里把频率位置限制在半个频率间隔内,这是因为若$\omega^*\in[(k^*+1/2)\Delta\omega, (k^*+1)\Delta\omega]$,则主谱线就会是$(k^*+1)$而不是$k^*$;同理,当主谱线分布如图 4-3(b) 所示时,即左旁谱线幅值大于右旁谱线幅值,则$\omega^*\in[(k^*-1/2)\Delta\omega, k^*\Delta\omega]$。

2. 全相位双谱线法的精细频率估计原理

以单频复指数信号

$$\left\{x(n) = Ae^{j\omega^* n}, \quad n \in z\right\} \tag{4-14}$$

为例来说明双谱线频率估计原理,不妨令信号的主谱线分布如图 4-3(a) 所示。

将作 FFT 时所加的窗表示为 f,则加窗后的序列元素可表示为

$$x_N(n) = x(n)f(n), \quad n = 0, \cdots, N-1 \tag{4-15}$$

由于进行的是无窗全相位 FFT 谱分析,即卷积窗的前、后窗均为矩形窗,则前、后窗的理想傅里叶变换为

$$F(j\omega) = R_N(\omega)e^{-j\frac{N-1}{2}\omega} = \frac{\sin(\omega N/2)}{\sin(\omega/2)}e^{-j\frac{N-1}{2}\omega} \tag{4-16}$$

对式 (4-15) 进行傅里叶变换,根据卷积定理并结合式 (4-16) 有

$$X_N(j\omega) = \frac{1}{2\pi}X(j\omega)*F(j\omega) = A\delta(\omega-\omega^*)*F(j\omega) = A\cdot F[j(\omega-\omega^*)] \tag{4-17}$$

对式 (4-17) 傅里叶变换的结果在 $\omega_k = k\Delta\omega = 2k\pi/N$ 上进行离散采样,即得传统加窗 FFT 的分析结果为

$$X_N(k) = X_N(j\omega)|_{\omega=k\Delta\omega} = A\cdot F[j(k\Delta\omega-\omega^*)], \quad k\in[0, N-1] \tag{4-18}$$

将式 (4-16) 代入式 (4-18),可得到传统不加窗 FFT 谱的幅值 $|X_N(k)|$ 为

$$|X_N(k)| = A\cdot|R_N(\omega_k-\omega^*)| = A\cdot\left|\frac{\sin\left[\frac{(k\Delta\omega-\omega^*)N}{2}\right]}{\sin\left[\frac{(k\Delta\omega-\omega^*)}{2}\right]}\right| \tag{4-19}$$

根据全相位 FFT 谱分析的基本性质 —— 单频复指数序列的无窗 apFFT 谱幅值等于传统不加窗 FFT 谱幅值的平方,可得到无窗 apFFT 离散谱的表达式:

$$|Y(k)| = |X_N(k)|^2 = \frac{\sin^2\left[\frac{(2k\pi/N-\omega^*)N}{2}\right]}{\sin^2\left[\frac{(2k\pi/N-\omega^*)}{2}\right]}A^2 \tag{4-20}$$

4.3 双谱线内插型全相位 FFT 谱校正法

由于 k^* 和 (k^*+1) 处的数字角频率分别为 $k^*2\pi/N$ 和 $(k^*+1)2\pi/N$，可计算出 k^* 和 (k^*+1) 处的无窗全相位谱的幅值大小分别为

$$|Y(k^*)| = A^2 \frac{\sin^2\left[\dfrac{(2k^*\pi/N - \omega^*)N}{2}\right]}{\sin^2\left[\dfrac{k^*\Delta\omega - \omega^*}{2}\right]} = A^2 \frac{\sin^2\left(k^*\pi - \dfrac{\omega^*N}{2}\right)}{\sin^2\left[\dfrac{k^*\Delta\omega - \omega^*}{2}\right]} \quad (4\text{-}21)$$

$$|Y(k^*+1)| = A^2 \frac{\sin^2\left[\dfrac{(2(k^*+1)\pi/N - \omega^*)N}{2}\right]}{\sin^2\left[\dfrac{(k^*+1)\Delta\omega - \omega^*}{2}\right]}$$

$$= A^2 \frac{\sin^2\left(k^*\pi + \pi - \dfrac{\omega^*N}{2}\right)}{\sin^2\left[\dfrac{(k^*+1)\Delta\omega - \omega^*}{2}\right]} \quad (4\text{-}22)$$

比较式 (4-21) 和式 (4-22) 中的分子，显然满足

$$\sin(k^*\pi - \omega^*N/2) = -\sin(k^*\pi + \pi - \omega^*N/2) \quad (4\text{-}23)$$

从而联立式 (4-21)~式 (4-23)，有

$$\sqrt{|Y(k^*)|} \cdot \sin\left[\dfrac{k^*\Delta\omega - \omega^*}{2}\right] = -\sqrt{|Y(k^*+1)|} \cdot \sin\left[\dfrac{(k^*+1)\Delta\omega - \omega^*}{2}\right] \quad (4\text{-}24)$$

因为 $k^*\Delta\omega < \omega^* < (k^*+1/2)\Delta\omega$，当 N 足够大时，根据 $\sin\alpha \sim \alpha$ 的等价无穷小关系，有

$$\begin{cases} \sin\left[\dfrac{k^*\Delta\omega - \omega^*}{2}\right] \sim \dfrac{k^*\Delta\omega - \omega^*}{2} \\ \sin\left[\dfrac{(k^*+1)\Delta\omega - \omega^*}{2}\right] \sim \dfrac{(k^*+1)\Delta\omega - \omega^*}{2} \end{cases} \quad (4\text{-}25)$$

联立式 (4-24) 和式 (4-25)，化简可得

$$\omega^* = \left[k^* + \dfrac{\sqrt{|Y(k^*+1)|}}{\sqrt{|Y(k^*)|} + \sqrt{|Y(k^*-1)|}}\right]\Delta\omega \quad (4\text{-}26)$$

同理，当主谱线分布如图 4-3(b) 所示时，有

$$\omega^* = \left[k^* - \dfrac{\sqrt{|Y(k^*-1)|}}{\sqrt{|Y(k^*)|} + \sqrt{|Y(k^*-1)|}}\right]\Delta\omega \quad (4\text{-}27)$$

式 (4-26) 和式 (4-27) 表明，只需用主谱线和一根较大的旁谱线的幅值即可校正出信号的频率值，故称为双谱线内插法。

3. 双谱线法理论误差分析及其修正方法

从全相位双谱线法的推导过程可看出,其理论误差来源于两方面:

第一,当 N 不符合足够大条件时,式 (4-25) 的等价无穷小关系不成立。

第二,受信号频率的偏离程度影响。当信号频率偏离很大时,全相位 DFT 谱分析的信息主要集中在双谱线上,其他旁谱的能量很小,因而校正的精度高;当信号偏离达到 $0.5\Delta\omega$ 时,双谱线幅值满足 $|Y(k^*)| = |Y(k^*+1)|$,由式 (4-26) 可得其校正误差为 0。因此信号频率的偏离程度越大,校正精度反而越高。

增大 FFT 长度可减小第一种误差。第二种误差可通过下面的频偏修正法来减小:

(1) 用双谱线法对全相位谱分析结果进行校正,假设校正出的频偏 $\tilde{\delta} = \omega^*/\Delta\omega - k^*$。

(2) 若 $|\tilde{\delta}| \in [1/3, 1/2]$,说明信号偏离程度较大,校正无需修正,令 $a=0$ 并转入 (5),否则转入 (3)。

(3) 令 $a=1$,对信号进行 $-\Delta\omega/3$ 的频移,重新进行双谱线校正以得到新的主谱线位置 k^* 和频偏 $\tilde{\delta}=\omega^*/\Delta\omega-k^*$。

(4) 若 $|\tilde{\delta}| \in [1/3, 1/2]$,转入 (5)。否则令 $a=-1$,对信号进行 $\Delta\omega/3$ 的频移,并重新进行双谱线校正以得到新的主谱线位置 k^* 和频偏 $d\omega$。

(5) 最后的频率估计值为 $\omega^* = (k^* + a/3)\Delta\omega + \tilde{\delta}\Delta\omega$。

4. 幅值的校正

得到频偏值 $\tilde{\delta}$ 后,代入式 (4-21) 很容易进行幅值校正。

$$\hat{A} = \frac{|Y(k^*)|}{\left|R_N\left(\tilde{\delta}\Delta\omega\right)\right|^2} = \frac{|Y(k^*)|}{\left[\sin(\tilde{\delta}\pi)/\sin(\tilde{\delta}\pi/N)\right]^2} \tag{4-28}$$

由于全相位 FFT 谱分析具有相位不变性,因而直接取主谱线上的相位值即得信号的初相估计,无需进行相位估计。

5. 仿真实验

为验证全相位双谱线频谱校正法的性能,我们将它与传统能量重心法及全相位能量重心法进行比较。

设谱分析阶数 $N=1024$,现对噪声环境下的包含 6 个频率的复合余弦信号 $x(n)$ 进行谱分析与校正。

$$x(n) = \lambda\xi(n) + 2\sum_{k=0}^{5} A(k)\cos(\omega_k n + \phi_k), \quad n \in [-N+1, N-1] \tag{4-29}$$

4.3 双谱线内插型全相位 FFT 谱校正法

式 (4-31) 中的各频率分量 ω_k 的真实值如表 4-7 第 2 行所示 (单位为频率分辨率 $\Delta\omega$),对应的真实幅值 $A(k)$ 如表 4-7 第 3 行所示。$\xi(n)$ 是均值为 0、方差为 1 的高斯白噪声,因而可通过改变参数 λ 值来调节噪声的幅度。

对式 (4-31) 的信号进行传统加窗 DFT 谱分析和无窗全相位 DFT 谱分析后,再分别用传统能量重心法 (简称方法 1)、全相位能量重心法 (简称方法 2) 和全相位双谱线法 (简称方法 3) 对信号的频率和幅值进行校正,为对不同加噪条件下的谱估计精度进行客观评定,本实验采用的是 20 次重复观测求平均的方式 (即蒙特卡罗模拟[25]),其校正结果如表 4-7 所示。

表 4-7 噪声环境中能量重心法、全相位能量重心法、全相位双谱线法的频谱校正对比

噪声幅值		频率位置	$k=0$	$k=1$	$k=2$	$k=3$	$k=4$	$k=5$
		真实频率 ω_k	6.0000	147.1000	150.2000	320.3000	323.4000	480.5000
		真实幅值 A_k	1.0000	1.0000	1.0000	1.0000	10.0000	1.0000
		真实初相 $\varphi_k/(°)$	10.0000	20.0000	30.0000	40.0000	50.0000	60.0000
$\lambda=0$	方法1	频率	6.0000	146.3352	150.0621	320.8263	323.3070	480.5753
		幅值	1.0000	1.0415	1.1037	2.0851	10.0221	0.3337
		相位/(°)	3.8241	38.4317	54.5064	−57.4322	66.4331	46.1681
	方法2	频率	6.0000	147.0355	143.3528	320.5315	323.3600	480.5000
		幅值	1.0000	1.0035	1.0343	1.0304	3.6622	0.3611
		相位/(°)	10.0000	20.0004	23.3338	40.0073	43.3337	60.0000
	方法3	频率	6.0002	147.1042	150.160	320.3750	323.4000	480.5000
		幅值	1.0000	1.0064	0.3373	1.3252	10.0168	1.0001
		相位/(°)	3.3338	20.0355	23.3870	40.3670	43.3841	53.3325
$\lambda=0.5$	方法1	频率	5.3333	146.3378	150.0642	320.8283	323.3066	480.5741
		幅值	1.0000	1.0523	1.1155	2.0311	10.0525	1.0088
		相位/(°)	3.3338	37.3387	54.1075	−57.5336	66.5673	46.5585
	方法2	频率	6.0035	147.0338	143.3523	320.5314	323.3538	480.4338
		幅值	1.0000	1.0064	1.0454	1.0321	3.6314	0.3643
		相位/(°)	3.3647	20.0685	23.3324	33.8250	50.02	53.7775
	方法3	频率	5.3331	147.1071	150.173	320.3747	323.4001	480.5015
		幅值	0.3333	1.0054	0.3383	1.3247	10.013	0.3374
		相位/(°)	3.8320	13.3633	23.8430	40.7832	50.0055	53.8842
$\lambda=2$	方法1	频率	6.0011	146.3834	150.0528	320.8223	323.3058	480.5824
		幅值	1.0000	1.0336	1.1033	2.0564	3.8262	0.3810
		相位/(°)	10.95	38.7863	55.7714	−57.2517	66.7552	45.4141
	方法2	频率	6.0042	147.1158	143.3240	320.5763	323.3612	480.4324
		幅值	1.0000	1.02	1.0578	1.0776	3.5734	0.3533
		相位/(°)	8.3333	21.1726	23.7327	33.5383	43.3310	61.0751
	方法3	频率	6.0036	147.1031	150.142	320.3704	323.4006	480.4373
		幅值	1.0086	0.3334	0.3351	1.3040	10.0041	1.0141
		相位/(°)	3.5443	20.41	23.8820	41.3300	50.0334	60.6231

表 4-7 中信号的频率成分有如下特点：
(1) 这些频率分量的频偏值分别为 $0, 0.1\Delta\omega, \cdots, 0.5\Delta\omega$；
(2) 在 $k=1,2$ 间存在两个相隔仅为 $3.1\Delta\omega$ 的密集频率成分；
(3) 在 $k=3$ 旁的 $k=4$ 处有一个幅值为 10 的强干扰频率；
(4) 各频率成分的初相从 $10°$ 到 $60°$ 以 $10°$ 的差值递增。

从表 4-7 的校正结果可得出如下结论：

(1) 对于频偏值为 0(即 $k=0$ 处) 的低频成分，由于此频率与其他频率间隔较远，受其他谱的干扰小，因此无噪时方法 1 与方法 2 校正精度相当，略好于双谱线方法 3，但优势不明显 (两者频率和幅值校正误差差别处于 0.001 级)，这部分小误差主要是双谱线法的理论误差。随着噪声加大，传统能量重心法 1 稍好于全相位能量重心法 2，这时噪声增大，使得全相位预处理中的能量损失情况变得复杂，而全相位双谱线法 3 相比全相位能量重心法 2 要好得多，但还是比传统能量重心法 1 略差，这主要是因为真实频偏值太小 (为 0)。

(2) 当远端的频偏值增大时 ($k=5$)，情况就完全不一样了。无论是全相位能量重心法 2 还是全相位双谱线法 3，其频率估计的精度都比传统能量重心法 1 要高得多，高出达到 $(0.06\sim0.07)\Delta\omega$。

(3) 对于密集频率成分情况 ($k=1,2$)，传统能量重心法 1 性能很差，其两个校正频率分别偏离了真实频率 $0.21\Delta\omega$ 和 $0.14\Delta\omega$；全相位能量重心法 2 好些，$k=1$ 处校正频率几乎不偏离，但 $k=2$ 处的校正频率偏离了 $0.24\Delta\omega$；而全相位双谱线法 3 的性能好得多，无论是无噪、低噪还是大噪情况，两个密集频率的校正值都很小，处于 $0.001\Delta\omega$ 级别。

(4) 对于在 $k=3$ 旁边的 $k=4$ 处存在一强干扰的情况，传统能量重心法 1 的校正性能较差，其两个校正频率分别偏离了真实值 $0.5\Delta\omega$ 和 $0.1\Delta\omega$；全相位能量重心法 2 好些，$k=3$ 处偏离 $0.23\Delta\omega$，但 $k=4$ 处仅偏离了 $0.04\Delta\omega$；而全相位双谱线法 3 性能好得多，无噪情况下的 $k=3$ 处仅偏离 $0.025\Delta\omega$，但在 $k=4$ 处其校正频率几乎不偏离，即使在低噪和大噪情况下，其频率校正精度也仅限制在 $0.001\Delta\omega$ 级的范围内有所降低，表现出很好的抗噪性能。

(5) 由各种频谱校正法计算得到的频率估计的误差值直接决定了幅值校正的精度，当频率校正误差小时，其幅值校正的误差也很小。由于多数情况下两种全相位频率校正误差都小于传统能量重心法，因此对应的幅值校正误差也小于传统能量重心法。两种全相位幅值校正法的性能在不同频率位置也互有优势：当信号真实频偏值小时 ($k=0$)，全相位能量重心法 2 的幅值校正精度高于全相位双谱线法 3，存在强干扰的频率处 ($k=1,2$) 也是如此；随着频偏值增大 ($k=5$)，全相位双谱线法 3 的幅值校正性能好于全相位能量重心法 2。

(6) 相对于传统能量重心法 1，两种全相位频谱校正法具有初相估计的绝对优势，全相位初相估计是不需要通过任何校正措施就得到的。

(7) 若在两种全相位频谱校正法间进行初相估计的精度比较，则全相位能量重心法 2 的初相估计精度高于全相位双谱线法 3。这是因为前者采用的是双窗全相位 FFT 频谱分析，而后者采用的是无窗全相位 FFT 频谱分析，由于双窗情况比无窗情况的全相位 FFT 谱分析的泄漏小，因此其初相估计的精度也必然更高。

表 4-8 给出的是噪声较大时 ($\lambda=2$) 的测量结果的均方根误差数据。

表 4-8　有噪情况下的测量结果的均方根误差数据($\lambda=2$)

	频率位置	$k=0$	$k=1$	$k=2$	$k=3$	$k=4$	$k=5$
方法1	频率/Hz	0.0115	0.1094	0.1376	0.5245	0.0934	0.0880
	幅值	0.0000	0.0945	0.1363	1.0878	0.6082	0.0891
	相位/(°)	3.7352	19.7421	24.5765	96.9735	16.5224	16.1644
方法2	频率/Hz	0.0315	0.0437	0.2527	0.2893	0.0401	0.0398
	幅值	0.0000	0.0733	0.0893	0.1187	0.6355	0.0860
	相位/(°)	2.3783	2.6445	2.8465	2.9670	0.3575	3.7620
方法3	频率/Hz	0.0218	0.0156	0.0144	0.0775	0.0017	0.0164
	幅值	0.0415	0.0346	0.0298	0.3341	0.0739	0.0680
	相位/(°)	2.0180	1.8540	2.3522	2.8403	0.3590	4.8518

表 4-8 给出的均方根误差比平均误差更能反映算法的抗噪性能。从表 4-8 可看出，总体来看，全相位双谱线法具有最小的均方根误差，全相位能量重心法次之，传统能量重心法均方根误差最大。因而全相位双谱线法的抗噪性能最好。

4.4　小　　结

本章分析了现有的各种基于谱内插的 FFT 谱校正法，并找出了这些方法需要改进之处。基于此给出了从传统 FFT 谱内插向全相位 FFT 谱内插校正法的构造过程，并且详细介绍了基于双谱线内插的 apFFT 谱内插校正器。实验对传统 FFT 能量重心法、全相位 FFT 能量重心法和全相位 FFT 双谱线谱内插校正法作了对照，证明了全相位 FFT 双谱线谱内插校正法具有更高的谱校正精度。

参 考 文 献

[1] 王志杰, 李宇, 黄海宁. 全相位 FFT 在合成孔径水声通信运动补偿中的应用. 电子与信息学报, 2013, 35(9): 2206-2211.

[2] Xu Y X, Yuan Q B, Zou J B, et al. Analysis of triangular periodic carrier frequency modulation on reducing electromagnetic noise of permanent magnet synchronous motor. IEEE Transactions on Magnetics, 2012, 48(11): 4424-4427.

[3] Wang W Q, So H C. Transmit subaperturing for range and angle estimation in frequency diverse array radar. IEEE Transactions on Signal Processing, 2014, 62(8): 2000-2011.

[4] Ansari M, Esmailzadeh E, Jalili N. Exact frequency analysis of a rotating cantilever beam with tip mass subjected to torsional-bending vibrations. Journal of Vibration and Acoustics, 2011, 133(4): 041003.

[5] Roy R, Kailath T. ESPRIT-estimation of signal parameters via rotational invariance techniques. IEEE Transactions on Acoustics, Speech and Signal Processing, 1989, 37(7): 984-995.

[6] Schmidt R O. Multiple emitter location and signal parameter estimation. IEEE Trans Antennas & Propag, 1986, 34(3): 276-280.

[7] Al-Smadi A, Wilkes D M. Robust and accurate ARX and ARMA model order estimation of non-Gaussian processes. Signal Processing, IEEE Transactions on, 2002, 50(3): 759-763.

[8] Jain V K, Collins W L, Davis D C. High-accuracy analog measurements via interpolated FFT. IEEE Transactions on Instrumentation & Measurement, 1979, 28(6): 113-122.

[9] Grandke T. Interpolation algorithms for discrete Fourier transforms of weighted signals. IEEE Transactions on Instrumentation and Measurement, 1983, 32(2): 350-355.

[10] 张伏生, 耿中行, 葛耀中. 电力系统谐波分析的高精度 FFT 算法. 中国电机工程学报, 1999, (3): 63-66.

[11] 丁康, 谢明. 离散频谱三点卷积幅值修正法的误差分析. 振动工程学报, 1996, (1): 92-98.

[12] Xie M, Ding K. Corrections for frequency, amplitude and phase in a fast Fourier transform of a harmonic signal. Mechanical Systems & Signal Processing, 1996, 10(2): 211-221.

[13] 朱小勇, 丁康. 离散频谱校正方法的综合比较. 信号处理, 2001, 17(1): 91-97.

[14] 丁康, 江利旗. 离散频谱的能量重心校正法. 振动工程学报, 2001, 14(3): 354-358.

[15] Quinn B G. Estimating frequency by interpolation using Fourier coefficients. IEEE Transactions on Signal Processing, 1994, 42(5): 1264-1268.

[16] Quinn B G. Estimation of frequency, amplitude, and phase from the DFT of a time series. IEEE Transactions on Signal Processing, 1997, 45(3): 814-817.

[17] Macleod M D. Fast nearly ML estimation of the parameters of real or complex single tones or resolved multiple tones. IEEE Transactions on Signal Processing, 1998, 46(1): 141-148.

[18] Provencher S. Estimation of complex single-tone parameters in the DFT domain. IEEE Transactions on Signal Processing, 2010, 58(7): 3879-3883.

[19] Candan C. A method for fine resolution frequency estimation from three DFT samples. Signal Processing Letters, IEEE, 2011, 18(6): 351-354.

[20] Abatzoglou T, Candan C. Analysis and further improvement of fine resolution frequency estimation method from three DFT samples. IEEE Signal Processing Letters, 2013,

20(9): 913-916.
- [21] 丁康, 钟舜聪. 通用的离散频谱相位差校正方法. 电子学报, 2003, 31(1): 142-145.
- [22] 齐国清, 贾欣乐. 基于DFT相位的正弦波频率和初相的高精度估计方法. 电子学报, 2001, 29(9): 1164-1167.
- [23] 齐国清. 利用FFT相位差校正信号频率和初相估计的误差分析. 数据采集与处理, 2003, 18(1): 7-11.
- [24] 谢明, 张晓飞, 丁康. 频谱分析中用于相位和频率校正的相位差校正法. 振动工程学报, 1999, 12(4): 454-459.
- [25] 丁康, 罗江凯, 谢明. 离散频谱时移相位差校正法. 应用数学和力学, 2002, 7(7): 729-735.
- [26] 工志刚, 朱瑞苏, 李友荣. FFT-FS频谱细化技术及其在机械故障诊断中的应用. 武汉科技大学学报(自然科学版), 2000, 1: 017.
- [27] 丁康, 朱文英, 杨志坚, 等. FFT+FT离散频谱校正法参数估计精度. 机械工程学报, 2010, (7): 68-73.
- [28] Jacobsen E, Kootsookos P. Fast, accurate frequency estimators [DSP Tips & Tricks]. Signal Processing Magazine IEEE, 2007, 24(3): 123-125.
- [29] 裴亮, 李晶, 郭发东, 等. 电力系统谐波分析中Hanning窗插值算法的应用. 山东科学, 2005, (5): 76-79.
- [30] 徐志钰, 律方成, 赵丽娟. 基于加汉宁窗插值的谐波分析法用于介损角测量的分析. 电力系统自动化, 2006, 30(2): 81-85.
- [31] Rife D C, Boorstyn R. Single tone parameter estimation from discrete-time observations. IEEE Transactions on Information Theory, 1974, 20(5): 591-598.
- [32] 黄翔东, 王兆华. 全相位DFT抑制谱泄漏原理及其在频谱校正中的应用. 天津大学学报, 2007, 40(7): 574-578.

第5章 基于相位差的全相位频谱校正理论

5.1 内插型谱校正器与相位差型谱校正器的区别

相比于内插型的谱校正法,相位差谱校正法有其特殊的意义。

对于谐波来说,频率、相位、幅值三个参数中,频率和相位的关系最为直接、密切,频率对时间的线性积分就是相位差。因而 Tretter 最早在文献 [1] 中,针对单频复指数信号,利用不同观测时刻的相位观测样本,采用最小二乘线性拟合的方法而求导出了频率估计结果,但因为是在时域作的拟合,估计器随样本数目增大,计算复杂度过高而没有得到推广应用。

内插型频谱校正器与相位差型的频谱校正器的校正过程有很大区别。对于内插型频谱校正器,是需要对给定的样本作一次FFT,然后借助某个内插公式,对峰值谱值和相邻几根旁谱值作代数计算,而得到频率估计结果,如文献 [2]~[13] 提出的内插校正器都是采用这种思路;而对于相位差校正器则不然,这类校正器需对样本分成存在时延的两个子段(允许样本重叠),再分别对这两个子段作FFT(或本书提倡的 apFFT) 谱分析,然后对两次谱分析的单根峰值谱的相位值作差分而得到频率估计结果,如文献 [3]、[14]~[23] 提出的校正器都是采用这种思路。

对于内插型 FFT 谱校正器,存在信号频率信息在 FFT 谱线中分散分布的问题,导致总是存在系统误差。就最简单的单频复指数信号而言,即使在理想无噪情况下,若对其作 FFT,可以得到幅度谱,可是信号的幅值信息会散播在所有 FFT 谱线上,加窗虽然可以使得频域能量集中在以峰值谱线为中心的附近几根旁谱范围内,但总有一些很小的能量泄漏在远端谱线上,这就是内插型 FFT 校正法意图仅依据少数几根谱线作校正而总是存在理论偏差的原因。即使对于改进的 Candan 估计器 [12],也只是近似无偏的,而不是绝对无偏的。事实上,Candan 也注意到了内插型频谱校正器无法做到绝对无偏的难题,2014 年,提出需利用所有 FFT 谱线的内插型频谱校正器的频率估计算法 [24],该算法由于耗费了所有 FFT 谱线,故是无偏的,但此算法的意义仅停留在理论价值上,因为实际应用中,总有干扰和噪声存在,不可能保证所有 FFT 谱线仅携带所感兴趣的频率信息,而且耗费的 FFT 谱线越多,算法的计算量也越大。

而相位差型谱校正器则不然,这类校正器不存在系统误差,是无偏的。对单频复指数信号而言,对存在时延关系的两个子段,每个位置上对应的 FFT 谱线相位差分都蕴含了信号全部频率信息,而且文献 [15]、[23] 证明,基于相位差的频率估计器在理论上是无偏的。然而工程上总要考虑到含噪声情况，因而非峰值谱线由于幅度低，被噪声污染的程度高，不适于作差分去进行频率估计，而峰值谱线则在所有谱线中对噪声鲁棒性最强，因而选单根峰值谱线去作频率估计。

在有些对相位参数敏感而不是幅值敏感的场合，如电力系统谐波分析[25]、光学工程[26]等，基于相位差的频率估计法往往起到内插型谱校正法无法替代的作用。

近年来，学术界很注重相位差校正法的研究。如谢明等在文献[22]中提出了利用分段 FFT 相位差提高正弦信号频率和初相估计精度的方法，其频率估计误差小于 0.02 倍的 FFT 的频率分辨率，相位误差小于 $0.1°$。丁康等在文献[21]中提出了一种时移相位差校正法，这是现有的基于传统 FFT 的频谱校正法中精度很高的一种方法；齐国清等在文献[27]中提出基于 DFT 相位的正弦波频率和初相的高精度估计方法，这种方法与时移相位差校正法类似，但可消除时移相位差校正法的"相位模糊现象"，有很高的实用性；黄翔东等在文献[28]中提出全相位 FFT/FFT 相位差校正法，在文献[18]中提出全相位时移相位频谱校正法，在文献[23]中提出精细相位差校正法，在文献[15]中提出前后向子分段相位差频率估计法，在文献[29]中提出基于频域补偿的改进的相位差校正法等。其中，全相位 FFT/FFT 相位差校正法和全相位时移相位差法已得到了广泛应用[16,25,30-35]。文献[16]、[36]还对这两种算法作了改进等。因而，有必要对相位差频谱校正法作一些总结、归纳，期望能起到引导作用，产生更高的应用价值。

需指出，全相位 FFT 对丰富相位差频谱校正理论起到了非常大的推动作用。例如，对于两个存在时延关系的样本前后段间，可以选择传统 FFT 或 apFFT 的谱分析方式，衍生出多种相位差谱校正法。而全相位 FFT 本身就具有非常高的测相精度，决定了基于 apFFT 的相位差校正器的高精度。而全相位 FFT 的抑制谱泄漏的性能，决定了基于 apFFT 的相位差校正器适合校正密集谱等。

5.2 传统 FFT 相位差频谱校正法原理

需指出，实际工程应用中，由于所截取的数据序列是随机的，因此绝对相位是没有意义的，只有相对相位才有意义。而相对相位则需要通过信号频率对一段时移积分后才可体现出来，因此仅研究某段长为 N 的序列的 FFT 相位谱是不够的，还需要研究与该序列存在时移关系的另一等长序列的相位谱，将两次相位谱分析的结果进行比较才使得相位差法具备可行性。

传统相位差校正法有三种[21]，第一种是采连续两段长为 N 的样本并分别进行 FFT，利用对应谱线的相位差值校正出谱峰处的准确频率和相位；第二种是只采样一段时域信号，对这段序列分别进行 N 点和 $N/2$ 点的 FFT，利用其相位差校正出峰值谱的准确频率和相位；第三种是先将原时域序列前 $N/2$ 点平移 $N/4$ 点后，再将前、后的 $N/4$ 点置零形成一新序列，分别对原序列和新序列进行 FFT 分析，利用对应峰值谱线的相位差进行频谱校正。这些相位差校正方法各有特点，在不同的工程实践中得到了应用。作者经实验发现，后两种相位差法的频率校正精度远不如第一种方法，因此本节不对它们进行深入研究。

考虑单位幅度的单频复指数序列 $\{x(n) = \mathrm{e}^{\mathrm{j}\omega_0 n},\ n \in Z\}$，本节直接从该序列的傅里叶变换角度出发，以便更深刻地阐明第一类相位差法的校正机理。

将作 FFT 时所加的窗表示为 f，假定窗 f 具有对称性，满足 $f(n) = f(N-1-n)$，则其傅里叶变换可表示为

$$F(\mathrm{j}\omega) = F_g(\omega)\mathrm{e}^{-\mathrm{j}\tau\omega}, \quad \tau = (N-1)/2 \tag{5-1}$$

第 4 章已经证明，传统加窗 FFT 的峰值谱线上表达式为

$$X(k) = F_g(k\Delta\omega - \omega_0)\mathrm{e}^{-\mathrm{j}\tau(k\Delta\omega - \omega_0)}, \quad k \in [0, N-1] \tag{5-2}$$

假设 FFT 主谱线的谱序号为 m，则其对应的相角可表示为

$$\phi(m) = -\tau(m \cdot \Delta\omega - \omega_0) \tag{5-3}$$

现考虑复指数信号初相位不为 0 的情形，这是一般的情形，其信号可表示为

$$x(n) = \mathrm{e}^{\mathrm{j}(\omega_0 n + \theta_0)} = \mathrm{e}^{\mathrm{j}\theta_0}\mathrm{e}^{\mathrm{j}\omega_0 n} \tag{5-4}$$

根据 FFT 的线性性质，其主谱线上的相位值为

$$\phi_1(m) = \theta_0 - \tau(m \cdot \Delta\omega - \omega_0) \tag{5-5}$$

但实际采样得到的样本段不一定满足定义域 $n \in [0, N-1]$，而是与式 (5-4) 所示的序列存在大小为 L 的延时。根据傅里叶变换的时移性质，这段延时会引起附加的大小为 $\omega_0 L$ 的相移，则这时主谱线上的相角应为

$$\phi_2(m) = \theta_0 - \omega_0 L - \tau(m \cdot \Delta\omega - \omega_0) \tag{5-6}$$

将式 (5-5) 减去式 (5-6)，即可得到时移差为 L 的两序列主谱线的相位差值 $\Delta\phi$，从而可确定信号的频率 ω_0，即

$$\Delta\phi = \phi_1(m) - \phi_2(m) = \omega_0 L \quad \Rightarrow \quad \omega_0 = \Delta\phi/L \tag{5-7}$$

这就是传统相位差校正原理。其中对于时移量 L 赋予不同的控制值，就可以得到不同类型的相位差校正器。该校正过程如图 5-1 所示。

5.3 两种基于全相位 FFT 的相位差频谱校正法

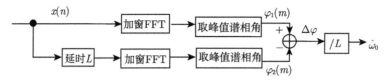

图 5-1 传统相位差谱频率估计流程

在得到频率值 $\hat{\omega}_0$ 后，可以很容易地确定主谱线上的归一化频偏估计值 $\hat{\delta}$：

$$\hat{\delta} = \hat{\omega}_0/\Delta\omega - m \tag{5-8}$$

得到频偏值 $\hat{\delta}$ 后，由式 (5-5) 可以得到信号的初相估计：

$$\hat{\theta}_0 = \phi_1(m) - \hat{\delta} \cdot \tau \cdot \Delta\omega \tag{5-9}$$

有了信号的频偏估计值，根据 FFT 的线性性质可以很容易得到信号的幅值估计。原理如下：假设信号的幅值为 A，由式 (5-2) 可得到其加窗 FFT 主谱值的表达式，从而可得到幅值估计的表达式为

$$X_N(m) = A \cdot F_g(\hat{\delta} \cdot \Delta\omega) e^{j\tau\hat{\delta}\Delta\omega} \Rightarrow \hat{A} = |X_N(m)|/|F_g(\hat{\delta} \cdot \Delta\omega)| \tag{5-10}$$

式中，$\left|F_g(\hat{\delta} \cdot \Delta\omega)\right|$ 为频偏处窗函数的频谱值，对于常用的经典窗如汉宁窗、三角窗、汉明窗，预先知道该值，从而实现幅值估计。

需指出，式 (5-7)、式 (5-9) 和式 (5-10) 是针对无噪情况下的单频复指数信号的频率、初相、幅值估计式，这时不存在由频谱泄漏引起的谱间干扰问题，故校正结果和理想值是一致的，不存在理论误差。当信号包含多种频率成分时，如单频正弦信号的 $k = m$ 处和 $k = N - m$ 处的两根谱线虽然相隔较远，但还是存在轻微的干扰；而多频正弦信号，不同频的谱线间的干扰影响更为严重，因此这时的频谱估计存在理论偏差，其偏差程度取决于所选窗的优劣、频率间的密集程度和加噪的大小。

5.3 两种基于全相位 FFT 的相位差频谱校正法

5.3.1 apFFT/FFT 相位差频谱校正法

1. 校正原理

从谱分析步骤来看，由于全相位 FFT 是结合全相位数据预处理和传统 FFT 而得到的，且两种 FFT 方法存在很多相似的性质，如齐次性、叠加性、时不变性、频移性等，所以两种 FFT 方法必然存在着很紧密的内在联系。若充分利用这种内在规律，必然能形成一种新的频谱校正法。

已证明若用窗序列 f 对单频复指数信号 $\{x(n) = e^{j\omega_0 n}, \quad n \in [0, N-1]\}$ 进行加窗 FFT，得到的离散传统 FFT 的谱表达式为

$$X(k) = F_g(k\Delta\omega - \omega_0)e^{-j\tau(k\Delta\omega - \omega_0)}, \quad \tau = (N-1)/2, \quad k \in [0, N-1] \quad (5\text{-}11)$$

根据 FFT 的 LTI 特性，对幅值为 A、初相为 θ_0 的复指数信号 $\{x(n) = Ae^{j[\omega_0(n-n_0)+\theta_0]}, \quad n \in [0, N-1]\}$ 再进行加窗 FFT 谱分析，则其离散谱表示为

$$X(k) = Ae^{j(\theta_0 - \omega_0 n_0)} \cdot F_g(k\Delta\omega - \omega_0)e^{-j\tau(k\Delta\omega - \omega_0)}, \quad k \in [0, N-1] \quad (5\text{-}12)$$

前面已证明若对序列 $\{x(n) = e^{j\omega_0 n}, n \in [-N+1, N-1]\}$ 进行前、后窗均为 f 的双窗全相位 FFT，得到的离散谱表示为

$$Y(k) = F_g^2(k\Delta\omega - \omega_0) \quad (5\text{-}13)$$

则根据全相位 FFT 的线性特性，对信号 $\{x(n) = Ae^{j[\omega_0(n-n_0)+\theta]}, n \in [-N+1, N-1]\}$ 进行同样的双窗全相位 FFT 谱分析，其离散谱表示为

$$Y(k) = Ae^{j(\theta_0 - \omega_0 n_0)} F_g^2(k\Delta\omega - \omega_0), \quad k \in [0, N-1] \quad (5\text{-}14)$$

将式 (5-11) 的传统相位谱值 $\phi_X(k^*)$ 减去式 (5-13) 的全相位相位谱值 0，或者式 (5-12) 的传统相位谱值 $\phi_X(k^*)$ 减去式 (5-14) 的全相位相位谱值 $\phi_Y(k^*)$，则可得到如下的相位差表达式：

$$\Delta\tilde{\phi} = \tau(\omega_0 - k^*\Delta\omega) \quad (5\text{-}15)$$

$$\Delta\tilde{\phi} = (\theta_0 - \omega_0 n_0 - k\tau\Delta\omega + \tau\omega_0) - (\theta_0 - \omega_0 n_0) = \tau(\omega_0 - k^*\Delta\omega) \quad (5\text{-}16)$$

式 (5-15) 和式 (5-16) 表明：主谱线上的加窗 FFT 的相位谱和全相位 FFT 相位谱的差值与频偏值 $(\omega_0 - k^*\Delta\omega)$ 成正比，其比例系数即为群延时 $\tau = (N-1)/2$。这就意味着，只要测出两种谱分析在主谱线上的相角大小，取其差值，按下式即可形成对信号真实频率的估计：

$$\hat{\omega}_0 = \Delta\tilde{\phi}/\tau + k^*\Delta\omega \quad (5\text{-}17)$$

分别取式 (5-12) 和式 (5-14) 的主谱线上的模值，有

$$|X(k^*)| = A|F_g(\omega_0 - k^*\Delta\omega)| \quad (5\text{-}18)$$

$$|Y(k^*)| = A|F_g(\omega_0 - k^*\Delta\omega)|^2 \quad (5\text{-}19)$$

将式 (5-18) 两边平方后再除以式 (5-19)，即可得到幅值的估计：

$$\hat{A} = \frac{|X(k^*)|^2}{Y(k^*)} \quad (5\text{-}20)$$

由式 (5-17) 和式 (5-20) 就可完成信号频率、幅值估计。结合全相位 FFT 的相位不变性，信号完整的频率、幅值、初相的校正过程如图 5-2 所示。

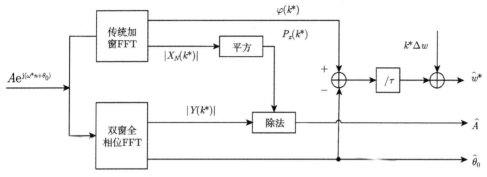

图 5-2 apFFT/FFT 相位差频率估计流程

从图 5-2 可看出，apFFT/FFT 综合相位差校正法需要对序列进行两次谱分析 (一次传统 FFT 谱分析，一次全相位 FFT 谱分析)。经过两次谱分析后，只需要访问一根谱线 (即主谱线) 的信息，即可精确地获得频率、幅值、相位的估计。可见，该方法巧妙地交叉利用了两种谱分析的主谱线信息。

从图 5-2 还可看出，该方法得到信号真实幅值的估计是很方便的，既不像能量重心法那样需求取能量的恢复系数，又不像比值法那样受汉宁窗函数限制。注意，幅值校正式 (5-20) 是不依赖于窗函数的。

2. 相位修正问题

图 5-2 是理论上的校正流程。在实际应用中，要考虑到峰值谱观测相位 $\varphi_Y(k^*)$ 和 $\varphi_X(k^*)$ 的取值范围都是有限的，即满足 $\varphi_Y(k^*) \in [-\pi, \pi]$，$\varphi_X(k^*) \in [-\pi, \pi]$，故 $\Delta\tilde{\varphi} = \varphi_X(k^*) - \varphi_Y(k^*)$ 满足

$$-2\pi \leqslant \Delta\tilde{\varphi} \leqslant 2\pi \tag{5-21}$$

因而式 (5-21) 的观测相位差 $\Delta\tilde{\varphi}$ 有可能存在整周模糊问题。为消除模糊，考虑频偏值满足 $-0.5 \leqslant \delta < 0.5$，需对 $\Delta\tilde{\varphi}$ 作如下调整：

$$\Delta\varphi = \begin{cases} \Delta\tilde{\varphi}, & \Delta\tilde{\varphi} \in [-\pi, \pi] \\ \Delta\tilde{\varphi} - 2\pi, & \Delta\tilde{\varphi} > \pi \\ \Delta\tilde{\varphi} + 2\pi, & \Delta\tilde{\varphi} < -\pi \end{cases} \tag{5-22}$$

显然 $\Delta\varphi \in [-\pi, \pi]$，进而频偏估计和频率估计分别表示为

$$\hat{\delta} = \Delta\varphi/\tau, \quad \hat{f}_0 = (k^* + \hat{\delta})/N \tag{5-23}$$

则实际可行的 apFFT/FFT 相位差频率估计法的流程如图 5-3 所示。

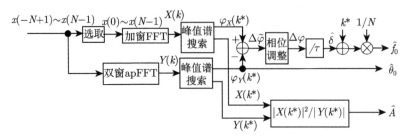

图 5-3 apFFT/FFT 相位差频率估计流程

5.3.2 全相位时移相位差频谱校正法

5.2 节介绍了传统第一类相位差法，该方法相比于传统能量重心法具有更高的频率估计精度，它是基于传统 FFT 谱分析的线性时不变性质而推出的。而全相位 FFT 谱分析同样具有线性性质和相位不变性这两个重要性质，若充分利用这两个性质并结合传统第一类相位差法的算法构造思路，可形成基于全相位 FFT 谱分析的时移相位差校正法。

1. 校正原理

单频复指数序列是最基本的序列，因而有必要研究序列 $\{x(n) = Ae^{j(\omega_0 n + \theta)}, n \in [-N+1, N-1]\}$ 与延时后的序列 $\{x(n) = Ae^{j[\omega_0(n-L)+\theta]}, n \in [-N+1, N-1]\}$ 的相位谱变化情况。

已证明序列 $\{x(n) = Ae^{j(\omega_0 n + \theta)}, n \in [-N+1, N-1]\}$ 的双窗全相位 FFT 谱分析的表达式为

$$Y(k) = A \cdot e^{j\theta} F_g^2(k\Delta\omega - \omega_0) \tag{5-24}$$

从而其主谱线 k^* 上的相位谱表达式为

$$\phi_1(k^*) = \theta \tag{5-25}$$

根据 apFFT 谱分析的线性性质，已证明对于延时后的序列 $\{x(n) = Ae^{j[\omega_0(n-L)+\theta]}, n \in [-N+1, N-1]\}$，其双窗 apFFT 谱分析的结果可表示为

$$Y(k) = Ae^{j(\theta - \omega_0 L)} \cdot F_g^2(k\Delta\omega - \omega_0) \tag{5-26}$$

从而其主谱线 k^* 上的相位谱表达式为

$$\phi_2(k^*) = \theta - \omega_0 L \tag{5-27}$$

5.3 两种基于全相位 FFT 的相位差频谱校正法

取式 (5-25) 与式 (5-27) 的差值, 有

$$\Delta\phi = \phi_1(k^*) - \phi_2(k^*) = \omega_0 L \tag{5-28}$$

从而可得到信号频率的估计公式：

$$\hat{\omega}_0 = \Delta\phi/L \tag{5-29}$$

从而归一化的频率偏离值为

$$\hat{\delta} = \hat{\omega}_0/\Delta\omega - k^* \tag{5-30}$$

在得到主谱线上的频偏估计值 $\hat{\delta}$ 后, 可以很容易地求得信号幅值的估计。若采用的是加汉宁双窗的全相位 FFT 谱分析, 则可根据式 (5-24) 进行幅值校正。对于一般双窗情况, 可以很容易地根据式 (5-24) 得到其幅值估计：

$$\hat{A} = \frac{|Y(k^*)|}{F_g^2(\hat{\delta}\Delta\omega)} \tag{5-31}$$

式 (5-31) 的分子部分 $|Y(k^*)|$ 可通过实验测得, 而分母部分 $F_g^2(\hat{\delta}\Delta\omega)$ 可将 $\hat{\delta}\Delta\omega$ 值代入窗函数傅里叶变换表达式而得到, 像一般的窗函数如汉宁窗、汉明窗、三角窗都属于余弦窗, 其傅里叶变换的表达式是确定的 [37]。

2. "相位模糊" 去除问题

注意式 (5-29) 的相位差是指理论相位差, 与观测相位差是两回事。理论相位差可能远超出 2π 范围, 而观测相位差的范围却是很有限的, 两者存在 "整周模糊" 的问题 [27,38]。

不妨假定 θ_0 即为第一段 apFFT 的观测相位 φ_1, 满足 $\varphi_1 \in [-\pi, \pi]$, 但时延后式 (5-27) 的理论相位 $\theta_0 - \omega_0 L$ 很可能超出 $[-\pi, \pi]$ 的范围, 故可使某整数 $\tilde{k}_1$ 待定, 使得下式成立：

$$\varphi_2 = \varphi_1 - \omega_0 L + \tilde{k}_1 2\pi = (\varphi_1 - k^*\Delta\omega \cdot L) - \delta \cdot \Delta\omega \cdot L + \tilde{k}_1 2\pi \tag{5-32}$$

对式 (5-32) 中可观测的部分 $\varphi_1 - k^*\Delta\omega L$ 作 2π 取模处理, 即

$$\varphi' = (\varphi_1 - k^*\Delta\omega \cdot L) \bmod 2\pi \tag{5-33}$$

然后对 φ' 作如下相位调整：

$$\varphi = \begin{cases} \varphi' - 2\pi, & \varphi' \in [\pi, 2\pi) \\ \varphi', & \varphi' \in [0, \pi) \end{cases} \tag{5-34}$$

经式 (5-34) 调整后,联立式 (5-32),意味着存在某整数 $\tilde{k}_2$,满足

$$\varphi - \varphi_2 = \delta \cdot \Delta\omega \cdot L - \tilde{k}_1 2\pi + \tilde{k}_2 2\pi \tag{5-35}$$

把式 (5-35) 的 $\tilde{k}_2 - \tilde{k}_1$ 合并成某整数 $\tilde{k}$,有

$$\varphi - \varphi_2 = 2\pi\delta L/N + \tilde{k} 2\pi \tag{5-36}$$

不妨令

$$\tilde{\delta} = \frac{\varphi - \varphi_2}{\Delta\omega \cdot L} = \delta + \tilde{k}\frac{N}{L} \tag{5-37}$$

注意由于观测相位 φ_2 和调整后的相位 φ 均在 $[-\pi, \pi]$ 的范围内,因而有

$$-1 \leqslant \frac{\varphi - \varphi_2}{2\pi} \leqslant 1 \Rightarrow -\frac{N}{L} \leqslant \tilde{\delta} \leqslant \frac{N}{L} \tag{5-38}$$

考虑到 $-0.5 \leqslant \delta < 0.5$,故联立式 (5-38),迫使式 (5-36) 的 $\tilde{k}$ 只能在 -1、0、1 中取值,则频偏校正式为

$$\tilde{\delta} = \begin{cases} -\tilde{\delta} + N/L, & \tilde{\delta} \geqslant 0.5 \\ -\tilde{\delta}, & -0.5 \leqslant \tilde{\delta} < 0.5 \\ -\tilde{\delta} + N/L, & \tilde{\delta} \leqslant -0.5 \end{cases} \tag{5-39}$$

则实际可行的全相位时移相位差频谱校正流程如图 5-4 所示。

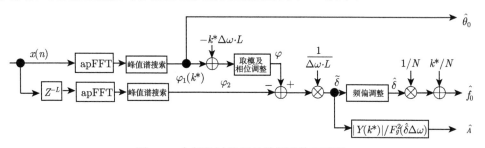

图 5-4 全相位时移相位差频谱校正流程

3. 全相位时移相位差的实质

文献 [39] 指出:"全相位"的思想体现在考虑到了所研究样点的全部可能的截断情况,而传统相位差法只考虑到一种截断情况。例如,当 $N=4$ 时,我们研究输入样点 x_0,在传统时移相位差法中,只考虑到了样本段 x_0、x_{-1}、x_{-2}、x_{-3} 的截断延时情况,若将所有包含 x_0 的截断延时情况全部进行综合考虑,则必然可提高校正精度。若从这个角度分析,即可形成如图 5-5 所示的从传统相位法向全相位时移相位差法衍生的原理图 (为方便表示各个子分段的频率,把频率 ω_0 记为 ω^*)。

5.3 两种基于全相位 FFT 的相位差频谱校正法

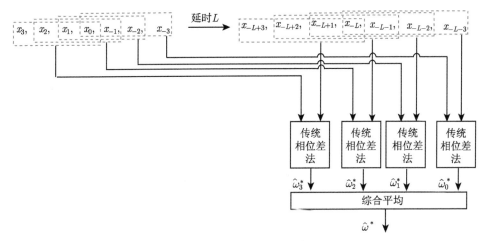

图 5-5　从传统相位差法向全相位时移相位差法的衍生原理图 ($N = 4$)

图 5-5 仅揭露两种相位校正法的内在联系，由于图 5-5 包括 N 次的传统相位差校正过程，计算量较大，实际校正过程仍应采用图 5-4 的步骤进行。

5.3.3 多频信号的频谱校正实验对比

我们指出，用相位信息进行频率校正的精度必定是非常高的，传统第一类时移相位差法 (简称方法 1) 已经达到很高的精度，而本节又引入了两种新的全相位校正算法：结合全相位与传统 FFT 谱分析的综合相位差校正法 (或称 FFT/apFFT 综合相位差校正法，简称方法 2)、全相位时移相位差校正法 (简称方法 3，时延参数 L 设为 N)。这两种算法的频率校正精度比方法 1 还能改善多少呢？这就需要通过实验来进行比较证明。

设谱分析阶数 $N=1024$，现对混有噪声的包含 $M=4$ 个频率的复合余弦信号 $x(n)$ 进行谱分析与校正，该信号表达式如下：

$$x(n) = \lambda \xi(n) + 2\sum_{k=0}^{M-1} A(k)\cos(\omega_k n + \phi_k), \quad n \in [-N+1, N-1] \quad (5\text{-}40)$$

式 (5-40) 中的各频率分量 ω_k 的真实值如表 5-1 第 2 行所示 (单位为频率分辨率 $\Delta\omega$)，对应的真实幅值 $A(k)$ 如表 5-1 第 3 行所示。$\xi(n)$ 是均值为 0、方差为 1 的高斯白噪声，因而可通过改变参数 λ 值来调节噪声幅度。为客观评价在噪声环境中的频谱校正性能，我们应从理论上推出 λ 取不同值时的信噪比 SNR。假设有用信号能量为 E_s，噪声能量为 E_n，则有

$$\text{SNR} = 10 \cdot \lg(E_s/E_u) \quad (5\text{-}41)$$

对频率 ω_k 而言，其电压有效值为 $\sqrt{2}A_k$，则其功率值为 $2A_k^2$，从而有

$$E_\mathrm{s} = 2\sum_{k=0}^{M-1} A^2(k) \tag{5-42}$$

而噪声的理论功率值为 λ^2。结合式 (5-41)、式 (5-42)，SNR 可表示为

$$\mathrm{SNR} = 10\cdot\lg\left(\frac{2\sum_{k=0}^{M-1} A^2(k)}{\lambda^2}\right) \tag{5-43}$$

从而当 λ 分别取 0、0.5、2，$A(k)$ 值全取 1 时，代入式 (5-43) 可算出其 SNR 的值为 $+\infty$、15.05dB 和 3.01dB，即分别对应无噪、低噪和大噪的情况。进行了 100 次蒙特卡罗模拟，其校正结果如表 5-1 所示。

表 5-1　噪声中传统相位差法、FFT/apFFT 综合相位差法、全相位时移相位差法的频谱校正对比

频率位置			$k=0$	$k=1$	$k=2$	$k=3$
噪声幅值	真实频率 ω_k		6.000000	147.10000	150.20000	480.50000
	真实幅值 $A(k)$		1.000000	1.000000	1.000000	1.000000
	真实初相 φ_k		10.000000	20.000000	30.000000	40.000000
$\lambda=0$	方法1	频率	5.333333	147.102402	150.20170	480.433333
		幅值	0.33333325	0.33453448	1.0044376	0.33367377
		相位	10.00031	13.3363761	23.5740330	40.0002460
	方法2	频率	6.00000067	147.033047	150.12334	480.500000
		幅值	1.00000000	0.33377053	0.33357480	0.33334343
		相位	3.33333333	20.0004118	23.3337336	33.3333333
	方法3	频率	6.00000000	147.100004	150.12337	480.500000
		幅值	1.00000000	1.00001657	0.33331804	0.33334883
		相位	3.33333333	20.0004118	23.3337336	33.3333333
$\lambda=0.5$	方法1	频率	6.0015	147.104307	150.201605	480.437868
		幅值	0.3378148	0.330800	1.0018668	1.00003540
		相位	3.643407	18.3873075	23.3683316	40.6047401
	方法2	频率	6.000685	147.037584	150.12176	480.501736
		幅值	0.3371403	1.00075063	0.33824307	1.001078
		相位	3.31574426	13.7711054	23.3775771	33.3821058
	方法3	频率	6.000260	147.033307	150.200556	480.433363
		幅值	0.33763650	0.33803103	0.33723051	0.33644234
		相位	3.36638862	20.0232768	30.18313340	33.82635

5.3 两种基于全相位 FFT 的相位差频谱校正法

续表

频率位置			$k=0$	$k=1$	$k=2$	$k=3$
$\lambda=2$	方法1	频率	5.33830387	147.100711	150.20376	480.438814
		幅值	1.00577234	0.33787673	1.00216330	0.33603620
		相位	10.3834265	13.7800386	23.1215780	40.5306345
	方法2	频率	6.00253726	147.038174	150.2003755	480.501617
		幅值	1.00433016	0.33383684	0.33774472	1.00307364
		相位	3.33332431	20.1053343	30.0044318	33.8154050
	方法3	频率	5.33306058	147.1014622	150.2000385	480.5003543
		幅值	1.00066403	0.33833068	1.00355022	1.00163770
		相位	3.34538784	20.2278503	23.7385521	40.3383064

表 5-1 中的所有实验结果都是在加汉宁窗条件下测得的, 从这些实验结果可得出如下结论:

(1) 对于无噪情况, 全相位时移相位差法 (简称方法 3) 显示出了惊人的校正精度。在非密集频率 $k=0$、$k=3$ 处, 其频率校正误差几乎为 0, 达到 $10^{-12}\Delta\omega$ 级别以下, 相位校正误差也几乎为 0, 达到 $(10^{-3})°$; 而 FFT/apFFT 综合相位差法 (简称方法 2) 与传统第一类相位差法 (简称方法 1) 精度相当, 都比全相位时移相位差法 3 低 7 个数量级。即使是对于密集频率 $k=1$、$k=2$ 处, 全相位时移相位差法 3 的频率校正误差也非常小, 达到 $10^{-5}\Delta\omega$ 级别, 相位校正误差达到 $(10^{-4})°$; 这时传统第一类相位差法 1 效果变差, 比 apFFT/FFT 综合相位差法 2 的精度低一个数量级; 全相位时移相位差法 3 的幅值校正精度也比传统第一类相位差法 1 高, 但优势没有频率校正结果那样突出。

(2) 在低噪场合, 三种相位校正法的精度都有所下降。由于噪声的复杂性, 在非密集频谱处, 全相位时移相位差法 3 的频率校正误差下降到 $(10^{-4}\sim10^{-5})\Delta\omega$ 级别, 仍比传统相位差法 1 低一个数量级, 相位校正误差处于 $(10^{-2})°$ 级别; 传统相位差法 1 处于 $(10^{-1})°$ 级别。而在密集频谱处, 全相位时移相位差法 3 的频率校正精度比传统相位差法 1 低两个数量级; apFFT/FFT 综合相位差法 2 的校正精度介于方法 1 与方法 3 之间。

(3) 在大噪场合, 三种相位差法的精度继续下降, 但全相位时移相位差法 3 的相位校正误差比传统相位差法 1 小 $0.1°\sim0.6°$。在非密集频率场合, 全相位时移相位差法 3 的频率校正误差可达到 $10^{-4}\Delta\omega$, 比传统相位低法 1 低一个数量级, 密集频谱情况的精度变得不确定。FFT/apFFT 综合相位差法 2 的校正精度仍介于两者之间。

(4) 从频率、幅值、相位三个参数来看, 两种全相位校正法的频率和相位的精度相比于传统相位差法 1 有明显优势, 幅值也比传统相位差法 1 精度高, 但不如频率和相位这两个参数明显。经进一步实验发现,若采用经汉宁窗与汉宁窗自身卷积而成的窗进行双窗全相位 FFT 谱分析和校正,在无噪下的幅值校正精度还可再提高三个数量级。

(5) 总体说来,全相位时移相位差法 3 的频谱校正精度最高,其次是 FFT/apFFT 综合相位差法 2,虽然传统相位差法 1 的校正精度也较高,但相比于两种全相位校正法,在不同信噪比下其校正效果都逊色些。

(6) 三种相位差法的精度差异,可归结为所用的频谱分析法泄漏程度的差异所致。由于图 5-3 全相位时移相位差法的全部谱分析都采用全相位 FFT 谱分析,因此其精度最高;而图 5-2 的 apFFT/FFT 综合相位差校正法的两次谱分析分别采用全相位和传统 FFT 谱分析,显然由于该流程存在传统 FFT 谱分析,必然引入了较大的频谱泄漏,从而使得其校正精度低于全相位时移相位差校正法;至于传统相位差法的两次谱分析都采用了传统 FFT 谱分析,因此其校正精度比两种全相位方法都要低。

为了更好地对三种算法的抗噪性能进行比较,表 5-2 给出了在 $\lambda = 2$ 时 (信噪比为 3dB) 的三种算法各自测出的频率、幅值、相位三个参量的均方根误差数据。

表 5-2 有噪情况下三种相位差法的测量结果的均方根误差数据 ($\lambda = 2$)

频率位置		$k=0$	$k=1$	$k=2$	$k=3$
方法1	频率/Hz	0.0221	0.0219	0.0239	0.0272
	幅值	0.0546	0.0550	0.0509	0.0605
	相位/(°)	5.5404	6.3360	7.3412	7.9476
方法2	频率/Hz	0.0218	0.0176	0.0197	0.0320
	幅值	0.0385	0.0452	0.0520	0.0751
	相位/(°)	2.7770	2.4905	2.6956	3.9251
方法3	频率/Hz	0.0106	0.0091	0.0119	0.0148
	幅值	0.0470	0.0472	0.0455	0.0658
	相位/(°)	2.6131	2.2303	3.1941	3.5371

从表 5-2 的总体来看,全相位时移相位差法 (方法 3) 的均方根误差最小,FFT/apFFT 综合相位差法 (方法 2) 次之,传统第一类相位差法 (方法 1) 的均方根误差最大。因而全相位时移相位差法的抗噪性能最高。

然而若在传统相位差法、apFFT/FFT 综合相位差法、全相位时移相位差法之间进行比较,其实以 apFFT/FFT 综合相位差法更有特色,表现在以下几个方面:

(1) 从表 5-2 可看出,FFT/apFFT 综合相位差法的精度比传统相位差法 (方法 1) 要高得多,比全相位时移相位差法小些,但相差不多。

(2) 若使得各种算法都达到最大精度,则此方法所需样点个数比全相位时移相位差法和传统时移相位差法都要少。这是因为:传统相位差法需两个间隔为 N 个样点的数据段，即 $2N$ 个样点，而 FFT/apFFT 综合相位差法仅需 $2N-1$ 个样点 (作 FFT 和 apFFT 时，其样点数据可重复使用)，而全相位时移相位差法需 $3N-1$ 个样点。

(3) 计算量小。就谱分析所耗费的计算量而言，在传统相位差法中，需对两段长度为 N 的实序列作加窗 FFT (每次加窗需 N 次实数乘法)，这两次实数 FFT 可合为一次 (共需 $(N/2)\log_2 N$ 次复数乘法计算量，即 $2N\log_2 N$ 次实数乘法计算量)，故需 $(2N+2N\log_2 N)$ 次实数乘法计算量；而 FFT/apFFT 综合相位差法的加窗 FFT 与 apFFT 所涉及的 FFT 计算部分也可以合为一次，故仅比传统相位差法多了 $N-1$ 次实数乘法计算。

故若对精度、耗费样点数及其计算量三个方面进行权衡，在多频校正场合，apFFT/FFT 综合相位差法确实"综合"了 FFT 和 apFFT 两者的优点，不但具有传统相位差法的所有性能，而且兼备了 apFFT 的泄漏小、可检测弱信号的特点，故效率最高，性能最好。

可以预测：由于全相位时移相位差法和 FFT/apFFT 综合相位差法具有非常高的频率估计精度，因此尤其适合于精密测量场合，如雷达频率识别，光学频率、相位的测定等。

5.4 衍生于全相位 FFT 的前后向子分段相位差频率估计法

5.4.1 单频估计器需考虑的问题

前面给出的 apFFT/FFT 相位差频率估计法和全相位时移相位差频率估计法特别适合于多频成分的频谱校正。这是因为利用了 apFFT 具有很高的抑制谱泄漏性能，而且相位差校正法本身没有系统误差。故在实际应用中，基于 apFFT 的这两种相位差校正法的系统误差和谱间干扰误差相比于传统相位差情况要小，仅有噪声干扰误差，故非常适合于多频情况的谱校正。

然而，若对于单频复指数情况 (如雷达系统中，对于某个目标的 DOA 估计，常作为单频复指数模型作处理)，这时谱间干扰误差不存在了，从全相位 FFT 中可不可以衍生出高精度的频谱校正法，是需要研究的课题。但对于单频复指数的频率估计器，考量其估计精度的就是克拉默–拉奥下界 (CRLB)，若估计器的频率估计方差越靠近 CRLB，其估计精度就越高。并且其估计性能还有必要跟现有的国际上新出现的估计器作比较 (如 Candan 内插估计器)。

怎样从 apFFT 中构建出适合于单频复指数信号的高精度频率估计器呢？这个问题可以从全相位预处理的输入数据着手，本书反复提到：全相位输入数据考虑了输入样本 $x(0)$ 所有长度为 N 的分段情况，因而实际的输入数据包含 $x(-N+$

1),$\cdots$,$x(0)$,$\cdots$,$x(N-1)$ 这 $2N-1$ 个数据。然而从图 5-2 的 apFFT/FFT 谱校正器的流程来看，该方法用 FFT 测相时，仅使用了一半样本，故数据利用率不高，从而留下了较大的精度提升空间。若要提升估计器的精度，应当把 $x(0)$ 的前向子段 $\{x(0),\cdots,x(N-1)\}$ 和后向子段 $\{x(-N+1),\cdots,x(N-1)\}$ 的数据充分利用起来。

5.4.2 前后向子分段相位差法原理

给定单频复指数信号序列 $\{x(n)=a\cdot\exp[\mathrm{j}(\omega_0 n+\theta_0)],-N+1\leqslant n\leqslant N-1\}$，其中频率 ω_0 可表示为如下形式：

$$\omega_0=(k^*+\delta)\Delta\omega,\quad k^*\in z^+,\quad -0.5<\delta\leqslant 0.5 \tag{5-44}$$

式中，$\Delta\omega=2\pi/N$，k^* 为 FFT 的峰值谱位置。

为估计频率 ω_0，本节意图导出两个与中心样点 $x(0)$ 相关的相位估计式，再利用该相关性进行频率估计。于是将长度为 $2N-1$ 的输入序列截取为仅包含唯一共同样点 $x(0)$ 的前、后两个子段，即 $\{x(n),0\leqslant n\leqslant N-1\}$ 与 $\{x(n),-N+1\leqslant n\leqslant 0\}$，从这两个子段的 FFT 中提取相位信息 (文献 [28] 仅利用了前向子段的 FFT 相位信息，忽略了后向 FFT 相位信息，故没有充分利用数据从而影响了测频精度)。

令 $R_N(n)$ 为 $n\in[0,N-1]$ 的矩形窗，为方便测相，我们将前段序列保持不变，将后段序列进行翻转，即

$$\begin{cases} x_\mathrm{f}(n)=x(n)R_N(n) \\ x_\mathrm{b}(n)=x(-n)R_N(n) \end{cases} \tag{5-45}$$

对于截取前的原序列 $x(n)$，其 DTFT 为

$$X(\mathrm{j}\omega)=a\cdot 2\pi\delta(\omega-\omega_0)\mathrm{e}^{\mathrm{j}\theta_0} \tag{5-46}$$

而矩形窗的 DTFT $R_N(\mathrm{j}\omega)$ 为

$$R_N(\mathrm{j}\omega)=\frac{\sin(N\omega/2)}{\sin(\omega/2)}\mathrm{e}^{-\mathrm{j}\frac{(N-1)}{2}\omega} \tag{5-47}$$

则根据时域加窗与频域卷积的对应关系，前向序列的 DTFT $X_\mathrm{f}(\mathrm{j}\omega)$ 为

$$\begin{aligned}X_\mathrm{f}(\mathrm{j}\omega)&=\frac{1}{2\pi}X(\mathrm{j}\omega)*R_N(\mathrm{j}\omega)\\&=a\cdot\frac{\sin[(\omega-\omega_0)N/2]}{\sin[(\omega-\omega_0)/2]}\mathrm{e}^{\mathrm{j}[-\frac{(N-1)}{2}(\omega-\omega_0)+\theta_0]}\end{aligned} \tag{5-48}$$

由于 FFT 为 DTFT 在 $\omega=k\Delta\omega,k\in[0,N-1]$ 的采样，故前向 FFT 谱 $X_\mathrm{f}(k)$ 为

$$X_\mathrm{f}(k)=a\cdot\frac{\sin[(k\Delta\omega-\omega_0)N/2]}{\sin[(k\Delta\omega-\omega_0)/2]}\mathrm{e}^{\mathrm{j}[\theta_0-\frac{(N-1)(k\Delta\omega-\omega_0)}{2}]} \tag{5-49}$$

5.4 衍生于全相位 FFT 的前后向子分段相位差频率估计法

代入 $k = k^*$, 得峰值振幅谱位置的 FFT 值 $X_f(k^*)$ 为

$$X_f(k^*) = a \cdot \frac{\sin[\delta \Delta \omega \cdot N/2]}{\sin[\delta \cdot \Delta \omega/2]} e^{j\left[\theta_0 - \frac{(N-1)(k^* \Delta \omega - \omega_0)}{2}\right]}$$

$$= a \cdot \frac{\sin(\delta \cdot \pi)}{\sin(\delta \cdot \Delta \omega/2)} e^{j\left[\theta_0 + \delta \frac{(N-1)}{N}\pi\right]} \tag{5-50}$$

则其峰值谱位置的相位谱值为

$$\varphi_f(k^*) = \theta_0 + \delta \pi (N-1)/N \tag{5-51}$$

类似地，$x(-n)$ 的傅里叶变换为

$$X(-j\omega) = a \cdot 2\pi \delta(-\omega - \omega_0) e^{j\theta_0} = a \cdot 2\pi \delta(\omega + \omega_0) e^{j\theta_0} \tag{5-52}$$

由傅里叶变换性质，得后向序列的傅里叶变换 $X_b(j\omega)$ 为

$$X_b(j\omega) = \frac{1}{2\pi} X(-j\omega) * R_N(j\omega)$$

$$= a \cdot \frac{\sin[(\omega + \omega_0) N/2]}{\sin[(\omega + \omega_0)/2]} e^{j\left[\theta_0 - \frac{(N-1)}{2}(\omega + \omega_0)\right]} \tag{5-53}$$

对后向序列的傅里叶变换 $X_b(j\omega)$ 在 $\omega = k\Delta\omega, k \in [0, N-1]$ 作均匀采样，则后向 FFT 谱 $X_b(k)$ 为

$$X_b(k) = a \cdot \frac{\sin[(k\Delta\omega + \omega_0) N/2]}{\sin[(k\Delta\omega + \omega_0)/2]} e^{j\left[\theta_0 - \frac{(N-1)(k\Delta\omega + \omega_0)}{2}\right]} \tag{5-54}$$

由傅里叶变换性质可推知前、后向 FFT 谱峰幅度相等，并且谱峰位置关于 $k = N/2$ 对称，即

$$|X_f(k^*)| = |X_b(N - k^*)| = \left| a \cdot \frac{\sin(\delta\pi)}{\sin(\delta\Delta\omega/2)} \right| \tag{5-55}$$

将 $k = N - k^*$ 代入式 (5-54), 化简进而可得其对应的相位谱值

$$\varphi_b(N - k^*) = \theta_0 - \delta\pi(N-1)/N \tag{5-56}$$

观察式 (5-51) 与式 (5-56):

$$\begin{cases} \varphi_f(k^*) = \theta_0 + \delta\pi(N-1)/N \\ \varphi_b(N - k^*) = \theta_0 - \delta\pi(N-1)/N \end{cases} \tag{5-57}$$

将式 (5-57) 的两个相位项相减，可得频偏估计式

$$\hat{\delta} = \frac{[\varphi_f(k^*) - \varphi_b(N - k^*)]}{N - 1} \cdot \frac{1}{2\pi/N} \tag{5-58}$$

结合式 (5-44)，则可推出最终的频率估计式为

$$\hat{\omega}_0 = \left(k^* + \hat{\delta}\right)\Delta\omega = k^*\Delta\omega + \frac{\varphi_{\rm f}(k^*) - \varphi_{\rm b}(N-k^*)}{N-1} \tag{5-59}$$

相应地，其双向子段相位差频率估计流程如图 5-6 所示。

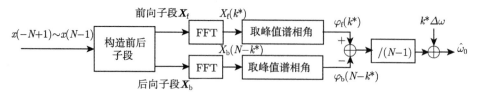

图 5-6　前、后向子段相位差频率估计法流程

例如，图 5-7 给出了对于 $N = 16$，单频复指数信号序列 $\{x(n) = \exp[{\rm j}(\omega_0 n + \theta_0)]$，$\omega_0 = 3.3\Delta\omega$，$\theta_0 = 60° - N + 1 \leqslant n \leqslant N - 1\}$ 的前、后向子段 FFT 的振幅谱和相位谱。

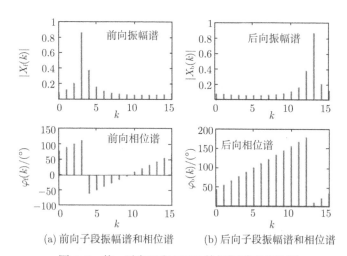

(a) 前向子段振幅谱和相位谱　　(b) 后向子段振幅谱和相位谱

图 5-7　前、后向子段 FFT 的振幅谱和相位谱

从图 5-7 可看出，前向振幅谱 $|X_{\rm f}(k)|$ 和后向振幅谱 $|X_{\rm b}(k)|$ 的峰值谱位置分别在 $k = 3$ 和 $k = 13$，从而验证了式 (5-55) 的正确性。而从相位谱无法直接展示出频率值，需要根据式 (5-59) 作进一步计算才可以得出。

5.4.3　频率估计性能定量分析

1. 无噪情况

从式 (5-48)~ 式 (5-59) 可看出，本节方法的每一步推导都经过了严格证明，没有作数学上的理论近似，故本节方法是无偏频率估计 (文献 [2]~[13] 提出的各种内

插型频率估计器,均作了数学近似,不是无偏估计器),无噪情况时其误差为 0。众所周知,估计器的均方误差 (mean square error, MSE) 等于方差与无噪偏差平方的叠加,因此本节方法的 MSE 即为方差。

2. 含噪情况

1) 均值分析

由于本节方法是无偏估计,故在加性高斯白噪声的背景中,其均值等于真实频率值,即

$$E(\hat{\omega}_0) = \omega_0 \tag{5-60}$$

2) 方差分析

频率估计式 (5-59) 中,k^*、$\Delta\omega$ 均为常量,只有 $\varphi_f(k^*)$、$\varphi_b(N-k^*)$ 为变量。而从上述条件可看出,两个长度为 N 的双向子分段 x_f 与 x_b 只有 $x(0)$ 是重叠的,故可把 $\varphi_f(k^*)$、$\varphi_b(N-k^*)$ 近似看作相互独立随机变量;另外,$\varphi_f(k^*)$、$\varphi_b(N-k^*)$ 由于具有对称性而具备相同的统计特性,故对式 (5-59) 两边取方差,有

$$\text{var}(\hat{\omega}_0) = \frac{\text{var}[\varphi_f(k^*)] + \text{var}[\varphi_b(N-k^*)]}{(N-1)^2} = \frac{2\text{var}[\varphi_f(k^*)]}{(N-1)^2} \tag{5-61}$$

因而求取 $\varphi_f(k^*)$ 的方差是关键。

假设 $w(n)$ 为均值为 0、方差为 σ^2 的复高斯白噪声,则信号模型为 $x(n) = a \cdot \exp[j(\omega_0 n + \theta_0)] + w(n)$,相应地,信噪比 (SNR) 值 ρ 表示为

$$\rho = a^2/\sigma^2 \tag{5-62}$$

不妨将峰值 $k = k^*$ 处噪声 $w(n)$ 的 FFT 表示为

$$W(k^*) = \sum_{n=0}^{N-1} w(n) e^{-j\frac{2\pi}{N}nk^*} = re^{j\varphi} = r\cos\varphi + jr\sin\varphi \tag{5-63}$$

式中,r、φ 分别为表示幅值和相角的随机变量。对式 (5-63) 两边取方差有

$$\begin{aligned}\text{var}[W(k^*)] &= \text{var}\left[\sum_{n=0}^{N-1} w(n) e^{-j\frac{2\pi}{N}nk^*}\right] \\ &= \sum_{n=0}^{N-1} \left|e^{-j\frac{2\pi}{N}nk^*}\right|^2 \cdot \text{var}[w(n)] = N\sigma^2\end{aligned} \tag{5-64}$$

联立式 (5-63) 和式 (5-64),则有

$$\text{var}(r \cdot \cos\varphi) = \text{var}(r \cdot \sin\varphi) = \text{var}[W(k^*)]/2 = N\sigma^2/2 \tag{5-65}$$

由式 (5-50) 和式 (5-63) 可推出前向子段 FFT 峰值谱 $X_f(k^*)$ 为

$$X_f(k^*) = a \cdot \frac{\sin(\delta \cdot \pi)}{\sin(\delta \cdot \Delta\omega/2)} e^{j\left[\theta_0 + \delta \frac{(N-1)}{N}\pi\right]} + re^{j\varphi} \tag{5-66}$$

将式 (5-66) 进一步推导为

$$\begin{aligned}
X_f(k^*) &= a \cdot \frac{\sin(\delta \cdot \pi)}{\sin(\delta \cdot \Delta\omega/2)} e^{j\left[\theta_0 + \delta \frac{(N-1)}{N}\pi\right]} \cdot \left[1 + \frac{re^{j(\varphi - \theta_0 - \delta(N-1)\pi/N)}}{a \cdot (\sin(\delta \cdot \pi)/\sin(\delta \cdot \Delta\omega/2))}\right] \\
&= a \cdot \frac{\sin(\delta \cdot \pi)}{\sin(\delta \cdot \Delta\omega/2)} e^{j\left[\theta_0 + \delta \frac{(N-1)}{N}\pi\right]} \times \left[1 + \frac{r\cos(\varphi - \theta_0 - \delta\pi(N-1)/N)}{a \cdot (\sin(\delta \cdot \pi)/\sin(\delta \cdot \Delta\omega/2))}\right. \\
&\quad \left. + j\frac{r\sin(\varphi - \theta_0 - \delta\pi(N-1)/N)}{a \cdot (\sin(\delta \cdot \pi)/\sin(\delta \cdot \Delta\omega/2))}\right]
\end{aligned} \tag{5-67}$$

由式 (5-67), 可推出噪声背景下前向子段峰值谱相位 $\varphi_f(k^*)$ 为

$$\varphi_f(k^*) = \theta_0 + \delta\frac{(N-1)}{N}\pi + \arctan\frac{\dfrac{r\sin[\varphi - \theta_0 - \delta\pi(N-1)/N]}{a \cdot (\sin(\delta \cdot \pi)/\sin(\delta \cdot \Delta\omega/2))}}{1 + \dfrac{r\cos[\varphi - \theta_0 - \delta\pi(N-1)/N]}{a \cdot (\sin(\delta \cdot \pi)/\sin(\delta \cdot \Delta\omega/2))}} \tag{5-68}$$

当 ρ 不特别低时, 式 (5-68) 的 $\arctan(\cdot)$ 项的分子比分母小得多, 根据 $\arctan(x) \sim x$ 的等价无穷小关系, 有

$$\varphi_f(k^*) \approx \theta_0 + \delta\frac{(N-1)}{N}\pi + \frac{r\sin[\varphi - \theta_0 - \delta\pi(N-1)/N]}{a \cdot (\sin(\delta \cdot \pi)/\sin(\delta \cdot \Delta\omega/2))} \tag{5-69}$$

式中, 只有 r、φ 为随机变量, 则对式 (5-69) 两边取方差, 有

$$\text{var}[\varphi_f(k^*)] \approx \frac{\text{var}(r\sin\varphi)}{a^2 \cdot (\sin(\delta \cdot \pi)/\sin(\delta \cdot \Delta\omega/2))^2} \tag{5-70}$$

联立式 (5-65)、式 (5-66) 和式 (5-70) 有

$$\begin{aligned}
\text{var}[\varphi_f(k^*)] &\approx \frac{1/2 \cdot \text{var}[W(k^*)]}{a^2 \cdot (\sin(\delta \cdot \pi)/\sin(\delta \cdot \Delta\omega/2))^2} \\
&= \frac{N}{2\rho \cdot (\sin(\delta \cdot \pi)/\sin(\delta \cdot \Delta\omega/2))^2}
\end{aligned} \tag{5-71}$$

当 N 足够大时, 则 $\sin(\delta\Delta\omega/2) = \sin(\delta\pi/N) \sim \delta\pi/N$, 故式 (5-71) 可进一步简化为

$$\text{var}[\varphi_f(k^*)] \approx \frac{N\sin^2(\delta \cdot \Delta\omega/2)}{2\rho \cdot \sin^2(\delta \cdot \pi)}$$

5.4 衍生于全相位 FFT 的前后向子分段相位差频率估计法

$$\approx \frac{N\delta^2\pi^2/N^2}{2\rho \cdot \sin^2(\delta \cdot \pi)} = \frac{1}{2\rho \cdot N\mathrm{sinc}^2(\delta)} \tag{5-72}$$

联立式 (5-61) 和式 (5-72),有

$$\mathrm{var}(\hat{\omega}_0) \approx \frac{2\mathrm{var}[\varphi_\mathrm{f}(k^*)]}{(N-1)^2} = \frac{1}{\rho N(N-1)^2\mathrm{sinc}^2(\delta)} \tag{5-73}$$

Rife 等在文献 [40] 中给出 N 个样本情况下的频率估计方差的克拉默–拉奥下界为

$$\mathrm{CRLB} = 6/[\rho N(N^2-1)] \tag{5-74}$$

由于本节方法使用了 $2N-1$ 个样本,故应用 $2N-1$ 替代式 (5-74) 中的 N,可推出对应的克拉默–拉奥下界为

$$\mathrm{CRLB} = 3/[2\rho N(N-1)(2N-1)] \tag{5-75}$$

5.4.4 含噪单频信号测频仿真

令 $N=16$,对 $\{x(n) = 2\exp[\mathrm{j}(4+\delta)2\pi/N \cdot n + \pi/3)] + w(n), -N+1 \leqslant n \leqslant N-1\}$ 分别用前后向子段相位差法、apFFT/FFT 相位差法、Candan 频率估计法 (样本数为 $2N-1$) 进行频率估计,设定其频偏值 δ 在 $0\sim 0.5$ 变化,对于每种频偏情况,作 1000 次蒙特卡罗测频模拟,并统计 MSE。图 5-8(a)~(e) 给出了测频 MSE 曲线,并给出本节推导的式 (5-73) 的理论测频方差和 CRLB 曲线作对照。

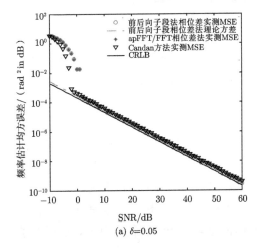
(a) $\delta=0.05$

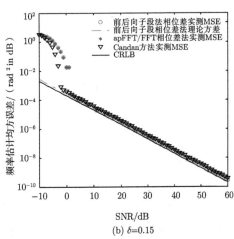
(b) $\delta=0.15$

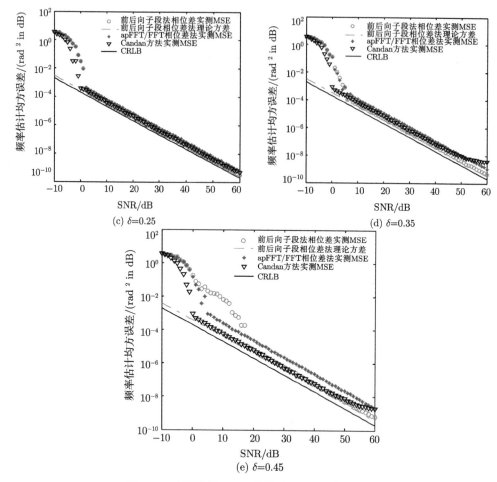

图 5-8 三种测频 MSE 曲线及 CRLB 曲线对照

从图 5-8 (a)~(e) 可总结如下规律：

(1) 对于任意频偏情况，在信噪比不太低的区域，总体来说，本节提出的前后向子段相位差法的频率估计均方误差曲线距离 CRLB 最近，Candan 内插法次之，apFFT/FFT 相位差法距离 CLRB 最远。因此，本节方法具有最高的频率估计精度。

(2) 三种算法的估计精度都与频偏值 δ 有关：δ 越小，均方误差越小，精度越高。从图 5-8 (a) 到图 5-8 (e)，随着 δ 从 0.05 增加到 0.45，前后向子段法、Candan 内插法与 apFFT/FFT 相位差法的 MSE 曲线都是偏离 CRLB 越来越远。

(3) 从图 5-8 (a)~(e) 可看出，在信噪比不太低的区域，前后向子段相位差法的实测 MSE 曲线与式 (5-73) 计算出的理论方差曲线吻合得非常好，这证明了

式 (5-73) 的理论方差推导正确。

(4) 对于 Candan 内插法，在 SNR 较高的区域，如图 5-8 (c) $\delta = 0.35$ 和图 5-8 (d) $\delta = 0.45$ 的情况，当 $SNR > 50dB$ 时，MSE 曲线变得相对平坦，偏离 CRLB 也越来越远。这证明了 Candan 估计是有偏的，因为 MSE 等于方差与无噪偏差平方的叠加，当 SNR 很高时，方差值对 MSE 的贡献变得微小，MSE 主要来自于无噪偏差平方 (即系统误差平方)，故 Candan 内插估计器的 MSE 曲线出现明显偏离。而前后向子段相位差法和 apFFT/FFT 相位差法却不会出现这种情况，因为这两者都是无偏估计，不存在系统误差，MSE 曲线即为频率估计方差曲线。

(5) 指出：在 SNR 较低的区域，三种频率估计方法都存在信噪比阈值 SNR_{th}，即当 $SNR<SNR_{th}$ 时，频率估计性能急剧降低，表现为 MSE 急剧增大。从图 5-8 (a)~(e) 可看出，Candan 内插法的 SNR_{th} 值最低，apFFT/FFT 相位差法次之，前后向子段法的 SNR_{th} 值最高。也就是说，本节方法抵抗大噪声干扰能力比其他两种算法要差些，这可看作其高精度性能所付出的代价。

5.5 两种基于全相位 FFT 的相位差校正法的精度改进措施

5.5.1 提高精度的措施思考

前面通过理论和实验均证明：apFFT/FFT 相位差校正法和全相位时移相位差校正法在分析多频信号的情况下，因为不存在系统误差以及只有很小的谱间干扰误差，故具备很高的精度。这样自然就有一个问题，若分析单频信号，即不存在谱间干扰误差情况，能否也会具备很高的精度。

显然，若分析单频信号，谱间干扰不存在，而估计器本身的系统误差为 0。因而在噪声环境中，其估计误差肯定完全是由噪声干扰引起的。如何优化估计器的结构和参数设置，以及如何引入改进措施提升两个估计器的精度是要解决的问题。

注意到：凡是相位差频谱校正法，都需要作两次谱分析，而且所取的相位值一定是从单根谱峰相位值上获取的。虽然两次谱分析的旁谱线的相位差分也包含频率信息，但谱峰周围的旁谱线并没有派上用场，也没有综合考虑旁谱线的相位差分频率信息。之所以不用旁谱线进行相位差分析，是因为相比于峰值谱线，旁谱线的幅值低，其抵御噪声的能力过低，若用旁谱的相位差结果和峰值谱的相位差结果作综合，旁谱相位差因对噪声的鲁棒性差，无论综合权值取多大，只会使得最终综合的频率估计结果精度降低。

反过来，既然相位差谱校正法完全利用单根峰值谱线作频率估计 (幅值估计是由频率估计结果进一步推算得到)，那么就应当尽量在给定噪声干扰强度的情况下，尽可能地提升峰值谱的幅度。因而，本书提出两个措施：① 用无窗 apFFT 取代双窗 apFFT 的措施来达到这个效果；② 采用频移补偿措施对频率估计结果作进一步修正。为了说明这个问题, 我们对 apFFT/FFT 相位差频率估计器和全相位时移相位差频率估计器分别作改进分析。

5.5.2 高精度 apFFT/FFT 相位差频率估计器

1. 窗函数对估计器的影响

从图 5-2 给出的 apFFT/FFT 相位差法的流程图可看出, FFT 是加了窗的结果, 而 apFFT 用的也是双窗的加窗方式 (即所选用的卷积窗为 FFT 所加的窗自身作卷积), 因而有必要研究一下双窗 apFFT 和加窗 FFT 的振幅谱分布。

由于 apFFT 和 FFT 的谱峰幅度及泄漏程度既与频偏值 δ 有关, 又与加窗类型有关, 不妨研究幅值为 1 的复信号 $\{x(n) = a_0 e^{j(\omega_0 n + \theta_0)}, -N+1 \leqslant n \leqslant N-1\}$ (其中 $N = 32$, $\omega_0 = (k^* + \delta)\Delta\omega$, $k^* = 3$), 令 δ 分别取 0、0.1、0.4, 图 5-9 给出归一化后的加窗 apFFT 振幅谱 (由两个汉明窗卷积而得 w_c) 和加汉明窗的 FFT 振幅谱, 图 5-9 给出归一化后的双窗 apFFT 振幅谱和加窗 FFT 振幅谱。作为对照, 图 5-10 给出归一化后的无窗 apFFT 振幅谱 (由两个矩形窗卷积而得 w_c) 和加窗 FFT 振幅谱。

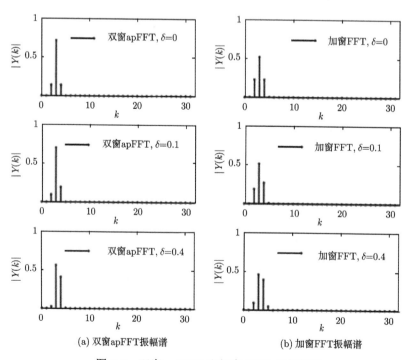

(a) 双窗apFFT振幅谱　　(b) 加窗FFT振幅谱

图 5-9 双窗 apFFT 和加窗 FFT 的振幅谱

5.5 两种基于全相位 FFT 的相位差校正法的精度改进措施

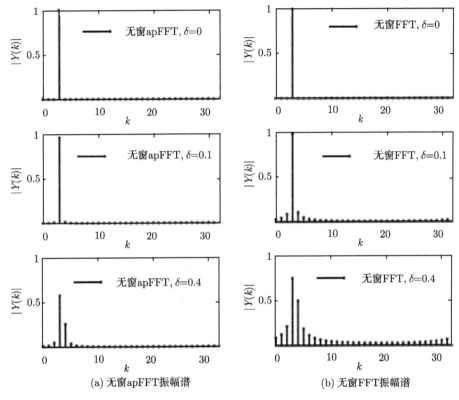

(a) 无窗 apFFT 振幅谱　　　　　(b) 无窗 FFT 振幅谱

图 5-10　无窗 apFFT 和无窗 FFT 的振幅谱

表 5-3 列出了从图 5-9 和图 5-10 上读出的两种加窗情况下的谱峰幅值。

表 5-3　不同加窗情况的 apFFT 和 FFT 谱峰幅值

		$\delta=0$	$\delta=0.1$	$\delta=0.4$
apFFT $|Y(k^*)|$	双窗	0.7173	0.7064	0.5606
	无窗	1.0000	0.9676	0.5731
FFT $|X(k^*)|$	加窗	0.5256	0.5216	0.4647
	无窗	1.0000	0.9836	0.7570

从图 5-9、图 5-10 和表 5-3 可总结出三个规律：

(1) 无论频偏绝对值 $|\delta|$ 怎样取值，双窗 apFFT 峰值谱幅度 $|Y(k^*)|$ 和加窗 FFT 峰值谱幅度 $|X(k^*)|$ 都无法取到大的值。甚至当 $\delta=0$ 时，$|Y(k^*)|$ 仅为 0.7173，$|X(k^*)|$ 仅为 0.5256，与理想值 1 差距较大。

(2) 频偏绝对值 $|\delta|$ 较小时 $(\delta=0, \delta=0.1)$，无窗 FFT 谱泄漏较小，而无窗 apFFT 几乎不存在谱泄漏，$|Y(k^*)|$ 和 $|X(k^*)|$ 都高达 0.96 以上，接近于理想值

$1(\delta = 0$ 时,两者均不存在谱泄漏,$|Y(k^*)|$ 和 $|X(k^*)|$ 都达到理想值 1)。

(3) 当频偏绝对值 $|\delta|$ 较大时 ($\delta = 0.4$),无论是哪种加窗情况,apFFT 和 FFT 的谱峰峰值都很小,很大部分的频域能量被分摊到周围的旁谱线上。

需指出,文献 [11]、[12] 的经典 apFFT/FFT 相位差校正法,都是基于双窗 apFFT 和加窗 FFT 作频率估计的,虽然加窗可以缩小大频偏时的谱泄漏覆盖的旁谱线范围,但这对于仅需峰值谱信息的相位差频率估计器起不到改善作用;相反,这要以降低主谱峰幅度作为代价,限制了其抵御噪声的能力,降低了频率估计精度。

因而为提高频率估计精度,需要引入两个措施:① 在选择加窗模式上,采用无窗 apFFT 和无窗 FFT;② 尽可能在 $|\delta|$ 较小时取相位差。

2. 小频偏下无窗情况的主谱线幅值的理论解释

如前所述,无窗 apFFT 可看成是双窗 apFFT 取 $\boldsymbol{f}$、$\boldsymbol{b}$ 同为矩形窗 $\boldsymbol{R}_N$ 时的特殊情况。众所周知,$\boldsymbol{f} = \boldsymbol{R}_N$ 对应的归一化幅度谱 $F_g(\omega)$ 为

$$F_g(\omega) = \frac{\sin(\omega N/2)}{N\sin(\omega/2)} \tag{5-76}$$

根据 5.3.1 节的分析,可推得其无窗 FFT 峰值谱 $X(k^*)$ 和无窗 apFFT 的峰值谱 $Y(k^*)$ 分别为

$$\begin{cases} X(k^*) = a_0 \mathrm{e}^{\mathrm{j}\left[\theta_0 + \frac{N-1}{2}\delta\Delta\omega\right]} \dfrac{\sin(\pi\delta)}{N\sin(\pi\delta/N)} \\ Y(k^*) = a_0 \mathrm{e}^{\mathrm{j}\theta_0} \dfrac{\sin^2(\pi\delta)}{N^2 \sin^2(\pi\delta/N)} \end{cases} \tag{5-77}$$

当 $\delta \to 0$ 时,利用等价无穷小关系 $\sin(\alpha) \sim \alpha$,取式 (5-77) 的模值的极限有

$$\lim_{\delta\to 0}|X(k^*)| = \lim_{\delta\to 0}|Y(k^*)| = a_0 \tag{5-78}$$

即当 $\delta \to 0$ 时,无窗 FFT 和无窗 apFFT 的峰值谱幅值都趋于理想值 a_0。由于 FFT 具有能量保持性,若主峰值谱占据了大部分能量,则旁谱线只能分摊到信号能量的很小部分,两者相互衬托,使得峰值谱不易被噪声严重污染,保证了估计器的精度。

3. 引入频移补偿的高精度 apFFT/FFT 相位差频率估计器

结合无窗 apFFT 和无窗 FFT 在小频偏下能量在峰值谱线的聚集特性,本节提出表 5-4 所示的改进的高精度 apFFT/FFT 相位差频率估计流程。

注意表 5-4 中 Step 2 对不同符号的大频偏有自动调小的作用,即当频偏检测值 $\hat{\delta}_1$ 为较大的正值时,时域调制操作 $x(n) \leftarrow x(n)\exp(-\mathrm{j}\hat{\delta}_1 n 2\pi/N)$ 使得频谱朝负

方向搬移,恰好搬到 $k^*\Delta f = k^*/N$ 附近;当 $\hat{\delta}_1$ 为较大的负值时,时域调制操作 $x(n) \leftarrow x(n)\exp(-\mathrm{j}\hat{\delta}_1 n 2\pi/N)$ 使得频谱朝正方向搬移,也恰好搬到 $k^*\Delta f$ 附近。无论哪种情况,频移后的信号频偏都趋于 0,使得无窗 apFFT 和无窗 FFT 谱峰都获得大幅值,抵御噪声干扰的能力比频移前都会提升,再经频偏补偿后 ($\hat{\delta} = \hat{\delta}_2 + \hat{\delta}_1$),可获得更高精度。

表 5-4　改进的高精度 apFFT/FFT 相位差频率估计流程

Step 1	输入 $M = 2N - 1$ 个样本 $x(n)$,在无窗 apFFT 和无窗 FFT 框架下,按照图 5-2 的经典 apFFT/FFT 相位差法流程,得到峰值位置 k^* 和频偏估计 $\hat{\delta}_1$
Step 2	若 $\left\|\hat{\delta}_1\right\| \geqslant \xi$ (ξ 为给定小阈值),则令 $\hat{\delta}_2 = \hat{\delta}_1$,构造序列 $s(n) = \exp(-\mathrm{j}\hat{\delta}_1 n 2\pi/N)$,$-N+1 \leqslant n \leqslant N-1$,$x(n) \leftarrow x(n)s(n)$,重新执行 Step 1,得到新 $\hat{\delta}_1$,设定 $\hat{\delta} = \hat{\delta}_2 + \hat{\delta}_1$;否则满足 $0 \leqslant \|\hat{\delta}_1\| \leqslant \xi$,直接设定 $\hat{\delta} = \hat{\delta}_1$
Step 3	得到归一化频率估计 $\hat{f}_0 = (k^* + \hat{\delta})/N$

4. 引入频移补偿的高精度 apFFT/FFT 相位差频率估计器

令 $N = 32$,对 $\{x(n) = \exp[\mathrm{j}(3+\delta)2\pi/N \cdot n + \pi/3] + w(n), -N+1 \leqslant n \leqslant N-1\}$,$w(n)$ 为高斯复噪声。分别用经典双窗 apFFT/FFT 相位差法、改进的 Candan 内插法 [8] 和本节提出的无窗 apFFT/FFT 频移补偿相位差法 (阈值 ξ 设定为 0.1) 作频率估计。设定其频偏值 δ 分别为 0.1、0.2、0.3、0.4,对于每种频偏情况作 1000 次蒙特卡罗测频试验,并统计均方根误差 (root mean square error, RMSE)。图 5-11(a)~(d) 给出了各种 RMSE 曲线,并与 CRB 作对照。需指出,文献 [40] 给出给定 N 个样本、信噪比为 ρ (单位为能量比值,SNR$= 10\lg\rho$) 的频率估计克拉默-拉奥界为

$$\mathrm{CRB} = \frac{3}{2\pi^2 \rho N(N^2 - 1)} \tag{5-79}$$

由于每次试验各估计器都耗费等长的 $M = 2N - 1$ 个样本,因而相应的 CRB 为

$$\mathrm{CRB} = \frac{3}{8\pi^2 \rho (N-1)N(2N-1)} \tag{5-80}$$

从图 5-11(a)~(d) 可总结如下规律:

(1) 总体来说,本节提出无窗 apFFT/FFT 相位差频移补偿法精度最高,改进的 Candan 估计器次之,经典双窗 apFFT/FFT 相位差法的精度最低。

(2) 与 Candan 估计器不同,Candan 估计器对频偏取值敏感,而本节提出的估计器的精度对频偏取值不敏感。表现在:当 δ 取值小时,Candan 估计器的 RMSE 曲线距离 CRB 的开方曲线较近,δ 大时,则距离较远;而本节估计器的 RMSE 曲线无论频偏 δ 怎样取值,其 RMSE 曲线总是距离 CRB 的开方曲线很近,这证明了频移补偿措施是非常有效的。

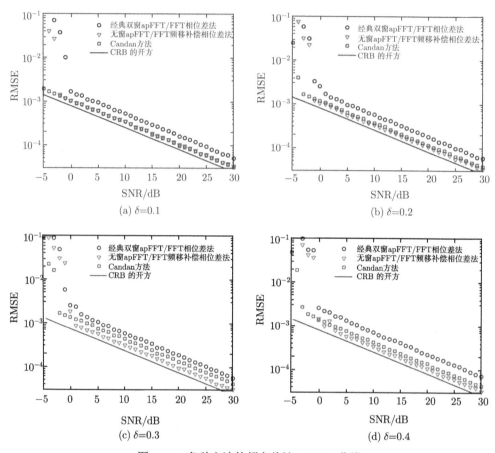

图 5-11　各种方法的频率估计 RMSE 曲线

(3) 比较改进前的双窗 apFFT/FFT 相位差 RMSE 曲线和改进后的无窗 apFFT/FFT 相位差频移补偿法的 RMSE 曲线,发现随着频偏值从 0.1 增大到 0.4,两者的间距越拉越大。这与图 5-9、图 5-10 和表 5-3 的峰值谱观测是一致的:当 δ 增大时,双窗 apFFT 和加窗 FFT 峰值谱的幅值都会减小,从而受噪声污染的程度提高,因而精度越来越低;而采用本节提出的无窗模式和频域补偿措施后,apFFT 和 FFT 的峰值谱幅值得以提升,故总能保证估计器的高精度,两者相互衬托,导致其 RMSE 曲线的间距随着 δ 增大而拉大。

5.5.3　高精度全相位时移相位差频率估计器

1. 卷积窗和频偏对频率估计精度的影响

从图 5-4 可看出,最早提出的全相位时移相位差法[18] 基于双窗 apFFT,双窗 apFFT 有利于把信号能量集中在峰值谱线和附近的一根旁谱线上。而如前所述,全

5.5 两种基于全相位 FFT 的相位差校正法的精度改进措施

相位时移相位差法仅用到峰值谱线,附近的旁谱线没用上,因而必须优化 apFFT 的加窗方式。换句话说,对于全相位时移相位差法,应尽量使得信号能量集中在单根主峰值谱线上。从而在同样噪声干扰下,主谱线抵御噪声能力才得以增强,其估计精度才可得到保证。

apFFT 谱泄漏程度既与频偏值 δ 有关,又与卷积窗类型有关。图 5-12 给出了幅值为 1 的复信号 $\{x(n) = e^{j(\omega_0 n + \theta_0)}, -N+1 \leqslant n \leqslant N-1\}$(其中 $N = 32$,$\omega_0 = (k^* + \delta)\Delta\omega$,$k^* = 5$)在 δ 取不同值情况下无窗 apFFT 和双窗 apFFT(由两个汉明窗卷积而得 w_c)的振幅谱,表 5-5 列出了谱峰幅值。

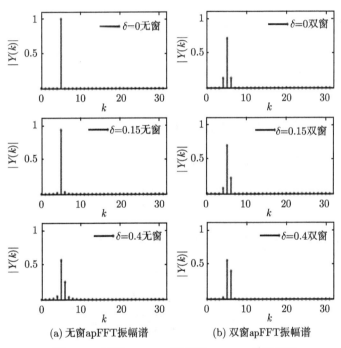

图 5-12 无窗 apFFT 和双窗 apFFT 的振幅谱

表 5-5 两种加窗情况的 apFFT 谱峰幅值

	$\delta=0$	$\delta=0.15$	$\delta=0.4$
无窗 apFFT	1	0.928	0.573
双窗 apFFT	0.717	0.693	0.561

从图 5-12 和表 5-5 可总结出两个规律:

(1) 当频偏绝对值 $|\delta|$ 较小时($\delta = 0$,$\delta = 0.15$),无窗 apFFT 的旁谱泄漏较小,$k=5$ 处的谱峰非常突出,其幅值接近于理想值 1($\delta = 0$ 时,则不存在旁谱泄

漏，谱峰幅度即为理想值 1，$\delta = 0.15$ 时其幅值也高达 0.928）；而双窗 apFFT 的谱峰左右各存在一根明显的旁谱，即使 $\delta = 0$ 时，主谱线幅值仍只有 0.717。

（2）当频偏绝对值 $|\delta|$ 较大时（$\delta = 0.4$），无窗 apFFT 的旁谱泄漏变得严重，$k = 5$ 峰值谱线周围存在三根较大幅值的旁谱线；而双窗 apFFT 的 $k = 4$ 处的旁谱幅值虽然有所减小，但 $k = 6$ 处的旁谱幅值却继续增大，谱峰仍不突出，其幅值只有 0.561。

因而，就双窗 apFFT 而言，无论频偏 δ 怎样取值，其谱峰幅值与理想值都存在较大差距，这必然会降低估计器抵御噪声的鲁棒性。而文献 [18]、[36] 都是基于双窗 apFFT 作时移相位差频率估计的。

2. 小频偏下无窗 apFFT 主谱线幅值的理论解释

如前所述，序列 $\{x(n) = a_0 \mathrm{e}^{\mathrm{j}(\omega_0 n + \theta_0)}, -N+ \leqslant n \leqslant N-1\}$，$\omega_0 = (k^* + \delta)\Delta\omega$ 的无窗 apFFT 谱 $Y(k)$ 具有解析表达式

$$Y(k) = \mathrm{e}^{\mathrm{j}\theta_0} \cdot \frac{a_0 \sin^2\left[\pi(k^* - k + \delta)\right]}{N^2 \sin^2\left[\pi(k^* - k + \delta)/N\right]}, \quad k = 0, \cdots, N-1 \qquad (5\text{-}81)$$

则峰值谱处的无窗 apFFT 谱 $Y(k^*)$ 为

$$Y(k^*) = \mathrm{e}^{\mathrm{j}\theta_0} \frac{a_0 \sin^2(\pi\delta)}{N^2 \sin^2(\pi\delta/N)} \qquad (5\text{-}82)$$

当 $\delta \to 0$ 时，根据等价无穷小关系 $\sin(\alpha) \sim \alpha$，有

$$\begin{aligned} Y(k^*) &= \lim_{\delta \to 0} \frac{\mathrm{e}^{\mathrm{j}\theta_0}}{N^2} \cdot \frac{a_0 \sin^2(\pi\delta)}{\pi^2 \delta^2 / N^2} \\ &= \lim_{\delta \to 0} \frac{a_0 \mathrm{e}^{\mathrm{j}\theta_0} \sin^2(\pi\delta)}{\pi^2 \delta^2} = a_0 \mathrm{e}^{\mathrm{j}\theta_0} \end{aligned} \qquad (5\text{-}83)$$

因而当 $\delta \to 0$ 时，主峰值谱线幅值趋于理想值 a_0。

当 $k \neq k^*$ 时，$Y(k)$ 为旁谱线，由于总信号能量 a_0^2 已经被主峰值谱线 $Y(k^*)$ 占据绝大部分，而 FFT 具有能量保持性，故旁谱线 $Y(k)$ 只占得总能量的很小部分，且式 (5-81) 中的平方项也导致旁谱线快速衰减，两者相互衬托，就产生了图 5-12 中 $\delta \to 0$ 时，信号能量几乎全部集中在峰值谱线的效果。

3. 引入频移补偿的高精度全相位时移相位差频率估计器

结合无窗 apFFT 在小频偏下信号能量聚集在单根峰值谱线的性质，本节提出改进的高精度全相位时移相位差频率估计流程，见表 5-6。

5.5 两种基于全相位 FFT 的相位差校正法的精度改进措施

表 5-6 改进的全相位时移相位差频率估计流程

Step 1	按照经典全相位时移相位差频率估计流程,在无窗全相位 FFT 框架下,对长度为 $M = 2N-1+L$ 的输入序列 $\{x(n)\}$ 作频率估计,得到峰值位置 k^* 和频偏估计 $\hat{\delta}_1$
Step 2	若 $|\hat{\delta}_1| \geqslant \xi$ (ξ 为给定小阈值),则令 $\hat{\delta}_2 = \hat{\delta}_1$,构造序列 $s(n) = \exp(-\mathrm{j}\hat{\delta}_1 n 2\pi/N)$,$-N+1-L \leqslant n \leqslant N-1$,对 $x(n)$ 作频移,即 $x(n) \leftarrow x(n)s(n)$,重新执行 Step 1,得到新 $\hat{\delta}_1$,设定 $\hat{\delta} = \hat{\delta}_2 + \hat{\delta}_1$;否则满足 $0 \leqslant |\hat{\delta}_1| \leqslant \xi$,直接设定 $\hat{\delta} = \hat{\delta}_1$
Step 3	得到归一化频率估计 $\hat{f}_0 = (k^* + \hat{\delta})/N$

注意表 5-6 中 Step 2 对不同符号的大频偏有自动调小的作用,即当 $\hat{\delta}_1$ 检测为较大的正值时,时域调制操作 $x(n) \leftarrow x(n)\exp(-\mathrm{j}\hat{\delta}_1 n 2\pi/N)$ 使得频谱朝负方向搬移,恰好搬到 $k^*\Delta f = k^*/N$ 附近;当 $\hat{\delta}_1$ 检测为较大的负值时,时域调制操作 $x(n) \leftarrow x(n)\exp(-\mathrm{j}\hat{\delta}_1 n 2\pi/N)$ 使得频谱朝正方向搬移,也恰好搬到 $k^*\Delta f$ 附近。无论哪种情况,频移后的信号频偏都趋于 0,使得无窗 apFFT 谱峰获得大的幅值,抵御噪声干扰的能力比频移前都会提升,再经频偏补偿后 ($\hat{\delta} = \hat{\delta}_2 + \hat{\delta}_1$),可获得更高精度。

获得频偏估计后,联立式 (5-82),易推出幅值校正式,即

$$\hat{a}_0 = \frac{N^2 \sin^2(\pi\hat{\delta}/N) |Y(k^*)|}{\sin^2(\pi\hat{\delta})} \tag{5-84}$$

很显然,式 (5-84) 的幅值估计是频偏估计 $\hat{\delta}$ 的函数。也就是说,频率估计的误差必然会扩散到幅值估计中去,因而本节对频率估计器作精度改进尤为重要。

4. 仿真实验

令 $N = 64$,对 $\{x(n) = 2\exp[\mathrm{j}(5+\delta)2\pi/N \cdot n + \pi/3)] + w(n), -N+1 \leqslant n \leqslant N-1+L\}$,时延 $L = 7$,$w(n)$ 为高斯复噪声。分别用经典全相位时移相位差法、改进的 Candan 内插法 [12] 和本节提出的高精度全相位时移相位差法 (阈值 ξ 设定为 0.1) 作频率估计。设定其频偏值 δ 分别为 0.1、0.2、0.3、0.4,对于每种频偏情况作 1000 次蒙特卡罗测频试验,并统计 RMSE。图 5-13(a)~(d) 给出了各种 RMSE 曲线,并与 CRB 作对照。需指出,文献 [40] 给出给定 N 个样本、信噪比为 ρ (单位为能量比值,SNR=10lg ρ) 的归一化频率估计克拉默-拉奥界为

$$\mathrm{CRB} = \frac{3}{2\pi^2 \rho N(N^2-1)} \tag{5-85}$$

由于本实验各种算法都耗费等长的 $M = 2N-1+L$ 个样本,因而相应的 CRB 为

$$\mathrm{CRB} = \frac{3}{2\pi^2 \rho (2N+L-2)(2N+L-1)(2N+L)} \tag{5-86}$$

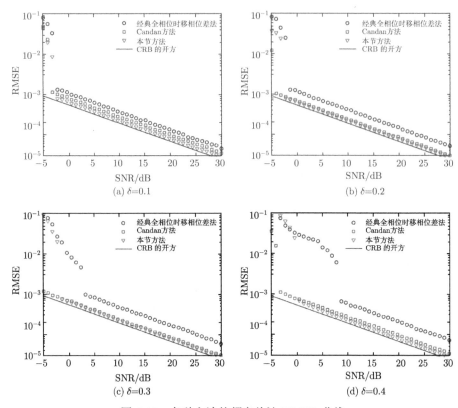

图 5-13 各种方法的频率估计 RMSE 曲线

从图 5-13(a)~(d) 可总结如下规律：

(1) 对于任意频偏情况，总体来说，本节提出的高精度全相位时移相位差法精度最高，改进的 Candan 估计器次之，经典全相位时移相位差法的精度最低。对于本节方法，无论频率怎样偏移，RMSE 曲线均几乎完全挨着 CRB 的开方曲线。这充分反映了本节估计器通过选定无窗卷积窗和引入频移措施，提升经典全相位时移估计器精度的效果是非常显著的，而且几乎已经做到了极限。

(2) 本节提出的改进的全相位时移相位差频率估计器，相比于经典全相位时移估计器，还降低了其低信噪比区域的信噪比阈值 SNR_{th}（表 5-7），特别是在频偏取值较大时（$\delta = 0.3$ 和 $\delta = 0.4$），其信噪比阈值的改善尤为明显。这可从理论上得以解释：由于频移措施可以把信号绝大多数能量聚集在无窗 apFFT 的单根谱峰 $k^*\Delta f$ 上，因而相比于双窗 FFT 情况，抵御噪声的能力大大增强，降低了信噪比阈值 SNR_{th}。

(3) 本节方法在小频偏情况下，其信噪比阈值与改进的 Candan 估计器相当；但在大频偏情况下（$\delta = 0.3$ 和 $\delta = 0.4$），本节方法的信噪比阈值仍高于 Candan 方法，这可看作获得高精度性能所付出的代价。可从理论上解释：在给定 $M=2N-1+L$ 个样本的情况下，Candan 估计器作的是 M 点的 FFT，同样功率的噪声平摊到 $2N-1+L$ 根谱线上，因而每根谱线受到的噪声污染小，而 apFFT 在全相位预处理后，作的是 N 点的 FFT，噪声功率只能平摊到 N 根谱线上，因而峰值谱线受到的噪声污染要比 Candan 估计器更大些。

表 5-7 信噪比阈值 SNR_{th}

	$\delta=0.1$	$\delta=0.2$	$\delta=0.3$	$\delta=0.4$
经典全相位时移法	−5dB	−5dB	−1dB	5dB
本节方法	−7dB	−6dB	−5dB	−3dB
改进的 Candan 估计器	−7dB	−8dB	−9dB	−7dB

5.6 三种高精度全相位频率估计器对比

5.6.1 高精度前后向子分段相位差频率估计器

5.5 节已经证明，无论是 apFFT 还是 FFT，当 $\delta \to 0$ 时，不加窗的谱分析结果总是比加窗情况的峰值谱更为突出。进一步结合频移补偿措施，可以将估计器的精度提高。我们将这种不加窗与频域补偿的改进措施结合起来，已经分别对 apFFT/FFT 相位差频率估计器和全相位时移相位差频率估计器成功作了改造。由于无窗情况的峰值谱总是比加窗情况更为突出，因而这个改造对前后向子段相位差频率估计器也必然是成功的。因而我们不再重复理论上的累赘叙述，直接把改进的前后向子段相位差频率估计器的频率估计流程进行总结，如表 5-8 所示。

表 5-8 改进的前后向子段相位差频率估计器

Step 1	按照前后向子段相位差频率估计器流程，在不加窗的模式下，对长度为 $2N-1$ 的输入序列 $\{x(n)\}$ 作频率估计，得到峰值位置 k^* 和频偏估计 $\hat{\delta}_1$
Step 2	若 $\left|\hat{\delta}_1\right| \geqslant \xi$ (ξ 为给定小阈值)，则令 $\hat{\delta}_2 = \hat{\delta}_1$，构造序列 $s(n)=\exp(-\mathrm{j}\hat{\delta}_1 n 2\pi/N), -N+1-L \leqslant n \leqslant N-1$，对 $x(n)$ 作频移，即 $x(n) \leftarrow x(n)s(n)$，重新执行 Step 1，得到新 $\hat{\delta}_1$，设定 $\hat{\delta}=\hat{\delta}_2+\hat{\delta}_1$；否则满足 $0 \leqslant |\hat{\delta}_1| \leqslant \xi$，直接设定 $\hat{\delta}=\hat{\delta}_1$
Step 3	得到归一化频率估计 $\hat{f}_0 = (k^*+\hat{\delta})/N$

5.6.2 单频情况下三种改进的频率估计器对比

1. 参数设置

前面介绍的估计器，对于 apFFT/FFT 相位差估计器和前后向子分段相位差估计器的输入样本长度是 $2N-1$，全相位时移相位差频率估计器的输入样本长度是 $2N-1+L$，这样三者长度是不一致的。

故为了使得在公平的条件下作对比，各种估计器的长度是一致。可作如下参数设置：

(1) 全相位时移相位差频率估计器的时延值 L 设定为偶数，则其长度 $M = 2N - 1 + L$ 为奇数；相应地，apFFT 的卷积窗是由两个长度为 N 的矩形窗卷积而成。

(2) apFFT/FFT 相位差估计器和前后向子分段相位差估计器的样本长度也设为 $M = 2N - 1 + L$；相应地，apFFT 的卷积窗是由两个长度为 $M/2$ 的矩形窗卷积而成。

(3) 作为对照的 Candan 估计器的耗费样本长度也为 $M = 2N - 1 + L$。

(4) 克拉默-拉奥界中的样本长度设定为所有估计器共同耗费的样本长度 $M = 2N - 1 + L$，即

$$\mathrm{CRB} = \frac{3}{2\pi^2 \rho (2N + L - 2)(2N + L - 1)(2N + L)} \tag{5-87}$$

(5) 各种频率估计器的频移补偿的阈值统一设置为 $\xi = 0.1$。

(6) 频偏值 δ 在 $(-0.5, 0.5)$ 区间多处取值展开实验。这是考虑到以上四种方法的频率分辨率是不一样的 (apFFT/FFT 相位差估计器和前后向子分段相位差估计器的分辨率为 $2\pi/N$，全相位时移相位差校正器的分辨率为 $2\pi/(M/2) = \pi/(2N-1+L)$，而 Candan 估计器的频率分辨率为 $2\pi/(2N-1)$)，δ 选 $2\pi/N$ 为单位，多处取值，以尽可能顾及全面性。

2. 仿真实验

令 $N = 32$，对 $\{x(n) = 2\exp[j(3+\delta)2\pi/N \cdot n + \pi/3]\} + w(n)$，$-N+1 \leqslant n \leqslant N-1+L\}$，时延 $L = 6$，$w(n)$ 为高斯复噪声。分别用改进的 apFFT/FFT 相位差法、改进的全相位时移相位差法、改进的前后向子分段相位差法、改进的 Candan 内插法[12] 和本节提出的高精度全相位时移相位差法 (阈值 ξ 设定为 0.1) 作频率估计。设定其频偏值 δ 分别为 -0.4、-0.3、-0.2、-0.1、0.1、0.2、0.3、0.4，对于每种频偏情况作 1000 次蒙特卡罗测频试验，并统计 RMSE。图 5-14(a)~(h) 给出了各种 RMSE 曲线，并与 CRB 作对照。

从图 5-14(a)~(h) 可总结如下规律：

(1) 考虑不同的正负 8 种频偏情况，总体来说，改进的 Candan 估计器的 RMSE 离 CRB 的开方曲线最远，精度最低。

(2) 几乎对每一种频偏情况，改进的 apFFT/FFT 相位差法、改进的全相位时移相位差法和改进的前后向子分段相位差法，三个改进估计器 RMSE 曲线挨得很近，都紧靠 CRB 的开方曲线，仅存在微小的差别。这是因为这三个改进的估计器都引入了无窗和频移补偿措施。

5.6 三种高精度全相位频率估计器对比

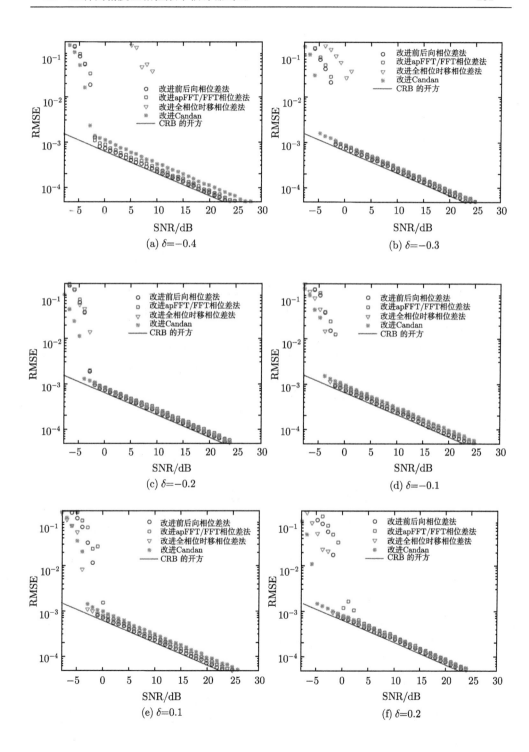

(a) $\delta=-0.4$
(b) $\delta=-0.3$
(c) $\delta=-0.2$
(d) $\delta=-0.1$
(e) $\delta=0.1$
(f) $\delta=0.2$

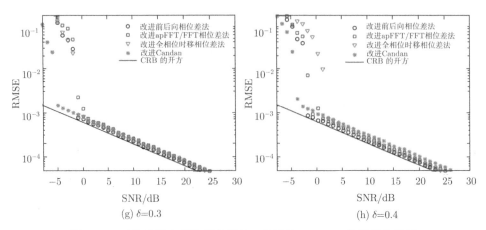

图 5-14 三种改进全相位相位差法、改进的 Candan 估计器的比较

(3) 若细分全相位方法衍生出的这三种改进估计器的性能，改进的前后向子分段相位差法精度最高，改进的全相位时移相位差法次之，改进的 apFFT/FFT 相位差法略低些。

(4) 虽然相比于改进的 apFFT/FFT 相位差法和改进的全相位时移相位差法，改进的前后向子分段相位差法精度略高，但这仅针对的是含噪单频复指数信号情况。若信号包含多个频率成分，又会引入谱间干扰误差，这时改进的 apFFT/FFT 相位差法和改进的全相位时移相位差法会展现出其优势。

5.7 小　　结

本章首先讨论了相位差谱校正法相比于内插型谱校正法的意义。概要介绍了现有传统相位差校正法的校正原理。然后重点介绍了从全相位方法衍生出来的三种相位差校正器：apFFT/FFT 相位差校正器、全相位时移相位差校正器和前后向子分段相位差校正器。并且提出用无窗和频偏补偿措施对这三种校正器作改进，其精度都有提高，比现有的 Candan 估计器的精度更高。由于现有的幅值估计都是依赖于频率估计的，故频率估计精度提高，必然会直接提高幅值估计精度。

应视具体应用选定频率校正器。apFFT/FFT 相位差校正器、全相位时移相位差校正器虽然比前后向子分段相位差校正器稍低些 (但其差别非常微小)，但更适合校正多频信号，对谱间干扰不敏感，而实际工程应用情况总是存在多种频率的干扰 (如电力系统谐波分析存在多种谐波，通信应用中存在多种无线电载波干扰)，因而 apFFT/FFT 相位差校正器、全相位时移相位差校正器的应用价值反而更高，迄今为止，已经在电力谐波分析[25,41]、光学工程[42-44]、雷达[45]和水声[31]领域得到了广泛应用。

参 考 文 献

[1] Tretter S. Estimating the frequency of a noisy sinusoid by linear regression. IEEE Transactions on Information Theory, 1985, 31(6): 832-835.

[2] Jain V K, Collins W L, Davis D C. High-accuracy analog measurements via interpolated FFT. IEEE Transactions on Instrumentation & Measurement, 1979, 28(6): 113-122.

[3] 朱小勇, 丁康. 离散频谱校正方法的综合比较. 信号处理, 2001, 17(1): 91-97.

[4] 丁康, 江利旗. 离散频谱的能量重心校正法. 振动工程学报, 2001, 14(3): 354-358.

[5] 丁康, 谢明. 离散频谱三点卷积幅值修正法的误差分析. 振动工程学报, 1996, (1): 92-98.

[6] Xie M, Ding K. Corrections for frequency, amplitude and phase in a fast Fourier transform of a harmonic signal. Mechanical Systems & Signal Processing, 1996, 10(2): 211-221.

[7] Quinn B G. Estimating frequency by interpolation using Fourier coefficients. IEEE Transactions on Signal Processing, 1994, 42(5): 1264-1268.

[8] Quinn B G. Estimation of frequency, amplitude, and phase from the DFT of a time series. IEEE Transactions on Signal Processing, 1997, 45(3): 814-817.

[9] Macleod M D. Fast nearly ML estimation of the parameters of real or complex single tones or resolved multiple tones. IEEE Transactions on Signal Processing, 1998, 46(1): 141-148.

[10] Provencher S. Estimation of complex single-tone parameters in the DFT domain. IEEE Transactions on Signal Processing, 2010, 58(7): 3879-3883.

[11] Candan C. A method for fine resolution frequency estimation from three DFT samples. Signal Processing Letters, IEEE, 2011, 18(6): 351-354.

[12] Abatzoglou T, Candan C. Analysis and further improvement of fine resolution frequency estimation method from three DFT samples. IEEE Signal Processing Letters, 2013, 20(9): 913-916.

[13] Jacobsen E, Kootsookos P. Fast, accurate frequency estimators [DSP Tips & Tricks]. Signal Processing Magazine IEEE, 2007, 24(3): 123-125.

[14] 黄翔东, 余佳, 孟天伟, 等. 衍生于全相位 FFT 的双子段相位估计法. 系统工程与电子技术, 2014, 36(11): 2149-2155.

[15] 黄翔东, 孟天伟, 丁道贤, 等. 前后向子分段相位差频率估计法. 物理学报, 2014, 63(21): 204304-1-214304-7.

[16] 谭思炜, 任志良, 孙常存. 全相位 FFT 相位差频谱校正法改进. 系统工程与电子技术, 2013, 35(1): 34-39.

[17] 黄翔东, 王兆华, 罗蓬, 等. 全相位 FFT 密集谱识别与校正. 电子学报, 2011, 39(1): 172-177.

[18] 黄翔东, 王兆华. 全相位时移相位差频谱校正法. 天津大学学报, 2008, 41(7): 815-820.

[19] 王兆华, 黄翔东. 全相位时移相位差频谱校正法: 中国, ZL2006101294444.0.

[20] 丁康, 钟舜聪. 通用的离散频谱相位差校正方法. 电子学报, 2003, 31(1): 142-145.
[21] 丁康, 罗江凯, 谢明. 离散频谱时移相位差校正法. 应用数学和力学, 2002, 7(7): 729-735.
[22] 谢明, 张晓飞, 丁康. 频谱分析中用于相位和频率校正的相位差校正法. 振动工程学报, 1999, 12(4): 454-459.
[23] Huang X D, Xia X G. A fine resolution frequency estimator based on double sub-segment phase difference. IEEE Signal Processing Letters, 2015, 22(8): 1055-1059.
[24] Umut O, Candan C. A fine-resolution frequency estimator using an arbitrary number of DFT coefficients. Signal Processing, 2014, 105(12): 17-21.
[25] 曹浩, 刘得军, 冯叶, 等. 全相位时移相位差法在电力谐波检测中的应用. 电测与仪表, 2012, 49(7): 24-28.
[26] 杨颖, 李醒飞, 李洪宇, 等. 基于激光自混合效应的加速度传感器. 光学学报, 2013, (2): 234-240.
[27] 齐国清, 贾欣乐. 基于 DFT 相位的正弦波频率和初相的高精度估计方法. 电子学报, 2001, 29(9): 1164-1167.
[28] 黄翔东, 王兆华. 基于全相位频谱分析的相位差频谱校正法. 电子与信息学报, 2008, 30(2): 293-297.
[29] 黄翔东, 王越冬, 靳旭康, 等. 无窗全相位 FFT/FFT 相位差频移补偿频率估计器. 电子与信息学报, 2016, 38(5): 1135-1142.
[30] 肖汶斌, 董文才. 基于全相位时移相位差的船模试验信号频谱分析方法研究. 船舶力学, 2013, 17(9): 998-1008.
[31] 王志杰, 李宇, 黄海宁. 全相位 FFT 在合成孔径水声通信运动补偿中的应用. 电子与信息学报, 2013, 35(9): 2206-2211.
[32] 江晓东, 谢京稳. 基于全相 FFT 的多频比相测距方法研究. 现代雷达, 2013, 35(12): 43-46.
[33] 汪小平, 黄香梅. 基于全相位 FFT 时移相位差的电网间谐波检测. 重庆大学学报：自然科学版, 2012, 35(3): 81-84.
[34] 胡文彪, 夏立, 向东阳, 等. 一种改进的基于相位差法的频谱校正方法. 振动与冲击, 2012, 31(1): 162-166.
[35] 邱良丰, 刘敬彪, 于海滨. 基于 STM32 的全相位 FFT 相位差测量系统. 电子器件, 2010, 33(3): 357-361.
[36] 张涛, 任志良, 陈光, 等. 改进的全相位时移相位差频谱分析算法. 系统工程与电子技术, 2011, 33(7): 1468-1472.
[37] Oppenheim A V, Schafer R W, Buck J R. Discrete-Time Signal Processing. Englewood Cliffs, NJ: Prentice-Hall, 1999.
[38] 齐国清. 利用 FFT 相位差校正信号频率和初相估计的误差分析. 数据采集与处理, 2003, 18(1): 7-11.
[39] 王兆华, 黄翔东. 数字信号全相位谱分析与滤波技术. 北京: 电子工业出版社, 2009.
[40] Rife D C, Boorstyn R. Single tone parameter estimation from discrete-time observations. IEEE Transactions on Information Theory, 1974, 20(5): 591-598.

参 考 文 献

[41] 杨宇祥, 樊巨宝. 基于全相位 FFT 算法的电力谐波检测方法. 中国科技论文在线, 2013.
[42] 缑宁祎, 张珂殊. 高速相位式激光测距数字鉴相方法仿真与实现. 红外与激光工程, 2012, 41(9): 2358-2363.
[43] 贾方秀, 丁振良, 袁峰, 等. 基于全相位快速傅里叶变换谱分析的激光动态目标实时测距系统. 光学学报, 2010, (10): 2928-2934.
[44] 陈卫, 黎全, 王雁桂. 基于全相位谱分析的傅里叶望远术目标重构. 光学学报, 2010, 30(12): 3441-3446.
[45] 周天, 陈宝伟, 李海森, 等. 基于全孔径波束相位的方位估计新算法. 仪器仪表学报, 2010, (10): 2267-2271.

第6章 全相位密集谱校正理论

6.1 密集谱校正问题

所谓密集谱,指的是当信号包含多个频率成分时,因相邻频率成分间隔较小,两个成分仅表现为一个谱峰,造成谱分析难以识别和校正的情况。相邻频率成分间隔越密,其离散谱重叠就越严重,这使得各种校正算法性能变坏甚至完全失效,特别是当两频率成分间隔不足一个频率分辨率时,两个频率成分仅对应一个振幅谱峰,很难区分是单频谱还是密集谱。密集谱识别问题是多频成分信号的谱分析领域中的一个较难的课题。当信号包含多个频率成分时,各谱成分因泄漏会导致谱间相互干扰,这时谱间干扰误差就成为整体误差的主要来源[1,2]。

密集谱识别,在实际应用中却是迫切需要解决的问题。例如,雷达和水声应用中,两个邻近的目标源容易被识别为一个;电子作战环境中,敌军用频率间距的无线电信号对我军电台进行干扰等。

需强调的是,在数字谱分析中,系统采样速率 f_s 和采样点数 L 对密集谱分析有很大的影响。因为基于 FFT 的数字谱分析中,存在频率单位间隔 Δf,且 $\Delta f \propto f_s/L$;当系统采样速率 f_s 固定时,采样点数 L 越大,FFT 的最小单位间隔 Δf 就越小,对于两个频率成分 f_1 和 f_2 而言,两者的间距 $|f_1 - f_2|/\Delta f$ 就越大,谱分布就由密集变为稀疏;当采样点数 L 固定时,采样速率 f_s 越大,Δf 也随之越大,两者的间距 $|f_1 - f_2|/\Delta f$ 就变小,谱分布就由稀疏变为密集。

另外,低频实数信号 (如频率 f_0 低于 1Hz 以下的地震次声波,大型发电机绝缘耐压需测试 0.1Hz 以下的超低频振动波) 的谱校正,实际上也属于特殊的密集谱校正范畴。因为低频实数信号的正负边带谱隔得很近,会造成较严重的谱间干扰,故无法通过提高采样速率 f_s 或者增加采样点数来提高频谱校正精度而避开密集谱出现。若提高采样速率 f_s,则数字角频率 $\omega_0 = 2\pi f_0/f_s$ 就越低,正负边频之间谱干扰会更大;而另一方面,由于低频信号周期 $T_0 = 1/f_0$ 偏大,受观测时间限制,不允许提高采样点数。

正因为密集谱常与短样本联系在一起,故一些现代谱分析方法,如基于子空间分解的方法 (如 ESPRIT 方法[3]、MUSIC 算法[4]) 和基于谱模型的方法 (如 AR 模型法[5]、ARMA 模型法[5]) 等,都是基于统计平均分析求信号协方差函数的,需耗费较多样本,故在密集谱时,其样本数目条件常难以满足。

文献 [6] 提出了一种基于单频比值法的自动判别和校正方法,该方法利用单频信号位于窗谱主瓣内的三根谱线在复平面上共线这一事实，通过数值搜索两个频率分量在复平面上的方位角将其分离，由于该分离过程以单频比值法为基础，而比值法需要两根谱线，这本身占满了一个频率分辨率的间隔，在校正小于一个频率分辨率的密集频率成分时，其精度会严重受到频谱泄漏的影响，另外，文献 [7] 还指出该方法在搜索信号频移旋转角方面要耗费很大计算量；文献 [7] 提出一种结合时移相位差校正法和传统 FFT 相邻谱线间的相位差信息的密集谱频率和相位谱校正方法，由于时移相位差法仅需一根谱线信息即可获得信号的频率估计，故相对于比值法，更适合于密集谱的校正，但文献 [7] 只给出了其密集谱参数的校正方法，没有给出密集谱类型的识别方法，另外，其精度还有待于提高。

事实上，既然影响密集谱校正性能的最大因素是频谱泄漏问题，可从校正的对象 —— 离散谱本身来减小谱泄漏。相比于传统 FFT，全相位 FFT 是一种能更好地抑制谱泄漏的新型离散谱分析方法 [8,9]，由于全相位 FFT 具有特殊的 "相位不变性"，在相位谱上则表现为很直观的平坦分布特性，本节利用此特性将提出区分密集谱和单频谱的识别方法；另外，结合文献 [10] 提出的 "全相位时移相位差法" 与全相位 FFT 峰值谱线和次高谱线的平坦相位特性，提出了一种新的密集谱的频率和相位校正法，相比于文献 [7] 的算法，其性能得到进一步提高，这是本章倡导的方式。

无论是一般的密集谱校正，还是低频情况 [11-17] 的谱校正，这两种情况的密集谱都是由谱间干扰引起，故选择抑制谱泄漏性能好的谱分析，是解决密集谱识别的根本途径。而全相位 FFT 谱分析具备该特征，而且 apFFT 具有 "相位不变性"，当振幅谱不能区分密集谱时，相位谱还可以用来作进一步甄别。本章主要论述结合 apFFT 的振幅谱特性和相位谱特性来识别并校正密集谱。

6.2 全相位 FFT 密集谱识别与校正

6.2.1 无噪情况的全相位幅值谱和相位谱识别

为方便研究谱间干扰对密集谱的影响，先讨论无噪情况全相位幅值谱和相位谱分布。

1. 单频情况

研究单频复正弦信号 $x(t) = e^{j(2\pi f_0 t + \theta_0)}$，其中信号频率 $f_0 = 10.2$Hz，初相角 $\theta_0 = 20°$，采样频率 $f_s = 128$Hz，分别对采样序列进行阶数 $N = 64$ 的无窗全相位 FFT、$N = 64$ 的传统 FFT(不加窗) 以及 $N = 128$ 的传统 FFT(不加窗)，所得到的振幅谱和相位谱如图 6-1(a)~(c) 所示。

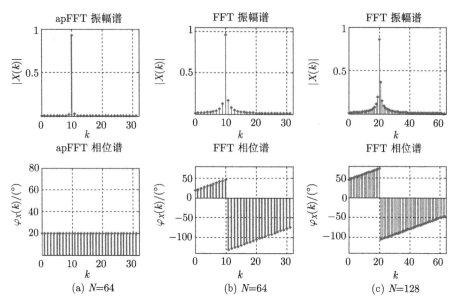

图 6-1 全相位 FFT 谱与传统 FFT 谱对照

图 6-1 表明，64 阶 apFFT 峰值谱线很突出，仅泄漏出 2 根旁谱线，而所有相位值 $\varphi_X(k)$ 都等于实际初相 $20°$。与之相反，64 阶传统 FFT 谱泄漏很严重，泄漏出多根旁谱线，各相位谱线也不等于实际值 $20°$，呈线性变化但在峰值处出现跳变，即使将谱阶数从 $N=64$ 增至 128，其谱泄漏程度并没减轻，各相位谱线仍偏离初相值[18-21]。$N=64$ 阶的 apFFT 耗费了 $2N-1=127$ 个样点，而 $N=128$ 阶传统 FFT 耗费了 128 个样点，因而 apFFT 可付出更少的耗费样点代价而获得更好的抑制谱泄漏性能，因而对于密集谱校正场合，比传统 FFT 会更有优势。

2. 多频情况

假定有两个单频成分的信号 $x_1(t)$、$x_2(t)$ 及其两者的复合信号

$$x_1(n)=a_1 e^{j(2\pi f_1 n\Delta t+\theta_1)}, \quad x_2(n)=a_2 e^{j(2\pi f_2 n\Delta t+\theta_2)}, \quad x(n)=x_1(n)+x_2(n) \quad (6\text{-}1)$$

假设采样间隔为 Δt，则对 $x_1(t)$、$x_2(t)$ 采样得到的离散序列 $x_1(n)$、$x_2(n)$ 及其复合信号 $x(n)$ 分别为

$$x_1(n)=a_1 e^{j(2\pi f_1 n\Delta t+\theta_1)}, \quad x_2(n)=a_2 e^{j(2\pi f_2 n\Delta t+\theta_2)}, \quad x(n)=x_1(n)+x_2(n) \quad (6\text{-}2)$$

不妨以信号 $x_1(t)$ 为例，取观测区间 $[-N+1, 2N-1]\Delta t$ 内共 $3N-1$ 个样点进行研究，将这些样点分成存在 N 个样点重叠的两段 (即前 $2N-1$ 个样点为一段，后 $2N-1$ 个样点为另一段)，对前 $2N-1$ 个样点进行全相位 FFT，可得到

6.2 全相位 FFT 密集谱识别与校正

其振幅谱 $|X_1(k)|$ 和相位谱 $\varphi_1(k)$，对后 $2N-1$ 个样点进行全相位 FFT，可得到其振幅谱 $|X_1'(k)|$ 和相位谱 $\varphi_1'(k)$，需指出由于复指数信号为平稳周期信号，故延时前后的振幅谱没有变化，即满足 $|X_1(k)| = |X_1'(k)|$；同样地，也可获得信号 $x_2(t)$ 的振幅谱 $|X_2(k)|$、$|X_2'(k)|$ 和相位谱 $\varphi_2(k)$、$\varphi_2'(k)$，以及复合信号 $x(t)$ 的振幅谱 $|X(k)|$、$|X'(k)|$ 和相位谱 $\varphi(k)$、$\varphi'(k)$。

可根据全相位 FFT 峰值振幅谱附近的相位谱线是否具备平坦分布特征，来判断峰值谱附近的信号成分是单个频率成分还是多个密集的频率成分。下面举例并配以图示说明。

1) 相邻成分稀疏分布情况

令 $N=32$，$f_1=10.1\text{Hz}$，$\theta_1=50°$，$f_2=16.2\text{Hz}$，$\theta_2=100°$，采样频率 $f_s=32\text{Hz}$，则离散谱的频率分辨率 $\Delta f=1\text{Hz}$，由于这两个频率间隔超出多个 Δf，故属于稀疏分布，对 $x_1(n)$、$x_2(n)$ 和 $x(n)$ 及其延时序列分别进行 apFFT，得到的振幅谱和相位谱如图 6-2 所示。

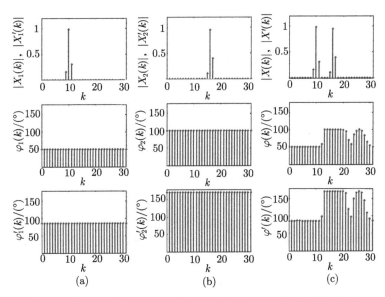

图 6-2 稀疏频率成分的两延时序列的全相位振幅谱和相位谱变化

由于全相位 FFT 可很好地抑制谱泄漏，这使得各频率成分的谱间干扰程度比较小，故其复合信号的振幅谱 $|X(k)|$ 分布近似可看成两个子谱 $|X_1(k)|$ 和 $|X_2(k)|$ 的叠加；从直观上观察，简单区分振幅谱峰个数即可判断信号包含的频率成分。故只从图 6-2(c) 的振幅谱中就可以发现 $|X(k)|$ 分布有两个谱峰，可判断存在两个频率成分。

另一方面，根据全相位 FFT 的平坦相位特性，同样可根据相位谱分布来判断各频率成分的存在；图 6-2 (a) 的相位曲线 $\varphi_1(k)$、$\varphi_1'(k)$ 和图 6-2 (b) 的相位曲线 $\varphi_2(k)$、$\varphi_2'(k)$ 均在整个频率轴上展示了平坦特性，由于两个成分的频率值有差异，因而延时后，两频率成分会各自形成不同的相位累积，故延时后的相位曲线 $\varphi_1'(k)$ 和 $\varphi_2'(k)$ 相比于延时前的 $\varphi_1(k)$ 和 $\varphi_2(k)$ 其幅值有所不同。而这种平坦相位特性在复合信号的相位谱图中仍有体现，即在峰值谱位置 $k=10$ 和 $k=16$ 附近，复合信号的相位谱 $\varphi(k)$、$\varphi'(k)$ 仍呈现平坦特性，总体上，这部分相位谱线呈 "阶梯状" 分布。

2) 相邻成分密集分布情况

对于两个密集频率成分，从峰值谱已经无法判断频率成分分布，但从相位谱中仍可以判断出来。

令 $N=32$, $f_1=10.1\text{Hz}$, $\theta_1=50°$, $f_2=10.2\text{Hz}$, $\theta_2=100°$, 采样频率 $f_s=32\text{Hz}$, 则离散谱的频率分辨率 $\Delta f=1\text{Hz}$, 由于这两个频率间隔远低于 Δf, 故属于密集频率成分分布，对 $x_1(n)$、$x_2(n)$ 和 $x(n)$ 及其延时序列分别进行 apFFT, 得到的振幅谱和相位谱如图 6-3 所示。

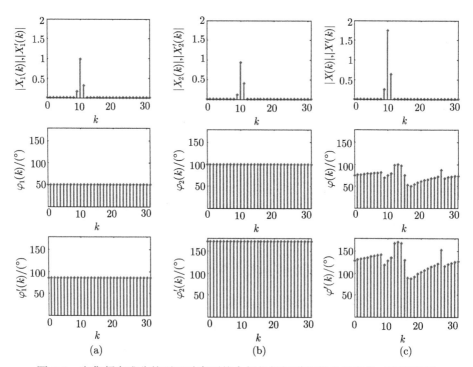

图 6-3 密集频率成分的两延时序列的全相位振幅谱和相位谱变化 (无噪情况)

从图 6-3(c) 的振幅谱可看出，由于两个频率成分间隔太密，故图 6-3 (c) 所示

的其复合信号振幅谱 $|X(k)|$、$|X'(k)|$ 仅表现为 1 个谱峰，对于传统 FFT，这很容易判断为单频成分谱；然而从相位谱分布却可以排除单频成分的可能，图 6-3 (c) 的峰值谱附近的相位谱 $\varphi(k)$、$\varphi'(k)$ 失去了图 6-2 (c) 的 $\varphi(k)$、$\varphi'(k)$ 的平坦性，故可判断为密集谱分布情况。

6.2.2 基于全相位 FFT 的密集频率与相位的校正算法

很显然，前 $2N-1$ 个样本的 apFFT 谱满足

$$X(k) = X_1(k) + X_2(k), \quad k = 0, \cdots, N-1 \tag{6-3}$$

由于前 $2N-1$ 个样本与后 $2N-1$ 个样本存在 N 个采样间隔的时延关系，文献 [11] 指出，这 N 个时延样本对两个频率成分 f_1 与 f_2 造成的相位偏移分别为 $2\pi f_1 N\Delta t$、$2\pi f_2 N\Delta t$，故其两个单频成分的 apFFT 谱满足

$$\begin{cases} X_1'(k) = e^{j2\pi f_1 N\Delta t} X_1(k) \\ X_2'(k) = e^{j2\pi f_2 N\Delta t} X_2(k) \end{cases}, \quad k = 0, 1, \cdots, N-1 \tag{6-4}$$

式 (6-4) 所依据的即是第 5 章介绍的全相位时移相位差校正法原理。则观测信号 $x(n)$ 的后 $2N-1$ 个样本的 apFFT 谱 $X'(k)$ 表示为

$$\begin{aligned} X'(k) &= X_1'(k) + X_2'(k) \\ &= e^{j2\pi f_1 N\Delta t} X_1(k) + e^{j2\pi f_2 N\Delta t} X_2(k), \quad k = 0, 1, \cdots, N-1 \end{aligned} \tag{6-5}$$

很显然，如果确知观测信号 $X(k)$、$X'(k)$ 中的两个单频成分的 apFFT 谱 $X_1(k)$、$X_2(k)$，则由式 (6-3) 与式 (6-5) 联立可构成二元方程组而唯一确定两个单频估计值 f_1 与 f_2。然而 $X_1(k)$、$X_2(k)$ 是不能直接观测到的。

为此，需要增加约束方程的个数。而式 (6-3)~式 (6-5) 是对所有 k 值都成立的；假定峰值谱位置为 $k=m$ 处，邻近的次高谱位置为 $k=m+1$ 处，则可得到如下四元方程：

$$\begin{cases} X(m) = X_1(m) + X_2(m) \\ X(m+1) = X_1(m+1) + X_2(m+1) \\ X'(m) = e^{j2\pi f_1 N\Delta t} X_1(m) + e^{j2\pi f_2 N\Delta t} X_2(m) \\ X'(m+1) = e^{j2\pi f_1 N\Delta t} X_1(m+1) + e^{j2\pi f_1 N\Delta t} X_2(m+1) \end{cases} \tag{6-6}$$

式 (6-6) 仅包括 4 个约束方程，却涉及 6 个未知参数 $X_1(m)$、$X_2(m)$、$X_1(m+1)$、$X_2(m+1)$、f_1、f_2，看似四元方程依旧无解，即每增加一个 k 值约束，虽然增加了两个约束方程，但同样增加了两个未知数。因而必须从新的角度增加约束条件。

根据单频复指数信号的 apFFT 的平坦相位特性,即任意两根 apFFT 谱的相位值是相等的,令 ang (·) 表示取相位操作,因而式 (6-6) 中的 $X_1(m)$ 与 $X_1(m+1)$、$X_1'(m)$ 与 $X_1'(m+1)$ 应满足

$$\begin{cases} \mathrm{ang}\,[X_1(m)] = \mathrm{ang}\,[X_1(m+1)] \\ \mathrm{ang}\,[X_2(m)] = \mathrm{ang}\,[X_2(m+1)] \end{cases} \tag{6-7}$$

因而,式 (6-6) 与式 (6-7) 联立构建成 6 元方程组,存在唯一解。事实上式 (6-6) 与式 (6-7) 可推广至包含 $n>2$ 个频率成分的密集谱场合,因为每增加一个频率成分,可多选取峰值谱附近的一根 k 位置的谱线,相应地增加类似于式 (6-4) 和式 (6-5) 的复合谱限制和式 (6-7) 的相位谱的约束,再联立构成方程组进行求解。

由式 (6-6) 可推出两个单频成分表达式为

$$\begin{cases} X_1(m) = \dfrac{X(m)\,\mathrm{e}^{\mathrm{j}2\pi f_2 N\Delta t} - X'(m)}{\mathrm{e}^{\mathrm{j}2\pi f_2 N\Delta t} - \mathrm{e}^{\mathrm{j}2\pi f_1 N\Delta t}} \\[2mm] X_2(m) = \dfrac{X'(m) - X(m)\,\mathrm{e}^{\mathrm{j}2\pi f_1 N\Delta t}}{\mathrm{e}^{\mathrm{j}2\pi f_2 N\Delta t} - \mathrm{e}^{\mathrm{j}2\pi f_1 N\Delta t}} \\[2mm] X_1(m+1) = \dfrac{X(m+1) - X'(m+1)\,\mathrm{e}^{\mathrm{j}2\pi f_1 N\Delta t}}{\mathrm{e}^{\mathrm{j}2\pi f_2 N\Delta t} - \mathrm{e}^{\mathrm{j}2\pi f_1 N\Delta t}} \\[2mm] X_2(m+1) = \dfrac{X'(m+1) - X(m+1)\,\mathrm{e}^{\mathrm{j}2\pi f_1 N\Delta t}}{\mathrm{e}^{\mathrm{j}2\pi f_2 N\Delta t} - \mathrm{e}^{\mathrm{j}2\pi f_1 N\Delta t}} \end{cases} \tag{6-8}$$

对于密集谱而言,式 (6-8) 中 f_1 与 f_2 是充分接近的,可假定

$$\begin{cases} f_1\Delta t = (m+\delta_1)/N \\ f_2\Delta t = (m+\delta_2)/N \end{cases},\quad 0\leqslant |\delta_1|,|\delta_2|\leqslant 0.5 \tag{6-9}$$

将式 (6-9) 代入式 (6-8),有

$$\begin{cases} X_1(m) = \dfrac{X(m) - X'(m)\,\mathrm{e}^{-\mathrm{j}2\pi\delta_2}}{1 - \mathrm{e}^{\mathrm{j}2\pi(\delta_1-\delta_2)}} \\[2mm] X_2(m) = \dfrac{X(m) - X'(m)\,\mathrm{e}^{-\mathrm{j}2\pi\delta_1}}{\mathrm{e}^{\mathrm{j}2\pi(\delta_2-\delta_1)} - 1} \\[2mm] X_1(m+1) = \dfrac{X(m+1) - X'(m+1)\,\mathrm{e}^{-\mathrm{j}2\pi\delta_2}}{1 - \mathrm{e}^{\mathrm{j}2\pi(\delta_1-\delta_2)}} \\[2mm] X_2(m+1) = \dfrac{X(m+1) - X'(m+1)\,\mathrm{e}^{-\mathrm{j}2\pi\delta_1}}{\mathrm{e}^{\mathrm{j}2\pi(\delta_2-\delta_1)} - 1} \end{cases} \tag{6-10}$$

联立式 (6-7) 与式 (6-10) 有

$$\begin{cases} \mathrm{ang}\,[X(m) - X'(m)\,\mathrm{e}^{-\mathrm{j}2\pi\delta_2}] = \mathrm{ang}\,[X(m+1) - X'(m+1)\,\mathrm{e}^{-\mathrm{j}2\pi\delta_2}] \\ \mathrm{ang}\,[X(m) - X'(m)\,\mathrm{e}^{-\mathrm{j}2\pi\delta_1}] = \mathrm{ang}\,[X(m+1) - X'(m+1)\,\mathrm{e}^{-\mathrm{j}2\pi\delta_1}] \end{cases} \tag{6-11}$$

6.2 全相位 FFT 密集谱识别与校正

令 $X(m) = i_1 + jq_1$, $X(m+1) = i_2 + jq_2$, $X'(m) = i'_1 + jq'_1$, $X'(m+1) = i'_2 + jq'_2$, $e^{-j2\pi\Delta k_1} = x_1 + jy_1$, $e^{-j2\pi\Delta k_2} = x_2 + jy_2$, 由于两个复数相角相等意味着其实部与虚部的比值相等,则式 (6-11) 等价为

$$\begin{cases} \dfrac{i_1 - i'_1 x_1 + q'_1 y_1}{q_1 - i'_1 y_1 - x_2 q'_1} = \dfrac{i_2 - i'_2 x_1 + q'_2 y_1}{q_2 - i'_2 y_1 - x_1 q'_2} \\ \dfrac{i_1 - i'_1 x_2 + q'_1 y_2}{q_1 - i'_1 y_2 - x_2 q'_1} = \dfrac{i_2 - i'_2 x_2 + q'_2 y_2}{q_2 - i'_2 y_2 - x_2 q'_2} \end{cases} \tag{6-12}$$

式 (6-12) 可化简为

$$\begin{cases} a_0 + a_1 x_1 + a_2 y_1 + a_3 (x_1^2 + y_1^2) = 0 \\ a_0 + a_1 x_2 + a_2 y_2 + a_3 (x_2^2 + y_2^2) = 0 \end{cases} \tag{6-13}$$

其中

$$\begin{cases} a_0 = i_1 q_2 - i_2 q_1 \\ a_1 = -i_1 q'_2 - i'_1 q_2 + i_2 q'_1 + i'_2 q_1 \\ a_2 = -i_1 i'_2 + q'_1 q_2 + i'_1 i_2 - q_1 q'_2 \\ a_3 = i'_1 q'_2 - i'_2 q'_1 \end{cases} \tag{6-14}$$

式 (6-14) 中的各系数 $a_1 \sim a_3$ 表达式相比于文献 [7] 要简单得多,由于 $e^{-j2\pi\Delta k_1} = x_1 + jy_1$, $e^{-j2\pi\Delta k_2} = x_2 + jy_2$,其模值为 1,联立式 (6-14) 后,实际上是求以下方程的两个解:

$$\begin{cases} x^2 + y^2 = 1 \\ a_0 + a_1 x_1 + a_2 y_1 + a_3 = 0 \end{cases} \tag{6-15}$$

式 (6-15) 的解实际上是单位圆与直线的两个交点,最终得到的频偏估计式为

$$\hat{\delta}_i = -\frac{\arctan(y_i/x_i)}{2\pi}, \quad i = 1, 2 \tag{6-16}$$

由峰值谱位置的整数倍分辨率的频率值加上式 (6-16) 的频偏值,即可得频率估计

$$\hat{f}_i = (m + \hat{\delta}_i)/\Delta t, \quad i = 1, 2 \tag{6-17}$$

算出频偏估计值 $\hat{\delta}_i$ 后,代入式 (6-10) 中 $X_1(m)$、$X_2(m)$ 的表达式,即可直接得到相位估计

$$\hat{\theta}_i = \text{ang}[X_i(m)], \quad i = 1, 2 \tag{6-18}$$

例如,对信号 $x(n) = \cos(2\pi \cdot 5.3n/32 + 30°) + \cos(2\pi \cdot 5.4n/32 + 120°)$ 采用以上算法,通过求解式 (6-16) 而得到的单位圆与直线交点的几何解如图 6-4 所示,两个交点分别为 $Z_1 = e^{-j108°}$, $Z_2 = e^{-j144°}$,故根据式 (6-16) 可算出其频偏值约为 $\delta_1 = 108/360 = 0.3$, $\delta_2 = 144/360 = 0.4$。

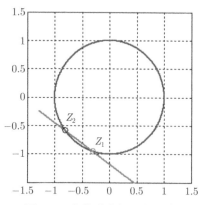

图 6-4 密集谱求解几何示意

6.2.3 含噪情况下的密集谱与单频谱的识别

图 6-3 是针对无噪情况下密集谱与单频谱,而且是复指数信号。而工程应用中总是存在噪声干扰的以实数形式存在的余弦信号。

对不同噪声干扰下的密集成分信号 $x_1(n) = \cos(2\pi \cdot 5.3n/32 + 50°) + \cos(2\pi \cdot 5.4n/32 + 120°)$ 和单频信号 $x_2(n) = \cos(2\pi \cdot 5.35n/32 + 50°)$,分别进行双窗 apFFT 而得到振幅谱 $|X_1(k)|$、$|X_2(k)|$ 和相位谱 $\varphi_1(k)$、$\varphi_2(k)$,其谱图如图 6-5 所示 (SNR 分别为 40dB、30dB、20dB、18dB 的噪声干扰情况)。

从图 6-5 可看出,无论怎样的噪声条件,密集成分相位谱 $\varphi_1(k)$ 总是很乱,在任何谱线位置都没呈现平坦特性。

然而单频成分相位谱 $\varphi_2(k)$ 则不然,当噪声较小时 (SNR=40dB),$\varphi_2(k)$ 在很宽的谱线范围内呈现出平坦分布特性 (测量相位值近似等于真实值 50°);随着噪声逐渐增大 (SNR=30dB,20dB),$\varphi_2(k)$ 平坦区覆盖范围逐渐变窄,但是在振幅谱峰 ($k=5$) 及其紧邻的左右谱线 ($k=4,k=6$) 位置对应的三根相位谱线 $\varphi_2(4) \sim \varphi_2(6)$ 值仍基本一致,这是因为噪声能量是在全频带上分布的,因而噪声干扰会分摊到所有相位谱线上,对于振幅谱峰附近的三根谱线 $k=4,5,6$ 处,由于自身能量值较高,因而受噪声影响较小,而其在其他位置的相位谱线,由于自身能量值较低,对噪声扰动很敏感,偏离了相位谱值为 50° 的平坦区域;当噪声进一步增大时 (SNR=18dB),$\varphi_2(4)$ 偏离了真实值 50°,而峰值谱线和次高谱线的幅值仍近似等于真实值。假定振幅谱峰位置为 $k=m$ 处,则可定义如式 (6-19) 所示的峰值谱线和次高谱线的相位值相对变化量指标来辨别是密集成分谱还是单频成分谱:

$$\eta = \begin{cases} \dfrac{|\varphi(m) - \varphi(m+1)|}{|\varphi(m)|}, & |X(m+1)| > |X(m-1)| \\ \dfrac{|\varphi(m) - \varphi(m-1)|}{|\varphi(m)|}, & |X(m+1)| < |X(m-1)| \end{cases} \quad (6\text{-}19)$$

6.2 全相位FFT密集谱识别与校正

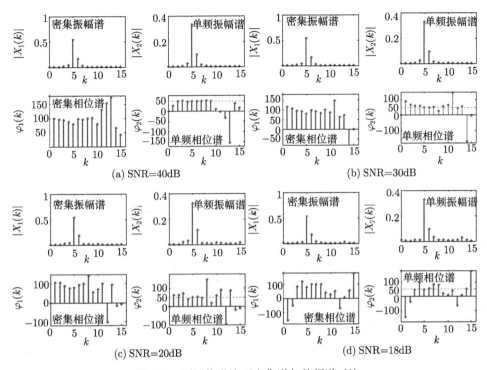

图 6-5 不同信噪比下密集谱与单频谱对比

图 6-6 给出了在不同 SNR 情况下作 1000 次蒙特卡罗仿真而统计绘出的相位偏离指数 η 曲线。

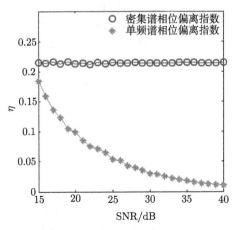

图 6-6 apFFT 密集谱与单频谱的相位偏离曲线

从图 6-6 可看出：当 SNR>20dB 时，单频谱的相位偏离指数比密集谱相位偏离指数要小得多，SNR 越大，相位偏离指数越小，则这时相位谱分布越平坦。实验表明，当 SNR>20dB 时，以 $\eta = 0.1$ 作为区分密集谱与单频谱的门限值是合理的。

由于全相位 FFT 测出的相位 $\varphi(m)$ 是信号真实的瞬间相位，从式 (6-19) 可看出，门限值 η 的设置与 $\varphi(m)$ 有关。另外，从图 6-6 曲线可看出，SNR 越小，则门限值应取大些，这要视具体应用需求而定。

6.2.4 密集谱校正实验仿真

设阶数 $N = 32$，在 MATLAB 中仿真产生如下信号：

$$x(n) = \cos(2\pi \cdot 5.3n/32 + 30°) + \cos(2\pi \cdot 5.4n/32 + 120°) + \lambda \cdot \xi(n)$$

这里选用余弦信号而不是复指数信号，是因为单个余弦成分包括两个复指数成分，因而成分间因频谱泄漏造成的谱间干扰就越严重，更能检验算法性能。其中 $\xi(n)$ 为均值为 0、方差为 1 的高斯白噪声，可通过调节 λ 来调节信噪比，分别采用本节方法和文献 [7] 基于传统 FFT 的密集谱校正法估计频率和相位，在不同信噪比下 (SNR=40dB，30dB，20dB，18dB) 分别作 1000 次蒙特卡罗仿真，其估计的均方根误差结果如表 6-1 所示。

表 6-1 密集谱的频率和相位校正均方根误差比较结果

SNR	校正方法	5.3Hz 成分		5.4Hz 成分	
		频率校正均方根误差/Hz	相位校正均方根误差/(°)	频率校正均方根误差/Hz	相位校正均方根误差/(°)
40dB	本节方法	0.0023820888	1.5914510311	0.0026533554	1.6054041683
	FFT 法	0.0043354611	3.2894005007	0.0045262247	3.3253681930
30dB	本节方法	0.0078422156	5.1183017197	0.0083712507	5.3796481152
	FFT 法	0.0151974419	20.5289899204	0.0154840998	13.7547248150
25dB	本节方法	0.0147223927	15.3929193847	0.0152450839	13.1933201606
	FFT 法	0.0261324587	32.0605598626	0.0274695531	22.8364575192
20dB	本节方法	0.0258472177	24.5430235490	0.0269980951	25.6726314489
	FFT 法	0.0583561711	33.0579101884	0.0384596654	26.0895522193
18dB	本节方法	0.0321850816	27.3189144800	0.0323914440	30.0644316440
	FFT 法	0.0966624637	30.2234761775	0.0439508249	26.0931696727

表 6-1 表明，相比于文献 [7] 的方法，本节方法的频率估计和相位估计精度均有所提高。在 SNR> 25dB 时，其频率和相位估计误差仅为传统 FFT 法的一半左右；当 SNR=20dB 时，其频率和相位估计精度仍高于传统 FFT 法。另外，本节方法在噪声环境中的适用范围要比传统方法大，当 SNR= 18dB 时，FFT 的频率估计误差仅为 0.1Hz 左右，基本失去了区分密集频率成分的意义，然而本节算法的频率

估计误差在 0.03Hz 左右，仍具有实用价值。

但两种算法的共同特点都是频率估计性能均好于相位估计性能，但是相位估计都有较大误差 (本节方法仍远好于 FFT 法，在 SNR=30dB 时，相位估计误差可控制在 5° 以内)，这可从式 (6-10) 和式 (6-18) 在理论上解释其原因：式 (6-10) 表明计算出 $X_i(m)$ 要依赖于频率偏差估计 Δk_i，而式 (6-18) 的相位 $\hat{\theta}_i$ 估计又是直接从 $X_i(m)$ 取相角而得，显然这样会形成误差的传递，即频率估计的误差会扩散到相位估计误差中，频率估计误差越大，则相位估计误差必然也变大，表 6-1 的相位误差数据充分说明了这点，因而当 SNR<20dB 时，其相位估计误差达到 24° 以上，工程意义不大。

总之，本节方法性能比 FFT 法有较大程度提高，在中、高信噪比（SNR>20dB）应用场合，有实用价值。但对于强噪声干扰时，算法性能会有所下降，这是因为混入大噪声后，式 (6-6) 和式 (6-7) 的联立方程不能成立，在密集谱处对式 (6-7) 的峰值谱和次高谱的相位关系造成大的影响。

虽然间距为一个频率分辨率以内的密集谱识别与校正一直是频谱校正领域的难题，但本节充分利用全相位 FFT 的良好的抑制谱泄漏特性和其特有的单频信号相位谱的平坦分布特性，提出了一种很直观的识别密集谱和单频谱的判别方法，结合全相位时移相位差法，进而提出一种基于全相位 FFT 的密集谱校正法，并且给出了可作为辨别密集谱和单频谱依据的参数指标。仿真实验证明，本节方法与基于传统 FFT 的密集谱识别和校正方法相比，性能有大幅度提高。

然而，本节虽然完成了密集谱和单频谱的识别工作，但仍未完成密集频率成分个数的判断工作；另外，无论是本节方法还是原有基于传统 FFT 的密集谱校正方法，都存在抗噪性能差的问题，本节方法还仅适合于中、高信噪比场合，因而提高算法对噪声干扰的鲁棒性，仍是今后研究的方向。

6.3 低频实信号的密集谱校正

6.3.1 低频实信号谱校正难度

正弦信号的参数测量是学术界和工程界的经典问题。很显然正弦信号 $x(t) = A\cos(2\pi f_0 t + \theta_0) + B$ 的信息可完全由幅值 A、频率 f_0、相位 θ_0 及其直流量 B 来表征，其中 B 最容易估计，只需对样本值作平均就可实现。然而对于其他参数 (特别是频率参数)，文献 [12] 指出，当分析样本含有的波动周期数 (cycles in record, CiR) 不够，即信号频率相对于观测周期数表现为"低频"特征时，频率估计精度会大大降低。

众所周知，正弦信号又称为"正弦波"，该词中"波"字其实体现的正是周期性和振荡性,因而若样本数据没有包含足够的周期数,其"波"的属性就表征不明显,自然会大大增加频率估计的难度。

事实上,低频信号(如频段处于 0.01~10Hz 的超低频信号)在地震勘探[13]、电磁波探测及结构建筑振动[13,14]、地震波测量[15]中经常遇到,而且实际工程应用通常无法保证足够长的信号记录时间(如地震次声波的周期 12~137s[16,17],若为了使得采集样本满足其 CiR 值远大于 20 的要求,就必然会耗费过多等待的数据采集时间,无法满足灾难应急处理需求)。因而如何提高短区间正弦信号的频率测量精度,是工程界急需解决的问题。

现有的正弦波的参数估计法,无论是内插型的校正器[18-29],还是相位差型的校正器[30-33],都是在有足够"波动性"条件下提出的。特别是内插型的估计器,其谱校正必须用到峰值谱和附近的旁谱的谱值。对于低频信号,峰值谱往往靠近直流区域,延展出的旁谱线更加靠近直流,这时谱线自然会引入很大的谱泄漏干扰,而使得校正器不再适用。

钱昊等在文献 [34] 中则明确指出采集的样本至少要包含 20 多个周期;文献 [35] 则对低频正弦波参数测量问题给予了充分的重视,文献 [12] 中进一步指出信号频率的高、低是个相对的概念,如果分析样本内含有足够多的 CiR,则可视为高频,这时就可以忽略负频率的影响。然而在很多情形下,采集样本的 CiR 不满足这个条件,这时必须要考虑负频率成分带来的影响。于是文献 [12] 提出了低频成分的频谱校正法,但该文献仅研究了波动周期数 CiR>1 情况下的频率估计问题,且在文献 [12] 的仿真实验中也仅作了 CiR 从 1 变到 8 时低频参数估计的仿真研究;著名学者 Alex 等在文献 [36] 中专门针对短样本记录情况 (short data records) 设计了正弦波频率估计法,该方法包含了利用两根 (two-bin) 谱线和多根 (multiple-bin) 谱线两种设计,然而由于至少要用两根谱线,每条谱线实际代表一个 CiR,因而文献 [36] 方法仍难以适用于 CiR<1 的情况 (文献 [10] 给出的低频短样本情况,针对的是 CiR=1.5 的情况);文献 [11] 指出:"最短信号长度尚无文献给出明确的建议",并且依照 CiR 对频率估计的 CRB 的影响程度,把正弦波频率估计分为高频段、低频段和极低频段进行研究,并指出 CiR<0.825 时,属于极低频段情况,这时频率估计难度非常大,且易受初相位影响。然而文献 [37] 仅从理论层次上在 CiR<1 时对频率精度作严格推理,并没给出具体的适用于 CiR<1 时的频率估计方法。

对于 CiR<1 情况下怎样精确估计频率,经查阅国内外文献,鲜有报道。

为此,本节提出 CiR<1 情况正弦波的频率测量的解决办法。深入剖析了短区间正弦信号频率测量的误差来源,以全相位 FFT 测量相位为突破口,结合全相位基波信息提取[38]、解析变换完成了初相测量,结合时移相位差[10] 完成了信号频率估计,实验证明了本节方法具有较高的估计精度[39]。

6.3.2 短区间正弦信号参数测量误差来源剖析

众所周知,正弦信号 $x(t) = A\cos(2\pi f_0 t + \theta_0)$ 可分解为两个共轭复指数信号 $A/2 \cdot \mathrm{e}^{\mathrm{j}(2\pi f_0 t + \theta_0)}$ 与 $A/2 \cdot \mathrm{e}^{-\mathrm{j}(2\pi f_0 t + \theta_0)}$,分别对应正、负频率。当频率较低时,这两个复指数谱挨得很近,其各自的谱泄漏成分会相互影响从而造成谱间干扰,这都会降低信号的参数估计精度。

图 6-7 给出了以采样频率 $f_{\mathrm{s}} = 2048\mathrm{Hz}$ 对频率 $f_0 = 1\mathrm{Hz}$、初相 $\theta_0 = 20°$ 的正弦信号作点数 $N = 512$ 的 FFT 而得到的振幅谱 $|X(k)|$,可看出正频率复指数成分对应的是 $k \in [0, N/2)$ 的左半轴的谱线簇,而负频率复指数成分对应的是 $k \in [N/2, N)$ 的右半轴的谱线簇,由于 FFT 具有循环移位性,左、右两簇谱线实际上是紧挨着的,因而存在很严重的谱间干扰。

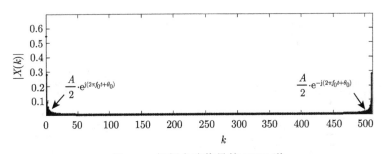

图 6-7 低频余弦信号的 FFT 谱

从图 6-7 可以直观看出:对于短区间信号,仅靠增大采样频率 f_{s} 是无法提高精度的。因为虽然在有限观测区间内,增大 f_{s} 可获得足够多样点,但数字角频率 $\omega_0 = 2\pi f_0/f_{\mathrm{s}}$ 也随之变低,导致图 6-7 的左右两簇谱线向两端挨得更紧,其谱间干扰会进一步增大而降低精度;相反,若降低采样频率 f_{s},则必然导致短观测区间内无法采集到足够多的样点,从而带来数据量不足的困难。由于存在以上矛盾,现有方法在估计短区间正弦信号频率时近于失效。

因此,正负频率的谱间干扰是误差的主要来源,而总的误差来自于谱间干扰误差、系统误差和噪声干扰误差三个方面,噪声干扰误差完全由环境信噪比决定,无法改变,因而需引入不存在系统误差的谱校正器。全相位时移相位差谱校正器是一个很好的选择:① 该校正器是无偏的,系统误差为 0;② 该校正器内含了具有很高抑制谱泄漏性能的全相位 FFT,正好适合于抵御正负边带频谱泄漏的相互干扰。

总之,apFFT 抑制谱泄漏性能保证了短区间正弦信号的正负两个频带的谱间干扰,而 apFFT 的相位变不性则为从单根相位谱线提取频率信息提供了可能。

6.3.3 基于解析全相位基波信息提取的短区间正弦波频率估计

1. apFFT 测低频正弦波相位的演化

如第 5 章所述：全相位时移相位差校正器是通过求前后两段存在时延关系的样本段的 apFFT 峰值谱相位的差分来估计频率。

对于实信号，若 CiR 值较大，峰值谱不在靠近直流的低频区，由于 apFFT 具有很好的抑制谱泄漏性能，左右边频谱间干扰可忽略，直接取峰值谱的相位值既可。

然而对于 CiR 值等于 1 附近的正弦波，峰值谱恰落在 $k=1$ 上，左右边频谱间干扰很严重，故不可直接取峰值谱相位值作差分。

因此，要作如下预处理：
(1) 去直流处理，以消除直流成分对两个边带谱的影响。
(2) 解析变换处理，以消除负边带谱对正边带谱的影响。

等效的 apFFT 测相流程如图 6-8 所示。

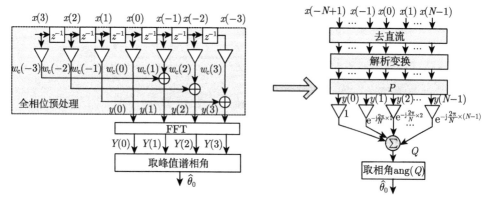

(a) 经典全相位FFT测相过程   (b) 简化的中心样点测相过程

图 6-8 近似等效的低频正弦 apFFT 测相过程

图 6-8 描述了经典全相位 FFT，包括全相位预处理和 FFT 两个步骤。第 2 章提到，全相位预处理相当于用如下一个 $(2N-1) \times N$ 的矩阵 $\boldsymbol{P}$：

$$\boldsymbol{P} = \begin{bmatrix} 0 & \cdots & 0 & w_c(0) & 0 & \cdots & 0 \\ w_c(-N+1) & \cdots & 0 & 0 & w_c(1) & \cdots & 0 \\ \vdots & & \vdots & \vdots & \vdots & & \vdots \\ 0 & \cdots & w_c(-1) & 0 & 0 & \cdots & w_c(N-1) \end{bmatrix} \quad (6\text{-}20)$$

对输入 $(2N-1)$ 长度的数据向量 $\boldsymbol{x}$ 作矩阵乘法，而得到长度为 N 的矩阵向量 $\boldsymbol{y}$

6.3 低频实信号的密集谱校正

的过程,即

$$y = Px \tag{6-21}$$

而 FFT 操作的数值描述如下:

$$Y(k) = \sum_{n=0}^{N-1} y(n)\mathrm{e}^{-\mathrm{j}\frac{2\pi}{N}nk}, \quad k = 0, 1, \cdots, N-1 \tag{6-22}$$

由于对于 CiR 为 1 左右的信号,其频率 f_0 近似表示为

$$f_0 = (1+\delta)\Delta f = (1+\delta)f_\mathrm{s}/N, \quad -0.5 \leqslant \delta < 0.5 \tag{6-23}$$

故式 (6-22) 中,仅需令 $k=1$ 去提取基波信息即可得峰值谱,即

$$Q = \sum_{n=0}^{N-1} y(n)\mathrm{e}^{-\mathrm{j}\frac{2\pi}{N}n} \tag{6-24}$$

因而,取 Q 的相角即可得输入数据中心样点的瞬间相位估计值 $\hat{\theta}_0 = \mathrm{ang}(Q)$。

2. 解析变换

当余弦信号的观测区间较短时 (CiR 值接近于 1),振幅谱峰将被限制在 $k=1$ 位置上,这时两个复指数成分间的谱干扰会变得严重,其测相精度会大受影响。因而需先尽可能抑制负频率边带谱的影响,解析变换可实现其功能。解析变换流程如图 6-9 所示。

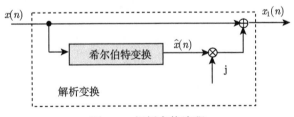

图 6-9 解析变换流程

图 6-9 中的信号分为两路,其中一路经过希尔伯特变换后得到序列 $\hat{x}(n)$,将其乘以 j 再与原信号 $x(n)$ 叠加后即得解析变换输出 $x_1(n)$。其具体的数值实现过程详见文献 [40]。

3. 基于解析 apFFT 的相位测量

举例说明按照图 6-8(b) 所示的简化的解析 apFFT 测相流程,在不同观测区间情况下对相位测量的影响。

例如，以 $f_s = 50$Hz 对 $x(t) = \cos(2\pi f_0 t + \theta_0)$，$f_0 = 1.2$Hz，$\theta_0 = 20°$ 采 63 个样点得到的时域波形如图 6-10(a) 所示 (其采样区间超出一周期，CiR= 1.512 > 1)，作阶数 $N = 32$ 的 apFFT 而得到的振幅谱和相位谱如图 6-10(b) 所示。

从图 6-10 可看出，其振幅谱峰位于 $k = 1$ 处，可读出其相位值 $\varphi_a(1) = 19.3680°$，误差 $0.6320°$。对输入样本作解析变换后，再作阶数 $N = 32$ 的 apFFT，得到的振幅谱和相位谱如图 6-10(c) 所示，可明显看出解析变换对负频率边带 (即右边带) 的抑制效果，可读出其 $k = 1$ 处的相位值 $\varphi_a(1) = 20.3827°$，误差降至 $0.3827°$。

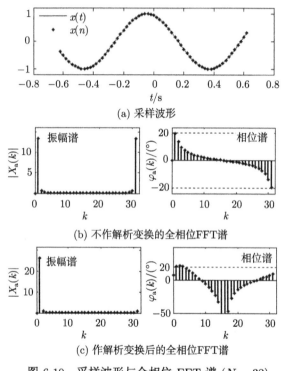

图 6-10 采样波形与全相位 FFT 谱 ($N = 32$)

进一步地，保持信号与采样频率均不变，但将采样点数减为 31 个 (时域波形如图 6-11(a) 所示，采样区间不足一个周期，CiR= 0.7440<1)，apFFT 的阶数降为 $N = 16$。则直接作 apFFT 而得到的振幅谱和相位谱如图 6-11(b) 所示。可以看出，其振幅谱峰仍位于 $k = 1$ 处，但其相位谱值 $\varphi_a(1)$ 已严重偏离真实值，仅为 $13.5827°$，误差高达 $6.4173°$；对输入样本进行解析变换再作 apFFT 得到的振幅谱和相位谱如图 6-11(c) 所示。

6.3 低频实信号的密集谱校正

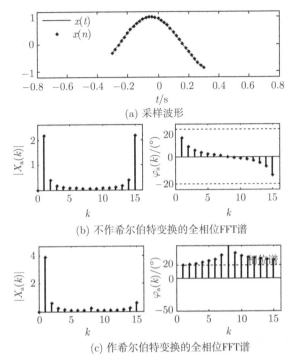

图 6-11 采样波形与全相位 FFT 谱 ($N = 32$)

从图 6-11 可明显看出解析变换对负频率边带的抑制作用，这时相位谱值 $\varphi_a(1) = 19.3549°$，测量误差从 $6.4173°$ 降为 $0.6451°$。

总之，图 6-8(b) 所示的简化后的测相过程，因为引入了去直流、解析变换和等效的 apFFT 测相处理，不但减小了计算复杂度，而且大大提高了 CiR<1 时的低频正弦信号的测相精度。

4. 频率测量总流程

在估计出短区间相位后，可很容易地估计出频率。本节提出其估计流程，如图 6-12 所示。

图 6-12 短区间低频正弦信号频率估计流程

图 6-12 中，需输入 $2N-1+L_0$ 个样点，先按图 6-8(b) 流程估计前 $2N-1$ 个

数据的中心样点相位 φ_1，再估计后 $2N-1$ 个数据的中心样点相位 φ_2，然后取其差值 $\Delta\varphi = \varphi_1 - \varphi_2$。而该相位差显然是由信号频率 f_0 对延时时间 (L/f_s) 的累积得到，即满足

$$2\pi f_0 \cdot L_0/f_s = \Delta\varphi \qquad (6\text{-}25)$$

从而可得频率估计式

$$\hat{f}_0 = \frac{\Delta\varphi \cdot f_s}{2\pi \cdot L_0} \qquad (6\text{-}26)$$

显然这时采集样本数所占据的 CiR 为

$$\text{CiR} = \frac{(2N-1+L_0)/f_s}{1/f_0} \qquad (6\text{-}27)$$

以下通过实验证明，对于 CiR<1 的情况，只需要延时量 L_0 满足

$$L_0 < \frac{f_s}{f_0} - (2N-1) \qquad (6\text{-}28)$$

按图 6-12 流程是可以实现精确频率估计的。

6.3.4 卷积窗对测频影响分析

事实上，图 6-8 中 apFFT 的卷积窗对低频正弦波测相精度影响是非常大的。第 2 章提及，当 $\boldsymbol{f}$、$\boldsymbol{b}$ 为同样的窗（$\boldsymbol{f} = \boldsymbol{b} = \boldsymbol{R}_N$ 为无窗情况，$\boldsymbol{f} = \boldsymbol{b} \neq \boldsymbol{R}_N$ 为双窗情况）时，其卷积窗傅里叶变换 $W_c(j\omega)$ 为

$$W_c(j\omega) = F(j\omega) \cdot B(-j\omega) = F(j\omega) \cdot F^*(j\omega) = |F(j\omega)|^2 \qquad (6\text{-}29)$$

因而，分别令 $\boldsymbol{f}$、$\boldsymbol{b}$ 同为矩形窗和同为汉明窗，可得到如图 6-13 和图 6-14 所示的卷积窗傅里叶幅度谱和衰减谱。

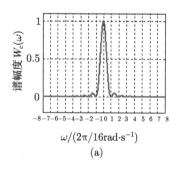
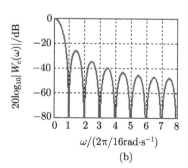

图 6-13 无窗全相位卷积窗的幅度谱及其衰减曲线 $(N=16)$

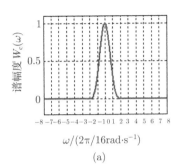 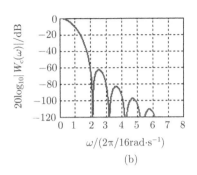

图 6-14 双窗全相位卷积窗的幅度谱及其衰减曲线 ($N = 16$)

比较图 6-13 和图 6-14 可看出：

(1) 无窗情况的卷积窗傅里叶谱主瓣宽度窄 (正频率轴的主瓣宽度限制在 1 个频率分辨率 $\Delta\omega = 2\pi/N$ 范围内)，第一旁瓣衰减为 -26dB；

(2) 双窗情况的卷积窗傅里叶谱主瓣宽度大 (正频率轴的主瓣宽度约为 $1.8\Delta\omega$)，第一旁瓣衰减为 -60dB。

然而对于 CiR 值接近 1 的情况，就主瓣带宽和衰减值两个指标来说，由于主峰位于 $k = 1$ 附近，因而对主瓣宽度更敏感。故选无窗 apFFT 更适宜。

6.3.5 测频实验及其误差分析

例 1 以 $f_s = 100$Hz 对 $x(t) = \cos(2\pi f_0 t + \theta_0)$ 进行采样，$f_0 = 1.2$Hz，$\theta_0 = 20°$，按本节提出的结合图 6-8(b) 和图 6-12 的流程进行频率测量，其全相位预处理的阶数 N 设为 16(分别用无窗和双窗全相位预处理作比较)，将延时量设定在 $L \in [1, 70]$ 内变化，根据式 (6-27) 有 CiR$\in [0.38, 1.21]$。假定测出的频率值为 $\hat{f}_0$，图 6-15 给出了按式 (6-30) 定义的衡量精度的误差百分比曲线

$$\varepsilon = \left(\hat{f}_0 - f_0\right)/f_0 \times 100\% \tag{6-30}$$

从图 6-15 可看出：

(1) 无噪时，对于无窗情况，当 CiR<1 时，本节方法所测频率的误差百分比基本可控制在 1% 以内。特别是当 CiR$\in [0.4, 0.5]$ 变换时，观测区间不到半个周期，采样波形已不具备充分的"波动性"，却仍可获得比较高的频率估计，这具有较高的工程价值。

(2) 对于无窗情况，CiR 越大，两段样本的前后延时 L_0 也必然增大，耗费样点也会增加。但从图 6-15 也可看出，误差百分比曲线并不是随 CiR 增大而单调减小，而是略有起伏。由式 (6-26) 可推知，频率误差起伏变化的主要原因还是来源于前后两段样本的相位估计误差，两者相位差 $\Delta\varphi$ 的误差可直接扩散到频率估计中去。结合图 6-10(c) 和图 6-11(c) 可看出，这部分误差主要由解析变换造成，由于数据长

度有限,解析变换并不能彻底地消除右边带谱对左边带谱的干扰,这是图 6-15 误差百分比曲线起伏变化的根本原因。

(3) 对于双窗情况,误差百分比随 CiR 变化很大,故不宜选取双窗 apFFT。这是由图 6-14 所示的卷积窗傅里叶谱主瓣太宽而导致的。故实验结果与 6.3.4 节的卷积窗理论分析一致。另外,还可以改变频率 f_0、初相 θ_0 重复例 1 实验,发现得到的实验结果与图 6-15 区别不大。这是因为本节方法测频的依据是相位差,而不是初相。

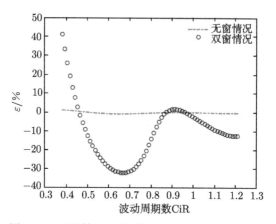

图 6-15 无噪情况下误差百分比与 CiR 对照曲线

例 2 选用无窗简化的解析 apFFT,分别在信噪比 SNR=40dB、35dB 和 30dB 的加噪情况下观察例 1 的短区间频率测量结果。其误差百分比曲线如图 6-16(a)~(c) 所示。

从图 6-16 可看出,噪声对 CiR<1 情况下的频率测量影响还是很大的,当 SNR=40dB,CiR>0.6 时,测频误差基本在 4% 以内,然而进一步降低信噪比,当 SNR 分别是 35dB 和 30dB 时,CiR>0.5 附近的测频误差超出 10%。

这验证了文献 [37] 给出的结论:当 CiR 非常小时(如 CiR<0.8),任何频率估计算法的抗噪性能都会急剧变差。其原因很好理解:CiR 非常小时,所观测波形失去了振荡特征,而若波形再受到噪声干扰,这时的观测条件已经非常苛刻了,其噪声对波形失真的影响远大于 CiR 较大的情况。

从图 6-16 可看出,本节提出的方法,把文献 [37] 提及的 CiR=0.8 的阈值降低到 0.5 左右,其改善还是非常明显的。

总之,对观测周期数 CiR<1 的短区间正弦波频率估计一直是工程界和学术界未解决的难题,本节深入剖析了其估计误差来源,即左右两边带谱的相互干扰。进而借助解析变换来消除两边带间的谱干扰,并利用全相位 FFT 来获得较精确的相位估计。针对短区间信号的振幅谱峰固定在 $k=1$ 处的特点,用简化的基于解析变

换和基波信息提取的方法取代全相位 FFT，进一步简化了相位测量流程。在获得准确的相位估计的基础上，通过测量前后两段序列的中心样点的相位差，很容易地完成了频率估计。

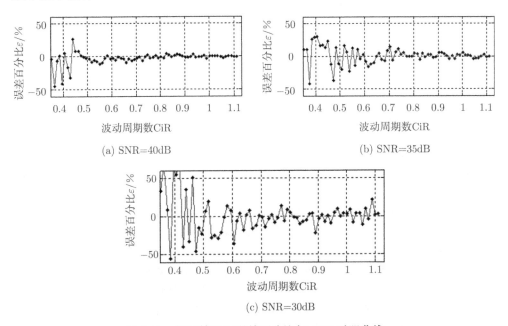

图 6-16　加噪情况下误差百分比与 CiR 对照曲线

本节方法在超低频波频率测量、水声测量、生物医学、频率计仪表改进等领域具有较广阔的应用前景。

6.4　小　　结

本章针对学术界和工程界的密集谱校正的难题，分别就在密集谱峰远离 $k=1$ 处低频区和邻近 $k=1$ 处低频区的两种情况，提出全相位 FFT 密集谱识别方法和解析全相位基波信息提取方法解决了这两个问题。

可以说，这两个问题得以解决，还是源于 apFFT 的两个其他谱分析方法不具备的特性：良好的抑制谱泄漏特性和"相位不变性"。抑制谱泄漏特性使得密集谱成分之间的干扰得以减小；"相位不变性"使得传统谱分析在幅度谱分析完全失效的情况下，还能依据规律性很明显的 apFFT 相位谱特征作识别和校正。

鉴于密集谱识别和校正在雷达、水声、军用无线电、地震波勘测、电力设备的绝缘耐压测试等领域的广泛需求，本章提出的两种密集谱分析方法具有较广泛的应用前景。

参 考 文 献

[1] Agrez D. Improving phase estimation with leakage minimization. IEEE Transactions on Instrumentation & Measurement, 2005, 1(4): 1347-1353.

[2] Liguori C, Paolillo A. IFFTC-based procedure for hidden tone detection. IEEE Transactions on Instrumentation & Measurement 2007, 56(1): 133-139.

[3] Roy R, Kailath T. ESPRIT-estimation of signal parameters via rotational invariance techniques. IEEE Transactions on Acoustics, Speech and Signal Processing, 1989, 37(7): 984-995.

[4] Schmidt R O. Multiple emitter location and signal parameter estimation. IEEE Trans Antennas & Propag, 1986, 34(3): 276-280.

[5] Al-Smadi A, Wilkes D M. Robust and accurate ARX and ARMA model order estimation of non-Gaussian processes. IEEE Transactions on Signal Processing, 2002, 50(3): 759-763.

[6] 谢明, 丁康. 两个密集频率成分重叠频谱的校正方法. 振动工程学报, 1999, 12(1): 109-114.

[7] 方体莲, 洪一. 利用 FFT 校正两个密集信号的频率和相位. 雷达科学与技术, 2006, 3(6): 378-382.

[8] 王兆华, 黄翔东. 数字信号全相位谱分析与滤波技术. 北京: 电子工业出版社, 2009.

[9] 王兆华, 侯正信, 苏飞. 全相位 FFT 频谱分析. 通信学报, 2003, 24(B11): 16-19.

[10] 黄翔东, 王兆华. 全相位时移相位差频谱校正法. 天津大学学报, 2008, 41(7): 815-820.

[11] Huang X D, Wang Z H, Ren L M, et al. A novel high-accuracy digitalized measuring phase method. 9th International Conference on Signal Processing Proceedings, 2008: 120-123.

[12] 陈奎孚, 王建立, 张森文. 低频成分的频谱校正. 振动工程学报, 2008, 21(1): 38-42.

[13] 李美, 卢军, 常媛, 等. 汶川 8.0 级地震前高碑店和宁晋台超低频电磁辐射异常特征分析. 国际地震动态, 2009, (7): 76-82.

[14] Banerjee A K, Alam M N, Mamun A A. Ultralow-frequency dust-electromagnetic modes in selfgravitating magnetized dusty plasmas, pramana. Journal of Physics, 2001, 56(5): 643-656.

[15] Moran M L, Greenfield R J. Estimation of the acoustic-to-seismic coupling ratio using a moving vehicle source. IEEE Transactions on Geoscience & Remote Sensing, 2008, 46(7): 2038-2043.

[16] 谢金来, 谢照华. 1993 年 7 月 12 日日本北海道地震次声波. 声学学报, 1996, 21(1): 55-61.

[17] 章书成, 余南阳. 5·12 四川汶川地震次声波. 山地学报, 2009, (5): 637-640.

[18] Jain V K, Collins W L, Davis D C. High-accuracy analog measurements via interpolated FFT. IEEE Transactions on Instrumentation & Measurement, 1979, 28(6): 113-122.

[19] 朱小勇, 丁康. 离散频谱校正方法的综合比较. 信号处理, 2001, 17(1): 91-97.

[20] 丁康, 江利旗. 离散频谱的能量重心校正法. 振动工程学报, 2001, 14(3): 354-358.

[21] 丁康, 谢明. 离散频谱三点卷积幅值修正法的误差分析. 振动工程学报, 1996, (1): 92-98.

[22] Xie M, Ding K. Corrections for frequency, amplitude and phase in a fast Fourier transform of a harmonic signal. Mechanical Systems & Signal Processing, 1996, 10(2): 211-221.

[23] Quinn B G. Estimating frequency by interpolation using Fourier coefficients. IEEE Transactions on Signal Processing, 1994, 42(5): 1264-1268.

[24] Quinn B G. Estimation of frequency, amplitude, and phase from the DFT of a time series. IEEE Transactions on Signal Processing, 1997, 45(3): 814-817.

[25] Macleod M D. Fast nearly ML estimation of the parameters of real or complex single tones or resolved multiple tones. IEEE Transactions on Signal Processing, 1998, 46(1): 141-148.

[26] Provencher S. Estimation of complex single-tone parameters in the DFT domain. IEEE Transactions on Signal Processing, 2010, 58(7): 3879-3883.

[27] Candan C. A method for fine resolution frequency estimation from three DFT samples. Signal Processing Letters, IEEE, 2011, 18(6): 351-354.

[28] Abatzoglou T, Candan C. Analysis and further improvement of fine resolution frequency estimation method from three DFT samples. IEEE Signal Processing Letters, 2013, 20(9): 913-916.

[29] Jacobsen E, Kootsookos P. Fast, accurate frequency estimators [DSP Tips & Tricks]. Signal Processing Magazine IEEE, 2007, 24(3): 123-125.

[30] 谢明, 张晓飞, 丁康. 频谱分析中用于相位和频率校正的相位差校正法. 振动工程学报, 1999, 12(4): 454-459.

[31] 丁康, 罗江凯, 谢明. 离散频谱时移相位差校正法. 应用数学和力学, 2002, 7(7): 729-735.

[32] 齐国清, 贾欣乐. 基于 DFT 相位的正弦波频率和初相的高精度估计方法. 电子学报, 2001, 29(9): 1164-1167.

[33] 黄翔东, 王兆华. 基于全相位频谱分析的相位差频谱校正法. 电子与信息学报, 2008, 30(2): 293-297.

[34] 钱昊, 赵荣祥. 基于插值 FFT 算法的间谐波分析. 中国电机工程学报, 2005, 25(21): 87-91.

[35] 陈奎孚, 张森文, 郭幸福. 消除负频率影响的频谱校正. 机械强度, 2004, 26(1): 25-28.

[36] Fung H W, Alex K C, Li K H, et al. Parameter estimation of a real single tone from short data records. Signal Processing, 2004, 84(3): 601-617.

[37] 黄清, 谈振辉. 采样信号周期数对克拉美−罗下界的影响. 铁道学报, 2010, (1): 114-117.

[38] 黄翔东, 王兆华. 采用全相位基波信息提取的介损测量. 高电压技术, 2010, 36(6): 1494-1500.

[39] 闫格, 黄翔东, 刘开华. 解析全相位短区间正弦波频率估计算法研究. 信号处理, 2012, 28(11): 1558-1564.

[40] Marple S L. Computing the discrete-time "analytic" signal via FFT. IEEE Transactions on Signal Processing, 1999, 47(9): 2600-2603.

第 7 章 全相位 FFT 测相理论及其衍生测相方法

7.1 全相位 FFT 测相的衍生问题

现有相位测量方法分为模拟方法 [1,2] 和数字方法两大类。其中数字方法已成为主流，数字测相法有多种，如相关法 [3]、希尔伯特变换法 [4]、正弦曲线拟合法 [5-7] 等。相关法的分辨力受采样间隔限制；希尔伯特变换法对 "同步采样" 的要求较高；正弦曲线拟合法可获得很高的精度 [7]，分为四参数法 (频率、幅度、相位和直流分量均未知) 和三参数法 (除频率已知外，其他三个均未知) 等情况，但文献 [7] 指出，四参数正弦曲线拟合过程尚无确切的数学公式计算拟合参数，若拟合初始条件选择不当，则很容易使得迭代过程发散或收敛到局部最优，且拟合需耗费大量运算时间。以上各种测量方法共同的缺点就是抗噪性能差，且文献 [3]~[7] 都没有对噪声干扰下的相位测量性能进行深入的理论分析。

离散傅里叶变换 (DFT) 结果为复数，含有丰富的相位信息，故可用来作为测相手段，且 DFT 具有较高的抗白噪声性能，其原因是 DFT 是在频域内测相，有用信号能量总是分布在范围很窄的几根谱线上，而白噪声能量则肯定较均匀地平摊在所有谱线上，因而对主要的几根有用谱线的干扰就变得很低，故其抗噪性能得到保证。但 DFT 有两个缺陷：① 其固有的频谱泄漏会降低相位测量精度 [8]；② 仅当信号频率为频率分辨率的整数倍时 (即 "同步采样")，才可测出准确相位，否则需要先对 DFT 谱线作频谱校正估计出频率后，再估计相位。这时第 4 章介绍的各种基于 DFT 的内插型或相位差型校正器，便可以用来作数字化的相位测量。而全相位 FFT 因具有 "相位不变性"，近年来在光学 [9-11]、电力谐波分析 [12,13]、雷达与水声 [14-16] 等领域得以大量应用，因而有必要进一步定量探究全相位 FFT 精确测相的理论原理。

从参数估计理论看来，数字化测相问题实际上就是噪声中的信号参数估计问题。怎样去衡量估计器的估计性能，分为两个方面去考量：一个是偏离性，一个是估计器的参数估计方差。若估计器在对理想无噪信号测试时，估计结果与理想结果完全一致，估计误差为 0，则为无偏估计器，否则认为是有偏的；若对含噪信号作多次估计，其估计结果只在小范围内分布，即估计方差较小，则认为估计器具有较高的精度。而克拉默–拉奥下界 (CRB) 便是衡量各种测相方法抗噪性能的尺度 [17]。

CRB 是参数估计方差的理论下限，在数值上是仅与信噪比和样本长度有关的函数值。Rife 等曾在文献 [18] 给出了单频谐波相位估计的 CRB 解析表达式，该理论下限对学术界和工程界产生了长远的影响。但是，CRB 是与参数估计模型紧密相关的。Rife 推出的 CRB 是针对频率、幅值、相位未知的三参数估计模型，而 apFFT 测相法因具备"相位不变性"，不符合这个模型，而是符合幅值、相位未知的两参数估计模型。相应地，apFFT 的测相估计方差是被两参数估计模型的 CRB 所界定，而不是被 Rife 等给的三参数估计模型的 CRB 所界定，这是 apFFT 测相精度远高于现有的 FFT 测相器的精度的根本原因。本章将深入阐述这个问题。

对于 apFFT 测相，第 5 章已经指出具有无偏性。因而本章将讨论 apFFT 测相的方差，推导 apFFT 的理论方差，并将之与新推出的两参数估计模型的 CRB 作比较。

除此以外，本章还将从 apFFT 内含的子 FFT 相位谱相互抵偿的机理出发，从 apFFT 衍生出"双相位 FFT 测相法"和"双矢量平均测相法"两种方法，其中"双相位 FFT 测相法"可进一步提升 apFFT 的测相精度，丰富了 apFFT 测相手段。

7.2 谐波参数估计模型的克拉默–拉奥下界

因为克拉默–拉奥下界为估计器的精度提供了一个衡量尺度，谐波参数估计模型的克拉默–拉奥下界问题是个非常重要的问题。给定一个估计器，必须把该估计器所述的参数模型的类型搞清楚，基于该参数模型的类型推导出相应的参数估计方差的理论下限 (即克拉默–拉奥下界)，再将该估计器的实际测量方差与 CRB 作数值上的比较，才能客观地反映估计器的性能，并为改善估计器提供向导。

国内外已有学者对谐波参数估计模型的做了很深入的工作，如文献 [17] 提供了参数估计理论的 Fisher 信息阵理论框架；Rife 和 Boorstyn 最早给出了复正弦信号频率、幅度和相位估计的克拉默–拉奥方差下界[18]，齐国清在文献 [19] 中则将此理论下限推广到了实正弦信号参数估计情况的 CRB，并且在文献 [20] 中推导出了几种具体频率估计方法的测量方差。因而这些已有的不同模型的 CRB 容易混淆，有必要把这些工作逐个梳理。基于此，才能更深刻地讨论 apFFT 测相隶属的参数估计模型，并推导该模型所对应的克拉默–拉奥下界。

7.2.1 实正弦信号模型的克拉默–拉奥下界

给定实正弦信号表示如下[19]：

$$s(t) = b_0 \cos(\omega_0 t + \theta_0) \tag{7-1}$$

式中，b_0, ω_0, θ_0 别为模拟正弦信号的幅度、频率和初相位。加噪声后，混合信号为

$$x(t) = \varepsilon(t) + z(t) \tag{7-2}$$

若在 $0 \sim T$ 对 $x(t)$ 作等间隔均匀采样，采样时间间隔 $\Delta t = T/N$，于是就可以得到长度为 N 的样本序列

$$x_n = b_0 \cos(\omega_0 n \Delta t + \theta_0) + z_n, \quad n = 0, 1, \cdots, N-1 \tag{7-3}$$

其中，$s_n = b_0 \cos(\omega_0 n \Delta t + \theta_0)$ 为纯信号的采样序列，z_n 为零均值高斯白噪声序列，其方差为 σ^2。相应地，信噪比为

$$\rho = b_0^2/(2\sigma^2) \tag{7-4}$$

令 $\boldsymbol{\alpha} = [\omega_0, b_0, \theta_0]^{\rm T}$ 表示参数矢量，对于给定参数矢量的观测矢量 $\boldsymbol{X} = [x_0, x_1, \cdots, x_{N-1}]^{\rm T}$ 的概率密度函数 (probability density function，PDF) 可表示为

$$f(\boldsymbol{X}|\boldsymbol{\alpha}) = \left(\frac{1}{2\pi\sigma^2}\right)^{\frac{N}{2}} {\rm e}^{-\frac{1}{2\sigma^2}\sum\limits_{n=0}^{N-1}(x_n-s_n)^2} \tag{7-5}$$

根据经典参数理论[17]，为求出所估计参数的 CRB，应构造 Fisher 信息阵 $\boldsymbol{J}$。对于式 (7-1) 的模型，包含三个要估计的参数，相应的 Fisher 信息阵 $\boldsymbol{J}$ 也为 3×3 的，其矩阵元素为

$$J_{ij} = -E\left\{\frac{\partial \ln f(\boldsymbol{X}|\boldsymbol{\alpha})}{\partial \alpha_i \partial \alpha_j}\right\} = \frac{1}{\sigma^2} \sum_{n=-N+1}^{N-1} \frac{\partial s_n}{\partial \alpha_i} \cdot \frac{\partial s_n}{\partial \alpha_j}, \quad i,j = 1,2,3 \tag{7-6}$$

联立式 (7-3)，有

$$\frac{\partial s_n}{\partial \alpha_1} = \frac{\partial s_n}{\partial \omega_0} = -n \cdot \Delta t \cdot b_0 \sin(\omega_0 n \Delta t + \theta_0) \tag{7-7}$$

$$\frac{\partial s_n}{\partial \alpha_2} = \frac{\partial s_n}{\partial b_0} = \cos(\omega_0 n \Delta t + \theta_0) \tag{7-8}$$

$$\frac{\partial s_n}{\partial \alpha_3} = \frac{\partial s_n}{\partial \theta_0} = -b_0 \sin(\omega_0 n \Delta t + \theta_0) \tag{7-9}$$

将式 (7-7)~式 (7-9) 代入式 (7-6)，有

$$J_{11} = \frac{(b_0 \Delta t)^2}{\sigma^2} \sum_{n=0}^{N-1} n^2 \sin^2(\omega_0 n \Delta t + \theta_0) \tag{7-10}$$

$$J_{12} = J_{21} = -\frac{b_0 \Delta t}{2\sigma^2} \sum_{n=0}^{N-1} n \sin[2(\omega_0 n \Delta t + \theta_0)] \tag{7-11}$$

$$J_{13} = J_{31} = \frac{b_0^2 \Delta t}{\sigma^2} \sum_{n=0}^{N-1} n \sin^2(\omega_0 n \Delta t + \theta_0) \tag{7-12}$$

7.2 谐波参数估计模型的克拉默–拉奥下界

$$J_{22} = \frac{1}{\sigma^2} \sum_{n=0}^{N-1} \cos^2(\omega_0 n \Delta t + \theta_0) \tag{7-13}$$

$$J_{23} = J_{32} = -\frac{b_0}{2\sigma^2} \sum_{n=0}^{N-1} \sin[2(\omega_0 n \Delta t + \theta_0)] \tag{7-14}$$

$$J_{33} = \frac{b_0^2}{\sigma^2} \sum_{n=0}^{N-1} \sin^2(\omega_0 n \Delta t + \theta_0) \tag{7-15}$$

当 N 足够大,且 ω_0 既不接近于 0 (即不是第 6 章讨论的 CiR 值靠近 1 的低频正弦波情况),又不接近于 $N\Delta\omega/2$ (其中 $\Delta\omega = 2\pi/T$, $N\Delta\omega/2$ 则对应为采样速率的一半,即 Nyquist 频率) 时,有

$$\sum_{n=0}^{N-1} n^2 \sin^2(\omega_0 n \Delta t + \theta_0) \approx \frac{1}{2} \sum_{n=0}^{N-1} n^2 = \frac{1}{2} Q \tag{7-16}$$

$$\sum_{n=0}^{N-1} n \sin^2(\omega_0 n \Delta t + \theta_0) \approx \frac{1}{2} \sum_{n=0}^{N-1} n = \frac{1}{2} P \tag{7-17}$$

$$\sum_{n=0}^{N-1} \sin^2(\omega_0 n \Delta t + \theta_0) = \sum_{n=0}^{N-1} \cos^2(\omega_0 n \Delta t + \theta_0) \approx \frac{1}{2} N \tag{7-18}$$

由上述结果可知,对于给定的 T、b_0 和 σ^2,式 (7-10)、式 (7-12)、式 (7-13) 和式 (7-15) 的值基本不随 N 增加。因此当 N 较大时,J_{12},J_{21} 和 J_{31} 的值远小于 Fisher 信息阵 J 中的其他元素值,可以忽略 (近似为 0)。将以上结果代入式 (7-6),有

$$J \approx \frac{1}{2\sigma^2} \begin{bmatrix} (b_0 \Delta t)^2 Q & 0 & b_0^2 \Delta t P \\ 0 & N & 0 \\ b_0^2 \Delta t P & 0 & b_0^2 N \end{bmatrix} \tag{7-19}$$

不难证明,以下数学恒等式成立:

$$P = \sum_{n=0}^{N-1} n = \frac{N(N-1)}{2} \tag{7-20}$$

$$Q = \sum_{n=0}^{N-1} n^2 = \frac{N(N-1)(2N-1)}{6} \tag{7-21}$$

根据经典参数估计理论[17],各参数估计的理论方差下限为

$$\text{var}\{\hat{\alpha}_i\} \geqslant J_{ii}^{-1} \tag{7-22}$$

其中，J^{-1} 为 Fisher 信息阵 J 的逆矩阵。故联立式 (7-19)~式 (7-22)，可得幅值 b_0 的估计方差下限为

$$\text{var}\{\hat{b}_0\} \geqslant 2\sigma^2/N \tag{7-23}$$

θ_0 未知时的 ω_0 的估计方差下限为

$$\text{var}\{\hat{\omega}_0\} \geqslant \frac{24\sigma^2}{(b_0\Delta t)^2 N(N^2-1)} \tag{7-24}$$

因为信噪比 $\rho = b_0^2/2\sigma^2$，故有

$$\text{var}\{\hat{\omega}_0\} \geqslant \frac{12}{\rho \cdot \Delta t^2 \cdot N(N^2-1)} \tag{7-25}$$

ω_0 未知时 θ_0 的估计方差下限为

$$\text{var}\{\hat{\theta}_0\} \geqslant \frac{2(2N-1)}{N(N+1)\rho} \approx \frac{4}{N\rho} \tag{7-26}$$

注意式 (7-25) 的频率估计的 CRB 是指模拟角频率参数的，若是数字信号角频率，则需忽略式 (7-25) 的采样间隔 Δt，即

$$\text{var}\{\hat{\omega}_0\} \geqslant \frac{12}{\rho \cdot N(N^2-1)} \tag{7-27}$$

进一步地，其归一化数字频率 $f_0 = \omega_0 \Delta t/2\pi (0 < f_0 < 1)$ 的 CRB 则为

$$\text{var}\{\hat{f}_0\} \geqslant \frac{3}{\pi^2 \rho N(N^2-1)} \tag{7-28}$$

因而，从以上估计可看出，一旦参数模型给定，各个参数估计的 CRB 只与信噪比 ρ 和样本个数 N 有关。

7.2.2 复指数信号模型的克拉默-拉奥下界

给定复指数信号表示如下：

$$s(t) = b_0 \exp[\text{j}(\omega_0 t + \theta_0)] \tag{7-29}$$

由于复指数信号可以分解为实部和虚部的组合形式，即

$$s(t) = b_0 \cos(\omega_0 t + \theta_0) + \text{j} b_0 \sin(\omega_0 t + \theta_0) \tag{7-30}$$

故可以利用实正弦信号的结果去推导复指数信号的克拉默-拉奥下界。

文献 [19] 指出：由于与复信号相比，实信号采样序列减少了一半信息，相当于采样序列长度减少了一半，因此实正弦信号参数估计方差的 CRB 为相同条件下复

指数信号的 CRB 的两倍。反过来，信噪比 ρ 固定的前提下，复指数信号参数估计方差的 CRB 应为实正弦信号的 CRB 的一半。

因而，复指数信号的幅值 b_0 的估计方差下限为

$$\text{var}\{\hat{b}_0\} \geqslant \sigma^2/N \tag{7-31}$$

复指数信号的数字角频率的参数估计方差下限为

$$\text{var}\{\hat{\omega}_0\} \geqslant \frac{6}{\rho N(N^2-1)} \tag{7-32}$$

复指数信号的归一化数字频率 f_0 的参数估计方差下限为

$$\text{var}\{\hat{f}_0\} \geqslant \frac{3}{2\pi^2 \rho N(N^2-1)} \tag{7-33}$$

式 (7-32) 和式 (7-33) 就是第 5 章各个频率估计器所对照的 CRB。

ω_0 未知时，复指数信号的初相 θ_0 估计方差下限为

$$\text{var}\{\hat{\theta}_0\} \geqslant 2/(N\rho) \tag{7-34}$$

7.2.3 全相位 FFT 测相模型的克拉默－拉奥下界

1. apFFT 测相的数学模型

"相位" 与两个物理量紧密相连：频率和时间。工程上所测相位通常是指某频率成分在某时刻的瞬时相位。以信号 $s(t) = b_0 \cos(2\pi f_0 t + \theta_0)$ 为例，若采样频率为 f_s，样点间隔为 $\Delta t = 1/f_s$，则 $t = n\Delta t$ 的样点值为 $s(n) = b_0 \cdot \cos(2\pi f_0 n\Delta t + \theta_0)$，其瞬时相位为 $\varphi(n) = 2\pi f_0 n\Delta t + \theta_0$。为测出瞬时相位，传统做法是采集 N 个样点 $s_n = s(nT_s), n = 0, 1, \cdots, N-1$，先估计出频率 f_0 后，再估计出起始样点 $n = 0$ 处的瞬时相位 $\varphi(0) = \theta_0$。

而 apFFT 测相情况则不同，如图 7-1 所示。

首先用卷积窗 w_c 对输入 $2N-1$ 个样点 $s(n), n \in [-N+1, N-1]$ 进行加权，然后将间隔为 N 的数据两两叠加 (中间元素除外) 而得到 $y(0), y(1), \cdots, y(N-1)$，再进行 FFT 即得到 apFFT 输出 $Y(k)$ 及其振幅谱 $|Y(k)|$，直接取最大振幅谱 $k = k^*$ 处的相角 $\varphi_Y(k^*)$ 即为测相结果，即

$$\hat{\theta}_0 = \text{ang}[Y(k^*)] \tag{7-35}$$

式 (7-35) 中所测的相位即为中间样点 ($n = 0$ 处第 N 个输入样点) 的瞬时相位。

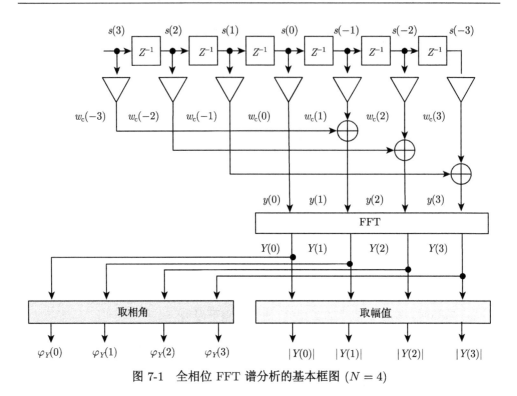

图 7-1　全相位 FFT 谱分析的基本框图 ($N=4$)

例 1　令 $N=64, s(n)=2\cos(\omega_0 n+\theta_0), \omega_0=8.3\Delta\omega, \theta=40°, n\in[-N+1, N-1]$。图 7-2 分别给出了无噪情况下的复指数信号和余弦信号的双窗 apFFT 振幅谱 $|Y(k)|$ 和相位谱 $\varphi_Y(k)$。

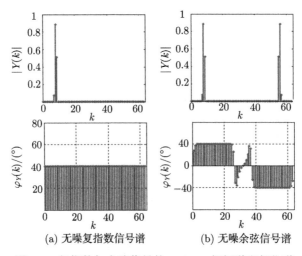

(a) 无噪复指数信号谱　　(b) 无噪余弦信号谱

图 7-2　复指数与余弦信号的 apFFT 振幅谱和相位谱

7.2 谐波参数估计模型的克拉默–拉奥下界

图 7-2(a) 表明，复指数信号相位谱 $\varphi_Y(k)$ 在全频率轴上呈现 "平坦分布"，其值都等于实际值 40°；而余弦信号谱由于存在两个边带，其左、右两个半轴的相位谱形状互为中心反对称，由于两个边带相互之间有谱间干扰，故图 7-2(b) 左半轴相位谱线平坦分布范围不像图 7-2(a) 那样覆盖到全频段上，而是在 $k=8$ 峰值谱位置附近的较宽范围内呈现平坦分布。

当信号受噪声干扰时，图 7-3 给出了信噪比分别为 40dB、30dB、20dB、10dB 时的余弦信号的 apFFT 振幅谱和相位谱 (只给出了左半轴谱线)。

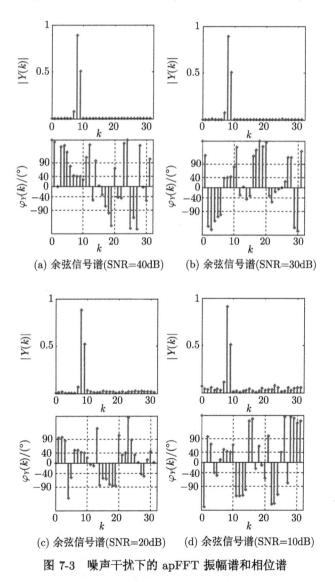

(a) 余弦信号谱(SNR=40dB)　　(b) 余弦信号谱(SNR=30dB)

(c) 余弦信号谱(SNR=20dB)　　(d) 余弦信号谱(SNR=10dB)

图 7-3　噪声干扰下的 apFFT 振幅谱和相位谱

从图 7-3 可看出，SNR=40dB、30dB 时，相位值等于 $40°$ 的平坦分布区域比无噪时要窄，只覆盖到了主谱线和左、右两根旁谱线共三根谱线；当 SNR=20dB、10dB 时 (这时从图 7-3(c) 和 (d) 的振幅谱图 $|Y(k)|$ 上可清楚地看出其噪声干扰)，其相位谱平坦区域进一步变窄，只覆盖到了主谱线和 $k=9$ 处的次高谱线共两根谱线。

综上结果可发现，不管哪种情况，$k=8$ 处峰值谱线相位值总是与实际值 $40°$ 最为接近，是抗噪性能最强的相位谱线。因而即使是在噪声干扰的情况下，通过对 $|Y(k)|$ 进行谱峰搜索，再取其相位值 $\varphi_Y(k)$ 也是合理的，即 $\hat{\theta}_0 = \text{ang}[Y(k^*)]$ 总是成立。

实际工程中，不一定输入样点序号 $n \in [-N+1, N-1]$，而是可能与之存在一段平移。然而不变的是，apFFT 所测的永远是中间样点的瞬时相位。

如图 7-4 所示 $N=16$ 的情形：当输入为 $x_{-15} \sim x_{15}$ 时，apFFT 所测的是中间样点 x_0 的瞬时相位；当输入为 $x_{-10} \sim x_{20}$ 时，测出的则是中间样点 x_5 的瞬时相位。

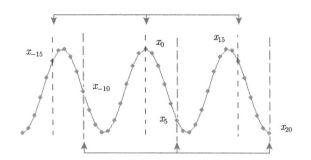

图 7-4　基于 apFFT 测相的样点选取 $(N=16)$

需强调，apFFT 所测相位值是直接从峰值谱线上取出的，故其测相参数估计模型有望得到简化。具体来说，可化简为下面的形式：

$$x(n) = b_0 \cos(\omega_0 n + \theta_0) + w(n) = b_0 \cos(\varphi_n) + w(n)$$

$$\omega_0 = (k^* + \delta)\Delta\omega, \quad k^* \in Z, -0.5 < \delta \leqslant 0.5 \tag{7-36}$$

式中，$w(n)$ 为噪声方差为 σ^2 的高斯白噪声。

显然，式 (7-36) 中，$n=0$ 时的瞬时相位 $\varphi_0 = \theta_0$。但是 apFFT 是从峰值谱位置 $k=k^*$ 处直接把 φ_n 读出来作为 θ_0 的估计结果，而不像传统 FFT 测相法那样，一定要先把频偏值 δ 估计出来，再利用 δ 去估计初相 θ_0(第 4、5 章有详细论述)，因而这样会把频偏估计误差扩散到初相估计中去，必然会降低相位估计精度。

需强调的是，由于中心样点 $n=0$ 是事先可确定的，故式 (7-36) 中只有两个未知参数 φ_0 和 b_0。相应地，传统的三参数估计模型 $\boldsymbol{\alpha} = [\omega_0, b_0, \theta_0]^{\text{T}}$ 简化为两参

数模型 $\boldsymbol{\alpha} = [\theta_0, b_0]^{\mathrm{T}}$。两参数模型相比于三参数模型，在测相时的不确定性减小了，因而必然具有更低的克拉默-拉奥下界。

2. apFFT 测相的克拉默-拉奥下界

基于 apFFT 的两参数估计模型，根据经典参数估计理论，我们来推导 apFFT 测相的克拉默-拉奥下界。

令 apFFT 的输入样点数 $M = 2N-1$，不难推出输入观测向量 $\boldsymbol{X} = [x_{-N+1}, \cdots, x_0, \cdots, x_{N-1}]^{\mathrm{T}}$ 的联合概率密度函数

$$f(\boldsymbol{X}|\boldsymbol{\alpha}) = \left(\frac{1}{2\pi\sigma^2}\right)^{\frac{M}{2}} e^{-\frac{1}{2\sigma^2} \sum\limits_{n=-N+1}^{N-1}(x_n - s_n)^2} \tag{7-37}$$

根据参数估计理论[12]，可导出 2×2 的 Fisher 信息阵 $\boldsymbol{J}$ 为

$$J_{ij} = -E\left\{\frac{\partial \ln(\boldsymbol{X}|\boldsymbol{\alpha})}{\partial \alpha_i \partial \alpha_j}\right\} = \frac{1}{\sigma^2} \sum_{n=-N+1}^{N-1} \frac{\partial s_n}{\partial \alpha_i} \cdot \frac{\partial s_n}{\partial \alpha_j}, \quad i,j = 1,2 \tag{7-38}$$

其中

$$\frac{\partial s_n}{\partial \alpha_1} = \frac{\partial s_n}{\partial \theta_0} = -b_0 \cdot \sin(\omega_0 n + \theta_0) \tag{7-39}$$

$$\frac{\partial s_n}{\partial \alpha_2} = \frac{\partial s_n}{\partial b_0} = \cos(\omega_0 n + \theta_0) \tag{7-40}$$

将式 (7-39)、式 (7-40) 代入式 (7-38)，有

$$J_{11} = \frac{b_0^2}{\sigma^2} \sum_{n=-N+1}^{N-1} \sin^2(\omega_0 n + \theta_0) = \frac{b_0^2}{2\sigma^2} M \tag{7-41}$$

$$J_{12} = J_{21} = 0 \tag{7-42}$$

$$J_{22} = \frac{1}{\sigma^2} \sum_{n=-N+1}^{N-1} \cos^2(\omega_0 n + \theta_0) = \frac{M}{2\sigma^2} \tag{7-43}$$

故 2×2 的 Fisher 信息阵 $\boldsymbol{J}$ 可表示为对角阵形式

$$\boldsymbol{J} = \frac{1}{2\sigma^2} \begin{bmatrix} Mb_0^2 & 0 \\ 0 & M \end{bmatrix} \tag{7-44}$$

易得出其逆矩阵为

$$\boldsymbol{J}^{-1} = 2\sigma^2 \begin{bmatrix} 1/(Mb_0^2) & 0 \\ 0 & 1/M \end{bmatrix} \tag{7-45}$$

在两参数模型 $\boldsymbol{\alpha} = [\theta_0, b_0]^T$ 中，初相为第一个参数，从而 apFFT 测相方差的克拉默–拉奥下界为 (单位：rad^2)

$$\text{CRB}_2 = \frac{2\sigma^2}{M \cdot b_0^2} = \frac{1}{M(b_0^2/2\sigma^2)} = \frac{1}{M\rho} \tag{7-46}$$

任何克拉默–拉奥下界只与耗费的样本数和信噪比有关，假定在同样信噪比下，由于 apFFT 测相需耗费 $M = 2N - 1$ 个样本，故为便于比较，式 (7-26) 中的 CRB 中的 N 需用 $2N - 1$ 替代，即传统三参数模型的相位估计的克拉默–拉奥下界为 (单位：rad^2)

$$\text{CRB}_3 = \frac{4}{M \cdot \rho}\bigg|_{M=2N-1} = \frac{4}{(2N-1)\rho} \tag{7-47}$$

将式 (7-46) 除以式 (7-47) 可得

$$\frac{\text{CRB}_2}{\text{CRB}_3} = \frac{1}{4} \tag{7-48}$$

从式 (7-48) 可看出，由于 apFFT 具有特殊的"相位不变性"，其测相参数估计模型可简化为两参数模型，其对应的克拉默–拉奥下界仅为传统三参数模型克拉默–拉奥下界的 1/4(即相差 $10\log10(4) \approx 6\text{dB}$)。

式 (7-46)~式 (7-48) 是针对实信号 $b_0 \cos(\omega_0 n + \theta_0) + w(n)$ 测相的情况的克拉默–拉奥下界。对于复信号 $b_0 \exp[j(\omega_0 n + \theta_0)] + w(n)$，其中 $w(n)$ 为复高斯白噪声，文献 [19] 指出：由于与复信号相比，实信号采样序列减少了一半信息，相当于采样序列长度减少了一半，因此信噪比 ρ 固定的前提下，复指数信号参数估计方差的 CRB 应为实正弦信号的 CRB 的一半。故复信号的两参数估计模型的克拉默–拉奥下界为 (单位：rad^2)

$$\text{CRB}_2 = \frac{1}{2M\rho} = \frac{1}{2(2N-1)\rho} \tag{7-49}$$

复信号的三参数估计模型的克拉默–拉奥下界为 (单位：rad^2)

$$\text{CRB}_3 = \frac{1}{2M\rho} = \frac{2}{(2N-1)\rho} \tag{7-50}$$

7.3 全相位 FFT 测相的理论方差

7.3.1 纯信号的全相位 FFT 谱和噪声干扰分析

实际测量中，噪声干扰总是存在，从而所测相位与理想值会产生一定的偏差。噪声产生的原因既可能是人为因素，也可能是非人为因素。人为因素有瞬间电子开关的闭合和关断、电火花及电磁辐射等，这些噪声可通过环境的净化及电磁屏蔽等

7.3 全相位 FFT 测相的理论方差

措施给予消除；而非人为因素包括电子仪器中由电子热运动引起的热噪声和模/数 (A/D) 转换过程中引入的量化噪声等，这些噪声虽然不可消除，但服从一定的统计规律 (热噪声为高斯过程，服从正态分布；而量化噪声则服从均匀分布)，可以用基于概率的统计信号处理方法进行定量研究。

不失一般性，以无窗 apFFT 为例，令 $\omega_0 = (k^* + \delta)\Delta\omega$，研究待测的纯信号 $x_0(n)$ 为

$$x_0(n) = b_0 \cos(\omega_0 n + \theta_0) = \frac{b_0}{2} \cdot \left[e^{j(\omega_0 n + \theta_0)} + e^{-j(\omega_0 n + \theta_0)} \right] \quad (7\text{-}51)$$

由于 apFFT 具有优良的抑制谱泄漏性能，因而可忽略式 (7-51) 的两个共轭频率成分的谱间干扰，则 apFFT 的结果 $Y_0(k)$ 为

$$Y_0(k) \approx \frac{e^{j\theta_0} b_0 \sin^2[(k^* - k + \delta)\pi]}{2N^2 \sin^2[(k^* - k + \delta)\pi/N]}, \quad k = 0, 1, \cdots, N-1 \quad (7\text{-}52)$$

相应地，$k = k^*$ 处的 apFFT 峰值谱 $Y_0(k^*)$ 为

$$Y_0(k^*) = \frac{b_0}{2} \cdot \frac{\sin^2(\delta\pi)}{N^2 \sin^2(\delta\pi/N)} e^{j\theta_0} \quad (7\text{-}53)$$

当 N 足够大时，$\sin(\delta\pi/N)$ 与 $\delta\pi/N$ 互为等价无穷小，则式 (7-53) 可进一步简化为

$$Y_0(k^*) \approx \frac{b_0 \sin^2(\delta\pi)}{2\delta^2 \pi^2} \cdot e^{j\theta_0} = \frac{b_0}{2} \sin c^2(\delta) \cdot e^{j\theta_0} = A(k^*) e^{j\theta_0} \quad (7\text{-}54)$$

基于此，分别研究高斯白噪声和量化噪声干扰下的 apFFT 性能，再将两者综合起来进行考虑。

7.3.2 高斯白噪声干扰下的全相位 FFT 相位谱性能

先研究仅存在高斯白噪声 $e_1(n)$ 对 apFFT 测相的影响 (假设均值为 0、方差为 σ_1^2)，将 $e_1(n)$ 作为图 7-1 中 apFFT 流程的输入，令其输出表示为 $y_1(n)$。根据 FFT 所隐含的周期性，可把图 7-1 中 FFT 之前的 N 个 $y_1(n)$ 数据看成将这 N 个数据进行周期延拓后从中截取的一个分段，即有 $y_1(N-n) = y_1(-n)$ 成立，结合 $w_c(-N) = 0$，从而有

$$\begin{cases} y_1(0) = w_c(0)e_1(0) = w_c(0)e_1(0) + w_c(-4)e_1(-4) \\ y_1(1) = y_1(-3) = w_c(1)e_1(1) + w_c(-3)e_1(-3) \\ y_1(2) = y_1(-2) = w_c(2)e_1(2) + w_c(-2)e_1(-2) \\ y_1(3) = y_1(-1) = w_c(3)e_1(3) + w_c(-1)e_1(-1) \end{cases} \quad (7\text{-}55)$$

对式 (7-55) 进行归纳有

$$y_1(n) = w_c(n)e_1(n) + w_c(n-N)e_1(n-N), \quad n = 0, 1, \cdots, N-1 \quad (7\text{-}56)$$

对于无窗情况,其归一化的卷积窗表达式为

$$w_c(n) = \frac{N - |n|}{N}, \quad n \in [-N+1, N-1] \tag{7-57}$$

对式 (7-56) 两端取方差,根据 $e_1(n)$ 统计独立同分布性,易得出

$$\mathrm{var}\,[y_1(n)] = \left[w_c^2(n) + w_c^2(n-N)\right]\mathrm{var}\,[e_1(n)] \tag{7-58}$$

将 $\mathrm{var}[e_1(n)] = \sigma_1^2$、式 (7-57) 代入式 (7-58),有

$$\mathrm{var}\,[y_1(n)] = \frac{N^2 + 2n^2 - 2nN}{N^2} \cdot \sigma_1^2 \tag{7-59}$$

而 $e_1(n)$ 的 $k = k^*$ 处的 apFFT 谱 $Y_1(k^*)$ 为

$$Y_1(k^*) = \sum_{n=0}^{N-1} y_1(n) W_N^{nk^*}, \quad W_N = \mathrm{e}^{-\mathrm{j}2\pi/N} \tag{7-60}$$

对式 (7-60) 等号两端取数学期望,有

$$E\,[Y_1(k^*)] = \sum_{n=0}^{N-1} E\,[y_1(n) W_N^{nk^*}] = 0 \tag{7-61}$$

对式 (7-60) 取方差,根据 $|W_N^{nk}| = 1$,联立式 (7-59),有

$$\begin{aligned}\mathrm{var}\,[Y_1(k^*)] &= \sum_{n=0}^{N-1} \mathrm{var}\,[y_1(n)] = \sigma_1^2 \sum_{n=0}^{N-1} \frac{N^2 + 2n^2 - 2nN}{N^2} \\ &= \sigma_1^2 \left[N + 2\frac{N(N-1)(2N-1)}{6N^2} - \frac{2}{N}\frac{N(N-1)}{2}\right] = \frac{2N^2+1}{3N}\sigma_1^2\end{aligned} \tag{7-62}$$

令

$$Y_1(k^*) = r_1 \mathrm{e}^{\mathrm{j}\phi_1} = r_1 \cos\phi_1 + \mathrm{j} r_1 \sin\phi_1 \tag{7-63}$$

则有

$$\mathrm{var}\,[r_1 \cos(\phi_1)] = \mathrm{var}\,[r_1 \sin(\phi_1)] = \frac{1}{2}\mathrm{var}\,[Y_1(k^*)] = \frac{2N^2+1}{6N}\sigma_1^2 \tag{7-64}$$

结合 apFFT 的线性性质,研究 $x_0(n)$ 在高斯白噪声干扰下的相位谱性能,联立式 (7-54) 和式 (7-64),有

$$\begin{aligned}Y(k^*) &= Y_0(k^*) + Y_1(k^*) = A(k^*)\mathrm{e}^{\mathrm{j}\theta_0} + r_1 \mathrm{e}^{\mathrm{j}\phi_1} \\ &= A(k^*)\mathrm{e}^{\mathrm{j}\theta_0} \cdot \left[1 + \frac{r_1 \mathrm{e}^{\mathrm{j}(\phi_1 - \theta_0)}}{A(k^*)}\right]\end{aligned}$$

7.3 全相位 FFT 测相的理论方差

$$=A(k^*)\mathrm{e}^{\mathrm{j}\theta_0} \cdot \left[\left(1+\frac{r_1\cos(\phi_1-\theta_0)}{A(k^*)}\right)+\mathrm{j}\cdot\frac{r_1\sin(\phi_1-\theta_0)}{A(k^*)}\right] \quad (7\text{-}65)$$

两端对式 (7-65) 取相角 (由于噪声服从 Gaussian 分布, 其下标用 g 表示), 有

$$\phi_\mathrm{g}(k^*)=\theta_0+\arctan\left[\frac{\dfrac{r_1\sin(\phi_1-\theta_0)}{A(k^*)}}{1+\dfrac{r_1\cos(\phi_1-\theta_0)}{A(k^*)}}\right] \quad (7\text{-}66)$$

当信噪比不至于太低时, $r_1/A(k^*)$ 取接近或大于 1 的概率极小, 这里忽略这种极小概率, 结合等价无穷小关系, 有

$$\phi_\mathrm{g}(k^*)\approx\theta_0+\frac{r_1\sin(\phi_1-\theta_0)}{A(k^*)} \quad (7\text{-}67)$$

两端对式 (7-67) 取方差, 联立式 (7-54) 和式 (7-64), 有

$$\begin{aligned}\mathrm{var}\left[\phi_\mathrm{g}(k^*)\right]&=\frac{1}{A^2(k^*)}\mathrm{var}\left[r_1\sin(\phi_1-\theta_0)\right]\\&=\frac{\dfrac{2N^2+1}{6N}\sigma_1^2}{\dfrac{b_0^2}{4}\mathrm{sinc}^4(\delta)}\approx\frac{4\sigma_1^2}{3Nb_0^2\mathrm{sinc}^4(\delta)}=\frac{2}{3\rho N\mathrm{sinc}^4(\delta)}\end{aligned} \quad (7\text{-}68)$$

注意式 (7-68) 是 apFFT 针对实信号测相的理论方差, 若对于复指数信号, 其方差值还要减半, 即 (单位: rad^2)

$$\mathrm{var}\left[\hat{\theta}_\mathrm{a}\right]\approx\frac{1}{3\rho N\mathrm{sinc}^4(\delta)} \quad (7\text{-}69)$$

7.3.3 量化误差对全相位 FFT 相位测量的影响

考虑量化误差 $e_2(n)$ 对 apFFT 相位测量的影响, 假设在 $[-b_0,b_0]$ 范围内对信号 $x_0(n)=a\cos(\omega_0 n+\theta_0)$ 进行 $m$bit 的量化, 则其量化步长 q 为

$$q\approx\frac{2b_0}{2^m}=\frac{b_0}{2^{m-1}} \quad (7\text{-}70)$$

众所周知, 模数转化的量化误差 $e_2(n)$ 是在 $[-q/2,q/2]$ 内的均匀分布, 则其方差为

$$\mathrm{var}\left[e_2(n)\right]=\sigma_2^2=\int_{-q/2}^{q/2}\frac{1}{q}\cdot x^2\mathrm{d}x=\frac{1}{q}\cdot\frac{x^3}{3}\bigg|_{-q/2}^{q/2}=\frac{q^2}{12}=\frac{b_0^2}{3\cdot 4^m} \quad (7\text{-}71)$$

由于量化误差 $e_2(n)$ 同高斯白噪声一样, 也具有统计独立同分布性, 则式 (7-58)~ 式 (7-68) 对量化噪声情况也成立, 仅需改变下标而已 (由于 $e_2(n)$ 服

从均匀分布, 其下标用 u 表示), 令 $k = k^*$ 处 $e_2(n)$ 的 apFFT 为 $Y_2(k^*) = r_2 e^{j\varphi_2}$, 相位谱为 $\varphi_u(k^*)$, 从而有

$$\varphi_u(k^*) \approx \theta_0 + \frac{r_2 \sin(\varphi_2 - \theta_0)}{A(k^*)} \tag{7-72}$$

$$\text{var}\,[\varphi_u(k^*)] \approx \frac{4\sigma_2^2}{3Nb_0^2 \text{sinc}^4(\delta)} \tag{7-73}$$

对比式 (7-68) 和式 (7-73) 可发现: 高斯噪声和量化噪声对相位测量的影响仅在于其噪声方差不同; 从而可以把量化噪声对相位测量的影响 "折合" 到高斯噪声中去, 令式 (7-68) 与式 (7-73) 相等, 联立式 (7-71) 有

$$\sigma_1^2 = \sigma_2^2 = \frac{b_0^2}{3 \cdot 4^m} \Rightarrow \frac{b_0^2}{2\sigma_1^2} = 1.5 \times 4^m \tag{7-74}$$

对式 (7-74) 两边取对数, 有

$$\text{SNR} = 10\lg \frac{b_0^2}{2\sigma_1^2} = 10\lg 1.5 + m \cdot 10\lg 4 = 1.76 + 6.02m \tag{7-75}$$

现有的 A/D 转化器的量化位数至少为 $m = 8$, 代入式 (7-75) 可算出, 用 apFFT 测相时, 8bit 量化误差折合为高斯噪声干扰下的信噪比高达近 50dB。而一般 A/D 转化器的量化位数高于 8bit, 则量化位数每增加 1 位, 量化误差所折合为高斯噪声干扰下的信噪就增加近 50dB, 对 apFFT 测相的影响就更小, $m \geqslant 10$ 时, 其影响甚至可忽略。

7.3.4 全相位测相 FFT 方差验证与克拉默–拉奥下界对照

例 2 以采样速率 $f_s = 3000\text{Hz}$ 对 $x(t) = \cos(706.640625 \times 2\pi t + \pi/3)$ 进行采样, 分别将量化比特宽度设置为 $m = 8$ 和 $m = 10$, 令谱分析阶数 $N = 128$, 分别采用无窗 apFFT 法和第一类相位差法 (需对存在延时关系的两序列作 FFT 求取主谱线相位差, 将其延时量设置为 N 个采样间隔, 故所用数据为 $2N$ 个, 详见文献 [21]) 进行 5000 次蒙特卡罗测相仿真。

表 7-1 给出了不同的高斯信噪比 (SNR) 条件下的测相均方根误差 (RMSE), 并给出式 (7-47) 算出的基于三参数估计模型的 CRB_3 的开方值、式 (7-46) 算出的基于两参数估计模型的 CRB_2 的开方值、式 (7-68) 算出的 apFFT 测相的理论方差开方值 (忽略量化误差) 作为对照 (注意: 本例中, $\Delta\omega = 2\pi/N$, 信号数字角频率 $\omega_0 = 2\pi f_0/f_s = 30.15\Delta\omega$, 故 $k^* = 30$, $\delta = 0.15$)。

7.3 全相位 FFT 测相的理论方差

表 7-1 测相的均方根误差数据 (单位: 度, 频偏 $\delta = 0.15$)

SNR/dB	$\sqrt{CRB_3}$	$\sqrt{CRB_2}$	apFFT 法			FFT 相位差法	
			理论 RMSE	$m=8$	$m=10$	$m=8$	$m=10$
0	7.1760	3.5880	4.4551	4.5025	4.4376	9.9705	9.8582
5	4.0354	2.0177	2.5053	2.5098	2.5818	5.5916	5.5273
10	2.2693	1.1346	1.4088	1.3871	1.4161	3.1376	3.1563
15	1.2761	0.6380	0.7922	0.7833	0.8112	1.7854	1.7468
20	0.7176	0.3588	0.4455	0.4509	0.4456	1.0020	1.0205

从表 7-1 的实验数据可得出如下结论:

(1) 虽然 FFT 相位差法选取的样点数比 apFFT 法多一个, 但实验得到的测相均方根误差均为 apFFT 测相 RMSE 的两倍以上, 因而测相精度远不如 apFFT 法。

(2) 量化位数分别为 8bit 和 10bit 下的 apFFT 测相数据差别非常微小, 这说明量化误差对测相精度的影响非常微小, 远不如高斯噪声。

(3) $m=8$ 和 $m=10$ 量化条件下的由统计实验得到的测相方差值均接近于 apFFT 的理论方差的开方值, 这证明了式 (7-68) 的正确性。

(4) 无论哪种 SNR 情况, apFFT 得到各列 RMSE 值都远小于 $\sqrt{CRB_3}$, 即突破了三参数模型的理论下限, 这证明了 apFFT 测相模型不隶属于传统三参数模型。

(5) 无论哪种 SNR 情况, apFFT 得到各列 RMSE 值稍大于 $\sqrt{CRB_2}$, 即测相方差为两参数模型的 CRB_2 所界定, 故 apFFT 测相的参数估计数学模型属于传统两参数模型。

例 3 令谱分析阶数 $N=128$, $x(n) = 2 \cdot \cos(\omega_0 n + \pi/3)$, $\omega_0 = (32+\delta)2\pi/128$, 分别采用无窗 apFFT 和第一类 FFT 时移相位差法[21]进行 5000 次蒙特卡罗测相仿真。在不同频偏情况下 ($\delta=0, \delta=0.1, \delta=0.2, \delta=0.3, \delta=0.4, \delta=0.5$), 分别用 FFT 第一类相位差法和 apFFT 测相法对信号进行测相。

图 7-5(a)~(f) 给出了对于不同的频偏情况, 在不同信噪比下, FFT 相位差法的测相均方根误差曲线、apFFT 测相均方根误差曲线及其理论 RMSE 曲线 (即式 (7-68) 算出结果的平方根)、三参数 CRB_3 的开方曲线 (即式 (7-47) 算出结果的平方根) 和式 (7-46) 推导的两参数 CRB_3 的开方曲线 (即式 (7-46) 算出结果的平方根)。

观察图 7-5(a)~(f), 可总结出如下结论:

(1) 不论是 FFT 还是 apFFT 测相, 频偏值 $|\delta|$ 越大, 测相误差也越大, 与对应克拉默–拉奥下界相差越来越大。这可以从两方面来解释: 一方面, 从式 (7-68) 中 apFFT 测相方差的理论方差的 $\text{sinc}^4(\delta)$ 项是 $|\delta|$ 的减函数, 但是该项在分母上, 故 $|\delta|$ 越大, 测相误差也越大; 另一方面, 第 6 章也有论述, 频偏值 $|\delta|$ 越大, 峰值谱线的幅度会减小, 抵御噪声的鲁棒性就会减弱, 而无论是 apFFT 测相还是 FFT

第一类相位差法测相,都是从峰值谱上去取信息,故频偏值 $|\delta|$ 越大,测相 RMSE 越大。

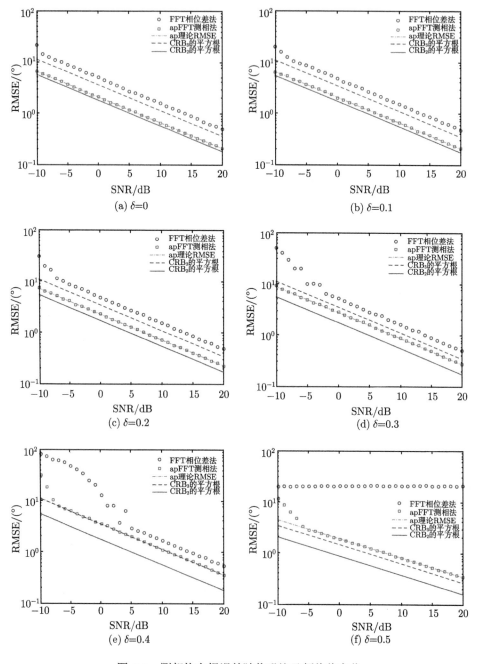

图 7-5　测相均方根误差随信噪比及频偏值变化

(2) 频偏 δ 较小 (0~0.3) 时，apFFT 测相 RMSE 低于传统 $\sqrt{\overline{CRB_3}}$，即突破了三参数估计模型的理论下限；频偏 δ 较大 ($\delta > 0.3$) 时，apFFT 测相 RMSE 高于 $\sqrt{\overline{CRB_3}}$。但无论哪种频偏情况，apFFT 测相 RMSE 全部高于本节推导的 $\sqrt{\overline{CRB_2}}$。这充分说明：apFFT 测相的数学模型和传统 FFT 测相的数学模型是不一样的，传统 FFT 测相服从三参数估计模型，故其测相 RMSE 为 $\sqrt{\overline{CRB_3}}$ 所界定；而 apFFT 测相服从本书提出的两参数估计模型，故其测相 RMSE 为 $\sqrt{\overline{CRB_2}}$ 所界定。

(3) 无论哪种频偏情况，apFFT 实际测相 RMSE 曲线与其理论曲线吻合得很好，这证明式 (7-68) 推导出的理论式的正确性。

(4) δ 较大时，信噪比在 SNR$\in [-10\text{dB}, 20\text{dB}]$ 的区间内变化时，apFFT 测相情况和传统 FFT 测相都会出现门限效应。但 apFFT 在 $\delta \geqslant 0.4$ 时才出现明显的门限效应，而 FFT 测相甚至在 $\delta = 0$ 时就会出现门限效应。这说明 apFFT 相比于对 FFT 测相，具有更高的对频偏的鲁棒性。

(5) 即使在同一频偏情况下 (如 $\delta = 0.4$ 的情况)，apFFT 测相的门限信噪比阈值也比 FFT 测相阈值要低 (如 $\delta = 0.4$ 的情况，apFFT 测相的阈值为 SNR= -7dB，而 FFT 测相的阈值为 SNR=4dB)。这说明 apFFT 测相相比于 FFT 测相，具有更高的对噪声强度的鲁棒性。

总之，在测相精度、对频偏的鲁棒性和对噪声的鲁棒性等多个方面，apFFT 测相都比传统 FFT 测相的性能高，而且耗费的样点还少了一个，其理论误差精确可预测，因而 apFFT 测相具有很高的理论意义和工程意义，这也是 apFFT 测相已被同行广泛应用于工科大类的几乎每个领域的根本原因。

7.4 衍生于全相位 FFT 的双子段相位估计法

7.3 节已经证明：apFFT 测相方差突破了传统的三参数的克拉默–拉奥下界，并且靠近新的两参数克拉默–拉奥下界，因而进一步期望能从 apFFT 中衍生出精度更高的测相法，使得其测相方差还能向两参数克拉默–拉奥下界 CRB_2 靠得更近点。

本节将在深入剖析 apFFT 测相机理的基础上，从中衍生一种新的"双子段测相法"[22]，该方法继承了 apFFT 测相不依赖于频率估计的优点，并将通过理论分析和仿真实验证明在信噪比较高时，"双子段测相法"在耗费与 apFFT 相同样本数量的条件下，其方差值介于 apFFT 测相方差和 CRB_2 之间，故测相精度高于 apFFT 测相法，具有较高的应用价值。

此外，在从 apFFT 测相法到"双子段测相法"的衍生过程中，还可以衍生一种"双矢量平均"测相法，该测相法在小频偏时的测频精度甚至具有紧靠两参数克拉默–拉奥下界的特性，但总体测相性能不如"双子段测相法"好，故本节仅在重点剖析"双子段测相法"的机理过程中,附带给出"双矢量平均测相法"的原理。

不论是"双子段测相法",还是"双矢量平均测相法",都是从 apFFT 测相法衍生出来的。这两种方法与 apFFT 测相法既有继承性,又有突破性,但同时也有蜕化性,对这个认识尤其要注意。

7.4.1 从全相位 FFT 测相法到双子段测相法的衍生机理

已提到对序列 $\{x(n), -N+1 \leqslant n \leqslant N-1\}$ 进行全相位 FFT,其原始定义蕴含了如下过程:

Step1 考虑所有包含中心样点 $x(0)$ 的分段 $\boldsymbol{x}'_0 \sim \boldsymbol{x}'_{N-1}$,即

$$\begin{aligned}
\boldsymbol{x}'_0 &= [x(0), x(1), \cdots, x(N-2), x(N-1)] \\
\boldsymbol{x}'_1 &= [x(-1), x(0), \cdots, x(N-3), x(N-2)] \\
&\cdots\cdots \\
\boldsymbol{x}'_{N-1} &= [x(-N+1), x(-N+2), \cdots, x(-1), x(0)]
\end{aligned} \tag{7-76}$$

Step2 对每个子分段 $\boldsymbol{x}'_m (m=0,\cdots,N-1)$ 作平移量为 m 的循环左移,得到子分段 $\boldsymbol{x}_0 \sim \boldsymbol{x}_{N-1}$,即

$$\begin{aligned}
\boldsymbol{x}_0 &= [x(0), x(1), \cdots, x(N-2), x(N-1)] \\
\boldsymbol{x}_1 &= [x(0), x(1), \cdots, x(N-2), x(-1)] \\
&\cdots\cdots \\
\boldsymbol{x}_{N-1} &= [x(0), x(-N+1), \cdots, x(-2), x(-1)]
\end{aligned} \tag{7-77}$$

Step3 对每个子分段 $\boldsymbol{x}_m(m=0,\cdots,N-1)$ 作 FFT 可得 $X_m(k)$,并将所有 N 路 $X_m(k)$ 进行平均即得 apFFT 输出 $Y(k)$。

以上步骤即为第 2 章提及的不加窗的 apFFT 衍生流程,该过程耗费了 N 次 FFT,等效为图 7-1 的全相位预处理 +FFT 的过程。

由于内含了 N 个子 FFT 相互补偿的机理,apFFT 具备了如下优良性质:① 优良的抑制谱泄漏性能;② 相位不变性,即从峰值谱处取相位值即可得到中心样点 $x(0)$ 的瞬时相位的准确估计;③ 计算量小,流程简单。因而 apFFT 引起了学术界和工程界的兴趣。

然而有些实际检测场合 (如振动分析[23]、GPS 定位[24]) 并不需要全部具备以上三方面性质,而是更侧重测相精度要尽量高。那么可否放弃 apFFT 的抑制谱泄漏性能,仅保留"相位不变性",从而换来测相精度的提升呢? 答案是肯定的。

我们只需从 apFFT 包含的 N 路 FFT 结果 $X_m(k)(m=0,\cdots,N-1)$ 中,取出其首尾两路 $X_0(k)$、$X_{N-1}(k)$,即可得到比全相位 FFT 精度更高的测相估计方法。整个流程如图 7-6 所示。

7.4 衍生于全相位 FFT 的双子段相位估计法

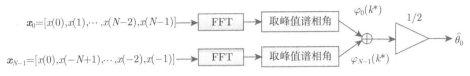

图 7-6 双子段测相法流程

下面我们分析图 7-6 所示流程的相位估计机理。

7.4.2 双子段相位估计法原理

给定复指数序列 $\{x(n) = b_0 \cdot \exp[j(\omega_0 n + \theta_0)],\ -N+1 \leqslant n \leqslant N-1\}$ 旨在精确估计中心样点 $x(0)$ 的相位 θ_0。假定频率分辨率 $\Delta\omega = 2\pi/N$，对于频率 ω_0 不妨作如下表示：

$$\omega_0 = \beta \cdot \Delta\omega = (k^* + \delta)\Delta\omega, \quad k^* \in z^+,\ |\delta| \leqslant 0.5 \tag{7-78}$$

则对于子分段 x_0，其 FFT 结果为

$$X_0(k) = \sum_{n=0}^{N-1} b_0 \cdot e^{j(\omega_0 n + \theta_0)} e^{-j\frac{2\pi}{N}nk} = b_0 \cdot e^{j\theta_0} \sum_{n=0}^{N-1} e^{j(\omega_0 - k\Delta\omega)n}$$

$$= b_0 \cdot \frac{\sin\left[(k\Delta\omega - \omega_0)N/2\right]}{\sin\left[(k\Delta\omega - \omega_0)/2\right]} e^{j\left[\theta_0 - \frac{(N-1)(k\Delta\omega - \omega_0)}{2}\right]}, \quad k = 0,\cdots,N-1 \tag{7-79}$$

联立式 (7-78) 和式 (7-79)，则 $X_0(k)$ 在峰值谱位置 $k = k^*$ 处的谱值为

$$X_0(k^*) = b_0 \cdot \frac{\sin\left[(k^*\Delta\omega - \omega_0)N/2\right]}{\sin\left[(k^*\Delta\omega - \omega_0)/2\right]} e^{j\left[\theta_0 - \frac{(N-1)(k^*\Delta\omega - \omega_0)}{2}\right]}$$

$$= b_0 \cdot \frac{\sin(\delta\pi)}{\sin(\delta\Delta\omega/2)} e^{j\left[\theta_0 + \delta\pi\frac{(N-1)}{N}\right]} \tag{7-80}$$

故 $X_0(k)$ 在峰值谱位置 $k = k^*$ 处的相位谱值为

$$\varphi_0(k^*) = \theta_0 + \delta\pi(N-1)/N \tag{7-81}$$

为求出子分段 $\bm{x}_{N-1}$ 的 FFT 谱 $X_{N-1}(k)$，我们先探究 $X_{N-1}(k)$ 与式 (7-76) 的子分段 $\bm{x}'_{N-1}$ 的 FFT 谱 $X'_{N-1}(k)$ 的关系：由于 $\bm{x}_{N-1}$ 由 $\bm{x}'_{N-1}$ 循环左移 $N-1$ 位而来，令 FFT 的旋转因子 $W_N = \exp(-j2\pi/N)$，则根据 FFT 的循环移位性质有

$$X_{N-1}(k) = X'_{N-1}(k)W_N^{-(N-1)k} = X'_{N-1}(k)e^{-j2\pi k/N}$$

$$= X'_{N-1}(k)e^{-jk\Delta\omega}, \quad k = 0,1,\cdots,N-1 \tag{7-82}$$

显然，式 (7-76) 的子分段 $\bm{x}'_{N-1}$ 内的元素 $x_{N-1}(n)$ 可表示为

$$x_{N-1}(n) = x(n - N + 1) = b_0 \cdot e^{j[\omega_0(n-N+1)+\theta_0]}, \quad n = 0,1,\cdots,N-1 \tag{7-83}$$

故 $X'_{N-1}(k)$ 可表示为

$$X'_{N-1}(k) = \sum_{n=0}^{N-1} b_0 \cdot e^{j[\omega_0(n-N+1)+\theta_0]} e^{-j\frac{2\pi}{N}nk} = b_0 \cdot e^{j[\theta_0+\omega_0(-N+1)]} \sum_{n=0}^{N-1} e^{j(\omega_0-k\Delta\omega)n}$$

$$= b_0 \cdot e^{j[\theta_0+\omega_0(-N+1)]} \cdot \frac{\sin[(k\Delta\omega-\omega_0)N/2]}{\sin[(k\Delta\omega-\omega_0)/2]} \cdot e^{j\left[-\frac{(N-1)(k\Delta\omega-\omega_0)}{2}\right]}$$

$$= b_0 \cdot \frac{\sin[(k\Delta\omega-\omega_0)N/2]}{\sin[(k\Delta\omega-\omega_0)/2]} e^{j\left[\theta_0-\frac{(N-1)(k\Delta\omega+\omega_0)}{2}\right]}, \quad k=0,\cdots,N-1 \quad (7\text{-}84)$$

联立式 (7-78)、式 (7-82) 和式 (7-84)，则 $X_{N-1}(k)$ 在峰值谱位置 $k=k^*$ 处的谱值为

$$X_{N-1}(k^*) = b_0 \cdot \frac{\sin[(k^*\Delta\omega-\omega_0)N/2]}{\sin[(k^*\Delta\omega-\omega_0)/2]} \cdot e^{j\left[\theta_0-\frac{(N-1)k^*\Delta\omega+(N-1)\omega_0}{2}\right]}$$

$$= b_0 \cdot \frac{\sin(\delta\pi)}{\sin(\delta\Delta\omega/2)} \cdot e^{j\left[\theta_0-\frac{(N-1)k^*\Delta\omega+(N-1)(k^*\Delta\omega+\delta\Delta\omega)}{2}\right]}$$

$$= b_0 \cdot \frac{\sin(\delta\pi)}{\sin(\delta\Delta\omega/2)} \cdot e^{j\left[\theta_0-N\Delta\omega-\frac{(N-1)\delta\Delta\omega}{2}\right]}$$

$$= b_0 \cdot \frac{\sin(\delta\pi)}{\sin(\delta\Delta\omega/2)} e^{j\left[\theta_0-\frac{\delta\pi(N-1)}{N}\right]} \quad (7\text{-}85)$$

因而 $X_{N-1}(k)$ 在峰值谱位置 $k=k^*$ 处的相位谱值为

$$\varphi_{N-1}(k^*) = \theta_0 - \delta\pi(N-1)/N \quad (7\text{-}86)$$

对比式 (7-80) 和式 (7-85) 可发现，$k=k^*$ 处 $X_0(k^*)$ 与 $X_{N-1}(k^*)$ 谱幅值相等，即

$$|X_0(k^*)| = |X_{N-1}(k^*)| = b_0 \cdot \frac{\sin(\delta\pi)}{\sin(\delta\Delta\omega/2)} \quad (7\text{-}87)$$

而联立式 (7-81) 和式 (7-86) 可发现，$X_0(k^*)$ 与 $X_{N-1}(k^*)$ 的谱相角关于理想相位 θ_0 对称，将两者相加，有

$$\varphi_0(k^*) + \varphi_{N-1}(k^*) = \theta_0 + \delta\pi(N-1)/N + \theta_0 - \delta\pi(N-1)/N = 2\theta_0 \quad (7\text{-}88)$$

故新算法相位估计式为

$$\hat{\theta}_0 = [\varphi_0(k^*) + \varphi_{N-1}(k^*)]/2 \quad (7\text{-}89)$$

需指出，式 (7-88) 和式 (7-89) 表明：由于与频偏值 δ 有关的相位项 $\delta\pi(N-1)/N$ 与 $-\delta\pi(N-1)/N$ 恰好相互抵消，故式 (7-89) 的相位估计继承了 apFFT 测相与频偏 δ 无关的优点，即继承了"相位不变性"。相应地，双子段测相法的参数估计模型属于两参数模型，而不是三参数模型，故与 apFFT 测相一样，有望获得高精度。

7.4.3 基于矢量合成的测相精度比较分析

双子段测相法与全相位 FFT 测相法精度哪个更高？我们用矢量合成法来分析讨论。很显然，由于双子段测相法和 apFFT 测相法都需要从峰值谱线上取相位值，因而含噪情况下，影响测相精度的决定因素是噪声谱幅度和有用信号的峰值谱线幅度的相对比值。当噪声幅度一定时，有用信号峰值谱幅度越小，抵御噪声能力也越低，反之亦然。

而从 7.4.1 节的三个步骤可看出，apFFT 是由 N 路子谱叠加 (包括本节方法用到的首尾两路) 并进行平均得到，这种平均是矢量几何叠加再平均。我们以一个具体实例来说明矢量平均对峰值谱线幅度的影响。

以 $N=6$, $x(n)=\exp[\mathrm{j}(\omega_0 n+\theta_0)](\omega_0=2.3\times 2\pi/6,\theta_0=12°,-5\leqslant n\leqslant 5)$ 为例，则全部 $2N-1$ 个样本组成的数据向量为

$$\boldsymbol{x}=[\mathrm{e}^{\mathrm{j}42°},\mathrm{e}^{-\mathrm{j}180°},\mathrm{e}^{\mathrm{j}42°},\mathrm{e}^{\mathrm{j}96°},\mathrm{e}^{-\mathrm{j}126°},\mathrm{e}^{\mathrm{j}12°},\mathrm{e}^{\mathrm{j}150°},\mathrm{e}^{-\mathrm{j}72°},\mathrm{e}^{\mathrm{j}66°},\mathrm{e}^{-\mathrm{j}156°},\mathrm{e}^{-\mathrm{j}18°}]^{\mathrm{T}} \tag{7-90}$$

根据 7.4.1 节的 Step1，把 $\boldsymbol{x}$ 分成包含 $x(0)=\mathrm{e}^{\mathrm{j}12°}$ 的所有可能的 6 个子分段 $\boldsymbol{x}_0'\sim\boldsymbol{x}_5'$，再根据 Step2 对 $\boldsymbol{x}_0'\sim\boldsymbol{x}_5'$ 进行相应的循环移位而得到子分段 $\boldsymbol{x}_0\sim\boldsymbol{x}_5$，最后根据 Step3 对 $\boldsymbol{x}_0\sim\boldsymbol{x}_5$ 分别作 FFT，得到各子峰值谱 $k=k^*=2$ 处的频域向量 $\boldsymbol{X}_m(2),m=0,\cdots,5$，如图 7-7 所示，将这 N 个子谱进行平均得到的 apFFT 峰值谱的向量 $\boldsymbol{Y}(2)$ 如图 7-7 所示。

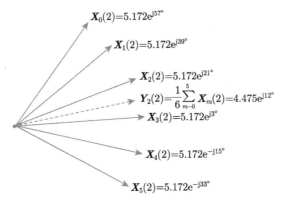

图 7-7 峰值谱 $k=2$ 处的 apFFT 矢量合成图

从图 7-7 的 apFFT 的矢量平均过程可发现：虽然矢量几何平均使得各子谱 $\boldsymbol{X}_m(2)$ 的相角相互补偿，从而 $\boldsymbol{Y}(2)$ 相角达到理论相角 $12°$，但是付出了峰值谱幅值的损失，即矢量平均前各子谱 $\boldsymbol{X}_m(2)(m=0,\cdots,5)$ 具有相等幅度值 5.172，矢量

叠加后的 apFFT 谱 $Y(2)$ 值反而降低为 4.457，即下式成立：

$$|Y(k^*)| \leqslant |X_m(k^*)|, \quad m = 0, 1, \cdots, N-1 \tag{7-91}$$

因而矢量平均的结果使得 apFFT 峰值谱幅度减小，不利于抵御噪声影响，会影响相位估计精度。

同理，仅仅从将 apFFT 的 N 个 (即 $N/2$ 对) 的矢量平均中，取出来双子段情况两个矢量 (即 1 对) 作平均，具体来说，选取图 7-7 中 $X_0(k^*)$ 与 $X_{N-1}(k^*)$ 作平均，则联立式 (7-80) 和式 (7-85)，有

$$\frac{[X_0(k^*) + X_{N-1}(k^*)]}{2} = \frac{b_0}{2} \cdot \frac{\sin(\delta\pi)}{\sin(\delta\Delta\omega/2)} \left[e^{j(\theta_0 + \frac{\delta\pi(N-1)}{N})} + e^{j(\theta_0 - \frac{\delta\pi(N-1)}{N})} \right]$$

$$= b_0 \cdot \frac{\sin(\delta\pi)}{\sin(\delta\Delta\omega/2)} \cos\left(\theta_0 + \frac{\delta\pi(N-1)}{N}\right) e^{j\theta_0} \tag{7-92}$$

注意式 (7-92) 的相位项为 $\exp(j\theta_0)$，与频偏 δ 无关。故与双子段测相估计法一样，式 (7-92) 也等效于一个不需要先估计频率即可直接估计相位的、符合两参数模型的相位估计器，不妨称之为"双矢量平均"相位估计器。我们简单分析一下该估计器性能：注意式 (7-92) 的余弦项 $\cos(\cdot) \leqslant 1$，故联立式 (7-87)，有

$$\left| \frac{X_0(k^*) + X_{N-1}(k^*)}{2} \right| \leqslant |X_0(k^*)| = |X_{N-1}(k^*)| = b_0 \cdot \frac{\sin(\delta\pi)}{\sin(\delta\Delta\omega/2)} \tag{7-93}$$

式 (7-93) 表明，与全相位 FFT 的矢量平均一样，"双矢量平均"相位估计器的两路峰值谱平均的结果，使得峰值谱幅度反而减小了，因而会降低相位估计精度 (7.3.4 节仿真实验会给出性能对照)。

而本节提出的图 7-6 所示的双子段相位估计器，没有采用像式 (7-93) 那样先对 $X_0(k^*)$ 和 $X_{N-1}(k^*)$ 作矢量平均再取相角，而是先分别从 $X_0(k^*)$ 和 $X_{N-1}(k^*)$ 中取出对应的相角 $\varphi_0(k^*)$ 与 $\varphi_{N-1}(k^*)$，然后再作相角平均，这样就避免了式 (7-92) 中因矢量平均而造成的峰值谱幅值降低的结果，保证了相位估计精度。

由于式 (7-91) 成立，故当信噪比足够大时，"双子段法"用的两路 FFT 峰值谱幅值高于 apFFT 峰值谱幅值，因而其测相精度高于 apFFT 测相精度。

以上是从矢量合成的角度去证明，对于单频信号的测相情况，双子段测相法的精度要高于 apFFT 测相精度。下面我们再换另一个角度，即统计分析的角度，对这个结论从数量上给出严谨证明。

7.4.4 基于统计分析的测相精度分析

1. 无噪情况

从式 (7-78)～式 (7-89) 可看出，双子段测相法的每一步数学推导都是严格的，没有作理论近似。而在文献 [25]、[26] 中，apFFT 测相数学推导也没有作理论近似。

7.4 衍生于全相位 FFT 的双子段相位估计法

故双子段法与 apFFT 法一样,在无噪情况下的测相误差为 0。

2. 含噪情况

假设 $w(n)$ 为均值为 0、方差为 σ^2 的复高斯白噪声,则信号模型为 $x(n) = b_0 \exp[j(\omega_0 n + \theta_0)] + w(n)$,因而信噪比 SNR 值 ρ 可表示为

$$\rho = b_0^2/\sigma^2 \tag{7-94}$$

峰值 $k = k^*$ 处噪声 $w(n)$ 的 DFT 为

$$W(k^*) = \sum_{n=0}^{N-1} w(n) e^{-j\frac{2\pi}{N}nk^*} = r e^{j\varphi} = r\cos\varphi + jr\sin\varphi \tag{7-95}$$

式中,r、φ 分别为表示幅值和相角的随机变量。对式 (7-95) 两边取方差有

$$\begin{aligned}
\text{var}[W(k^*)] &= \text{var}\left[\sum_{n=0}^{N-1} w(n) e^{-j\frac{2\pi}{N}nk^*}\right] \\
&= \sum_{n=0}^{N-1} \left|e^{-j\frac{2\pi}{N}nk^*}\right|^2 \cdot \text{var}[w(n)] = N\sigma^2
\end{aligned} \tag{7-96}$$

联立式 (7-95) 和式 (7-96),则有

$$\text{var}[r\cos\varphi] = \text{var}[r\sin\varphi] = \text{var}[W(k^*)]/2 = N\sigma^2/2 \tag{7-97}$$

联立式 (7-80) 和式 (7-95) 可推出第一个子段 x_0 的 DFT 峰值谱 $X_0(k^*)$

$$\begin{aligned}
X_0(k^*) &= \sum_{n=0}^{N-1} \left[b_0 e^{j(\omega_0 n + \theta_0)} + w(n)\right] e^{-j\frac{2\pi}{N}nk^*} \\
&= b_0 \cdot \frac{\sin(\delta \cdot \pi)}{\sin(\delta \cdot \Delta\omega/2)} e^{j[\theta_0 + \delta\frac{(N-1)}{N}\pi]} + r e^{j\varphi}
\end{aligned} \tag{7-98}$$

将式 (7-98) 进一步推导为

$$\begin{aligned}
X_0(k^*) &= b_0 \cdot \frac{\sin(\delta \cdot \pi)}{\sin(\delta \cdot \Delta\omega/2)} e^{j[\theta_0 + \delta\frac{(N-1)}{N}\pi]} \cdot \left[1 + \frac{r e^{j(\varphi - \theta_0 - \delta(N-1)\pi/N)}}{b_0 \cdot (\sin(\delta \cdot \pi)/\sin(\delta \cdot \Delta\omega/2))}\right] \\
&= b_0 \cdot \frac{\sin(\delta \cdot \pi)}{\sin(\delta \cdot \Delta\omega/2)} e^{j[\theta_0 + \delta\frac{(N-1)}{N}\pi]} \cdot \left[1 + \frac{r\cos(\varphi - \theta_0 - \delta\pi(N-1)/N)}{b_0 \cdot (\sin(\delta \cdot \pi)/\sin(\delta \cdot \Delta\omega/2))}\right. \\
&\quad \left. + j\frac{r\sin(\varphi - \theta_0 - \delta\pi(N-1)/N)}{b_0 \cdot (\sin(\delta \cdot \pi)/\sin(\delta \cdot \Delta\omega/2))}\right]
\end{aligned} \tag{7-99}$$

由式 (7-99),可推出前向 DFT 测量相位 $\varphi_0(k^*)$ 为

$$\varphi_0(k^*) = \theta_0 + \delta\frac{(N-1)}{N}\pi + \arctan\frac{\dfrac{r\sin[\varphi - \theta_0 - \delta\pi(N-1)/N]}{b_0 \cdot (\sin(\delta \cdot \pi)/\sin(\delta \cdot \Delta\omega/2))}}{1 + \dfrac{r/N}{b_0} \cdot \dfrac{N\cos[\varphi - \theta_0 - \delta\pi(N-1)/N]}{\sin(\delta \cdot \pi)/\sin(\delta \cdot \Delta\omega/2)}} \tag{7-100}$$

当信噪比 ρ 不是特别低时, 可证得分母的如下子项满足

$$0 < (r/N)/a \ll 1 \tag{7-101}$$

结合函数的单调性及奇偶性, 分母的另一子项满足如下不等式:

$$0 < \frac{N\cos\left[\varphi - \theta_0 - \delta\pi\left(N-1\right)/N\right]}{\sin(\delta\cdot\pi)/\sin(\delta\cdot\Delta\omega/2)} \leqslant 1 \tag{7-102}$$

故式 (7-100) 的 $\arctan(\cdot)$ 项的分子比分母小得多, 则根据 $\arctan(x) \sim x$ 的等价无穷小关系, 有

$$\varphi_0(k^*) \approx \theta_0 + \delta\frac{(N-1)}{N}\pi + \frac{r\sin\left[\varphi - \theta_0 - \delta\pi(N-1)/N\right]}{b_0\cdot(\sin(\delta\cdot\pi)/\sin(\delta\cdot\Delta\omega/2))} \tag{7-103}$$

式中, 只有 r 与 φ 为与噪声有关的随机变量, 因而对式 (7-103) 两边的噪声取方差, 有

$$\text{var}[\varphi_0(k^*)] \approx \frac{\text{var}(r\sin\varphi)}{b_0^2\cdot(\sin(\delta\cdot\pi)/\sin(\delta\cdot\Delta\omega/2))^2} \tag{7-104}$$

联立式 (7-94)、式 (7-97) 和式 (7-104), 有

$$\text{var}[\varphi_0(k^*)] \approx \frac{1/2\cdot\text{var}[W(k^*)]}{b_0^2\cdot(\sin(\delta\cdot\pi)/\sin(\delta\cdot\Delta\omega/2))^2} = \frac{N\sigma^2}{2b_0^2\cdot(\sin(\delta\cdot\pi)/\sin(\delta\cdot\Delta\omega/2))^2}$$
$$= \frac{N}{2\rho\cdot(\sin(\delta\cdot\pi)/\sin(\delta\cdot\Delta\omega/2))^2} \tag{7-105}$$

当 N 足够大时, 则 $\sin(\delta\Delta\omega/2) = \sin(\delta\pi/N) \sim \delta\pi/N$, 故进一步有

$$\text{var}[\varphi_0(k^*)] \approx \frac{N\sin^2(\delta\cdot\Delta\omega/2)}{2\rho\cdot\sin^2(\delta\cdot\pi)}$$
$$\approx \frac{N\delta^2\pi^2/N^2}{2\rho\cdot\sin^2(\delta\cdot\pi)} = \frac{1}{2\rho\cdot N\text{sinc}^2(\delta)} \tag{7-106}$$

式中, $\text{sinc}(\delta) = \sin(\delta\pi)/(\delta\pi)$。由于子段 x_0 与子段 x_{N-1} 具有对称性, 则子段 x_{N-1} 的 FFT 测相方差 $\text{var}[\varphi_{N-1}(k^*)]$ 为

$$\text{var}[\varphi_{N-1}(k^*)] = \text{var}[\varphi_0(k^*)] \approx \frac{1}{2\rho\cdot N\text{sinc}^2(\delta)} \tag{7-107}$$

联立式 (7-89)、式 (7-106) 和式 (7-107), 由于前后向数据段仅有一个重合样点 $x(0)$, 故 $\varphi_0(k^*)$ 与 $\varphi_{N-1}(k^*)$ 可认为相互独立, 因而可推出测相方差 $\text{var}(\hat{\theta}_0)$ 为

$$\text{var}(\hat{\theta}_0) = \frac{1}{4}\{\text{var}[\varphi_0(k^*)] + \text{var}[\varphi_{N-1}(k^*)]\}$$

$$=\frac{1}{2}\text{var}\left[\varphi_0\left(k^*\right)\right] \approx \frac{1}{4\rho \cdot N\text{sinc}^2(\delta)} \tag{7-108}$$

注意，式 (7-103) 中，除 r 与 φ 外，其余变量 k^*、δ 都是固定的，故对式 (7-103) 两边取数学期望，有

$$E\left[\varphi_0\left(k^*\right)\right] \approx \theta_0 + \delta\frac{(N-1)}{N}\pi + \frac{E\{r\sin[\varphi - \theta_0 - \delta\pi(N-1)/N]\}}{a \cdot (\sin(\delta \cdot \pi)/\sin(\delta \cdot \Delta\omega/2))} \tag{7-109}$$

对式 (7-109) 进一步推导，结合 $E(r\sin\varphi) = 0$，有

$$\begin{aligned}E\left[\varphi_0\left(k^*\right)\right] &\approx \theta_0 + \delta\frac{(N-1)}{N}\pi + \frac{E(r\sin\varphi)}{b_0 \cdot (\sin(\delta \cdot \pi)/\sin(\delta \cdot \Delta\omega/2))} \\ &= \theta_0 + \delta(N-1)\pi/N\end{aligned} \tag{7-110}$$

类似地，结合子段 x_0 与子段 x_{N-1} 的对称性，有

$$E\left[\varphi_{N-1}\left(k^*\right)\right] \approx \theta_0 - \delta(N-1)\pi/N \tag{7-111}$$

联立式 (7-89)、式 (7-110) 和式 (7-111)，有

$$E\left(\hat{\theta}_0\right) \approx \frac{1}{2}\left[\theta_0 + \delta\pi(N-1)/N + \theta_0 - \delta\pi(N-1)/N\right] = \theta_0 \tag{7-112}$$

故从 apFFT 衍生出的双子段相位估计器与 apFFT 相位估计器一样，都是无偏的，都具备 "相位不变性"，都隶属于两参数相位估计模型。

7.4.5 双子段测相器方差与全相位 FFT 测相器方差及其克拉默－拉奥下界的比较

1) 与全相位 FFT 测相精度比较

本节提出的双子段测相法与全相位 FFT 测相法都不需要先估计频偏值 δ 即可估计相位，因而都具有很高的测相精度，但两者仍需作定量对比。

对于给定 $2N-1$ 个样本的复信号模型，在同样的信噪比下，将双子段测相法的理论方差表达式 (7-108) 除以无窗 apFFT 测相的理论方差表达式 (7-69)，有[27]

$$\frac{\text{var}\left(\hat{\theta}_0\right)}{\text{var}\left(\hat{\theta}_a\right)} = \frac{\frac{1}{4\rho \cdot N\text{sinc}^2(\delta)}}{\frac{1}{3\rho N}\text{sinc}^4(\delta)} = \frac{3}{4}\text{sinc}^2(\delta) \tag{7-113}$$

我们知道，$\text{sinc}^2(\delta) \leqslant 1$ (等号当且仅当 $\delta = 0$ 时成立)，故从式 (7-113) 可推出 $\text{var}(\hat{\theta}_0) < \text{var}(\hat{\theta}_a)$，即证明了信噪比 ρ 不太低时，双子段测相法相比于 apFFT 测相法具有更高的测相精度。

2) 与克拉默-拉奥下界比较

由于本节提出的测相法不需要先估计频偏值 δ 即可估计相位，与全相位 FFT 测相一样，其相位估计方差应由两参数模型的克拉默-拉奥下界 CRB_2 (不是传统意义的三参数 CRB_3) 所界定。

对于信噪比为 ρ，输入 $(2N-1)$ 个样本的复指数信号模型的两参数模型的 CRB_2 在式 (7-49) 已经给出，故将式 (7-106) 除以式 (7-49)，有

$$\frac{\mathrm{var}\left(\hat{\theta}_0\right)}{\mathrm{CRB}_2} = \frac{\dfrac{1}{4\rho \cdot N\mathrm{sinc}^2(\delta)}}{\dfrac{1}{2(2N-1) \cdot \rho}} = \frac{1}{\mathrm{sinc}^2(\delta)} \qquad (7\text{-}114)$$

既然 $\mathrm{sinc}^2(\delta) \leqslant 1$ (等号仅当 $\delta = 0$ 时成立)，故 $\mathrm{var}(\hat{\theta}_0)$ 略高于 CRB_2。

进一步地，取 $\delta \to 0$ 时的极限，有

$$\lim_{\delta \to 0} \mathrm{var}\left(\hat{\theta}_0\right) = \lim_{\delta \to 0}\left[\frac{1}{\mathrm{sinc}^2(\delta)}\mathrm{CRB}_2\right] = \mathrm{CRB}_2\left(\lim_{\delta \to 0}\frac{1}{\mathrm{sinc}^2(\delta)}\right) = \mathrm{CRB}_2 \qquad (7\text{-}115)$$

总之，联立式 (7-113) 和式 (7-115)，可推出当频偏值 $\delta \to 0$ 时，apFFT 测相方差约为两参数模型克拉默-拉奥下界的 $(4/3 \approx 1.333)$ 倍，而双子段方法则进一步提升了角度，其测相方差则完全逼近两参数模型的克拉默-拉奥下界。

7.4.6 测相均方根误差的仿真实验验证

令 $N=32$，对信号 $x(n) = \exp[\mathrm{j}(3+\delta)\Delta\omega n + \varphi_0], -N+1 \leqslant n \leqslant N-1$，分别用双子段测相法、双矢量平均法、apFFT 测相法进行测相。设定其频偏值 δ 在 $0 \sim 0.5$ 以 0.1 为递增步长变化，对于每种频偏情况，作 1000 次蒙特卡罗测相模拟，并统计测相均方根误差。

图 7-8(a)~(f) 给出了不同频偏情况下的测相均方根误差曲线，并给出了双子段测相法的理论 RMSE 曲线 (即式 (7-108) 的计算结果的平方根)、apFFT 测相法的理论 RMSE 曲线 (即式 (7-69) 的计算结果的平方根)、CRB_2 的开方曲线 (即式 (7-49) 的计算结果的平方根换成角度) 和 CRB_3 的开方曲线 (即式 (7-50) 的计算结果的平方根换成角度) 作对照。

从图 7-8(a)~(f) 可总结如下规律：

(1) 双子段测相法、双矢量平均法与全相位 FFT 测相法一样，其测相 RMSE 曲线是被两参数模型的 $\sqrt{\mathrm{CRB}_2}$ 界定，而不是被 $\sqrt{\mathrm{CRB}_3}$ 界定，故三种测相方法都属于高精度相位测相法。例如，图 7-8(a)~(d) 给出的 $\delta = 0.1 \sim 0.3$ 的情况，双矢量平均法的测相 RMSE 曲线和 apFFT 测相 RMSE 曲线都突破了 $\sqrt{\mathrm{CRB}_3}$，而双子段测相法的 RMSE 曲线则在任意频偏情况下都突破了 $\sqrt{\mathrm{CRB}_3}$。

7.4 衍生于全相位 FFT 的双子段相位估计法

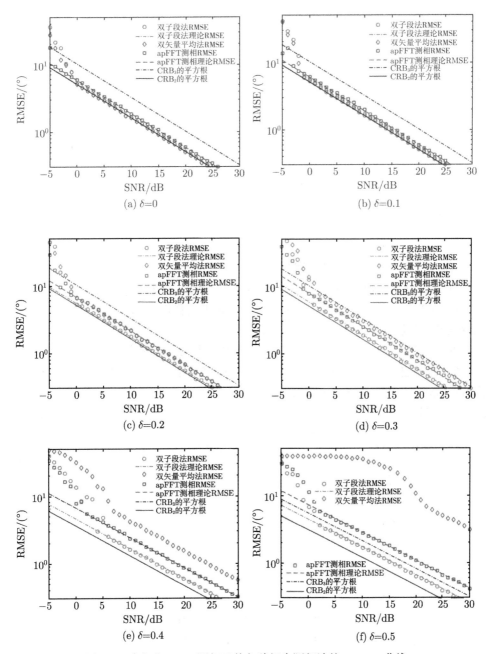

图 7-8 全相位 FFT 测相及其各种衍生测相法的 RMSE 曲线

(2) 双子段测相法、双矢量平均法与全相位 FFT 测相法一样，测相精度与频偏值 δ 有关，即 δ 越小，RMSE 越小，越靠近 $\sqrt{\mathrm{CRB}_2}$，其精度越高。从图 7-8 (a)~(f)

可以看出，随着 δ 值从 0 增加到 0.5，双子段测相法、双矢量平均法与全相位 FFT 测相法的测相 RMSE 曲线偏离 $\sqrt{\overline{\mathrm{CRB}_2}}$ 越来越远。这也很好地从理论上解释随着 δ 值从 0 增加到 0.5，这三种 apFFT 衍生的测相法对应的幅度谱的泄漏逐渐变大，峰值谱幅度逐渐变小，抵御噪声的能力逐渐减弱，故测相精度越来越低。

(3) 在信噪比不太低的区域，图 7-8(a)~(f) 中双子段测相法、apFFT 测相法的实测 RMSE 曲线分别与各自的理论误差均方根曲线吻合。这证明了双子段测相法理论方差表达式 (7-108) 和 apFFT 测相法理论方差表达式 (7-69) 的正确性。

(4) 对于图 7-8(a)~(f) 所有频偏情况，在信噪比不太低的区域，双子段测相的 RMSE 曲线比 apFFT 测相 RMSE 曲线更靠近 $\sqrt{\overline{\mathrm{CRB}_2}}$，因而具有更高的估计精度。

(5) 对于图 7-8 (a) 和 (b) 的小频偏情况 ($\delta = 0, 0.1$)，双子段测相法的 RMSE 曲线几乎与 $\sqrt{\overline{\mathrm{CRB}_2}}$ 挨在一起，apFFT 测相 RMSE 曲线与 $\sqrt{\overline{\mathrm{CRB}_2}}$ 仍有一小段距离，这证明极限式 (7-115) 的正确性。

(6) 就全相位 FFT 测相法和双矢量平均测相法的测相精度比较而言，对于图 7-8 (a) 和 (b) 的小频偏情况 ($\delta=0, 0.1$)，apFFT 测相 RMSE 稍大些，测相精度比双矢量平均测相法稍低，但在大部分频偏情况下 (图 7-8 (c) ~ (f) 的 $\delta= 0.2$~0.5 的情况)，apFFT 测相 RMSE 都比双矢量平均低很多，即精度高的优势很明显。

(7) 需指出：在 SNR 较低的区域，三种测相方法都存在偏离理论值的信噪比阈值 $\mathrm{SNR}_{\mathrm{th}}$，当 $\mathrm{SNR}<\mathrm{SNR}_{\mathrm{th}}$ 时，相位估计急剧变差。由图 7-8 (a)~(f)，信噪比阈值 $\mathrm{SNR}_{\mathrm{th}}$ 数据如表 7-2 所示。

表 7-2 信噪比阈值 $\mathrm{SNR}_{\mathrm{th}}$

	双子段测相法	双矢量平均法	全相位 FFT 法
$\delta = 0$	0dB	0dB	−4dB
$\delta=0.1$	−1dB	−1dB	−3dB
$\delta=0.2$	0dB	0dB	−3dB
$\delta=0.3$	1dB	2dB	−2dB
$\delta=0.4$	4dB	7dB	0dB
$\delta=0.5$	2dB	失效	2dB

从表 7-2 可看出：在任意频偏情况下，apFFT 测相法的信噪比阈值都比双子段测相法的阈值要低，且大部分情况下要低很多。这说明：在消耗同样样本情况下，apFFT 法虽然精度不如双子段测相法，但是其抵御强噪声干扰的能力高。也就是说，本节方法的高精度测相性能是要以牺牲对噪声的鲁棒性作为代价的，在低信噪比场合，还是 apFFT 测相法性能好。

另外，就双子段测相法和双矢量平均法两者比较，从表 7-2 可看出：在小频偏 ($\delta = 0, 0.1, 0.2$) 时，两者的信噪比阈值相当；但在大频偏 ($\delta = 0.3, 0.4, 0.5$) 时，双子段测相法的信噪比阈值比双矢量平均法要低很多,当 $\delta = 0.5$ 时,双矢量平均法已完全失效。这很好地解释了 7.4.3 节通过矢量合成分析指出,双矢量平均的结果使得合成的峰值谱幅值降低,δ 值越大,峰值谱衰减越明显,故抵御大噪声的鲁棒性很差,是三种测相法中最差的。

总之,本节提出双子段测相法和双矢量平均法,与全相位 FFT 测相法一样,相比于传统测相法,都具有高精度的特征。而双子段测相法比双矢量平均法在精度和对大噪声的鲁棒性方面完全占据优势,但双子段测相法仅在精度方面比 apFFT 测相法有优势,而对大噪声的鲁棒性方面则比 apFFT 测相法要差。

另外,有一点需要强调,本节所有的精度方面的理论推导,都是针对单频信号作测试的,这时不存在系统误差,即不存在谱间干扰,apFFT 的抑制谱泄漏的优势也没能体现出来。但是若对于多频信号测相,还必须考虑谱间干扰,这时若频率成分的间距较近,双子段测相法的谱间干扰误差就会凸显出来,其测相精度将低于 apFFT 测相法。因而,可以说双子段测相法是从 apFFT 测相法中衍生出来的,继承了 "相位不变性",提升了单频情况下的测相精度,但牺牲了优良的抑制谱泄漏特性,不适合多频测量场合。

7.5 小　　结

测相问题是工程中应用极其普遍的问题。Rife 曾经针对三参数模型,给出了测相方差的克拉默-拉奥下界,这个理论框架曾在学术界产生相当深远的影响。但我们在对 apFFT 测相的研究过程中,的确发现 apFFT 测相的方差下限大大突破了 Rife 给的测相方差下限。出于这个疑惑和动机,从参数估计理论的基本原理出发,适于 apFFT 测相的两参数估计模型才得以建立起来。Rife 的经典结论与本书做的工作并不矛盾,区别在于三参数估计模型和两参数参数估计模型不同。可以说,两参数模型正反映了 apFFT 谱分析区别于传统谱分析的优势——相位估计不依赖于频率估计的结果即可获得,即 "相位不变性"。

而 apFFT 谱分析的又一突出特点还在于其灵活性,即从 apFFT 测相法中还可以衍生出两种高精度测相法——双相位 FFT 测相法和双矢量平均测相法,这两种方法也都具备 "相位不变性",都符合两参数估计模型。本章对其衍生过程、机理、理论特性作了深入浅出的论述,并给出了仿真实验对 apFFT 测相法、双子段 FFT 测相法、双矢量平均测相法作了比较,而且还给出了 apFFT 测相法的理论均方根误差、双子段 FFT 测相法的理论均方根误差、传统三参数估计模型的克拉默-拉奥下界的平方根、新的两参数估计模型的克拉默-拉奥下界的平方根作了参照。理论分析和实验结果完全一致。

参 考 文 献

[1] Mahmud S M, Mahmud N B, Vishnubhotla S R. Hardware implementation of a new phase measurement algorithm. IEEE Transactions on Instrumentation & Measurement, 1990, 39(2): 331-334.
[2] 李恒文, 万鹏. 高精度相位差 (或 $\cos\varphi$) 检测系统. 电测与仪表, 2001, 38(4): 27-29.
[3] 孟建. 相位相关技术研究. 系统工程与电子技术, 2003, 25(2): 140-142.
[4] 王凤鹏, 邹万芳, 尹真, 等. 希尔伯特变换实时全息干涉条纹相位提取. 光电工程, 2009, 36(4): 92-96.
[5] Kuffel J, Mccomb T R, Malewski R. Comparative evaluation of computer methods for calculating the best fit sinusoid to the digital record of a high purity sine wave. IEEE Transactions on Instrumentation & Measurement, 1987, 36(2): 418-422.
[6] Mccomb T R, Kuffel J, Roux B C L. A comparative evaluation of some practical algorithms used in the effective bits test of waveform recorders. IEEE Transactions on Instrumentation & Measurement, 1989, 38(1): 37-42.
[7] 梁志国, 张大治, 孙璟宇, 等. 四参数正弦波曲线拟合的快速算法. 计测技术, 2006, 26(1): 4-7.
[8] Agrez D. Improving phase estimation with leakage minimization. IEEE Transactions on Instrumentation & Measurement, 2005, 54(4): 1347-1353.
[9] 许学君. 激光并行测距关键技术研究. 大连: 大连海事大学, 2011.
[10] 曹蓓, 罗秀娟, 陈明徕, 等. 相干场成像全相位目标直接重构法. 物理学报, 2015, 64(12): 124205-124205.
[11] 杨颖, 李醒飞, 李洪宇, 等. 基于激光自混合效应的加速度传感器. 光学学报, 2013, (2): 234-240.
[12] 张西原. 基于全相位 FFT 的三相电相位测量系统研究. 海口: 海南大学, 2012.
[13] 汪小平, 黄香梅. 基于全相位 FFT 时移相位差的电网间谐波检测. 重庆大学学报: 自然科学版, 2012, 35(3): 81-84.
[14] 石珺. 基于信号相干特性的水声微弱信号检测方法研究. 哈尔滨: 哈尔滨工程大学, 2013.
[15] 方汉方, 黄勇, 蔡艺剧, 等. 超声波传输时间的高精度测量. 信号处理, 2012, 28(4): 595-600.
[16] 方汉方. 基于 FFT 超声波传输时间高精度测量的研究. 成都: 西华大学, 2012.
[17] Schonhoff T A. Detection and Estimation Theory and Its Applications. Prentice Hall, 2006.
[18] Rife D C, Boorstyn R. Single tone parameter estimation from discrete-time observations. IEEE Transactions on Information Theory, 1974, 20(5): 591-598.
[19] 齐国清. 离散实正弦信号参数估计的 Cramer Rao 方差下限. 数据采集与处理, 2003, 18(2): 151-155.
[20] 齐国清. 几种基于 FFT 的频率估计方法精度分析. 振动工程学报, 2006, 19(1): 86-92.

[21] 丁康, 钟舜聪. 通用的离散频谱相位差校正方法. 电子学报, 2003, 31(1): 142-145.

[22] 黄翔东, 余佳, 孟天伟, 等. 衍生于全相位 FFT 的双子段相位估计法. 系统工程与电子技术, 2014, 36(11): 2149-2155.

[23] Ding Z Y, Yao X S, Liu T G, et al. Long-range vibration sensor based on correlation analysis of optical frequency-domain reflectometry signals. Optics Express, 2012, 20(27): 28319-28329.

[24] Carta A, Locci N, Muscas C, et al. A flexible GPS-based system for synchronized phasor measurement in electric distribution networks. IEEE Transactions on Instrumentation and Measurement, 2008, 57(11): 2450-2456.

[25] Huang X D, Wang Z H, Ren L M, et al. A novel high-accuracy digitalized measuring phase method. 9th International Conference on Signal Processing, 2008: 120-123.

[26] 王兆华, 黄翔东. 基于全相位谱分析的相位测量原理及其应用. 数据采集与处理, 2009, 24(6): 777-782.

[27] 黄翔东, 南楠, 余佳, 等. 双向 DFT 对称补偿测相法. 电子与信息学报, 2014, 36(10): 2526-2530.

第8章 双相位 FFT 谱分析方法

8.1 引入双相位 FFT 的必要性

谱分析是信号处理中的经典问题，也是工程应用中经常使用的方法。谱分析目的在于准确估计信号所包含的各成分及其相应参数 (如频率、幅值和相位等)。目前谱分析方法主要分为两大类[1]：基于傅里叶变换的经典谱分析 (如 FFT 谱分析、周期图[2] 等) 和基于信号模型 (如 AR 模型谱[3]、最大熵谱[3] 等) 或子空间分解 (如 MUSIC 算法[4]、ESPRIT 方法[5] 等) 的现代谱分析。

相比于经典谱分析，现代谱分析克服了 DFT 的有限频率分辨率的缺陷，能够精确估计出信号频率所在位置[1]。尽管如此，在工业应用中也逐渐发现现代谱分析存在如下缺陷：①现代谱分析无法胜任短信号样本场合，原因是现代谱分析通常需对大量样本进行统计分析 (如计算自相关函数和协方差矩阵等) 才能获得精确的模型参数；②现代谱分析得到的都是功率谱[1]，从而丢失了相位信息。

国内外学者已指出：其实 DFT 经典谱分析的频率分辨率低的缺陷可以通过"频谱校正"来克服。如前几章所述：通过引入 FFT 内插或求时延序列峰值 FFT 谱的相位差的方式，把谱成分的精确频率位置估计出来。然而文献 [6] 指出：现有频谱校正方法的相位估计精度普遍不高，原因是这些方法都是在先得到频率估计后，再根据频偏来估计相位，这样会把频率估计误差带入到相位估计中。

为此，本书主体思想就是提出全相位 FFT 的方法，通过利用 apFFT 优良的抑制谱泄漏特性和"相位不变性"，解决传统离散谱校正中的相位估计精度低的问题。而且第 7 章还指出：全相位 FFT 隶属于新的两参数估计模型，其相位估计方差具有更低的克拉默–拉奥下界。从全相位 FFT 还可衍生出双子段和双矢量平均两种测相方法，对于单频信号，其相位估计方差可以逼近两参数克拉默–拉奥下界。

然而，若从谱分辨率角度来看，前面章节也指出，一次 N 阶 apFFT 需要耗费 $2N-1$ 个样点才可得到 N 个谱值输出，这样在样本数量有限的情况下，其频率分辨率必然受到限制。

为此，本章提出双相位 FFT(dpFFT) 谱分析方法，它内含了两个子谱相互补偿的机理，既克服了现代谱分析需长样本估计和丢失相位信息的缺陷，又延续了 apFFT 不依赖频率估计而直接提取相位信息的优点；一次 N 阶 dpFFT 仅需耗费 $N+1$ 个样点即可得到 N 个谱值输出，相比于 apFFT，其样点利用率提高了近 1 倍，且与传统 FFT 相比频率分辨率无明显降低，但是谱泄漏程度却大幅度降低，适合于短样本谱分析估计场合。而且双相位 dual-phase FFT, dpFFT 的峰值相位谱处的相位估计结果也隶属于两参数估计模型, 其相位估计方差在小频偏时也逼近两参数的克拉默–拉奥下界。由于工程应用中常无法获得足够多的记录样本 (如地震波测量、病理信号分析), 且相位估计问题是个普遍性工程应用问题, 因而本章提出的短样本谱分析方法具有较高的应用价值。

8.2 从全相位 FFT 到双相位 FFT 的衍生

8.2.1 衍生过程

以 $N=6$ 为例, 从全相位 FFT 到双相位 FFT 的衍生过程如图 8-1 所示。

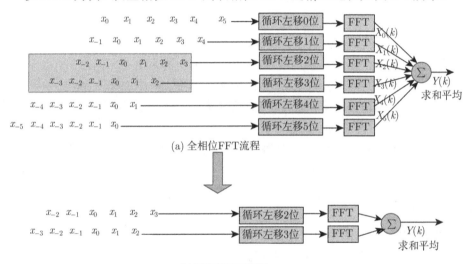

图 8-1 从全相位 FFT 到双相位 FFT 的衍生 ($N=6$)

从图 8-1(a) 可发现, 对于全相位 FFT, 需输入 $2N-1$ 个样点, 步骤如下 [7]:
(1) 考虑所有包含中心样点 $x(0)$ 的 N 个分段;
(2) 对各个子分段分别作与子分段序号一致的循环左移;
(3) 对循环左移后的子分段作点数为 N 的 FFT, 得到子 FFT 谱 $X(k) \sim X_{N-1}(k)$;
(4) 对 $X_0(k) \sim X_{N-1}(k)$ 作求和平均即得全相位 FFT 的输出 $Y(k)$。

从图 8-1(b) 可发现, 对于双相位 FFT, 需输入 $N+1$ 个样点, 步骤如下:
(1) 考虑所有包含中心样点 $x(0)$ 的两个分段;
(2) 对第 1 个子分段作 $N/2-1$ 点的循环左移, 对第 2 个子分段作 $N/2$ 点的循环左移;

(3) 对循环左移后的两个子分段作点数为 N 的 FFT，得到两个子 FFT 谱；

(4) 对两个子谱作求和平均即得双相位 FFT 的输出 $Y(k)$。

对照图 8-1(a) 和 (b)，以固定谱分辨率 $2\pi/N$ 为前提，从原始定义出发，观察输入中心样点 $x(0)$ 遍历的"相位"情况，全相位 FFT 和双相位 FFT 的区别如下：

(1) 对于全相位 FFT，给定 $2N-1$ 个输入样本，需考虑包含中心样点 $x(0)$ 所有可能的长度为 N 的子分段情况，且 $x(0)$ 在这些子分段中遍历所有可能的 N 个初始位置 (即"相位") 上，故名全相位 FFT(apFFT)。

(2) 对于双相位 FFT，给定 $N+1$ 个输入样本，同样需考虑包含中心样点 $x(0)$ 所有可能的长度为 N 的子分段情况，且 $x(0)$ 在这些子分段中只可能落在两个初始位置 (即"相位") 上，故名双相位 FFT(dpFFT)。

因此，从全相位 FFT 衍生到双相位 FFT 有如下特点：

(1) dpFFT 继承了 apFFT 子谱相互补偿的特征；

(2) dpFFT 减小了样本输入数量，从 $2N-1$ 个降为 $N+1$ 个；

(3) dpFFT 的样本利用率相比于 apFFT 有所提高 (apFFT 耗费 $2N-1$ 个样本，获得 $2\pi/N$ 的谱分辨率，而 dpFFT 仅耗费 $N+1$ 个样本，获得了同样的谱分辨率)，故适合于短样本信息提取。

注意双相位 FFT 与第 7 章讲述的双子段相位估计法有区别，虽然两者都考虑了两个子分段，但有如下不同点：

(1) 双相位 FFT 需耗费 $N+1$ 个输入样本，而双子段相位估计法需耗费 $2N-1$ 个输入样本。

(2) 双相位 FFT 的两个子分段长度为 N，但其中有 $N-1$ 个是重叠的；而双子段相位提取法的两个子分段长度也为 N，其中只有 1 个是重叠的。

为方便后续的推导，我们将 $N=6$ 推广到任意长度情况，得到双相位 FFT 的谱分析流程，如图 8-2 所示。

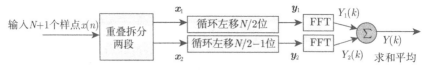

图 8-2 双相位 FFT 处理流程

图 8-2 中，输入的 $N+1$ 个样本 $\{x(n)\}$ 表示为 $\{x(-N/2),\cdots,x(-1),x(0),x(1),\cdots,x(N/2)\}$，为测出中心样点 $x(0)$ 的相位，将这 $N+1$ 个样本分成两段，第 1 段 $\boldsymbol{x}_1$ 由前 N 个样本 $\{x(-N/2)\sim x(N/2-1)\}$ 组成，第 2 段 $\boldsymbol{x}_2$ 由后 N 个样本 $\{x(-N/2+1)\sim x(N/2)\}$ 组成；再将序列 $\boldsymbol{x}_1$ 循环左移 $N/2$ 个样点，即变为 $\boldsymbol{y}_1=\{x(0)\sim x(N/2-1), x(-N/2)\sim x(-1)\}$，将序列 $\boldsymbol{x}_2$ 循环左移 $N/2-1$ 个样点，

即变为 $y_2=\{x(0)\sim x(N/2), x(-N/2+1)\sim x(-1)\}$，分别对这两段样本作 FFT 得到两子谱 $Y_1(k)$ 和 $Y_2(k)$，再进行求和即可得到谱输出 $\{Y(k), k=0,1,\cdots,N-1\}$。

显然，双相位 FFT 中的参数 N 要求必须是偶数。

8.2.2 衍生举例

例 1 以 $N=8$ 为例，输入信号为 $x(n)=\cos(\omega_0 n+\theta_0), n\in[-4,4]$，其中 $\omega_0=2.3\Delta\omega$，$\Delta\omega=2\pi/8$，$\theta_0=40°$，则输入样点序列 $x(-4)\sim x(4)$ 为

[0.9703 0.0087 −0.9744 0.4462 0.7660 −0.8039 −0.3907 0.9863 −0.0698]

将上述样点分成两段重叠的数据 x_1、x_2：

$x_1 = $ [0.9703 0.0087 −0.9744 0.4462 0.7660 −0.8039 −0.3907 0.9863]

$x_2 = $ [0.0087 −0.9744 0.4462 0.7660 −0.8039 −0.3907 0.9863 −0.0698]

将第 1 段数据 x_1 向左循环平移 $N/2=4$ 个样点，将第 2 段数据 x_2 向左循环平移 $N/2-1=3$ 个样点，则得到循环移位后的序列 y_1、y_2 为

$y_1 = $ [0.7660 −0.8039 −0.3907 0.9863 0.9703 0.0087 −0.9744 0.4462]

$y_2 = $ [0.7660 −0.8039 −0.3907 0.9863 −0.0698 0.0087 −0.9744 0.4462]

分别对 y_1、y_2 求 FFT，则其 FFT 结果 $\{X_1(k), k=0,\cdots,7\}, \{X_2(k), k=0,\cdots,7\}$ 分别为

$$\{Y_1(k)\} = [1.0086, -1.1607-j0.3910, 3.1014+j2.2276,$$
$$0.7522+j0.7763, -0.2661, 0.7522-j0.7763,$$
$$3.1014-j2.2276, -1.1607+j0.3910]$$
$$\{Y_2(k)\} = [-0.0315, -0.1207-j0.3910, 2.0614+j2.2276,$$
$$1.7923+j0.7763, -1.3062, 1.7923-j0.7763,$$
$$2.0614-j2.2276, -0.1207+j0.3910]$$

对 $Y_1(k)$ 和 $Y_2(k)$ 取平均，得双相位 FFT 谱输出 $Y(k)=(Y_1(k)+Y_2(k))/2$，即

$$\{Y(k)\} = [0.4886, -0.6407-j0.3910, 2.5814+j2.2276, 1.2723+j0.7763, -0.7861,$$
$$1.2723-j0.7763, 2.5814-j2.2276, -0.6407+j0.3910]$$

8.2.3 简化的双相位 FFT

对图 8-2 循环移位后的序列元素作进一步分析，不难看出，循环左移 $N/2$ 点后的子分段 $\boldsymbol{y}_1$ 中的元素 $y_1(n)$ 可表示为

$$y_1(n) = \begin{cases} x(n), & n \in [0, N/2-1] \\ x(n-N), & n \in [N/2, N-1] \end{cases} \tag{8-1}$$

同理，循环左移 $N/2$ 点后的子分段 $\boldsymbol{y}_2$ 中的元素 $y_2(n)$ 可表示为

$$y_2(n) = \begin{cases} x(n), & n \in [0, N/2] \\ x(n-N), & n \in [N/2+1, N-1] \end{cases} \tag{8-2}$$

根据 FFT 的线性性质，两序列的 FFT 求和平均与两序列求和平均后的 FFT 是等价的，故可构造 $y(n)$ 为

$$y(n) = y_1(n) + y_2(n) = \begin{cases} x(n), & n \in [0, N/2-1] \\ \dfrac{x(-N/2) + x(N/2)}{2}, & n = N/2 \\ x(n-N), & n \in [N/2+1, N-1] \end{cases} \tag{8-3}$$

对 $y(n)$ 进行 FFT 即可得图 8-2 的等效输出，于是图 8-2 流程可简化为图 8-3 所示的电路实现形式[8] (以 $N=6$ 为例)。

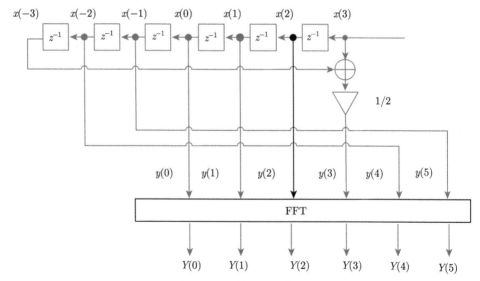

图 8-3 双相位 FFT 等效电路实现图 ($N=6$)

图 8-3 相比于图 8-2，省去了一次 FFT 运算，节省了一半资源，更易于硬件实现。

8.3 双相位 FFT 的性质

从图 8-2 可看出,双相位 FFT 由两个子谱 $Y_1(k)$ 和 $Y_2(k)$ 有机综合而成,这两个子谱相互补偿,既改善了振幅谱性质,又改善了相位谱性质。

8.3.1 相位谱性质

双相位 FFT 的相位谱很有特点,下面给出其相位谱的理论分析,并从中推导出性质,给出证明。

性质 1 对于单频复指数信号,双相位 FFT 的峰值谱相位值等于输入中心样点的理想瞬间相位值。

证明 假设输入信号为

$$x(n) = b_0 e^{j(\omega_0 n + \theta_0)}, \quad n \in [-N/2, N/2], \ \omega_0 = (k^* + \delta)\Delta\omega, -0.5 < \delta \leqslant 0.5 \quad (8\text{-}4)$$

其中,$\Delta\omega$ 为 FFT 频率分辨率 $2\pi/N$,即 ω_0 包括整数倍分辨率 $k^*\Delta\omega$ 和小数倍分辨率 $\delta \cdot \Delta\omega$ 两部分。

则由式 (8-1) 可得第一个 FFT 的结果 $Y_1(k)$ 为

$$\begin{aligned} Y_1(k) &= \sum_{n=0}^{N-1} y_1(n) e^{-j\frac{2\pi}{N}nk} \\ &= \sum_{n=0}^{N/2-1} x(n) e^{-j\frac{2\pi}{N}nk} + \sum_{n=N/2}^{N-1} x(n-N) e^{-j\frac{2\pi}{N}nk} \end{aligned} \quad (8\text{-}5)$$

对式 (8-5) 求和的第二项作变量替换后,有

$$\begin{aligned} Y_1(k) &= \sum_{n=0}^{N/2-1} x(n) e^{-j\frac{2\pi}{N}nk} + \sum_{n=-N/2}^{-1} x(n) e^{-j\frac{2\pi}{N}nk} \\ &= \sum_{n=-N/2}^{N/2-1} b_0 e^{j(\omega_0 n + \theta_0)} \cdot e^{-j\frac{2\pi}{N}nk} \\ &= b_0 e^{j\theta_0} \left[e^{-j(\omega_0 - k\Delta\omega)\frac{N}{2}} + \sum_{n=-N/2+1}^{N/2-1} e^{j(\omega_0 - k\Delta\omega)n} \right] \end{aligned} \quad (8\text{-}6)$$

类似地,可由式 (8-2) 导出第二个子 FFT 结果 $Y_2(k)$ 为

$$Y_2(k) = \sum_{n=-N/2+1}^{N/2} x(n) e^{-j\frac{2\pi}{N}nk}$$

$$=b_0 e^{j\theta_0} \left[e^{j(\omega_0-k\Delta\omega)\frac{N}{2}} + \sum_{n=-N/2+1}^{N/2-1} e^{j(\omega_0-k\Delta\omega)n} \right] \tag{8-7}$$

取式 (8-6) 与式 (8-7) 的平均值，有

$$\begin{aligned} Y(k) &= \left[Y_1(k) + Y_2(k)\right]/2 \\ &= \frac{b_0 e^{j\theta_0}}{2} \left[e^{j(\omega_0-k\Delta\omega)\frac{N}{2}} + e^{-j(\omega_0-k\Delta\omega)\frac{N}{2}} + 2\sum_{n=-N/2+1}^{N/2-1} e^{j(\omega_0-k\Delta\omega)n} \right] \\ &= b_0 e^{j\theta_0} \left\{ \cos\left[(\omega_0-k\Delta\omega)\frac{N}{2}\right] + \sum_{n=-N/2+1}^{N/2-1} e^{j(\omega_0-k\Delta\omega)n} \right\} \end{aligned} \tag{8-8}$$

把 $\omega_0 = (k^* + \delta)\Delta\omega = (k^* + \delta)2\pi/N$ 代入式 (8-8)，有

$$\begin{aligned} Y(k) &= b_0 e^{j\theta_0} \left\{ \cos\left[(\omega_0-k\Delta\omega)\frac{N}{2}\right] + \sum_{n=-N/2+1}^{N/2-1} e^{j(\omega_0-k\Delta\omega)n} \right\} \\ &= b_0 e^{j\theta_0} \left\{ \cos\left[(k^*-k+\delta)\pi\right] + \sum_{n=-N/2+1}^{N/2-1} e^{j(k^*-k+\delta)\pi n} \right\} \end{aligned} \tag{8-9}$$

从而把 $k = k^*$ 代入式 (8-9)，即可得双相位 FFT 的峰值谱 $Y(k^*)$ 表达式为

$$Y(k^*) = b_0 e^{j\theta_0} \left[\cos(\delta\pi) + \sum_{n=-N/2+1}^{N/2-1} e^{jn\delta\pi} \right] \tag{8-10}$$

由于 N 必须是偶数，式 (8-10) 中的 $Y(k^*)$ 可进一步表示为

$$\begin{aligned} Y(k^*) &= b_0 e^{j\theta_0} \left[\cos(\delta\pi) + \sum_{n=-N/2+1}^{N/2-1} e^{jn\delta\pi} \right] \\ &= b_0 \left[\cos(\delta\pi) + 1 + 2\sum_{n=1}^{N/2-1} \cos(n\delta\pi) \right] \cdot e^{j\theta_0} \end{aligned} \tag{8-11}$$

从而双相位 FFT 峰值谱 $Y(k^*)$ 幅度为 $b_0 \left[\cos(\delta\pi) + 1 + 2\sum_{n=1}^{N/2-1} \cos(n\delta\pi) \right]$，而相位为理想相位 θ_0。证毕。

当存在噪声时，其中心样点的相位估计为

$$\hat{\theta}_0 = \text{ang}\left[Y(k^*)\right] \tag{8-12}$$

8.3 双相位 FFT 的性质

也就是说,双相位 FFT 也具有全相位 FFT 的"相位不变性",即无需估计频偏即可得到相位估计结果,故相位估计也符合两参数估计模型。

性质 2 对于单频复指数信号,频偏值 $\delta \neq 0$ 时,双相位 FFT 的次高谱的相位值也等于输入中心样点的理想瞬间相位值。

证明 由于频偏满足 $-0.5 < \delta \leqslant 0.5$,因而次高谱和峰值谱的位置关系无外乎分为 $0 < \delta < 0.5, -0.5 < \delta < 0$ 和 $\delta = 0.5$ 三种情况,分别如图 8-4(a)~(c) 所示。

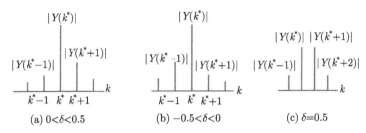

图 8-4 三种可能的峰值谱和次高谱的分布

1) $0 < \delta < 0.5$ 情况

如图 8-4(a) 所示,次高谱位于 $k = k^* + 1$ 处,代入式 (8-9) 可得次高谱为

$$Y(k^* + 1) = b_0 e^{j\theta_0} \left\{ \cos\left[(1-\delta)\pi\right] + \sum_{n=-N/2+1}^{N/2-1} e^{-j(1-\delta)\pi n} \right\} \quad (8\text{-}13)$$

从而式 (8-13) 可进一步表示为

$$Y(k^* + 1) = b_0 \left[\cos((1-\delta)\pi) + 1 + 2\sum_{n=1}^{N/2-1} \cos((1-\delta)\pi n) \right] \cdot e^{j\theta_0} \quad (8\text{-}14)$$

次高谱 $Y(k^* + 1)$ 的幅度为 $b_0 \left[\cos((1-\delta)\pi) + 1 + 2\sum_{n=1}^{N/2-1} \cos((1-\delta)\pi n) \right]$,而相位谱值为理想相位 θ_0。

2) $-0.5 < \delta < 0$ 情况

如图 8-4(b) 所示,次高谱位于 $k = k^* - 1$ 处,代入式 (8-9) 可得次高谱为

$$Y(k^* - 1) = b_0 e^{j\theta_0} \left\{ \cos\left[(1+\delta)\pi\right] + \sum_{n=-N/2+1}^{N/2-1} e^{-j(1+\delta)\pi n} \right\} \quad (8\text{-}15)$$

从而式 (8-15) 可进一步表示为

$$Y(k^* - 1) = b_0 \left[\cos((1+\delta)\pi) + 1 + 2\sum_{n=1}^{N/2-1} \cos((1+\delta)\pi n) \right] \cdot e^{j\theta_0} \quad (8\text{-}16)$$

次高谱 $Y(k^* - 1)$ 的幅度为 $b_0 \left[\cos((1+\delta)\pi) + 1 + 2 \sum_{n=1}^{N/2-1} \cos((1+\delta)\pi n) \right]$，而相位谱值为理想相位 θ_0。

3) $\delta = 0.5$ 情况

如图 8-4(b) 所示，次高谱位于 $k = k^* + 1$ 处，且与最高谱其实是等高的。把 $k = k^* + 1$ 代入式 (8-9) 可得

$$Y(k^*) = Y(k^* + 1) = b_0 \left[\cos(0.5\pi) + 1 + 2 \sum_{n=1}^{N/2-1} \cos(0.5\pi n) \right] \cdot e^{j\theta_0}$$

$$= b_0 \left[1 + 2 \sum_{n=1}^{N/2-1} \cos(0.5\pi n) \right] \cdot e^{j\theta_0} \tag{8-17}$$

次高谱 $Y(k^* + 1)$ 的幅度为 $b_0 \left[1 + 2 \sum_{n=1}^{N/2-1} \cos(0.5\pi n) \right]$，而相位谱值为理想相位 θ_0。

综上所述，无论哪种频偏情况，次高谱上的相位值与峰值谱一样，都为理想相位 θ_0。

证毕。

结合性质 1 和性质 2，可以推知：既然在无噪情况下，峰值谱和次高谱的相位值都为理想相位值。显然，峰值谱和次高谱在所有谱线中抵御噪声的能力是最强的，反过来说，其他旁谱线因能量低，故在有噪声的情况下，对峰值谱和次高谱的影响较弱，所以次高谱对最高谱的相位影响就不再是消极的影响，而是积极的影响。因此，从峰值上获得的相位值，必然是精度较高的相位值。后面我们会通过仿真证明这一点。

8.3.2 振幅谱性质

性质 3 相比于传统 FFT 的振幅谱，双相位 FFT 振幅谱具有更优良的抑制谱泄漏性能。

对于单频复指数信号，理想傅里叶变换谱是一个冲击函数，也就是说理想谱应该只对应一根谱线；然而，由于谱分析方法存在谱泄漏，从峰值谱往旁边泄漏出多根非零值谱线，才使得峰值谱能量得以削弱。

因而可以用峰值谱能量占所有谱线能量的比例来定量评估谱泄漏的程度，确

8.3 双相位 FFT 的性质

切地说，不妨引入如下能量效率指标：

$$\eta = \begin{cases} |Y(k^*)|^2 \Big/ \sum_{k=0}^{N-1} |Y(k^*)|^2 \times 100\%, & \delta \neq 0.5 \\ \left(|Y(k^*)|^2 + |Y(k^*+1)|^2\right) \Big/ \sum_{k=0}^{N-1} |Y(k)|^2 \times 100\%, & \delta = 0.5 \end{cases} \tag{8-18}$$

式中，当 $\delta = 0.5$ 时，峰值谱和次高谱幅值相等，故考虑两根能量最高的谱线能量作为能量效率指标的分子。

显然，能量效率的比例越大，抑制谱泄漏性能就越好。

先以一具体实例来说明 dpFFT 的谱泄漏的改善情况，然后再用矢量合成法证明这个性质。

例 2 令 $N=32$，频偏值 δ 分别取 0、0.1、0.2、0.3、0.4、0.5，对信号 $x(n) = \exp[j(\omega_0 n + 50°)]$，$\omega_0 = (5+\delta)\Delta\omega$，$n \in [-N/2, N/2]$，分别作双相位 FFT 和传统 FFT(点数为 33 点)，其峰值谱能量效率指标如表 8-1 所示，其峰值谱和相位谱分别如图 8-5～图 8-10 所示。

表 8-1 双相位 FFT 谱和传统 FFT 谱的峰值谱能量指标($N=32$)

	$\delta=0$	$\delta=0.1$	$\delta=0.2$	$\delta=0.3$	$\delta=0.4$	$\delta=0.5$
双相位 FFT 的 η	100%	97.0365%	88.4464%	75.1790%	58.8842%	83.5373%
传统 FFT 的 η	92.2285%	79.7527%	63.6158%	46.2208%	52.0076%	69.2568%

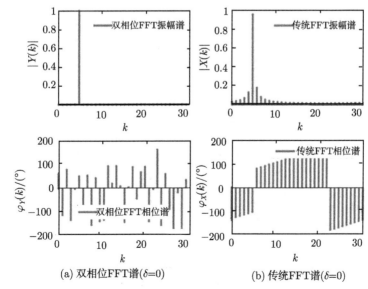

图 8-5 双相位 FFT 谱和传统 FFT 谱 ($\delta=0$)

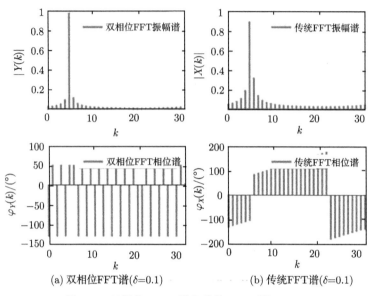

(a) 双相位FFT谱($\delta=0.1$)　　　(b) 传统FFT谱($\delta=0.1$)

图 8-6　双相位 FFT 谱和传统 FFT 谱 ($\delta=0.1$)

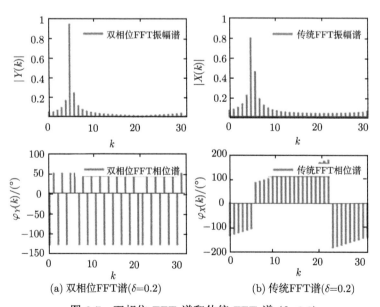

(a) 双相位FFT谱($\delta=0.2$)　　　(b) 传统FFT谱($\delta=0.2$)

图 8-7　双相位 FFT 谱和传统 FFT 谱 ($\delta=0.2$)

8.3 双相位 FFT 的性质

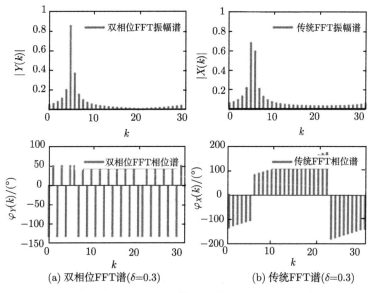

图 8-8 双相位 FFT 谱和传统 FFT 谱 ($\delta=0.3$)

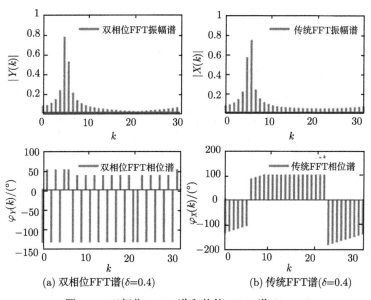

图 8-9 双相位 FFT 谱和传统 FFT 谱 ($\delta=0.4$)

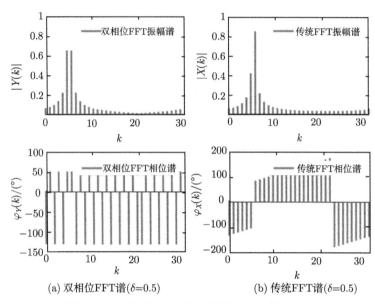

图 8-10 双相位 FFT 谱和传统 FFT 谱 ($\delta=0.5$)

从表 8-1 和图 8-5~图 8-10,可得出如下结论:

(1) 双相位 FFT 比传统 FFT 谱泄漏改善得比较明显。反映在,对于任意频偏 δ 情况,从表 8-1 可看出:dpFFT 的峰值谱能量指标 η 值都比传统 FFT 谱的 η 值高得多。

(2) 双相位 FFT 的相位谱很有规律,在峰值谱线上的相位谱值总等于理想值 $50°$,传统 FFT 相位谱值没有这个规律。

(3) 双相位 FFT 谱泄漏虽然比传统 FFT 谱有所改善,但 δ 不为 0 时,幅值较大的旁谱线仍然有 8~9 根以上,这相比前面各章节给的 apFFT 谱线仍有差距,apFFT 的大幅值旁谱线一般只有 1~3 根。这是因为:双相位 FFT 谱仅蕴含了 2 个子谱相互补偿,而全相位 FFT 蕴含了 N 个子谱相互补偿的机理。相互子谱的数目越多,谱泄漏性能改善程度越好。

(4) 对于双相位 FFT,其谱泄漏与频偏 δ 密切相关。$|\delta|$ 越大,谱泄漏程度越大。δ 为 0 时,图 8-5(a) 中的 dpFFT 不存在谱泄漏,全部能量聚集在 $k=5$ 的谱峰处;$\delta=0.5$ 是个特殊情况,可以认为是泄漏最大,因为这时峰值谱的数目不再是 1 根,而是 2 根。

总之,从以上分析可以看出,给定 $N+1$ 个样本。对这些有限的样本作双相位 FFT 其实比传统 FFT 更容易提取信息:频率分辨率变化很小 (最小频率分辨单元从 $2\pi/(N+1)$ 增大为 $2\pi/N$ 而已),但频谱泄漏程度改善了很多,而且直接从峰值谱线上可以获得中心样点的瞬间相位值的估计。

8.3.3 相位谱性质和振幅谱性质的矢量解释

为使得读者获得更形象的深刻认识,仍以具体实例来说明。

例 3 令 $N=6$,研究信号 $x(n) = b_0 \exp[\mathrm{j}(\omega_0 n + \theta_0)]$, $n \in [-N/2, N/2]$, $\omega_0 = 2.3\Delta\omega$,按照图 8-2 的信号流程,可分别求出两个子 FFT 谱 $Y_1(k)$、$Y_2(k)$ 及其合成后的 dpFFT 谱 $Y(k)$,将这三个谱表示成幅值和相角的形式,如表 8-2 所示。

表 8-2 子 FFT 谱和 dpFFT 谱值 ($N=6$)

	$k=0$	$k=1$	$k=2$	$k=3$	$k=4$	$k=5$
$Y_1(k)$	$0.8666\mathrm{e}^{-\mathrm{j}29°}$	$1.2855\mathrm{e}^{-\mathrm{j}179°}$	$5.1716\mathrm{e}^{\mathrm{j}31°}$	$2.2575\mathrm{e}^{\mathrm{j}61°}$	$1.0410\mathrm{e}^{-\mathrm{j}89°}$	$0.8191\mathrm{e}^{\mathrm{j}121°}$
$Y_2(k)$	$0.8666\mathrm{e}^{\mathrm{j}109°}$	$1.2855\mathrm{e}^{-\mathrm{j}101°}$	$5.1716\mathrm{e}^{\mathrm{j}49°}$	$2.2575\mathrm{e}^{\mathrm{j}19°}$	$1.0410\mathrm{e}^{\mathrm{j}169°}$	$0.8191\mathrm{e}^{-\mathrm{j}41°}$
$\theta_{1,2}(k)$	138°	78°	18°	42°	102°	162°
$Y(k)$	$0.3106\mathrm{e}^{\mathrm{j}40°}$	$0.9991\mathrm{e}^{-\mathrm{j}140°}$	$5.1079\mathrm{e}^{\mathrm{j}40°}$	$2.1076\mathrm{e}^{\mathrm{j}40°}$	$0.6551\mathrm{o}^{-\mathrm{j}140°}$	$0.1281\mathrm{e}^{\mathrm{j}40°}$
$r_1(k)$	0.3584	0.7771	0.9877	0.9336	0.6293	0.1564
$r_2(k)$	0.3584	0.7771	0.9877	0.9336	0.6293	0.1564

此外还给出 $Y_1(k)$、$Y_2(k)$ 两者间的夹角,即

$$\theta_{1,2}(k) = \arccos \frac{\langle Y_1(k), Y_2(k) \rangle}{|Y_1(k)| \cdot |Y_2(k)|} \tag{8-19}$$

并且定义矢量平均前后的 dpFFT 谱 $Y(k)$ 与子谱 $Y_1(k)$、$Y_2(k)$ 的幅度比,即

$$r_1(k) = \frac{|Y(k)|}{|Y_1(k)|}, \quad r_2(k) = \frac{|Y(k)|}{|Y_2(k)|}, \quad k=0,1,\cdots,N-1 \tag{8-20}$$

观察表 8-2,可发现如下规律:

(1) 两子谱 $Y_1(k)$、$Y_2(k)$ 的幅度相等。

(2) 以峰值谱位置 $k=k^*$ 为中心,距离峰值谱越远,子谱 $Y_1(k)$、$Y_2(k)$ 之间的夹角 $\theta_{1,2}(k)$ 就越大,而两个矢量的夹角越大,合成后的矢量幅度越小,故偏离峰值谱越远的谱线,合成后的 dpFFT 谱 $|Y(k)|$ 越小。因而谱泄漏得以改善。

图 8-11 分别给出了 $k=1$ 处的两旁谱和 $k=2$ 处的两峰值谱用平行四边形法则合成后的矢量对照。

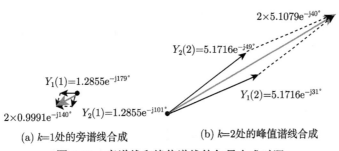

(a) $k=1$处的旁谱线合成   (b) $k=2$处的峰值谱线合成

图 8-11 旁谱线和峰值谱线的矢量合成对照

从图 8-11(a) 可看出，由于 $k=1$ 处的两个子旁谱夹角大 (78°)，故合成后的矢量幅度小；从图 8-11(b) 可看出，由于 $k=2$ 处的两个子峰值谱夹角小 (18°)，故合成后的矢量幅度大。两者此消彼长，对比度增强，必然使得合成后的双相位 FFT 峰值谱更为突出，相比合成前的抑制谱泄漏性能得以体现。

(3) 由于矢量合成前的两个子谱幅度相等，故两个比值 $r_1(k)$、$r_2(k)$ 相等，而且在 $k = k^*$ 达到最大，也充分说明了谱泄漏的改善。

(4) 对于 $k = k^*$ 处的峰值谱和 $k = k^* + 1$ 处的次高谱，$Y_1(k)$、$Y_2(k)$ 的相角都关于理想相角 40° 对称，故合成后的相角值都为理想值 40°。这验证了性质 1 和性质 2 成立。

8.4 双相位 FFT 的短样本谱分析性能

下面给出几个实例来对比双相位 FFT、全相位 FFT 和传统 FFT 的振幅谱与相位谱的性能，三种谱分析都是在较短的样本情况下 (仅用了 9 个样本) 来实现的。

例 4 以采样速率 f_s=100Hz 对实信号 $x(t)=\cos(2\pi f_0 t+\theta_0)$，$f_0$=35Hz，$\theta$=100° 采样，令 $N=8$，获得 $N+1$=9 个样本 $x(n) =\cos(2\pi f_0/f_s\, n + \theta_0)$，$-4 \leqslant n \leqslant 4$(波形及样点如图 8-12(a) 所示)。再分别进行 8 阶双相位 FFT 谱分析、5 阶全相位 FFT 谱分析 (由于只获得了 9 个样本，故只能作 (9+1)/2=5 阶 apFFT，而不能作 8 阶 apFFT) 和 9 阶传统 FFT 谱分析，得到如图 8-12(b) 所示的振幅谱 (分别表示为 $|Y_d(k)|$、$|Y_a(k)|$ 和 $|X(k)|$) 和如图 8-12(c) 所示的相位谱 (分别表示为 $\varphi_d(k)$、$\varphi_a(k)$ 和 $\varphi_x(k)$)。

对于 f_s=100Hz，$N=8$ 的情况，频率分辨率 $\Delta f = f_s/N = 12.5$Hz，因而有 f_0=35Hz $= 2.8\Delta f = (3-0.2)\Delta f$，理想谱峰应当在 $k=3$ 处；另外，由于是实信号存在两个边带，故另一个边带的谱峰应当在 $k=(N-3) = 5$ 处。

从图 8-12(b) 的振幅谱可看出，双相位 FFT 可以分别区分 $k=3$ 和 $k=5$ 处的两个谱峰；而全相位 FFT 受到频率分辨率限制，把两个边带的谱峰混合在一起了；故 dpFFT 相比于 apFFT，在短样本情况下，更容易区分余弦信号的两复指数成分的边带谱。

另外，从图 8-12 (b) 的振幅谱可看出，传统 FFT 也能区分两个复指数成分的谱峰，但分辨对比度不如双相位 FFT 明显。

从图 8-12 (c) 相位谱可读出：dpFFT 在 $k=3$ 谱峰位置的 $\varphi_d(3)$ 值为 101.4057°，接近于真实值 100°；apFFT 在 $k=3$ 谱峰位置的 $\varphi_a(3)$ 值为 100.6297°，比 dpFFT 的估计精度略高 (这是因为 apFFT 综合了 5 路子谱的叠加结果，而 dpFFT 只综合叠加了 2 路子谱)，而传统 FFT 相位谱 $\varphi_x(k)$ 很紊乱，无法直接读出相位值。

8.4 双相位 FFT 的短样本谱分析性能

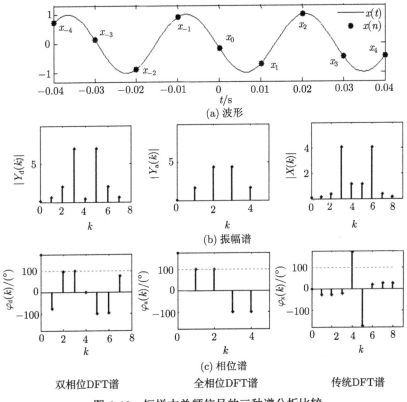

图 8-12 短样本单频信号的三种谱分析比较

为进一步说明 dpFFT 谱分析原理, 图 8-13 给出了按图 8-2 流程得到的两个子谱 $Y_1(k)$ 和 $Y_2(k)$。

从图 8-13 可看出, 在振幅谱峰位置 $k=3$ 处, 子相位谱 $\varphi_1(3)$ 值为 91.8897°(低于真实值 100°), $\varphi_2(3)$ 值为 110.3290°(高于真实值 100°), 两子谱的相位估计偏差正负恰好相反, 故 $Y_1(k)$ 和 $Y_2(k)$ 叠加后, 误差会正负抵消而相互补偿, 使得图 8-12(c) 中 $k=3$ 处的双相位 FFT 相位估测值 $\varphi(3)$ 精确地达到 101.4057°。

例 5 以采样速率 $f_s=100$Hz, 对包含两个频率成分的信号 $x(t) = \cos(2\pi f_0 t + \theta_0) + \cos(2\pi f_1 t + \theta_1)$, $f_0=35$Hz, $\theta_0 = 100°$, $f_1=9$Hz, $\theta_1 = 30°$ 采样, 令 $N=8$, 获得 9 个样本 $x(n) = \cos(2\pi f_0/f_s\, n + \theta_0) + \cos(2\pi f_1/f_s\, n + \theta_1)$, $-4 \leqslant n \leqslant 4$(波形及样点如图 8-14(a) 所示)。再分别进行 8 阶双相位 FFT 谱分析、5 阶全相位 FFT 谱分析和 9 点传统 FFT 谱分析, 得到如图 8-14(b) 所示的振幅谱和图 8-14(c) 所示的相位谱。

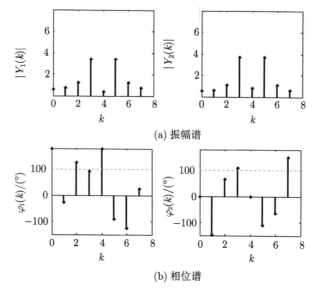

图 8-13 双相位 FFT 的两个子谱图

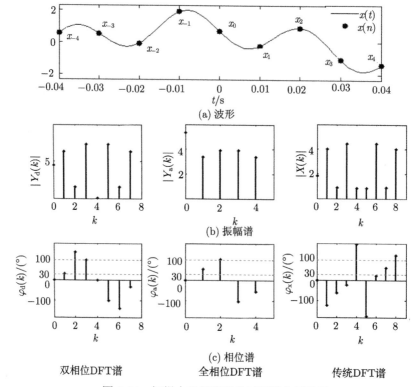

双相位DFT谱　　　　全相位DFT谱　　　　传统DFT谱

图 8-14 短样本双频信号的三种谱分析比较

对于 f_s=100Hz, N=8 的情况, 频率分辨率 $\Delta f = f_s/N = 12.5$Hz, 因而有 f_0=35Hz= $2.8\Delta f = (3 - 0.2)\Delta f$, 该成分的理想谱峰应当在 k=3 处; f_1=9Hz = $0.72\Delta f = (1 - 0.28)\Delta f$, 该成分的理想谱峰应当在 k=1 处。

图 8-14 的谱分析结果充分显示了双相位 FFT 的优势。从图 8-14 (b) 振幅谱可看出, apFFT 因其阶数限制, 无法区分两个谱峰, 而 dpFFT 和传统 FFT 则可以区分; 从图 8-14 (c) 相位谱可看出, dpFFT 在两个振幅谱峰 k=1 和 k=3 位置, 能大致读出其相位值 30° 与 100°, apFFT 则只能在振幅谱峰 k=2 处, 大致读出其 100° 的相位值, 另一个 30° 的相位值读不出; 而传统 FFT 则不具备直接读出相位信息的特点。

8.5 基于双相位 FFT 的相位测量

8.5.1 双相位 FFT 相位测量的克拉默–拉奥下界

克拉默–拉奥下界是参数估计方差的理论下限, 是参数估计的客观评价参考。克拉默–拉奥下界由三个因素决定: 参数估计模型、信噪比和样本数量。对于双相位 FFT 测相, 必须搞清楚这三个具体的因素。

从性质 1 和性质 2 可以看出, 无论是从峰值谱测相, 还是从次高谱测相, 直接读出谱线上的相位值即可完成中间样本的瞬时相位估计。因而双相位 FFT 与全相位 FFT 一样, 都具有"相位不变性", 其测相都不依赖于频偏 δ 的估计, 故测相的参数模型属于两参数估计模型, 而不属于三参数估计模型。

第 7 章已给出, 若信噪比为 ρ, 给定样本长度为 M, 则对于实信号测相的三参数估计的克拉默–拉奥下界为 (单位: rad^2)

$$\mathrm{CRB}_3 = \frac{4}{M \cdot \rho} \tag{8-21}$$

对于实信号测相的两参数估计的克拉默–拉奥下界为 (单位: rad^2)

$$\mathrm{CRB}_2 = \frac{1}{M \cdot \rho} \tag{8-22}$$

由于双相位 FFT 耗费的是 $M = N+1$ 个样本, 故对于实信号测相的三参数估计的克拉默–拉奥下界为 (单位: rad^2)

$$\mathrm{CRB}_3 = \frac{4}{(N+1) \cdot \rho} \tag{8-23}$$

对于实信号测相的两参数估计的克拉默–拉奥下界为 (单位: rad^2)

$$\mathrm{CRB}_2 = \frac{1}{(N+1)\cdot\rho} \tag{8-24}$$

文献 [9] 指出：由于与复信号相比，实信号采样序列减少了一半信息，相当于采样序列长度减少了一半，因此信噪比 ρ 固定的前提下，复指数信号参数估计方差的 CRB 应为实正弦信号的 CRB 的一半。

则对于复信号测相的三参数估计的克拉默–拉奥下界为 (单位：rad^2)

$$\mathrm{CRB}_3 = \frac{2}{(N+1)\cdot\rho} \tag{8-25}$$

对于复信号测相的两参数估计的克拉默–拉奥下界为 (单位：rad^2)

$$\mathrm{CRB}_2 = \frac{1}{2(N+1)\cdot\rho} \tag{8-26}$$

式 (8-23)、式 (8-26) 可用来作为 dpFFT 测相的精度衡量参考。

8.5.2 双相位 FFT 测相仿真实验

令 $N=32$，对信号 $x(n) = \exp[\mathrm{j}(3+\delta)\Delta\omega n + 50°]$，$-N/2 \leqslant n \leqslant N/2$，用双相位 FFT 法进行测相。设定其频偏值 δ 在 $0\sim0.5$ 以 0.1 为递增步长变化，对于每种频偏情况，作 1000 次蒙特卡罗测相模拟，并统计测相均方根误差。

图 8-15(a)~(f) 给出了不同频偏情况下的测相均方根误差曲线，并给出了 CRB_2 的开方曲线 (即式 (8-26) 的计算结果的平方根换成角度) 和 CRB_3 的开方曲线 (即式 (8-25) 的计算结果的平方根换成角度) 作对照。

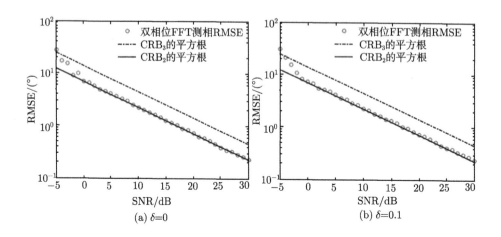

(a) $\delta=0$ (b) $\delta=0.1$

8.5 基于双相位 FFT 的相位测量

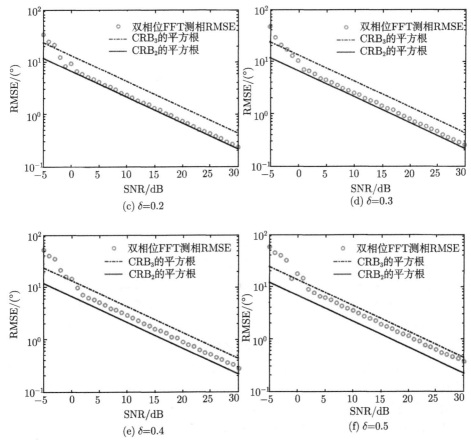

图 8-15 双相位 FFT 测相 RMSE 与克拉默–拉奥下界对照

从图 8-15(a)~(f) 可总结如下规律：

(1) 双相位 FFT 测相与第 7 章提及的双子段测相法、双矢量平均法、全相位 FFT 测相法一样，都具有"相位不变性"，其测相 RMSE 曲线是被两参数模型的 $\sqrt{\mathrm{CRB}_2}$ 界定，而不是被 $\sqrt{\mathrm{CRB}_3}$ 界定。例如，图 8-15(a)~(f) 给出的每一种频偏 δ 情况，双相位 FFT 的 RMSE 曲线都突破了 $\sqrt{\mathrm{CRB}_3}$，但没法突破 $\sqrt{\mathrm{CRB}_2}$。

(2) 双相位 FFT 测相与第 7 章提及的双子段测相法、双矢量平均法、全相位 FFT 测相法一样，测相精度与频偏值 δ 有关。即 δ 越小，RMSE 越小，越靠近 $\sqrt{\mathrm{CRB}_2}$，其精度越高，反之则精度越低。例如，对图 8-15 (a) ~(c) 的小频偏情况 ($\delta=0, 0.1, 0.2$)，测相 RMSE 曲线几乎挨在 $\sqrt{\mathrm{CRB}_2}$ 曲线上；随着 δ 值从 0.3 增加到 0.5，双相位 FFT 测相的 RMSE 曲线偏离 $\sqrt{\mathrm{CRB}_2}$ 越来越远。这也很容易从理论上解释，随着 δ 值从 0 增加到 0.5，从图 8-5~图 8-10 可看出，双相位 FFT 的泄漏程度逐渐增大，峰值谱线的幅度逐渐变小，抵御噪声的能力逐渐减弱，故测相精度越来越低。

(3) 在 SNR 较低的区域，双相位 FFT 测相方法存在信噪比阈值 SNR_{th}，当 $SNR<SNR_{th}$ 时，相位估计急剧变差。从图 8-15 (a)~(f) 可看出，信噪比阈值 SNR_{th} 随着 δ 值逐渐增大，换句话说，对大功率噪声的鲁棒性越来越差。这也很容易从理论上解释，因为随着 δ 值从 0 增加到 0.5，峰值谱线的幅度逐渐变小，自然抵御大噪声的能力减弱，故 SNR_{th} 越来越大。

8.6 小 结

本章提出一种新的双相位 FFT 谱分析方法，通过理论分析和仿真实验详细阐述了 apFFT 的谱分析原理，并将之应用于短样本信号的谱分析中。

双相位 FFT 与全相位 FFT 相比，dpFFT 是从全相位 FFT 衍生而来 (都是由子 FFT 谱作相互补偿而来)，保留了在峰值谱和次高谱位置上的相位不变性，直接取峰值谱相位，即可得中心样点的瞬时相位估计；在样本数量充足时，其抑制谱泄漏性能不如 apFFT；但对于短样本情况，dpFFT 可以克服 apFFT 谱分析的分辨率不足的缺陷。

双相位 FFT 与传统 FFT 相比，在给定有限的样本下，dpFFT 比传统 FFT 更容易提取信息，即频谱泄漏程度得以提高，而且直接从峰值谱线上可以获得中心样点的瞬间相位值的估计 (FFT 不具备该性质)，这只需要付出非常微小的频率分辨率作为代价 (最小频率分辨单元从 $2\pi/(N+1)$ 增大为 $2\pi/N$ 而已)。

基于以上特点，本章提出的双相位 FFT 谱分析方法在超低频波频率测量、水声测量、生物医学、频率计仪表改进等领域具有较广阔的应用前景。

需指出，dpFFT 与传统 FFT、apFFT 一样，都是离散谱。受分辨率所限，不能直接从谱分析结果中获得精确的频率估计值，后两者都是通过频谱校正的方法来获得频率估计的，因而研究基于 dpFFT 的频谱校正算法是下一步要做的工作。

参 考 文 献

[1] Stoica P, Moses R L. Spectral Analysis of Signals. Upper Saddle River, NJ: Pearson/Prentice Hall, 2005.

[2] Welch P D. The use of fast Fourier transform for the estimation of power spectra: A method based on time averaging over short, modified periodograms. IEEE Transactions on Audio and Electroacoustics, 1967, 15(2): 70-73.

[3] Kay S. Modern Spectral Estimation: Theory and Application. Englewood Cliffs, NJ: Prentice Hall, 1988.

[4] Schmidt R O. Multiple emitter location and signal parameter estimation. IEEE Trans Antennas & Propag, 1986, 34(3): 276-280.

[5] Roy R, Kailath T. ESPRIT-estimation of signal parameters via rotational invariance techniques. IEEE Transactions on Acoustics, Speech and Signal Processing, 1989, 37(7): 984-995.

[6] Liguori C, Paolillo A, Pignotti A. Estimation of signal parameters in frequency domain in presence of harmonic interference: A comparative analysis. Proceedings of the Conference Record - IEEE Instrumentation and Measurement Technology Conference, 2004.

[7] 王兆华, 黄翔东. 数字信号全相位谱分析与滤波技术. 北京: 电子工业出版社, 2009.

[8] 黄翔东, 王兆华. 一种测相装置及其控制方法: 中国, ZL201010577153.4. 2010.

[9] 齐国清. 离散实正弦信号参数估计的 Cramer Rao 方差下限. 数据采集与处理, 2003, 18(2): 151-155.

第9章 全相位 DTFT 谱分析方法

9.1 引入全相位 DTFT 的必要性

需指出，传统 FFT 以及前面各章节介绍的全相位 FFT、双相位 FFT 等谱分析方法都是离散谱分析方法。离散谱分析因"栅栏效应"，不能直接提供全部频率上的信号信息，在信号的参数估计及信号重构中受到限制。特别是给定样本长度较短时，其限制更为明显。

然而信号参数估计及重构理论在雷达通信、语音处理、故障诊断乃至医学诊疗等领域至关重要。当样本不足时，现有信号参数估计和重构方法的性能都会严重下降。例如，正弦信号由共轭复指数频率成分构成，当样本占据的支撑区间过短时，两共轭成分距离变近从而引入不容忽视的谱间干扰，直接引起频率估计性能的急剧下降；再如，样本过短意味着谱分辨率降低，各频率成分间的密集分布程度变大，同样产生谱间干扰，降低频率、相位和幅值的估计精度；即使是研究热点压缩感知信号重构技术 [1]，其性能也受到样本长度的影响，样本过短会导致重构误差变大。

本书在前面章节已经指出：引入校正措施是改善栅栏效应的有效方法。本章引入新的思路解决这个问题：把离散谱衍生成连续谱。

对于给定离散数据，理想傅里叶变换就是连续谱，即离散时间傅里叶变换 (DTFT)。Rife 等指出 [2]：信号频率估计的最大似然解落在信号的 DTFT 的谱峰处。虽然理想的 DTFT 工程上无法实现，但利用 DTFT 的解析式，不断精细化观测频点的分辨率，总可以探究到更多有效信息。

全相位 FFT 提供了具有良好抑制谱泄漏性能和"相位不变性"的谱分析结果，然而这两方面相比于 FFT 改进的谱分析效果是仅限于 N 个离散频点，即 $\omega_k = k\Delta\omega,\quad k = 0,1,\cdots,N-1$。于是我们自然会期望，能不能找到一种连续谱分析方法，这种方法相比于传统的 DTFT 连续谱分析，在全部任意连续频点上都具备良好的抑制谱泄漏性能和"相位不变性"。若能构造出这种谱分析方法，就可以突破全相位 FFT 的栅栏效应，在更多频点上提取信号信息，其意义无疑是很大的。因为可以突破栅栏效应，尤其是在短样本和密集谱应用中，将会产生很大的价值。

本章将系统地论述全相位 DTFT 谱分析方法 (apDTFT)，详细阐述从全相位 FFT 到全相位 DTFT 的衍生过程，并推导全相位 DTFT 的四条基本性质，基于这些性质，本章在短样本谱分析和密集谱分析中作参数估计算法的深入研究。

9.2 从全相位 FFT 到全相位 DTFT 的衍生

9.2.1 衍生过程尝试

图 9-1 是本书多次提及的全相位 FFT 的信号处理过程,分为两个步骤:

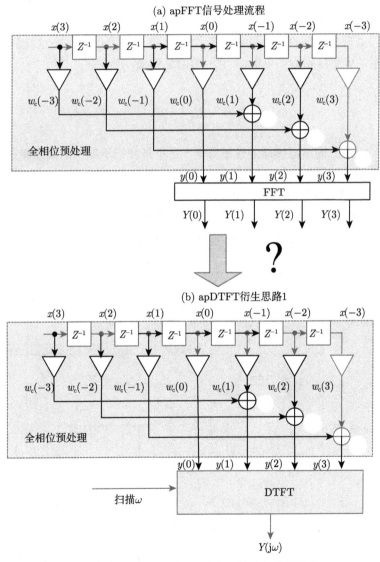

图 9-1 从 apFFT 到 apDTFT 的衍生过程尝试

Step1 全相位预处理:用长为 $(2N-1)$ 的卷积窗 $\boldsymbol{w}_\mathrm{c}$ 对输入数据 $x(n)$ 加权,

然后将间隔为 N 的数据两两叠加 (中间元素除外) 而形成 N 个数据 $y(0), y(1), \cdots, y(N-1)$；

Step2 对 $y(0), y(1), \cdots, y(N-1)$ 作 FFT 得离散谱 $Y(k)$。

但是，图 9-1(a) 的经典 apFFT 的结果，只能在 $\omega = k\Delta\omega$，$\Delta\omega = 2\pi N (k = 0, 1, \cdots, N-1)$ 的离散序列上观测到谱值。离散谱必然不能脱离栅栏效应的束缚，不能直接获知理想谱位置。

因而，为得到连续的傅里叶谱，一个最直观的衍生办法，就是直接把图 9-1(a) 的全相位预处理后的数据 $y_0 \sim y_{N-1}$ 所作的 DFT 更换为 DTFT，这样就可以直接得到连续谱，从而得到如图 9-1(b) 所示的衍生结果，即

$$Y(j\omega) = \sum_{n=0}^{N-1} y(n) e^{-jn\omega} \tag{9-1}$$

然而，图 9-1(b) 的输出连续谱的性能如何？是不是我们所期望的高质量连续谱？有必要用经典信号对图 9-1(b) 的谱输出作验证。

例 1 以信号 $x(n) = e^{j(\omega_0 n + \theta_0)}, n \in [-N+1, N-1]$ 为例，由式 (9-1) 计算得 $Y(j\omega)$，其中 $\omega_0 = 3.3\Delta\omega$，$\theta_0 = 20°$，$\Delta\omega = 2\pi/N$，$N=8$，根据图 9-1(b) 的处理流程，所得的振幅谱和相位谱如图 9-2 (a) 中的 $|Y(j\omega)|$ 和 $\varphi_Y(\omega)$ 所示，用虚线绘制。

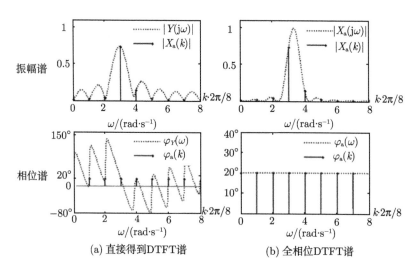

图 9-2 直接 DTFT 谱和全相位 DTFT 谱 ($N=8$)

从图 9-2 (a) 可看出，虽然在 $\omega = k\Delta\omega$ 离散点上分别对振幅谱和相位谱采样可得全相位 FFT 振幅谱 $|X_a(k)|$ 和相位谱 $\varphi_a(k)$，但在其他频点上振幅谱泄漏很大，连续的 $\varphi_Y(\omega)$ 也不能直观展示真实初相值。

可见，图 9-1(b) 所尝试的连续谱衍生流程，不具备期望的抑制谱泄漏性能和相位不变性，因而全相位 DTFT 谱的衍生需摒弃此思路。

9.2.2 全相位 DTFT 谱的正确衍生过程

怎样可以由全相位 FFT 得到高性能的连续谱呢？我们只有返回到全相位的基本思想去寻求答案。

根据全相位分段处理的基本思想，应当把包含某数据的长度为 N 的所有 N 个分段 $\boldsymbol{x}_0, \boldsymbol{x}_1, \cdots, \boldsymbol{x}_{N-1}$ 分别求取其 DTFT 谱 $X_m(\mathrm{j}\omega)$，其中分段

$$\boldsymbol{x}_m = [x(-m), x(-m+1), \cdots, x(-m+N-1)]^{\mathrm{T}}, \quad m = 0, 1, \cdots, N-1 \quad (9\text{-}2)$$

再将各 $X_m(\mathrm{j}\omega)$ 累加求和，得到的就是全相位 DTFT 结果 $X_\mathrm{a}(\mathrm{j}\omega)$，处理流程如图 9-3 所示。

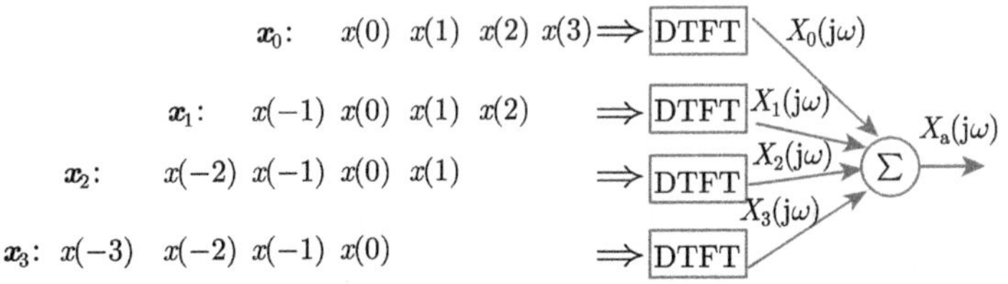

图 9-3 全相位 DTFT 的处理流程 ($N=4$)

我们仍需选用经典复指数信号作为输入，以验证图 9-3 的谱输出性能。以信号 $x(n) = \mathrm{e}^{\mathrm{j}(\omega_0 n + \theta_0)}, n \in [-N+1, N-1]$ 为例，其中，$\omega_0 = 3.3\Delta\omega$，$\theta_0 = 20°$，$\Delta\omega = 2\pi/N$，$N=8$，根据图 9-3 的处理流程，所得的振幅谱和相位谱如图 9-2 (b) 中的 $|X_\mathrm{a}(\mathrm{j}\omega)|$ 和 $\varphi_\mathrm{a}(\omega)$ 所示。

与图 9-2(a) 直接作 DTFT 的情况比较：图 9-2(b) 得到的振幅谱输出值 $|X_\mathrm{a}(\mathrm{j}\omega)|$ 在全频段中具有良好的抑制谱泄漏性能；而图 9-2 (b) 得到的相位谱输出值 $\varphi_\mathrm{a}(\omega)$ 在全频段中具有很平坦的相位不变性 (相位谱线都在真实初相值 20° 上)。也就是说，按图 9-3 的衍生方式，所得到的图 9-2(b) 的连续谱具备了所期望的全频段上的高质量的谱。

进一步对图 9-2(b) 作观察，我们还发现全相位 FFT 振幅谱 $|X_\mathrm{a}(k)|$ 恰好是图 9-3 衍生出的连续振幅谱 $|X_\mathrm{a}(\mathrm{j}\omega)|$ 在 $\omega = k\Delta\omega$ 离散点上的采样，而全相位 FFT 相位谱 $\varphi_\mathrm{a}(k)$ 也恰好是图 9-3 衍生出的连续相位谱 $\varphi_\mathrm{a}(\omega)$ 在 $\omega = k\Delta\omega$ 离散点上的采样。

至此，我们可以很确切地得出结论：按照图 9-3 衍生出的处理流程即我们所期望的全相位 DTFT 连续谱分析的处理流程。

然而，不难看出，图 9-3 的全相位 DTFT 谱需经历 N 次子 DTFT 连续谱分析才得到，计算复杂度较高，并且消耗内存空间大，因而有必要对图 9-3 作简化。

注意图 9-3 各子谱的输入和 DTFT 谱分析都是线性过程。根据线性系统的齐次性和叠加性：各路输入信号的 DTFT 输出的线性叠加，等效于对各路信号作线性加权后的结果再作 DTFT，这样 N 次 DTFT 运算可以简化为 1 次 DTFT 运算，大大降低了计算复杂度，其等效的处理过程如图 9-4 所示。

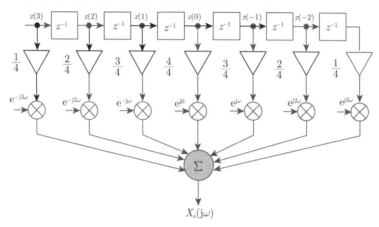

图 9-4 全相位 DTFT 谱分析简化图 ($N=4$)

从图 9-4 可看出，其简化的全相位 DTFT 的处理流程是：将输入信号 $x(n)$ 经长度为 $2N-1$ 的三角窗加权后与 $\mathrm{e}^{-\mathrm{j}\omega n}, n \in [-N+1, N-1]$ 相乘，再累积求和即得到与图 9-3 等效的 apDTFT 谱 $X_\mathrm{a}(\mathrm{j}\omega)$。

从图 9-4 还可看出，与图 9-1(a) 所示的全相位 FFT 谱分析过程不同的是，全相位 DTFT 谱分析没有将输入的 $2N-1$ 个数据用卷积窗作预处理后获得 N 个数据的过程。卷积窗的作用是直接对 $2N-1$ 个数据加权，对加权后的数据作传统 DTFT 而得到全相位 DTFT 的连续谱输出。因为 DFT 具有循环移位周期性，而 DTFT 不具备该特性，故图 9-4 的全相位 DTFT 的简化谱分析流程中，不可能经历由 $2N-1$ 个数据向 N 个数据的转化。

9.3 全相位 DTFT 谱分析性质

9.3.1 全相位 DTFT 蕴含子谱补偿机理

文献 [3] 指出，全相位 FFT 谱性能提高的原因是 N 个子 DFT 谱在叠加过程中正负泄漏发生抵消，而使得作为整体的全相位 FFT 谱具有优良的抑制谱泄漏性能和相位不变性。

全相位 DTFT 谱也是如此，N 个子 DTFT 谱在叠加过程中正负泄漏也会发生类似的抵消，而使得作为整体的全相位 DTFT 谱具有优良的抑制谱泄漏性能和相位不变性。不同的是，全相位 DTFT 谱的优良性能 (抑制谱泄漏特性和相位不

9.3 全相位 DTFT 谱分析性质

变性) 是全频段的,而不是局限在等均匀分布的 N 个频点上。故 apDTFT 相比于 apFFT 可以提供更全面的信号信息。只不过为得到连续谱,apDTFT 不得不在 $\omega \in [0, 2\pi)$ 上进行频率扫描,失去了 apFFT 的快速算法而已。

对信号 $x(n), n \in [-N+1, N-1]$ 的子分段 $\boldsymbol{x}_m = [x(-m), x(-m+1), \cdots, x(-m+N-1)]^{\mathrm{T}}$,$m = 0, 1, \cdots, N-1$,由于其时域采样序号 $n \in [-m, -m+N-1]$,故其归一化的子 DTFT 谱定义为

$$X_m(\mathrm{j}\omega) = \frac{1}{N} \sum_{n=-m}^{-m+N-1} x(n) \mathrm{e}^{-\mathrm{j}n\omega} \tag{9-3}$$

而 apDTFT 谱 $X_\mathrm{a}(\mathrm{j}\omega)$ 为 N 个子 DTFT 谱的求和平均,故为

$$X_\mathrm{a}(\mathrm{j}\omega) = \frac{1}{N} \sum_{m=0}^{N-1} X_m(\mathrm{j}\omega) \tag{9-4}$$

举一实例说明全相位 DTFT 谱与各子谱之间的蕴含关系。

例 2 令 $N=8$,对信号 $x(n) = \mathrm{e}^{\mathrm{j}(\omega_0 n + \theta_0)}, \omega_0 = 2.3\Delta\omega, \theta_0 = 60°, \Delta\omega = 2\pi/N, n \in [-N+1, N-1]$ 的各子分段 $\boldsymbol{x}_m$ 按照式 (9-3) 计算各个子 DTFT 谱 $X_m(\mathrm{j}\omega)$,其振幅谱 $|X_m(\mathrm{j}\omega)|$ 和相位谱 $\varphi_m(\omega)$ 如图 9-5(a)~(h) 所示,按照式 (9-4) 对所有子谱作求和平均得到的 apDTFT 谱 $X_\mathrm{a}(\mathrm{j}\omega)$ 的振幅谱和相位谱如图 9-5(i) 所示。

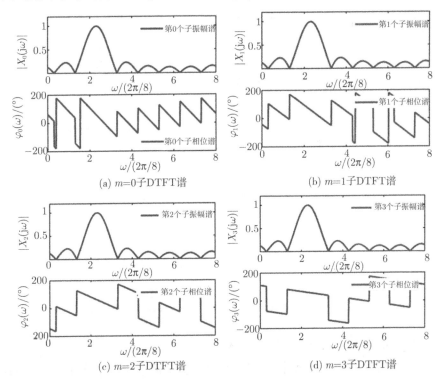

(a) $m=0$ 子DTFT谱

(b) $m=1$ 子DTFT谱

(c) $m=2$ 子DTFT谱

(d) $m=3$ 子DTFT谱

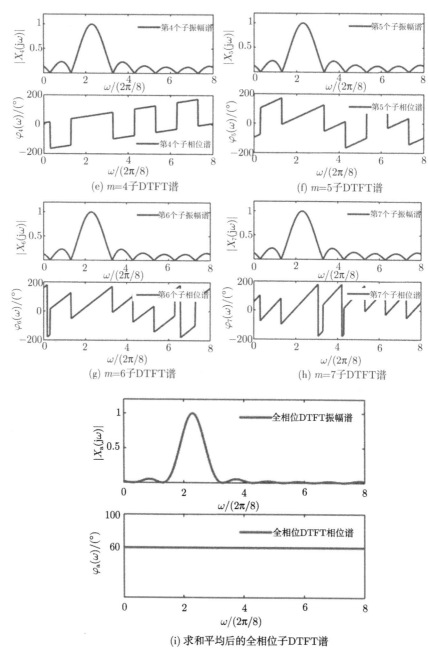

图 9-5 全相位 DTFT 谱及其所蕴含的各个子谱 ($N=8$)

从图 9-5(a)~(i) 可以总结出如下规律:

(1) apDTFT 所蕴含的各个子 DTFT 谱的振幅谱 $|X_m(j\omega)|$ 是完全一样的,没

9.3 全相位 DTFT 谱分析性质

有一点差别。

(2) 各个子 DTFT 谱的差别之处在于其相位谱 $\varphi_m(\omega)$，不同子 DTFT 谱的相位谱差异很大，不能直接提取 $\theta_0 = 60°$ 的相位信息。

(3) 各个子 DTFT 谱的振幅谱 $|X_m(j\omega)|$ 泄漏很大，以峰值 $\omega = 2.3\Delta\omega$ 为中心的旁瓣振荡幅度大。

(4) 求和平均后的全相位 DTFT 谱的振幅谱 $|X_a(j\omega)|$ 泄漏很小，以峰值 $\omega = 2.3\Delta\omega$ 为中心的旁瓣仅有微小的振荡幅度。

(5) 在全频率轴上，全相位 DTFT 谱的相位谱 $\varphi_a(\omega)$ 恒等于理想的相位值 $\theta_0 = 60°$，其相频响应曲线是在全频段的一条平坦的直线。

因而，由于各个子 DTFT 谱相互补偿，振荡相互抵消，合成后的 apDTFT 谱在全频段都具备优良的抑制谱泄漏性能和相位不变性。

9.3.2 全相位 DTFT 谱性质

基于例 2 的分析，可总结出两条全相位 DTFT 谱分析的性质。

性质 1 对于单位幅度的复指数信号，全相位 DTFT 振幅谱为传统 DTFT 振幅谱的平方，因而在全频率轴获得优良的抑制谱泄漏性能。

性质 2 对于单位幅度的复指数信号，全相位 DTFT 相位谱值等于中心样点瞬时相位值，在全频率轴上其相位谱曲线为一条平坦直线。

证明 性质 1 和性质 2 是全相位 DTFT 谱的一体两面，我们一并给出严谨证明。

不妨假定信号表达式为

$$x(n) = e^{j(\omega_0 n + \theta_0)}, \quad \omega_0 = (k^* + \delta)\Delta\omega, \quad k^* \in Z, \; -0.5 < \delta \leqslant 0.5$$
$$\Delta\omega = 2\pi/N, \quad -N+1 \leqslant n \leqslant N-1 \tag{9-5}$$

则归一化后的传统 DTFT 谱为

$$X_0(j\omega) = \frac{1}{N}\sum_{n=0}^{N-1} x(n)e^{-jn\omega} = \frac{1}{N}\sum_{n=0}^{N-1} e^{j(\omega_0 n + \theta_0)}e^{-jn\omega} = \frac{e^{j\theta_0}}{N}\sum_{n=0}^{N-1} e^{-jn(\omega-\omega_0)} \tag{9-6}$$

对式 (9-6) 进一步作级数求和，可得出如下表达式：

$$\begin{aligned} X_0(j\omega) &= \frac{e^{j\theta_0}}{N} \cdot \frac{1 - e^{-jN(\omega-\omega_0)}}{1 - e^{-j(\omega-\omega_0)}} \\ &= \frac{e^{j\theta_0}}{N} \frac{\sin\left[(\omega-\omega_0)N/2\right]}{\sin\left[(\omega-\omega_0)/2\right]} \cdot e^{-j(\omega-\omega_0)(N-1)/2} \end{aligned} \tag{9-7}$$

再求各个子 DTFT 谱，把式 (9-5) 代入式 (9-3)，令 $n' = n + m$，化简并作变量替

换，有

$$X_m(j\omega) = \frac{1}{N}\sum_{n=-m}^{-m+N-1} x(n)e^{-jn\omega} = \frac{1}{N}\sum_{n'=0}^{N-1} x(n'-m)e^{-j(n'-m)\omega}$$

$$= e^{jm(\omega-\omega_0)}\frac{1}{N}\sum_{n=0}^{N-1} x(n)e^{-jn\omega} \qquad (9\text{-}8)$$

联立式 (9-6)~式 (9-8)，可得各子 DTFT 谱的解析表达式

$$X_m(j\omega) = e^{jm(\omega-\omega_0)} X_0(j\omega)$$
$$= e^{jm(\omega-\omega_0)} \cdot \left\{ \frac{e^{j\theta_0}}{N}\frac{\sin\left[(\omega-\omega_0)N/2\right]}{\sin\left[(\omega-\omega_0)/2\right]} \cdot e^{-j(\omega-\omega_0)(N-1)/2} \right\} \qquad (9\text{-}9)$$

把式 (9-9) 代入全相位 DTFT 的原始定义式 (9-4)，有

$$X_a(j\omega) = \frac{1}{N}\sum_{m=0}^{N-1} X_m(j\omega)$$
$$= \frac{1}{N}\left\{\frac{e^{j\theta_0}}{N}\frac{\sin\left[(\omega-\omega_0)N/2\right]}{\sin\left[(\omega-\omega_0)/2\right]} \cdot e^{-j(\omega-\omega_0)(N-1)/2}\right\}\sum_{m=0}^{N-1} e^{jm(\omega-\omega_0)} \qquad (9\text{-}10)$$

对式 (9-10) 的级数求和项作进一步化简，有

$$X_a(j\omega) = \frac{e^{j\theta_0}}{N^2}e^{-j(\omega-\omega_0)(N-1)/2}\frac{\sin\left[(\omega-\omega_0)N/2\right]}{\sin\left[(\omega-\omega_0)/2\right]} \cdot \frac{\left[1-e^{jN(\omega-\omega_0)}\right]}{\left[1-e^{j(\omega-\omega_0)}\right]}$$
$$= \frac{e^{j\theta_0}}{N^2}e^{-j(\omega-\omega_0)(N-1)/2}\frac{\sin\left[(\omega-\omega_0)N/2\right]}{\sin\left[(\omega-\omega_0)/2\right]} \cdot e^{j(\omega-\omega_0)(N-1)/2}\frac{\sin\left[(\omega-\omega_0)N/2\right]}{\sin\left[(\omega-\omega_0)/2\right]}$$
$$= e^{j\theta_0}\frac{\sin^2\left[(\omega-\omega_0)N/2\right]}{N^2\sin^2\left[(\omega-\omega_0)/2\right]} \qquad (9\text{-}11)$$

联立式 (9-11) 和式 (9-7)，有

$$|X_a(j\omega)| = |X_0(j\omega)|^2 = \frac{\sin^2\left[(\omega-\omega_0)N/2\right]}{N^2\sin^2\left[(\omega-\omega_0)/2\right]} \qquad (9\text{-}12)$$

故全相位 DTFT 振幅谱为传统 DTFT 振幅谱的平方。不难证明

$$0 \leqslant \left|\frac{\sin\left[(\omega-\omega_0)N/2\right]}{N\sin\left[(\omega-\omega_0)/2\right]}\right| \leqslant 1 \qquad (9\text{-}13)$$

式中，仅当 $\omega = \omega_0$ 时不等式右边的等号成立，函数值等于 1，当 $\omega = \omega_0 + k\Delta\omega, k \neq 0$ 时，不等式左边的等号成立，函数值等于 0。联立式 (9-11)，则有

$$X_a(j\omega)|_{\omega=\omega_0+k2\pi/N} = \begin{cases} e^{j\theta_0}, & k=0 \\ 0, & k\neq 0 \end{cases}, \quad k\in Z \qquad (9\text{-}14)$$

9.3 全相位 DTFT 谱分析性质

联立式 (9-12) 和式 (9-13)，可以判知：旁瓣幅度相比于主瓣 $\omega = \omega_0$ 处的幅度也会按平方关系加速衰减下去。换句话说，全相位 DTFT 会在全频率轴获得优良的抑制谱泄漏性能。因而性质 1 得证。

另外，取式 (9-13) 的相角，有

$$\varphi_a(\omega) \equiv \theta_0 \tag{9-15}$$

注意式 (9-15) 是一个常数恒等式，故全相位 DTFT 相位谱值等于中心样点瞬时相位值，在全频率轴上其相位谱曲线为一条平坦直线。因而性质 2 得证。

图 9-5(i) 的 apDTFT 的振幅谱曲线验证了性质 1，其相位谱曲线验证了性质 2。

性质 3 全相位 DTFT 谱分析为线性系统，即满足齐次性和叠加性。

证明 若把式 (9-3) 和式 (9-4) 联立，有

$$X_a(j\omega) = \frac{1}{N} \sum_{m=0}^{N-1} X_m(j\omega) = \frac{1}{N^2} \sum_{m=0}^{N-1} \left(\sum_{n=-m}^{-m+N-1} x(n) e^{-jn\omega} \right) \tag{9-16}$$

假定任意信号 $x_1(n)$ 和 $x_2(n)$ 的 apDTFT 分别为 $X_{a1}(j\omega)$、$X_{a2}(j\omega)$，则有

$$X_{a1}(j\omega) = \frac{1}{N^2} \sum_{m=0}^{N-1} \left(\sum_{n=-m}^{-m+N-1} x_1(n) e^{-jn\omega} \right)$$

$$X_{a2}(j\omega) = \frac{1}{N^2} \sum_{m=0}^{N-1} \left(\sum_{n=-m}^{-m+N-1} x_2(n) e^{-jn\omega} \right) \tag{9-17}$$

故对于由这两个信号线性叠加的信号 $y(n)$：

$$y(n) = \lambda_1 x_1(n) + \lambda_2 x_2(n) \tag{9-18}$$

其 apDTFT 谱为

$$\begin{aligned}
Y_a(j\omega) &= \frac{1}{N^2} \sum_{m=0}^{N-1} \left[\sum_{n=-m}^{-m+N-1} (\lambda_1 x_1(n) + \lambda_2 x_2(n)) e^{-jn\omega} \right] \\
&= \lambda_1 \frac{1}{N^2} \sum_{m=0}^{N-1} \left(\sum_{n=-m}^{-m+N-1} x_1(n) e^{-jn\omega} \right) \\
&\quad + \lambda_2 \frac{1}{N^2} \sum_{m=0}^{N-1} \left(\sum_{n=-m}^{-m+N-1} x_2(n) e^{-jn\omega} \right)
\end{aligned} \tag{9-19}$$

联立式 (9-17) 和式 (9-19)，有

$$Y_a(j\omega) = \lambda_1 X_{a1}(j\omega) + \lambda_2 X_{a2}(j\omega) \tag{9-20}$$

故 apDTFT 的线性性质得以证明。

9.3.3 基于全相位 DTFT 振幅谱峰搜索的低频正弦信号频率估计

第 7 章提及了短区间的低频正弦信号的频率估计问题。这类信号指的是样本含有的波动周期数 (CiR) 等于 1 附近的情况，对于这类正弦信号，因观测到的振动周期数目少、"波动性" 微弱而提高了估计难度。图 9-6 展示了不同 CiR 的正弦波时域波形，CiR 越小样本区间越短，"波动性" 越微弱。

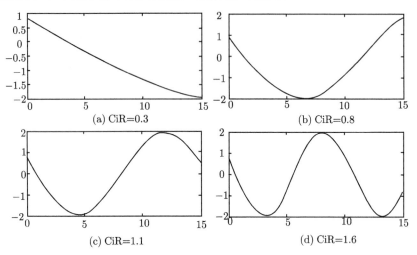

图 9-6 不同 CiR 情况的正弦波时域波形

由于 $A\cos(2\pi f_0 t + \theta_0)$ 由复指数成分 $A/2 \cdot e^{j(2\pi f_0 t + \theta_0)}$ 和 $A/2 \cdot e^{-j(2\pi f_0 t + \theta_0)}$ 组成，分别对应正、负频率成分。"低频"情况下，这两个共轭成分谱挨得很紧，彼此谱泄漏会产生谱间干扰而降低估计准确度。这时若直接用 apFFT 或传统 DFT 进行谱分析，因受到频率分辨率限制，无法精确估计频率位置。若用传统 DTFT 进行连续谱分析，DTFT 存在固有的频谱泄漏较严重的缺陷，导致连续谱谱峰不准确，但 apDTFT 连续谱峰搜索可以得到更精确的频率估计结果。

例 3 令 $N = 16$，对信号 $x(n) = 2\cos(\omega_0 n + \theta_0), -N+1 \leqslant n \leqslant N$，其中 $\omega_0 = \beta \Delta\omega = 0.45\Delta\omega$，$\Delta\omega = 2\pi/N$，其波形如图 9-7 所示。分别取 $2N-1 = 31$ 个样点作 apDTFT 连续谱分析、apFFT 离散谱分析，取全部 $2N = 32$ 个样点作传统 DTFT 连续谱分析和传统 FFT 离散谱分析，得到如图 9-8 (c) 和 (d) 所示的谱分析结果。

作为对照，图 9-8(a) 和 (b) 还分别给出了 $x(n)$ 中的两个复指数成分 $\exp[j(\omega_0 n + \theta_0)]$ 和 $\exp[-j(\omega_0 n + \theta_0)]$ 的 apDTFT 连续谱分析结果和传统 DTFT 连续谱分析结果，频率扫描补偿同设为 $0.01\Delta\omega$。

对于例 3，由于 apDTFT 仅耗费了 $(2N-1) = 31$ 个样点 (比传统 DTFT 少用了 1 个样点)，故可以求出 CiR=$(2N-1) \cdot \omega_0/2\pi = 0.87187$，图 9-7 所示波形还不

足一个周期, 故属于波动性较微弱的情况。

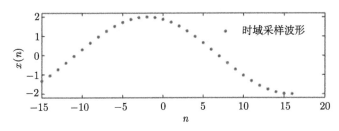

图 9-7 低频正弦波采样波形 (CiR=0.87187)

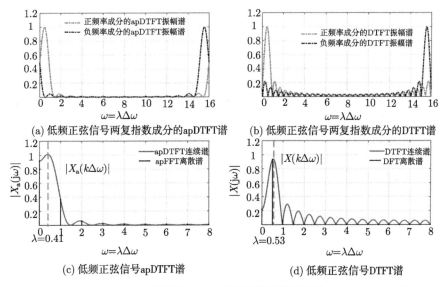

图 9-8 apDTFT 与传统 DTFT 振幅谱特性比较图 (CiR=0.87187)

从图 9-8(a) 和 (b) 可以观察到: 由于 apDTFT 具有性质 1, 故无论是左边带还是右边带, 单频复指数成分的 apDTFT 连续振幅谱的泄漏都很小, 而单频复指数成分的 DTFT 连续振幅谱相对泄漏较大。故左右边带的谱叠加起来的效果就如图 9-8(c) 和 (d) 所示 (仅给出了左边带): apDTFT 谱峰搜索得更正确, 其谱峰处于 $\lambda = 0.41$ 处, 谱峰估计误差为 $|\lambda\Delta\omega - \omega_0| = |0.41 - 0.45|\Delta\omega = 0.04\Delta\omega$; 而 DTFT 谱峰搜索比较粗糙, 其谱峰处于 $\lambda = 0.53$ 处, 谱峰估计误差为 $|\lambda\Delta\omega - \omega_0| = |0.53 - 0.45|\Delta\omega = 0.08\Delta\omega$; 虽然 apDTFT 比 DTFT 还少耗费 1 个样点, 在同样的频率扫描步长情况下, 其搜索误差约为后者的 1/2。

基于以上特点, 本章提出的全相位 DTFT 谱分析方法在超低频波频率测量、水声测量、生物医学、频率计仪表改进等领域具有较广阔的应用前景。

9.4 密集谱分布下的全相位 DTFT 谱分析

9.4.1 存在密集谱情况下的全相位 DTFT 相位谱性质

性质 4 对于如下包含两个密集频率成分的信号：

$$x(n) = A_1 e^{j(\omega_1 n + \theta_1)} + A_2 e^{j(\omega_2 n + \theta_2)}, \quad -N+1 \leqslant n \leqslant N-1$$

$$\omega_1 = (k^* + \delta_1)\Delta\omega, \quad \omega_2 = (k^* + \delta_2)\Delta\omega, \quad 0 < \delta_1 < \delta_2 < 0.5 \quad (9\text{-}21)$$

其全相位 DTFT 的相位谱 $\varphi_a(\omega)$ 在 $[\theta_1, \theta_2]$ 呈现周期性分布，极值点落在 $\omega = k\Delta\omega + \omega_1 (k \in Z, k \neq 0)$ 和 $\omega = k\Delta\omega + \omega_2 (k \in Z, k \neq 0)$，且满足

$$\varphi_a(\omega)|_{\omega=\omega_1+k\Delta\omega} = \theta_2, \quad \varphi_a(\omega)|_{\omega=\omega_2+k\Delta\omega} = \theta_1, \quad k \in Z, k \neq 0 \quad (9\text{-}22)$$

证明 令两个复指数信号的 apDTFT 谱分别为 $X_1(j\omega)$，$X_2(j\omega)$，根据式 (9-11) 的单频信号 apDTFT 理论公式，结合 apDTFT 的线性性质，则式 (9-21) 的 apDTFT 谱表示为

$$\begin{aligned} X_a(j\omega) &= X_1(j\omega) + X_2(j\omega) \\ &= A_1 e^{j\theta_1} \cdot \frac{\sin^2\left[(\omega-\omega_1)N/2\right]}{N^2 \sin^2\left[(\omega-\omega_1)/2\right]} + A_2 e^{j\theta_2} \cdot \frac{\sin^2\left[(\omega-\omega_2)N/2\right]}{N^2 \sin^2\left[(\omega-\omega_2)/2\right]} \end{aligned} \quad (9\text{-}23)$$

联立式 (9-14) 表述的振幅谱峰值为 1 和直接曲线取相位的性质，则有

$$X_1(j\omega)|_{\omega=\omega_1+k2\pi/N} = \begin{cases} e^{j\theta_1}, & k=0 \\ 0, & k \neq 0, \quad k \in Z \end{cases}$$

$$X_2(j\omega)|_{\omega=\omega_2+k2\pi/N} = \begin{cases} e^{j\theta_2}, & k=0 \\ 0, & k \neq 0, \quad k \in Z \end{cases} \quad (9\text{-}24)$$

由于在 $\omega = \omega_1 + k\Delta\omega (k \in Z, k \neq 0)$ 处，$X_1(j\omega)$ 幅值为 0，故这时整个信号的 apDTFT 谱可表示为

$$X_a(j\omega) = X_2(j\omega) = A_2 e^{j\theta_2} \cdot \frac{\sin^2\left[(\omega-\omega_2)N/2\right]}{N^2 \sin^2\left[(\omega-\omega_2)/2\right]}, \quad \omega = \omega_1 + k\Delta\omega, k \neq 0 \quad (9\text{-}25)$$

同理，由于在 $\omega = \omega_2 + k\Delta\omega \ (k \neq 0, k \in Z)$ 处，$X_2(j\omega)$ 幅值为 0，故这时整个信号的 apDTFT 谱可表示为

$$X_a(j\omega) = X_1(j\omega) = A_1 e^{j\theta_1} \cdot \frac{\sin^2\left[(\omega-\omega_1)N/2\right]}{N^2 \sin^2\left[(\omega-\omega_1)/2\right]}, \quad \omega = \omega_2 + k\Delta\omega, k \neq 0 \quad (9\text{-}26)$$

9.4 密集谱分布下的全相位 DTFT 谱分析

取式 (9-25) 和式 (9-26) 的相角，即有

$$\varphi_a(\omega)|_{\omega=\omega_1+k\Delta\omega} = \theta_2, \quad \varphi_a(\omega)|_{\omega=\omega_2+k\Delta\omega} = \theta_1, \quad k \in Z, k \neq 0 \tag{9-27}$$

即式 (9-22) 得证。

再来证明在 $\omega = \omega_1 + k\Delta\omega(k \in Z, k \neq 0)$ 和 $\omega = \omega_2 + k\Delta\omega(k \in Z, k \neq 0)$ 处，$\varphi_a(\omega)$ 取得极值；也就是说，在这些周期分布的频点上，$\varphi_a(\omega)$ 一阶导数为 0。

将式 (9-23) 中的 $X_a(j\omega)$ 分解为实部和虚部，有

$$\begin{aligned} X_a(j\omega) &= \left\{ A_1 \cdot \frac{\sin^2\left[(\omega-\omega_1)N/2\right]}{N^2 \sin^2\left[(\omega-\omega_1)/2\right]} \cos\theta_1 + A_2 \cdot \frac{\sin^2\left[(\omega-\omega_2)N/2\right]}{N^2 \sin^2\left[(\omega-\omega_2)/2\right]} \cos\theta_2 \right\} \\ &+ j\left\{ A_1 \cdot \frac{\sin^2\left[(\omega-\omega_1)N/2\right]}{N^2 \sin^2\left[(\omega-\omega_1)/2\right]} \sin\theta_1 + A_2 \cdot \frac{\sin^2\left[(\omega-\omega_2)N/2\right]}{N^2 \sin^2\left[(\omega-\omega_2)/2\right]} \sin\theta_2 \right\} \end{aligned} \tag{9-28}$$

显然，根据正切函数的单调性，$\varphi_a(\omega)$ 的导数为 0 与 $\tan\varphi_a(\omega)$ 的导数为 0 是等价的，转而求取 $\tan\varphi_a(\omega)$ 的一阶导数，根据由极限导出的导数定义，有

$$\frac{\mathrm{d}\tan\varphi_a(\omega)}{\mathrm{d}\omega}\bigg|_{\omega=\omega_1+k2\pi/N} = \lim_{\omega \to \omega_1+k2\pi/N} \frac{\tan\varphi_a(\omega) - \tan\varphi_a(\omega_1+k2\pi/N)}{\omega - (\omega_1+k2\pi/N)} \tag{9-29}$$

注意，由式 (9-27) 可推知

$$\tan\varphi_a(\omega_1+k2\pi/N) = \tan\theta_2 \tag{9-30}$$

另外，式 (9-29) 中的 $\tan\varphi_a(\omega)$ 的极限项为

$$\begin{aligned} &\lim_{\omega \to \omega_1+k2\pi/N} \tan\varphi_a(\omega) \\ &= \lim_{\omega \to \omega_1+k2\pi/N} \frac{A_1 \cdot \dfrac{\sin^2\left[(\omega-\omega_1)N/2\right]}{\sin^2\left[(\omega-\omega_1)/2\right]} \sin\theta_1 + A_2 \cdot \dfrac{\sin^2\left[(\omega-\omega_2)N/2\right]}{\sin^2\left[(\omega-\omega_2)/2\right]} \sin\theta_2}{A_1 \cdot \dfrac{\sin^2\left[(\omega-\omega_1)N/2\right]}{\sin^2\left[(\omega-\omega_1)/2\right]} \cos\theta_1 + A_2 \cdot \dfrac{\sin^2\left[(\omega-\omega_2)N/2\right]}{\sin^2\left[(\omega-\omega_2)/2\right]} \cos\theta_2} \\ &= \frac{A_1 \cdot \dfrac{\sin^2(k\pi)}{\sin^2(k\pi/N)} \sin\theta_1 + A_2 \cdot \dfrac{\sin^2\left[(\omega-\omega_2)N/2\right]}{\sin^2\left[(\omega-\omega_2)/2\right]} \sin\theta_2}{A_1 \cdot \dfrac{\sin^2(k\pi)}{\sin^2(k\pi/N)} \cos\theta_1 + A_2 \cdot \dfrac{\sin^2\left[(\omega-\omega_2)N/2\right]}{\sin^2\left[(\omega-\omega_2)/2\right]} \cos\theta_2} \end{aligned} \tag{9-31}$$

将 $\sin(k\pi) = 0$ 代入式 (9-31)，有

$$\lim_{\omega \to \omega_1+k2\pi/N} \tan\varphi_a(\omega) = \tan\theta_2 \tag{9-32}$$

故联立式 (9-29)、式 (9-30) 和式 (9-32), 有

$$\frac{\mathrm{d}\tan\varphi_{\mathrm{a}}(\omega)}{\mathrm{d}\omega}\bigg|_{\omega=\omega_1+k2\pi/N} = \lim_{\omega\to\omega_1+k2\pi/N}\frac{\tan\theta_2-\tan\theta_2}{\omega-(\omega_1+k2\pi/N)} = 0, \quad k\in Z, k\neq 0 \tag{9-33}$$

同理, 也可证明出, 在 $\omega = \omega_2 + k\Delta\omega(k\in Z, k\neq 0)$ 处, 有

$$\frac{\mathrm{d}\tan\varphi_{\mathrm{a}}(\omega)}{\mathrm{d}\omega}\bigg|_{\omega=\omega_2+k2\pi/N} = \lim_{\omega\to\omega_2+k2\pi/N}\frac{\tan\theta_1-\tan\theta_1}{\omega-(\omega_1+k2\pi/N)} = 0, \quad k\in Z, k\neq 0 \tag{9-34}$$

由式 (9-33) 和式 (9-27) 可知, $\omega = \omega_1 + k\Delta\omega(k\in Z, k\neq 0)$ 是 $\varphi_{\mathrm{a}}(\omega)$ 的极值点, 而且极值为 θ_2; 同理由式 (9-34) 和式 (9-27) 可知, $\omega = \omega_2 + k\Delta\omega(k\in Z, k\neq 0)$ 是 $\varphi_{\mathrm{a}}(\omega)$ 的极值点, 而且极值为 θ_1; 由于这时 k 可以取多个整数, 因而 $\varphi_{\mathrm{a}}(\omega)$ 将呈现周期性。

而当 $k=0$ 时, 对应 $\omega_1 = (k^* + \delta_1)\Delta\omega, \omega_2 = (k^* + \delta_2)\Delta\omega$ 则不是极值点, 由于 $0 < \delta_1 < \delta_2 < 0.5$, 可知在 $\omega \in [(k^*-1+\delta_2)\Delta\omega, (k^*+1+\delta_1)\Delta\omega]$ 的一个不足 $2\Delta\omega$ 的宽度内, 形成相位谱的过渡带。9.4.2 节将举例说明说明这个问题。

另外, 在获知 ω_1、θ_1 值和 ω_2、θ_2 值后, 可以读出分别距离峰值谱峰 ω_1、ω_2 为 $\Delta\omega$ 的频率位置 $\omega = \omega_1 + \Delta\omega$ 和 $\omega = \omega_2 + \Delta\omega$ 上的 apDTFT 值结果, 联立得出 A_1 和 A_2 的估计值, 即由式 (9-25) 和式 (9-26), 有

$$\begin{cases} X_{\mathrm{a}}[\mathrm{j}(\omega_1+\Delta\omega)] = A_2\mathrm{e}^{\mathrm{j}\theta_2}\dfrac{\sin^2[(\omega_1+\Delta\omega-\omega_2)N/2]}{N^2\sin^2[(\omega_1+\Delta\omega-\omega_2)/2]} \\ X_{\mathrm{a}}[\mathrm{j}(\omega_2+\Delta\omega)] = A_1\mathrm{e}^{\mathrm{j}\theta_1}\dfrac{\sin^2[(\omega_2+\Delta\omega-\omega_1)N/2]}{N^2\sin^2[(\omega_2+\Delta\omega-\omega_1)/2]} \end{cases} \tag{9-35}$$

故由式 (9-35), 可得两个密集谱成分的幅值估计为

$$\begin{cases} \hat{A}_1 = \dfrac{|X_{\mathrm{a}}[\mathrm{j}(\omega_2+\Delta\omega)]|}{\dfrac{\sin^2[(\omega_2+\Delta\omega-\omega_1)N/2]}{N^2\sin^2[(\omega_2+\Delta\omega-\omega_1)/2]}} \\ \hat{A}_2 = \dfrac{X_{\mathrm{a}}[\mathrm{j}(\omega_1+\Delta\omega)]}{\dfrac{\sin^2[(\omega_1+\Delta\omega-\omega_2)N/2]}{N^2\sin^2[(\omega_1+\Delta\omega-\omega_2)/2]}} \end{cases} \tag{9-36}$$

至此, 完成了密集谱成分的频率、相位和幅值的三参数估计。

9.4.2 基于 apDTFT 相位谱特征的密集谱识别

以一具体实例来诠释当存在密集谱 (即一个频率间隔内存在两个密集频率成分情况) 时, 如何根据 apDTFT 相位谱和振幅谱来获得信号各成分的频率、幅值、相位参数。

9.4 密集谱分布下的全相位 DTFT 谱分析

例 4 以 $N=8$ 为例,对 $x(n) = e^{j(\omega_1 n + \theta_1)} + 2e^{j(\omega_2 n + \theta_2)}$, $\omega_1 = 3.2\Delta\omega$, $\omega_1 = 3.4\Delta\omega$, $\theta_1 = 20°$, $\theta_2 = 70°$ 分别进行 8 阶 apDTFT、传统 8 阶和 16 阶 DTFT,得到的 $X_a(j\omega)$、$X_N(j\omega)$ 和 $X_{2N}(j\omega)$ 分别如图 9-9(a)~(c) 所示。

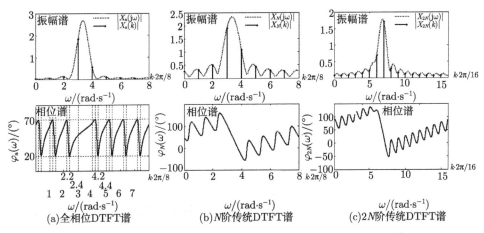

图 9-9 双频信号的 apDTFT 谱、N 阶 DTFT 谱和 $2N$ 阶 DTFT 谱 ($N=8$)

从图 9-9 的振幅谱图可看出,由于两个成分的频率间隔只有 $0.2\Delta\omega$,故图 9-9(a) 所示的 apDTFT 和图 9-9 (b) 所示的 8 阶传统 DTFT 振幅谱都只有一个谱峰,即使把传统 DTFT 谱阶数增大一倍 (相应耗费的样点数比 apDTFT 还多出一个),图 9-9(c) 所示的 16 阶 DTFT 振幅谱峰仍只有一个,并且谱泄漏没有得到改善。故依靠振幅谱分析结果是无法区分出信号到底包含一个、两个还是多个频率。

从而不得不借助相位谱来识别密集谱。可以看出,图 9-9(b) 和 (c) 的 DTFT 相位谱比较紊乱,难以直接提取参数信息。然而从图 9-9(a) 可以看出,apDTFT 相位谱呈现出明显的过渡带特征和周期极值特性,故可以断定这属于双频成分密集情况。

注意到 apDTFT 的振幅谱 $|X_a(j\omega)|$ 的峰值位于 $\omega=3\Delta\omega$,而且 $\varphi_a(\omega)$ 过渡带位置也处于 $\omega=3\Delta\omega$ 附近,故可判断密集谱的整数频点位置为 $k^* = 3$。

另外,观测到过渡带右侧的第一个极值点在 $\omega=4.2\Delta\omega$ 处,而前面已分析该位置的理论值是 $\omega = (1 + k^* + \delta_1)\Delta\omega$,因而可确定 $\delta_1 = 0.2$;从图 9-9 (b) 还可直接读出该频点 $\varphi_a(4.2\Delta\omega) = 70°$,结合式 (9-27) 则可推知:另一个频率成分 (即 ω_2 频率成分) 的相位值 $\theta_2 = 70°$;此外还可观测到过渡带右侧的第二个极值点位置在 $\omega=4.4\Delta\omega$ 处,而式 (9-22) 已分析该位置的理论值是 $\omega = (1 + k^* + \delta_2)\Delta\omega$,因而可确定 $\delta_2 = 0.4$;从图 9-9 (b) 可读出该频点 $\varphi_a(4.4\Delta\omega) = 20°$,故同样可推知 $\theta_1 = 20°$。很明显,以上特征可以全部从相位谱 $\varphi_a(\omega)$ 中提取得出,完全不受各频率分量的幅

值影响。

确定出 $\theta_1 = 20°$, $\omega_1 = 3.2\Delta\omega$, $\theta_2 = 70°$, $\omega_2 = 3.4\Delta\omega$ 后，再从图 9-9(a) 振幅谱图中可读出 $|X_a[j(\omega_2+\Delta\omega)]| = 0.0262$, $|X_a[j(\omega_1+\Delta\omega)]| = 0.1131$，代入式 (9-36) 后，即可估计出 $A_1=1$, $A_2=2$。

当相位谱既不呈现如图 9-5(i) 所示单频情况的平直形状，又不呈现如图 9-9(a) 所示双频情况的"宽过渡带 + 极值点周期分布形状"时，我们就能断定属于多频情况，这时的频率成分个数大于或等于 3。

9.4.3 基于 apDTFT 相位谱特征的低频正弦波频率估计

9.4.3 节指出：对于 CiR< 1 的正弦波，由于 apDTFT 振幅谱比 DTFT 振幅谱具有更优良的抑制谱泄漏特性，因而通过搜索 apDTFT 的振幅谱的峰值，可以获得比 DTFT 振幅谱搜索法更高的频率估计精度。尽管如此，这种仅靠振幅谱搜索的方法因无法消除正、负两个边带的谱间干扰，仍会引入频率估计误差。

本节指出：若引入 apDTFT 的相位谱作频率特征提取，则可以把频率估计误差降至 0。

为了说明这个问题，我们先讨论 CiR≫ 1 情况下基于 apDTFT 相位谱特征的正弦波频率估计，然后再研究 CiR< 1 基于 apDTFT 相位谱特征的正弦波频率估计。

1. CiR ≫ 1 情况

由于 apDTFT 相位谱图中，不反映幅度特征，不妨设定正弦波形式为

$$x(n) = 2A\cos(\omega_0 n + \theta_0) = A\exp[j(\omega_0 n + \theta_0)] + A\exp[-j(\omega_0 n + \theta_0)]$$
$$\omega_0 = (k^* + \delta)\Delta\omega, \quad k^* \in Z, k^* \geqslant 2, 0 < \delta < 0.5 \tag{9-37}$$

因而式 (9-37) 包含了两个复成分：第 1 个成分频率 $\omega_1 = (k^*+\delta)\Delta\omega$，幅值为 A，相位为 θ_0；第 2 个成分频率 $-\omega_0 = -(k^*+\delta)\Delta\omega$，幅值为 A，相位为 $-\theta_0$。根据数字角频率的周期性，不妨将第 2 个成分的频率表示为

$$\omega_2 = 2\pi - \omega_0 = [(N-k^*) - \delta]\Delta\omega = [(N-k^*-1) + 1 - \delta]\Delta\omega$$

根据性质 4，可推知如下结论：

(1) 对于成分 1，相位谱 $\varphi_a(\omega)$ 在 $\omega = (k+\delta)\Delta\omega, k = 0, \cdots, k^*-1, k^*+1, \cdots, N-1$ 处出现极值，极值大小为成分 2 的相位 $-\theta_0$。

(2) 对于成分 1，相位谱 $\varphi_a(\omega)$ 在 $\omega = (k+1-\delta)\Delta\omega, k = 0, \cdots, N-k^*-2, N-k^*, N-k^*+1, \cdots, N-1$ 处出现极值，极值大小为成分 1 的相位 θ_0。

9.4 密集谱分布下的全相位 DTFT 谱分析

我们再来研究位于 $\omega \in [k^* - \delta, k^* + 1 - \delta]\Delta\omega$ 这段区域的相位谱 $\varphi_\mathrm{a}(\omega)$ 特性。需满足如下几点:

(1) 在理想峰值谱 $\omega = \omega_1 = (k^* + \delta)\Delta\omega$ 处,apDTFT 具有相位不变性,相位谱值应等于成分 1 的真实相位 θ_0,故有 $\varphi_\mathrm{a}[(k^* + \delta)\Delta\omega] = \theta_0$。

(2) 在区间左边缘 $\omega = (k^* - \delta)\Delta\omega = (k^* - 1 + 1 - \delta)\Delta\omega$ 处,根据性质 4,可知这是对应于成分 2 周期拓展的频点,其相位值应等于成分 1 的真实相位 θ_0,故有 $\varphi_\mathrm{a}[(k^* - \delta)\Delta\omega] = \theta_0$。

(3) 在区间左边缘 $\omega = (k^* + 1 - \delta)\Delta\omega$ 处,根据性质 4,可知这也是对应于成分 2 周期拓展的频点,其相位值应等于成分 1 的真实相位 θ_0,故有 $\varphi_\mathrm{a}[(k^* - \delta)\Delta\omega] = \theta_0$。

综上所述,对于 $\omega \in [k^* - \delta, k^* + 1 - \delta]\Delta\omega$ 的这段区域,相位谱 $\varphi_\mathrm{a}(\omega)$ 应为取值为 θ_0 的一条较平坦的曲线。

类似地,对于 $\omega \in [N - k^* - 1 + \delta, N - k^* + \delta]\Delta\omega$ 的这段长度为 $\Delta\omega$ 的区域,相位谱 $\varphi_\mathrm{a}(\omega)$ 也为一条较平坦的曲线,相位值应为 $-\theta_0$。

根据以上描述的相位谱 $\varphi_\mathrm{a}(\omega)$ 的各段区域的极值周期性特征和 $\omega \in [N - k^* - 1 + \delta, N - k^* + \delta]\Delta\omega$ 这段区域的局部平坦特征,可以准确估计出峰值谱位置和频偏值。

例 5 令 $N = 16$,根据 apDTFT 的相位谱特征,估计如下正弦信号:

$$x(n) = 2\cos(\omega_0 n + \theta_0), \quad \omega_0 = 3.2\Delta\omega, \quad \theta_0 = 20° \tag{9-38}$$

的频率和相位。

对信号 $x(n)$ 作 apDTFT,可得如图 9-10(a) 所示的全景相位谱图,其两个边带附近局部放大的相位谱图分别如图 9-10(b) 和 (c) 所示。

从图 9-10(a)~(c) 可得出如下结论:

(1) 相位谱曲线 $\varphi_\mathrm{a}(\omega)$ 存在两个平坦曲线区域,分别在左半轴的 $\omega \in [2.8\Delta\omega, 38\Delta\omega]$ 区域和右半轴 $\omega \in [122\Delta\omega, 13.2\Delta\omega]$ 区域,故可仅从左半轴区域判定信号频率值的整数部分的参数 $k^* = 3$。

(2) 除了两个平坦曲线区域,相位谱曲线 $\varphi_\mathrm{a}(\omega)$ 在其他区域呈现周期性分布,所有各个周期的极值点存在两个相位谱值:极大值 $\theta_0 = 20°$ 和极小值 $-\theta_0 = -20°$。

根据性质 4,在峰值谱右侧第 1 个极值点 $\omega = (k^* + 1 + \delta)\Delta\omega = (4 + \delta)\Delta\omega$ 处,其相位值应等于第 2 个成分的相位值 $-\theta_0 = -20°$,而从图 9-10(b) 可读出:该相位值落在 $\omega = 4.2\Delta\omega$ 的位置,故可推知频偏参数 $\delta = 0.2$,因而可估计出信号的频率 $\omega_0 = (k^* + \delta)\Delta\omega = 3.2\Delta\omega$,而信号的初相应为 $\omega = 4.2\Delta\omega$ 读出的初相的相反数,故知初相 $\theta_0 = 20°$。

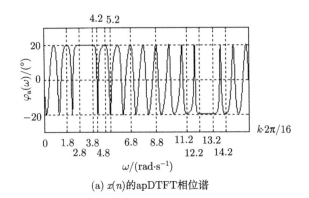

(a) $x(n)$ 的 apDTFT 相位谱

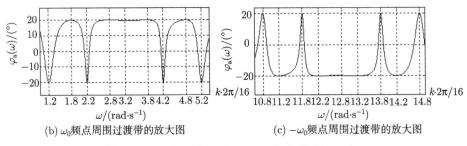

(b) ω_0 频点周围过渡带的放大图 (c) $-\omega_0$ 频点周围过渡带的放大图

图 9-10 $x(n)$ 的全相位 DTFT 相位谱 ($N=16$)

2. CiR < 1 情况

该情况同 CiR ≫ 1 情况有所不同,要考虑左右两个边带存在谱间干扰的情况。因为 CiR< 1,故式 (9-37) 中的峰值谱位置 $k^* = 0$。

根据性质 4,可推知如下结论:

(1) 对于 $A\exp[j(\omega_0 n + \theta_0)]$,$\omega_0 = (k^* + \delta)\Delta\omega = \delta\Delta\omega$ 的成分 1,相位谱 $\varphi_a(\omega)$ 在 $\omega = (k+\delta)\Delta\omega, k = 1, \cdots, N-1$ 处出现极值,极值大小为 $A\exp[-j(\omega_0 n + \theta_0)]$ 的相位 $-\theta_0$。

(2) 对于 $A\exp[-j(\omega_0 n + \theta_0)]$ 的成分 2,结合数字角频率的周期性,可知相位谱 $\varphi_a(\omega)$ 在 $\omega = (k+1-\delta)\Delta\omega, k = 0, 1, \cdots, N-2$ 处出现极值,极值大小为 $A\exp[j(\omega_0 n + \theta_0)]$ 的相位 θ_0。

我们再来研究位于低频区 $\omega \in [-1+\delta, 1-\delta]\Delta\omega$,根据数字角频率的周期性(其中 $\omega \in [-1+\delta, 0]\Delta\omega$ 这段区域实际对应 $\omega \in [N-1+\delta, N]\Delta\omega$ 的右半频率轴的边缘)的相位谱 $\varphi_a(\omega)$ 的特性。满足如下几点:

(1) 由于 CiR 值过小以及正、负边带过于靠近造成较严重的谱间干扰,故这时在理想峰值谱 $\omega = (k^* + \delta)\Delta\omega = \delta \cdot \Delta\omega$ 处,apDTFT 的相位谱值不等于成分 1 的真实相位 θ_0,而是接近该相位值。

9.4 密集谱分布下的全相位 DTFT 谱分析

(2) 在 $\omega \in [N-1+\delta, N]\Delta\omega$ 的左边缘 $\omega = (N-1+\delta)\cdot\Delta\omega$ 处，根据性质 4 可知，这是对应于成分 1 周期拓展的频点，其相位值应等于成分 2 的真实相位 $-\theta_0$，故有 $\varphi_a[(N-1+\delta)\Delta\omega] = -\theta_0$。

(3) 在 $\omega \in [-1+\delta, 1-\delta]\Delta\omega$ 的右边缘 $\omega = (1-\delta)\Delta\omega$ 处，根据性质 4 可知，这也是对应于成分 2 周期拓展的频点，其相位值应等于成分 1 的真实相位 θ_0，故有 $\varphi_a[(k^*-\delta)\Delta\omega] = \theta_0$。

综上所述，对于 $\omega \in [-1+\delta, 1-\delta]\Delta\omega$ 的这段长度为 $(2-2\delta)\Delta\omega$ 的区域，相位谱 $\varphi_a(\omega)$ 应为一条从 $-\theta_0$ 递增到 θ_0 的曲线 (若 $\theta_0 < 0$ 则为递减)。

根据以上描述的相位谱 $\varphi_a(\omega)$ 的各段区域的极值周期性特征和 $\omega \in [-1+\delta, 1-\delta]\Delta\omega$ 局部递增特征，可以准确估计低频正弦波的峰值谱位置、频偏值及其初相值。

例 6 令 $N=16$，根据 apDTFT 的相位谱特征，估计如下正弦信号：

$$x(n) = 2\cos(\omega_0 n + \theta_0), \quad \omega_0 = 0.4\Delta\omega, \quad \theta_0 = 20° \tag{9-39}$$

的频率和相位。

对信号 $x(n)$ 作 apDTFT，可得如图 9-11(a) 所示的全景相位谱图，其两个边带附近局部放大的相位谱图分别如图 9-11(b) 和 (c) 所示。

从图 9-11(a)~(c) 可得出如下结论：

(1) 相位谱曲线 $\varphi_a(\omega)$ 在低频区明显存在一个较宽的过渡区域，故可判断这是 CiR< 1 情况的相位谱，相应地判定信号频率值的整数部分的参数 $k^* = 0$。

(2) 除了两个平坦曲线区域，相位谱曲线 $\varphi_a(\omega)$ 在其他区域呈现周期性分布，所有各个周期的极值点存在两个相位谱值：极大值 $\theta_0 = 20°$ 和极小值 $-\theta_0 = -20°$。

(3) 根据性质 4，在峰值谱右侧第一个极值点 $\omega = (k^*+1+\delta)\Delta\omega = (1+\delta)\Delta\omega$ 处，其相位值应等于第二个成分的相位值 $-\theta_0 = -20°$，而从图 9-11(b) 可读出：该相位值落在 $\omega = 1.4\Delta\omega$ 的位置，故可推知频偏参数 $\delta = 0.4$，因而可估计出信号的频率 $\omega_0 = (k^*+\delta)\Delta\omega = 0.4\Delta\omega$，而信号的初相应为 $\omega = 1.2\Delta\omega$ 读出的初相的相反数，故知初相 $\theta_0 = 20°$。

可见，以上整个测量过程仅用到了 apDTFT 相位谱图，通过对其相位谱宽带及相应极点的扫描检测，然后经过简单计算即可得出频率测量结果。因此，这种方法是不依赖于振幅谱，单独依靠相位谱就可精确估计频率的测量途径。除此以外，要强调的是本方法还有很突出的优点：对短区间测量有非常大的优势，理想条件下，CiR< 1 即波动性和周期性很微弱时，都能得出频率的精确估计，只要频率扫描足够精确，其测量误差为 0。

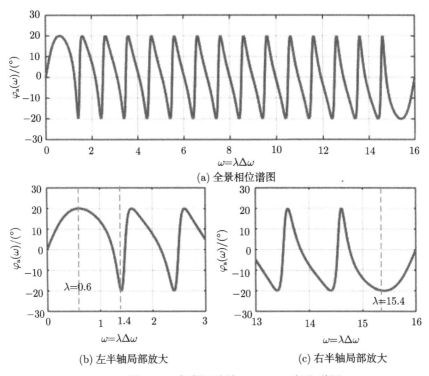

图 9-11 低频正弦波 apDTFT 相位谱图

考虑到频率扫描计算量较大,因此应当避免作无谓的频率扫描。从以上分析可以看出,对于 apDTFT 相位谱方法,其实只需在峰值谱 $\omega = k^*\Delta\omega$ 右侧频率区域对相位谱作扫描即可,而 $\omega = k^*\Delta\omega$ 的确定可以借助 apFFT 来实现,apFFT 无需作精细频率扫描。故实际可行的频率估计应当分为用 apFFT 粗略估计和 apDTFT 精细估计两个阶段,如图 9-12 所示。

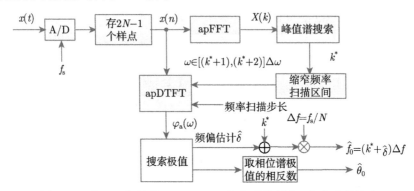

图 9-12 实际可行的基于 apDTFT 相位谱的频率、相位估计流程

9.4 密集谱分布下的全相位 DTFT 谱分析

图 9-13 给出了 CiR 从 0.1 到 1.8 递增变化时,分别用 apDTFT 相位谱特征提取法 (耗费 $2N-1$ 个样点)、apDTFT 振幅谱搜索法 (耗费 $2N-1$ 个样点)、传统 DTFT 振幅谱搜索法 (耗费 $2N$ 个样点) 的频率估计误差的测试曲线,该误差为频率估计误差相对于频率分辨率的百分比,定义为

$$\eta = \frac{\hat{\omega}_0 - \omega_0}{\Delta\omega} \times 100\% \tag{9-40}$$

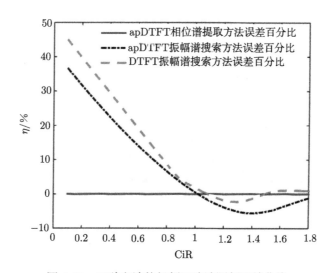

图 9-13 三种方法的低频正弦波测频误差曲线

从图 9-13 可总结出如下规律:

(1) 无论 CiR 值如何变小,apDTFT 相位谱特征提取法的频率误差总为 0,是三种方法中误差最小的。这是因为,该方法是基于 apDTFT 的性质 4 的,而这个性质在理论上是严格成立的,不存在系统误差。

(2) 当 CiR> 1 时,DTFT 峰值谱搜索法的精度略高于 apDTFT 法,这是因为当 CiR 较大时,正弦波的正、负两个复指数边带间距较远,因泄漏造成的谱间干扰较小,而且还多耗费了 1 个样点,故精度略高。

(3) 当 CiR < 1 时,apDTFT 峰值谱搜索法的精度略高于 apDTFT 法,这是因为当 CiR 较小时,正弦波的正、负两个复指数边带间距较近,apDTFT 因具备比 DTFT 更优良的抑制谱泄漏特性,故精度更高。

综上所述,apDTFT 谱分析尤其适合于短区间的谱信息提取场合。

9.4.4 强干扰下的密集谱识别与校正

基于 apDTFT 相位谱特征提取的密集谱识别方法有一个很突出的特点,就是

适用于强干扰下的密集谱识别和校正，这是因为该方法是基于 apDTFT 的性质 4 的，该性质的式 (9-22) 的相位谱 $\varphi_a(\omega)$ 求导的理论表达式与两个密集成分的幅值参数 A_1、A_2 无关，即使 A_1、A_2 差别非常大 (即相当于大幅值的成分对小幅值成分产生强干扰)，总能够完成识别与校正。

而已有的文献 [4]~[6] 所提出的密集谱校正方法有一个前提：要求两个密集成分的强度相当，不允许有大的差别，否则，一方面，会因为大幅值频率成分对小幅值频率成分产生大的干扰而降低精度，另一方面，这些密集谱校正法是基于传统 FFT 谱分析结果进行校正的，当两个密集成分强度相差很大时，在 FFT 谱图特征 (尤其是相位谱图特征) 上容易理解为一个频率成分存在情况，因而不适合于强干扰存在的场合。举例说明该问题。

例 7 令 $N=16$，求出如下包含密集成分信号的频率、相位和幅值：

$$x(n) = A_1 \mathrm{e}^{\mathrm{j}(\omega_1 n + \theta_1)} + A_2 \mathrm{e}^{\mathrm{j}(\omega_2 n + \theta_2)}, \quad \omega_1 = 3.2\Delta\omega, \theta_1 = 70°, \omega_2 = 3.5\Delta\omega, \theta_2 = 20° \tag{9-41}$$

两个幅值参数取 $A_1=1$，$A_2=1$ 时的 apDTFT 振幅谱、apFFT 振幅谱及 apDTFT 相位谱如图 9-14 所示，两个幅值参数取 $A_1=1, A_2=10$ 时的 apDTFT 振幅谱、apFFT 振幅谱及 apDTFT 相位谱如图 9-15 所示 (频率扫描步长为 $0.001\Delta\omega$)。

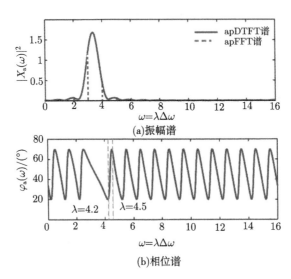

图 9-14 强度相当的密集谱分布下的 apDTFT 谱 ($A_1=1$, $A_2=1$)

从图 9-14 和图 9-15 可以看出，无论是强度相当的情况 (图 9-14) 还是强度差别大的情况 (图 9-15)，对于 apFFT 振幅谱和 apDTFT 振幅谱，都仅存在一个谱峰，容易当成是一个成分处理。然而就相位谱来说，无论是对于强度相当的情况

9.4 密集谱分布下的全相位 DTFT 谱分析

(图 9-14(b)) 还是强度差别大的情况 (图 9-15(b)),相位谱都呈现出明显的双频成分特征:

(1) apDTFT 相位谱 $\varphi_a(\omega)$ 都由一个宽过渡带和若干周期振荡组成。

(2) 从宽过渡带分布,都可判断密集谱粗位置是 $\omega = k^*\Delta\omega = 3\Delta\omega$(从振幅谱图也能判断出)。

(3) apDTFT 相位谱 $\varphi_a(\omega)$ 的宽过渡带右边第 1 个极值都在 $\omega = (k^*+1+\delta_1)\Delta\omega = 4.2\Delta\omega$ 处,且其相位值为 20°;根据性质 4,由此可断定,第 1 个成分的频偏是 $\delta_1 = 0.2$,第 2 个成分的相角是 20°;宽过渡带右边的第 2 个极值都在 $\omega = 4.4\Delta\omega$ 处,且其相位值为 70°;根据性质 4,由此可断定,第 2 个成分的频偏是 $\delta_2 = 0.4$,第 1 个成分的相角是 70°;综上可得 $\omega_1 = 3.2\Delta\omega, \theta_1 = 70°$;$\omega_2 = 3.4\Delta\omega, \theta_2 = 20°$。

(4) 得到两个频率估计后,从 apDTFT 振幅谱图上读出 $|X_a[j(\omega_2+\Delta\omega)]| = |X_a[j(4.4\Delta\omega)]|$ 和 $|X_a[j(\omega_1+\Delta\omega)]| = |X_a[j(4.2\Delta\omega)]|$ 的值,代入式 (9-36) 即可算出幅值估计 $\hat{A}_1, \hat{A}_2$(例如,对于图 9-15 的大幅度差别情况,可算出 $|X_a[j(\omega_2+\Delta\omega)]| = 0.0401, |X_a[j(\omega_1+\Delta\omega)]| = 1.3619$,代入式 (9-36) 可估计出 $\hat{A}_1 = 1, \hat{A}_2 = 10$)。

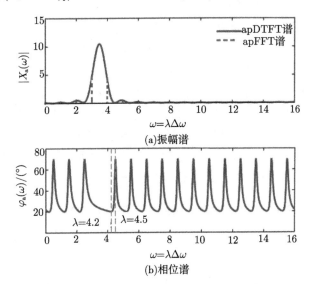

图 9-15 强度差别大的密集谱分布下的 apDTFT 谱 ($A_1=1, A_2=10$)

类似地,可以用基于 apDTFT 相位谱识别的方法,对两个密集分布的正弦信号进行幅值、相位和频率估计,假定信号模型为

$$y(n) = A_1\cos(\omega_1 n + \theta_1) + A_2\cos(\omega_2 n + \theta_2), \quad -N+1 \leqslant n \leqslant N-1$$

$$\omega_1 = 3.2\Delta\omega, \theta_1 = 70°, \omega_2 = 3.5\Delta\omega, \theta_2 = 20° \tag{9-42}$$

表 9-1 给出了不同的 A_1, A_2 幅值取值情况下，用 apDTFT 相位谱特征提取法，对于式 (9-41) 给出的密集复指数信号和式 (9-42) 给出的密集余弦信号的频率、幅值和相位的校正结果 (扫描步长设置为 $\Delta\omega/10^3$)。

表 9-1 不同幅值取值情况下密集谱校正结果

信号	信号参数				测量结果			
	频率成分		幅值成分		频率成分		幅值成分	
	ω_1	ω_2	A_1	A_2	ω_1	ω_2	A_1	A_2
密集复指数 $x(n)$	$3.2\Delta\omega$	$3.5\Delta\omega$	1	2	$3.2\Delta\omega$	$3.5\Delta\omega$	1	2
			1	100	$3.2\Delta\omega$	$3.5\Delta\omega$	1	100
			1	1000	$3.2\Delta\omega$	$3.5\Delta\omega$	1	1000
密集正弦 $y(n)$	$3.2\Delta\omega$	$3.5\Delta\omega$	1	2	$3.172\Delta\omega$	$3.496\Delta\omega$	0.97308	2.03146
			1	5	$3.160\Delta\omega$	$3.498\Delta\omega$	0.94835	5.00720
			1	10	$3.137\Delta\omega$	$3.499\Delta\omega$	1.10283	9.95477
			1	15	$3.107\Delta\omega$	$3.499\Delta\omega$	0.88092	14.94635

从表 9-1 的实验数据中可以看出：

(1) 对于双频率成分复指数信号，无论强者幅值 A_2 为弱者幅值 A_1 的 2 倍、100 倍还是达到了 1000 倍，apDTFT 相位谱特征提取法都能以很高的精确度测量出各个成分的频率和幅值参数。

(2) 对于双频率成分正弦信号，由于信号本身两个边带间存在干扰，相比于复指数信号的测量，结果精度有一定的降低，而弱成分参数测量精度比强成分要更低些：在 A_2 为 A_1 的 2~15 倍的范围内，其强信号成分的频率测量误差在 10^{-2} 数量级，幅值估计误差也很小，弱信号成分频率测量精度仍可控制在 $0.1\Delta\omega$，即 0.1 个频率分辨率以内，幅值测量误差控制在 10% 左右。

9.4.5 噪声下的基于 apDTFT 相位谱的短区间正弦波频率估计

为说明本方法的抗噪性能，需研究含噪情况下 apDTFT 相位谱的特点。例如，假设选用式 (9-41) 的信号模型，两密集成分 $\omega_1 = 3.2\Delta\omega, \omega_2 = 3.5\Delta\omega, A_1 = 1, A_2 = 2, \theta_1 = 70°, \theta_2 = 20°$，双频率密集成分信号加噪后的信号的全相位 DTFT 相位谱如图 9-16 所示。

由图 9-16 可以看出，所加噪声对全相位 DTFT 相位谱图产生一定影响 (表现为相位谱图不再像无噪情况那样，在 $\theta_1 = 70°$ 和 $\theta_2 = 20°$ 之间作限幅的振荡，而是有所越界)，但从图 9-16 (a) 可看出过渡带仍然明显，且相位谱 $\varphi_a(\omega)$ 的极值位置变化很小，极值处的相位值与实际值仍比较接近，从图 9-16 (c) 可以读出相关频偏值 δ_1、δ_2 和初相值。

9.4 密集谱分布下的全相位 DTFT 谱分析

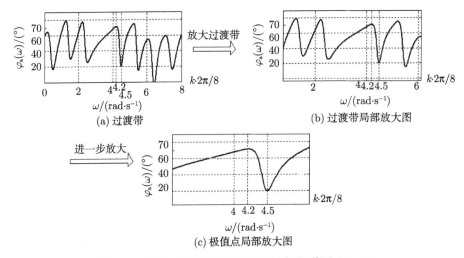

图 9-16 噪声干扰下全相位 DTFT 相位谱图 ($N=8$)

进一步地，我们对 CiR<1 情况下的含噪正弦波测频实验作探究。需指出的是，CiR< 1 情况意味着连 1 个周期的正弦波都采集不到，所得到的正弦波样点体现不出"波"的振荡特性，已经是很苛刻的测试条件了；若再加上噪声，则意味着测试条件非常苛刻，对测试方法的性能则要求非常高。而在经典谐波估计理论中，Rife 等在文献 [2] 中指出，信号 ω_0 只有不接近于 0 时，其理论的克拉默-拉奥下界才有意义。因而对于 CiR< 1 情况下的含噪正弦波测频统计方差，目前没有理论克拉默-拉奥下界可以参考，仍是一个开放的研究课题。

例 8 令 $N = 16$，在不同信噪比情况下，我们分别用 apDTFT 相位谱特征提取法、DTFT 谱峰搜索法对如下信号作测频：

$$x(n) = \cos(\omega_0 n + \pi/6) + w(n), \quad -N+1 \leqslant n \leqslant N, \quad \omega_0 = 0.3335\Delta\omega \quad (9\text{-}43)$$

其中，$w(n)$ 为高斯白噪声，该例样本区间对应的 CiR 值为 0.65。统计测频结果的均方根误差 (以频率分辨率 $\Delta\omega$ 为单位)，其 RMSE 随 SNR 变化的测试曲线如图 9-17 所示 (扫描步长设置为 $\Delta\omega/10^3$)。

从图 9-17 可看出，因为 CiR 值太小，DTFT 振幅谱搜索方法虽然耗费的样点比 apDTFT 还多 1 个，但该估计方法对于任意噪声情况完全失效，误差恒定在 $0.1645\Delta\omega$ 上。而 apDTFT 相位谱特征提取法则不然，当 SNR> 25dB 时，RMSE 小于 $0.01\Delta\omega$，直到 SNR < 15dB 时，频率估计性能才蜕化为 DTFT 振幅谱搜索方法的情况。

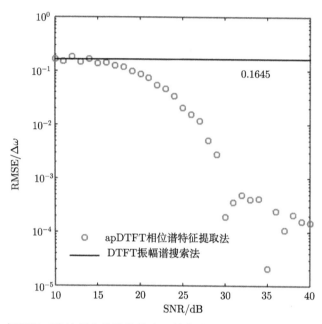

图 9-17　短区间正弦波频率估计的均方误差曲线 ($\omega_0 = 0.3335\Delta\omega$, CiR $= 0.65$)

9.5 小　　结

本章提出了全相位 DTFT 谱分析方法，给出了从全相位 FFT 到全相位 DTFT 的衍生过程，严格证明了 apDTFT 的四个性质。基于这些性质，给出了基于 apDTFT 振幅谱搜索、apDTFT 相位谱特征提取的谐波参数估计法，尤其适合于密集频谱的校正和样本周期数 CiR<1 时的实正弦波频率估计。并且给出了多个仿真实验，验证了基于 apDTFT 谱分析的各种谱校正法。

全相位 DTFT 谱分析相比于 apFFT 谱分析，是全相位谱分析方法的一个重要革新，使得 apFFT 仅在离散谱线上的抑制谱泄漏特性和相位不变性可以适用于任何连续频点上。对于密集谱情况，apDTFT 的相位谱还具有 apFFT 相位谱不具备的特性，可以提供更丰富的信息，故具有较广阔的应用前景。

参 考 文 献

[1] Candes E J, Wakin M B. An introduction to compressive sampling. IEEE Signal Processing Magazine, 2008, 25(2): 21-30.

[2] Rife D, Boorstyn R. Single tone parameter estimation from discrete-time observations.

IEEE Transactions on Information Theory, 1974, 20(5): 591-598.

[3] 王兆华, 黄翔东. 数字信号全相位谱分析与滤波技术. 北京: 电子工业出版社, 2009.

[4] 霍兵勇, 易伟建. 密集频率数字信号的判定和校正方法. 振动与冲击, 2013, 32(2): 171-174.

[5] 毛育文, 涂亚庆, 肖玮, 等. 离散密集频谱细化分析与校正方法研究进展. 振动与冲击, 2012, 31(21): 112-119.

[6] 谢明, 丁康. 两个密集频率成分重叠频谱的校正方法. 振动工程学报, 1999, 12(1): 109-114.

第 10 章 基于全相位谱分析的欠采样互素谱感知

10.1 欠采样互素谱感知问题

传统意义上离散信号谱分析, 如 DFT 谱分析、周期图、各类现代谱分析 (如基于 ARMA/ARMA 模型的谱估计、MUSIC 谱估计、EPSRIT 谱估计、Capon 估计器等) 等有两个默认前提: ①谱分析所需的样本是对模拟信号均匀采样获得的; ②为避免频谱混叠, 采样速率必须足够高, 至少满足香农定理 (即要求采样速率 f_s 使得在一个信号周期内至少可以采集到两个以上的样点), 从而均匀样本必须足够密集。这两个条件都限制了以上各种谱分析方法的应用, 随着信号频率升高, 必然要求其采样速率相应升高, 这就会对模/数转换器 (analog to digital converter, ADC) 的转换速率、功耗以及硬件成本提出更高要求, 在某些特定场合 (如 $f_s > 10^9$ samples/s 的采样) 甚至是不可实现的 [1]。

然而随着物联网、移动通信、无线局域网及超宽带通信等技术的迅猛发展, 信号的载频频率变得越来越高, 信号的带宽变得越来越大, 从而欠采样下谱感知成了一个迫切需要解决的问题。

无线电中, 为提高系统的可靠性和灵活性, 其基本思想就是将 A/D 转换和 D/A 转换尽可能地向射频 (radio frequency, RF) 靠近, 以便于对射频段采集的样本作数字解调、解码等 [2]。再如在 IEEE802.15.3a、IEEE802.15.4a 等标准方案中, 物理层信号采用了超宽带 (UWB) 技术, 为实现室内精确定位及高速信息传输, 要求其脉冲信号频率最高值达到 3.1GHz 以上 [3]。毫无疑问, 高频信号处理首先要求进行高速采样, 这样在工程上必然对 A/D 转化设备及其后期的 FPGA 等数字处理器件的性能和成本提出高的要求。

因而, 在无法满足密集均匀采样的情况下, 如何实现高分辨率地识别并分离出密集谱成分是学术界和工程界迫切需要解决的问题。仅靠改进硬件设备的数据采集性能, 其作用是非常有限的 (如提高 A/D 采样速率就必须付出更高的功耗与硬件成本作为代价), 只有在信号处理领域研发出新的处理方法, 才能在根本上解决这类问题。

前面各章节所介绍的各种全相位谱分析方法, 都仅涉及处理一路满足 Nyquist 速率下的 ADC 采样样本。很显然, 如果把 Nyquist 采样换成亚 Nyquist 欠采样, 仅依靠一路 ADC 采样是不能满足要求的, 必须处理依靠多路 ADC 的样本才能实现欠采样谱感知。

如果把各路欠采样 ADC 的用全相位谱分析方法提取的谱信息综合起来，就有望实现 Nyquist 采样速率下样本的谱感知。然而，各路 ADC 的采样速率在数值上要满足什么关系？各路 ADC 的样本数量要满足什么关系？怎样对各路欠采样样本的谱信息作综合？需要引入新的理论工具进行分析。

如果可以获得各欠采样支路的频率估计，再把各支路的频率估计综合起来，就是"数的重构"问题。在数论中，中国余数定理可以解决这个重构问题。而我国古代劳动人民在数论领域已取得很高成就——最早发现了"中国余数定理"，《孙子算经》就记载了"物不知数"题说："有物不知其数，三个一数余二，五个一数余三，七个一数又余二，问该物总数几何？"这是"中国余数定理"的最早记录。

当前，基于中国余数定理的欠采样谱感知的研究主要分为两类：第一类是 IEEE Fellow、著名多采样率信号处理专家 Vaidyanathan 提出的互素谱感知理论[4-6]；第二类是 IEEE Fellow 夏香根教授提出的基于鲁棒中国余数定理的谱综合理论[7-10]。值得注意的是，这两种基于中国余数定理的谱感知方法都可以和全相位谱分析或者全相位滤波进行有机结合，提升谱感知性能。

10.2 互素谱欠采样谱感知理论

10.2.1 互素欠采样

令 Nyquist 采样速率为 f_{Nyq}，给定互素整数对 M、N，若以欠采样速率 f_{Nyq}/N、f_{Nyq}/M 分别对信号 $x(t)$ 作两路并行下采样，该过程称为互素欠采样。Nyquist 采样和互素欠采样的样点分布如图 10-1 所示。

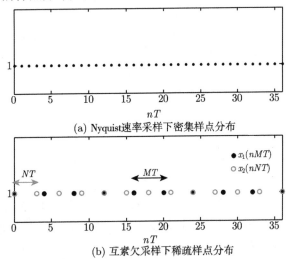

(a) Nyquist速率采样下密集样点分布

(b) 互素欠采样下稀疏样点分布

图 10-1 Nyquist 采样和互素欠采样的样点分布 ($f_{\text{Nyq}} = 1\text{Hz}, M = 4, N = 3$)

从图 10-1 可看出：相比于 Nyquist 采样，互素欠采样的样点分布要稀疏得多。另外可发现：对于两路欠采样的样点 $x_1(nMT)$、$x_2(nNT)$，其分布是均匀的，然而总体上互素欠采样的分布是非均匀的。进一步可发现：互素欠采样的分布其实是周期性的，每经过大小为 MNT 的时间间隔，互素欠采样就重复一次，我们把 MNT 称为一个"快拍 (snapshot)"。

10.2.2 互素谱分析流程

基于互素欠采样，Vaidyanathan 提出如图 10-2 所示的互素谱分析流程。

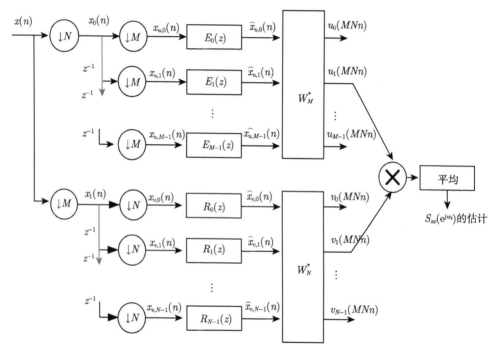

图 10-2 经典互素谱分析流程

图 10-2 中，以采样间隔为 Nyquist 周期 $T=1/f_{\text{Nyq}}$，分别以降采样因子 N、M（要求两者满足互素关系）并行下采样形成两路低速率流 $x_u(n)$ 和 $x_v(n)$（这等效为用两个采样速率为 f_{Nyq}/N、f_{Nyq}/M 的 ADC 直接并行对输入模拟信号作离散化）；然后对 $x_u(n)$（或 $x_v(n)$）作 M 路（或 N 路）多相分解，并分别通过多相子滤波器 $E_k(z)$ 和 $R_l(z)$ 进行滤波，再分别对各相滤波输出作 M 点的 IDFT(或 N 点的 IDFT)，最终对两路 IDFT 的各支路输出进行互相关扫描即得互素谱输出 $S_{xx}(\text{e}^{\text{j}\omega})$, $i=0,1,\cdots,MN-1$。

其中 $E_k(z)$ 为截止频率为 π/M 的低通滤波器 $H(z)$ 的多相子滤波器，$R_l(z)$ 为

截止频率为 π/N 的低通滤波器 $G(z)$ 的多相子滤波器,即满足

$$H(e^{j\omega}) = \begin{cases} 1, & |\omega| < \dfrac{\pi}{M} \\ 0, & \text{其他} \end{cases}, \quad G(e^{j\omega}) = \begin{cases} 1, & |\omega| < \dfrac{\pi}{N} \\ 0, & \text{其他} \end{cases} \quad (10\text{-}1)$$

及

$$H(z) = \sum_{k=0}^{M-1} z^{-k} E_k(z^M), \quad G(z) = \sum_{l=0}^{N-1} z^{-l} R_l(z^N) \quad (10\text{-}2)$$

互素谱第 i 路输出,相当于用联合乘积滤波器 $F_{k,l}(z) = H(z^M W_M^k) G(z^N W_N^l)$ 对 Nyquist 样本作滤波 (其中 $W_M = e^{-j2\pi/M}$, $W_N = e^{-j2\pi/N}$)。根据傅里叶变换的性质,多相子滤波器 $H(z^M W_M^k)$ 的传输曲线可看作将 $H(z)$ 的传输曲线先压缩 M 倍后,再作 $k\Delta\omega$ 的右移而来 (其中 $\Delta\omega = 2\pi/(MN)$ 为互素谱的数字角频率分辨率),同理,多相子滤波器 $G(z^N W_N^l)$ 的传输曲线可看作将 $k\Delta\omega G(z)$ 的传输曲线先压缩 N 倍后,再作 $l\Delta\omega$ 的右移而来。由于 N、M 满足互素关系,对于所有平移情况,图 10-3 给出了两个子滤波器的传输曲线分布。

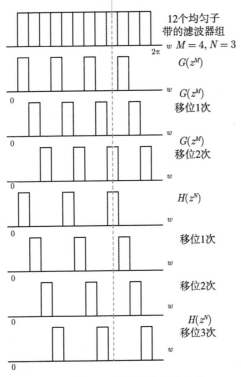

图 10-3 理想情况下各多相子滤波器的传输曲线 ($M=4, N=3$)

从图 10-3 可看出，不管两个子滤波器作怎样的平移，由于 N、M 满足互素关系，乘积滤波器 $F_{k,l}(z)=H(z^M W_M^k)G(z^N W_N^l)$ 总是仅存在 1 个子带的传输曲线重叠，其他子带上的传输曲线则会因两个子滤波器的相互屏蔽而为 0。这样 $F_{k,l}(z) = H(z^M W_M^k)G(z^N W_N^l)$ 的作用就是提取出中心频率 $i\,\Delta f = i\cdot f_{\mathrm{Nyq}}/(MN)$（对应数字角频率 $i\Delta\omega = i2\pi/(MN)$）附近的信号能量，而谱输出序号 i 和两个多相子滤波器序号 k、l 则满足中国余数定理的数值关系，即

$$k = i \bmod M, \quad l = i \bmod N \tag{10-3}$$

图 10-2 表明，需对 u 通道的第 k 个支路的 IDFT 输出和对 v 通道的第 l 个支路的 IDFT 进行互相关操作，根据帕塞瓦尔定理，可表示为

$$E\left[u_k(n)v_l^*(n)\right] = \frac{1}{2\pi}\int_0^{2\pi} S_{xx}\left(\mathrm{e}^{\mathrm{j}\omega}\right) G_l^*\left(\mathrm{e}^{\mathrm{j}\omega}\right) H_k\left(\mathrm{e}^{\mathrm{j}\omega}\right) \mathrm{d}\omega \tag{10-4}$$

结合图 10-3，由于两个多相子滤波器乘积使得仅在 $\omega\in[(i-0.5)\Delta\omega,(i+0.5)\Delta\omega]$ 内存在传输曲线重叠，故式 (10-4) 可进一步表示为

$$E\left[u_k(n)v_l^*(n)\right] = \frac{1}{2\pi}\int_{(i-0.5)\Delta\omega}^{(i+0.5)\Delta\omega} S_{xx}(\mathrm{e}^{\mathrm{j}\omega})\mathrm{d}\omega \tag{10-5}$$

若信号是平稳的，则式 (10-5) 可近似表示为

$$E\left[u_k(n)v_l^*(n)\right] \approx cS_{xx}(\mathrm{e}^{\mathrm{j}\omega_i}), \quad \omega_i = i\Delta\omega \tag{10-6}$$

其中，c 为常数。故虽然互素谱分析所用的采样速率仅为 f_{Nyq}/N、f_{Nyq}/M，却可以获得与 Nyquist 采样速率下同样的谱分辨率，其谱自由度为 MN，而不是 $M+N$。

10.2.3 基于全相位滤波的互素谱分析

1. 滤波器配置对互素谱分析性能的影响

从图 10-3 可看出，互素谱分析的结构及其参数 N、M 确定后，涉及两个低通原型滤波器 $H(z)$ 和 $G(z)$ 的配置问题。若配置不好，会导致发生谱泄漏效应。此外，在实际应用中，总是快速、高效完成欠采样谱感知，因而同样期望滤波器配置过程简单、高效。

文献 [4] 采用 Remez 算法 [11] 来设计两路原型滤波器。然而，用 Remez 算法设计的原型滤波器长度过短时，会引起两路稀疏样本的多相滤波通道间相互干扰，从而导致输出谱在多个不期望的位置出现谱泄漏；当原型滤波器选用长度过长时，文献 [4] 指出：互素谱不但会耗费数量庞大的样本和滤波器硬件成本，而且还存在延迟时间 (latency) 长的缺陷。因而，在短延迟前提下，优化滤波器设计是改善互素谱分析性能的关键所在。

10.2 互素谱欠采样谱感知理论

不妨来剖析互素谱的谱泄漏产生的原因：注意在图 10-3 中，乘积滤波器 $F_{k,l}(z) = H(z^M W_M^k)\, G(z^N W_N^l)$ 仅在 1 个子带上的传输曲线重叠的前提是原型滤波器 $H(z)$ 和 $G(z)$ 是理想低通的。而如果这两者的过渡带过宽或者阻带性能不好，多相滤波结构中的各子滤波器边带可能相互影响，致使 $F_{k,l}(z)$ 无法获得如图 10-3 所示的唯一重叠子带，即不能识别唯一的频率位置而引起谱泄漏，如图 10-4 所示。

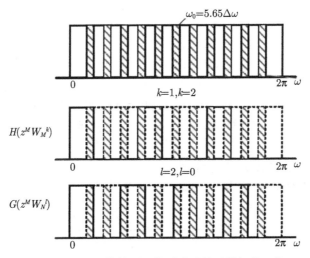

图 10-4 滤波器特性不理想时造成的子带间的干扰

图 10-4 中，将 $H(z^M W_M^k)$ 表示的各平移滤波器放在同一图中，由于滤波器设计不好，平移量 k 取值不同的各相邻子边带存在重叠范围 (阴影所示)；滤波器 $G(z^N W_N^l)$ 也存在同样的问题。假如信号成分落入阴影部分，就会被两个相邻的子滤波器识别，致使谱序号 i 最终不能被唯一重建 (即导致在多个不期望的位置出现伪谱线)。以图 10-4 的 $\omega_0 = 5.65\Delta\omega$ 频率成分为例，该频率既与 $H(z^M W_M^k)$ 的两个平移位置 ($k_1 = 1, k_2 = 2$) 相对应，又与 $G(z^N W_N^l)$ 的两个平移位置 ($l_1 = 2, l_2 = 0$) 相对应，这样，由于互素谱输出需要作互相关扫描，最终互素谱会在 4 个位置出现较大幅值的谱线 (对应 k, l 的 4 种可能组合)，这就是普遍意义上的频谱泄漏效应。

显然，原型滤波器 $H(z)$、$G(z)$ 的过渡带越宽，图 10-4 中的相邻子边带的重叠阴影范围就会越大，互素谱的泄漏副效应就会越严重，因而缩窄滤波器旁瓣波纹的覆盖范围 (即拓宽高阻带衰减范围) 是改善谱泄漏性能的根本途径。而文献 [4] 所采用的 Remez 滤波器设计法是一种等波纹逼近法，在滤波器长度固定的情况下，在整个阻带内会产生大幅度的波纹。而且 Remez 设计法涉及交错频率和矩阵求逆的多次迭代操作，效率低，文献 [12] 指出：全相位滤波器设计法的计算复杂度比

Remez 设计法具有数量级的优势。故用全相位滤波器法进行滤波器配置是改善互素谱性能的有效途径。

2. 基于频率采样模式自动配置的全相位滤波器设计

很显然，图 10-3 中，对两个原型滤波器的边界频率需要尽可能的精确控制。因而本节提出基于两种对称 (奇对称和偶对称) 频率采样的全相位滤波器设计来解决这一问题。该设计法可根据期望的原型滤波器边界频率自动选择频率采样模式，基于此，将边界频率参数和滤波器长度直接代入解析式中即可快速完成互素谱设计。

文献 [13]、[14] 指出：全相位滤波器因引入了卷积窗傅里叶谱作为频率响应的内插函数，可在大范围内获得很好的阻带衰减，因而本节将基于两种对称频率采样的全相位滤波器应用到互素谱分析之中。为方便用全相位滤波器配置互素谱参数，本节将完成文献 [13]、[14] 没有实现的两类全相位滤波器的解析表达式推导工作，基于此，为获得较精确的原型滤波器边界频率，还将详细阐述频率采样模式的自动选择策略。

1) 奇对称全相位滤波器解析表达式

首先设定长度为 N_0 的频率向量 $\boldsymbol{H}$，如下所示：

$$\boldsymbol{H} = [\underbrace{1,\cdots,1}_{m+1}\ \underbrace{0,\cdots,0}_{N_0-2m-1}\ \underbrace{1,\cdots,1}_{m}]^{\mathrm{T}} \tag{10-7}$$

显然，式 (10-7) 的 $\boldsymbol{H}$ 符合奇对称频率采样模式，即满足

$$H(k) = H(N_0 - k), \quad k = 0,\cdots, N_0 - 1 \tag{10-8}$$

联立式 (10-7) 和式 (10-8)，对 $\boldsymbol{H}$ 作定义域为 $n \in [-N_0+1, N_0-1]$ 的逆 DFT 有

$$\begin{aligned}
\tilde{h}(n) &= \frac{1}{N_0} \sum_{k=0}^{N_0-1} H(k) e^{j\frac{2\pi}{N_0}kn} = \frac{1}{N_0}\left[\sum_{k=0}^{m} e^{j\frac{2\pi}{N_0}kn} + \sum_{k=N_0-m}^{N_0-1} e^{j\frac{2\pi}{N_0}kn}\right] \\
&= \frac{1}{N_0}\left[\frac{1-e^{j\frac{2\pi}{N_0}(m+1)n}}{1-e^{j\frac{2\pi}{N_0}n}} + e^{j\frac{2\pi}{N_0}(N_0-m)n}\cdot\frac{1-e^{j\frac{2\pi}{N_0}mn}}{1-e^{j\frac{2\pi}{N_0}n}}\right] \\
&= \begin{cases} \dfrac{\sin[(m+0.5)n\cdot 2\pi/N_0]}{N_0 \sin(\pi n/N_0)}, & n \in [-N_0+1, -1] \cup [1, N_0-1] \\ (2m+1)/N_0, & n = 0 \end{cases}
\end{aligned} \tag{10-9}$$

进而，构造归一化的单窗卷积窗 $w_c(n)$ 与式 (10-9) 相乘，即可得滤波器系数

$$\begin{aligned}
h(n) &= w_c(n)\tilde{h}(n) \\
&= \begin{cases} \dfrac{w_c(n)\sin[(m+0.5)n\cdot 2\pi/N_0]}{N_0 \sin(\pi n/N_0)}, & n \in [-N_0+1, -1] \cup [1, N_0-1] \\ (2m+1)/N_0, & n = 0 \end{cases}
\end{aligned} \tag{10-10}$$

文献 [13]、[14] 指出: 奇对称频率采样模式的全相位滤波器的传输曲线通过 $H(k)$ 制定的在 $\omega = k\Delta\omega_0 = k2\pi/N_0$ 处的频率采样点。结合式 (10-8) 的频率向量设置, 可推出其通带截止频率 $\omega_\mathrm{p} = m\Delta\omega_0$。

2) 偶对称全相位滤波器解析表达式

首先设定长度为 N_0 的频率向量 $\boldsymbol{H}$, 如下所示:

$$\boldsymbol{H} = [\underbrace{1, \cdots, 1}_{m}\ \underbrace{0, \cdots, 0}_{N_0-2m}\ \underbrace{1, \cdots, 1}_{m}]^\mathrm{T} \tag{10-11}$$

显然, 式 (10-11) 的 $\boldsymbol{H}$ 符合偶对称频率采样模式, 即满足

$$H(k) = H(N_0 - k - 1), \quad k = 0, \cdots, N_0 - 1 \tag{10-12}$$

联立式 (10-11) 和式 (10-12), 类似于奇对称情况, 对 $\boldsymbol{H}$ 作定义域为 $n \in [-N_0+1, N_0-1]$ 的逆 DFT 有

$$\begin{aligned}\tilde{h}(n) &= \frac{1}{N_0}\sum_{k=0}^{N_0-1} H(k)\mathrm{e}^{\mathrm{j}\frac{2\pi}{N_0}kn}\\ &= \begin{cases}\mathrm{e}^{-\mathrm{j}\frac{\pi}{N_0}n}\dfrac{\sin(2mn\pi/N_0)}{N_0\sin(\pi n/N_0)}, & n \in [-N_0+1, -1] \cup [1, N_0-1]\\ 2m/N_0, & n = 0\end{cases}\end{aligned} \tag{10-13}$$

进而构造归一化的单窗卷积窗 $w_\mathrm{c}(n)$ 与式 (10-9) 相乘后, 再作 π/Nn 的相移可得滤波器系数, 即

$$\begin{aligned}h(n) &= w_\mathrm{c}(n)\tilde{h}(n)\mathrm{e}^{\mathrm{j}\pi n/N_0}\\ &= \begin{cases}\dfrac{w_\mathrm{c}(n)\sin(2mn\pi/N_0)}{N_0\sin(\pi n/N_0)}, & n \in [-N_0+1, -1] \cup [1, N_0-1]\\ 2m/N_0, & n = 0\end{cases}\end{aligned} \tag{10-14}$$

文献 [13]、[14] 指出: 偶对称频率采样模式的全相位滤波器的传输曲线通过 $H(k)$ 制定的在 $\omega = (k+0.5)2\pi/N_0$ 处的频率采样点。结合式 (10-11) 的频率向量设置, 可推出其通带截止频率 $\omega_\mathrm{p} = (m-0.5)\Delta\omega_0$。

3) 两种频率采样模式的选择

采用已推导出的滤波器解析表达式 (10-10) 和式 (10-14), 可省去原型滤波器设计的中间过程而提高互素谱设计效率。如式 (10-1) 所示, 在互素谱分析器中, 要求原型滤波器的 3dB 截止频率 ω_c 分别为 π/M 和 π/N, 而如前所述, N_0 和 m 值确定后, 奇对称和偶对称采样的全相位滤波器的通带截止频率也随之确定, 因而需要解决频率采样模式的自动设置问题。

从文献 [13] 可知，通带截止频率 ω_p 与阻带截止频率 ω_c 之间的全相位滤波器传输曲线可近似为线性，故可得出两者间的关系：

$$\omega_p = \omega_c + (\sqrt{2}/2 - 1)\Delta\omega_0 \tag{10-15}$$

将 3dB 截止频率 $\omega_c = \pi/M$（或 π/N）代入式 (10-15) 可求得期望的通带截止频率 ω_p。由于奇对称与偶对称采样模式的候选通带临界频率点集合分别为 $\Gamma_o = \{k\Delta\omega_0, k = 0, 1, \cdots, N_0 - 1\}$，$\Gamma_e = \{(k+0.5)\Delta\omega_0, k = 0, 1, \cdots, N_0 - 1\}$，显然，确定对称频率采样模式的过程实际上就是找出 ω_p 与 Γ_o、Γ_e 中的最小距离过程，基于此，可按照如下步骤确定对称频率采样模式，以及相应的边界频率参数值 m：

Step1 基于式 (10-15) 求得通带截止频率 ω_p，分别构造两种频率采样模式的候选通带临界频率点集合 Γ_o、Γ_e。

Step2 遍历并求取期望的截止频率 ω_p 与 Γ_o、Γ_e 之间的距离 D_o、D_e，即

$$D_e = \{d_e(k) = |\omega_p - (k+0.5)\Delta\omega_0|, k = 0, \cdots, N_0 - 1\} \tag{10-16}$$

$$D_o = \{d_o(k) = |\omega_p - k\Delta\omega_0|, k = 0, \cdots, N_0 - 1\} \tag{10-17}$$

进而搜索出两种采样模式下最小距离对应的下标 k_o、k_e，即

$$k_o = \arg\min_{k=0,\cdots,N_0-1} d_o(k) \tag{10-18}$$

$$k_e = \arg\min_{k=0,\cdots,N_0-1} d_e(k) \tag{10-19}$$

Step3 判断并选定采样模式。若 $d_o(k_o) \leqslant d_e(k_e)$，则选择奇对称采样模式，确定 $m = k_o$ 并代入式 (10-10) 算出最终的滤波器系数；若 $d_o(k_o) > d_e(k_e)$，则选择偶对称采样模式，确定 $m = k_e + 1$ 并代入式 (10-14) 算出最终的滤波器系数。

以上三个步骤可保证最终滤波器的截止频率与期望截止频率的误差小于 $0.25\Delta\omega_0$，并且误差会随着滤波器长度的增加而减小。再根据全相位滤波器的衰减特性，使用不长的滤波器就能在较大范围内实现高阻带衰减，从而既可以抑制谱泄漏效应，又可以节省互素谱分析的时延。

另外，由于全相位滤波器采用了解析设计，只需将 m 等参数代入相应解析式即可快速设计滤波器，避开了等波纹方法[11]、差分演化法[15] 等方法所需的迭代求最优的过程，故可大大提高互素谱分析器的设计效率。

3. 基于全相位滤波器配置的互素谱分析实验

实验 1 滤波器性能对比

选取互素谱分析所需的两个互素的整数 $M = 21$，$N = 17$，从而两路原型滤波器 $H(z)$ 和 $G(z)$ 的 3dB 期望截止频率分别为 π/M 和 π/N，使用 Remez 方法和

10.2 互素谱欠采样谱感知理论

本节提出的全相位解析设计法分别设计 $H(z)$ 和 $G(z)$，选取共同的滤波器长度 $L=221$（对应的全相位滤波器的频率采样长度 $N_0=111$）。

首先使用 Remez 方法设计两路原型低通滤波器，由于该方法只能在通带和阻带中设置期望的频率特性，不能在过渡带中设置期望的频率特性，另外由于互素谱算法对截止频率的要求较为严格，故将滤波器 $H(z)$ 的边界截止频率设置为

$$\omega_{p1} = 0.98\pi/M, \quad \omega_{s1} = 1.1\pi/M \tag{10-20}$$

滤波器 $G(z)$ 的边界截止频率设置为

$$\omega_{p2} = 0.98\pi/N, \quad \omega_{s2} = 1.1\pi/N \tag{10-21}$$

然后使用全相位解析式法设计两路原型滤波器，按照上面给出的三个步骤确定频率采样模式并将边界频率参数 m 代入相应解析表达式，可快速设计出 $H(z)$ 和 $G(z)$。两种设计法的幅频特性以及衰减特性如图 10-5 所示。

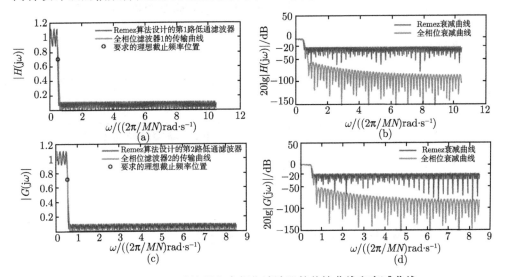

图 10-5　Remez 滤波器和全相位滤波器的传输曲线和衰减曲线

由图 10-5 可看出，两种方法得到的滤波器传输曲线都通过要求的截止频率，但 Remez 滤波器的通带和阻带都是等波纹浮动的，图 10-5 (a) 和 (c) 所示的通带和阻带不够平坦，滤波过程中容易发生失真，从图 10-5 (b) 和 (d) 所示衰减曲线可以看出，其衰减幅值在整个阻带范围内仅达到 -20dB 左右，这必然会导致较严重的互素谱泄漏效应。与此对比，图 10-5 (a) 和 (c) 所示的全相位滤波器的通带和阻带都很平坦，过渡带相对于 Remez 传输曲线稍宽些，但从图 10-5 (b) 和 (d) 的衰减曲线可看出，全相位滤波器仅牺牲了一点过渡带带宽便可换来整个阻带范围内

的衰减改善，即除第一旁瓣衰减为 -25dB 外，从第二旁瓣开始，阻带衰减均达到 -50dB 以下，改善的衰减特性有助于降低滤波器各子边带之间的影响，最终起到抑制互素谱中的频谱泄漏效果。

实验 2 单频信号互素谱分析

对频率 $f_0=3650\text{Hz}$ 的模拟信号 $x(t)=\exp(\text{j}2\pi f_0 t)$ 进行互素谱分析，两个互素整数设置为 $M=21$, $N=17$, 令传统符合香农定理的高采样速率 $f_{\text{Nyq}}=10000\text{Hz}$(对应的频率分辨率 $\Delta f=f_{\text{Nyq}}/(MN)=28.0112\text{Hz}$, 信号频率 $f_0=130.3\Delta f$)，则两路实际的低速欠采样速率 $f_{\text{s1}}=f_{\text{Nyq}}/N=588.235\text{Hz}$, $f_{\text{s2}}=f_{\text{Nyq}}/M=476.190\text{Hz}$。分别使用本节提出的频率采样模式自动选择的全相位滤波器和 Remez 滤波器配置图 10-2 的互素谱结构，馈入 1500 个快拍数据，按照图 10-2 信号处理流程得到的频谱分布如图 10-6(a) 和 (b) 所示。

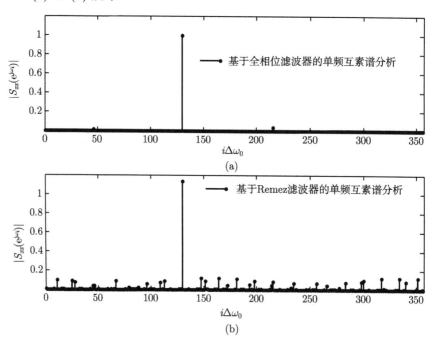

图 10-6 基于全相位滤波器配置和 Remez 滤波器配置的单频互素谱分析

由图 10-6(a) 可看出，基于全相位滤波器的互素谱分析结果比较纯净，只在期望的位置 $i=130$ 处出现单根谱线，其他位置谱线幅度接近于 0，说明全相位滤波器对于抑制频谱泄漏有良好的效果；与之相反，图 10-5 (b) 中的 Remez 衰减曲线在很宽的旁瓣范围内衰减不够，导致图 10-6 (b) 的频谱分布图不够纯净，表现为在多个不期望的位置也出现了大量伪谱线，即使在无噪情况下依然如此，降低了互素谱分析性能。

实验 3 多频信号互素谱分析

参数设置同实验 2,区别仅在于将单频激励更换为多频激励

$$x(t) = 0.4\exp(\mathrm{j}2\pi f_0 t) + \exp(\mathrm{j}2\pi f_1 t) + 0.5\exp(\mathrm{j}2\pi f_2 t) + 1.2\exp(\mathrm{j}2\pi f_3 t)$$

其中,$f_0=130.3\Delta f$, $f_1=135.23\Delta f$, $f_2=140.87\Delta f$, $f_3=145.76\Delta f$。馈入 1500 个快拍数据,得到的频谱分布如图 10-7 所示。

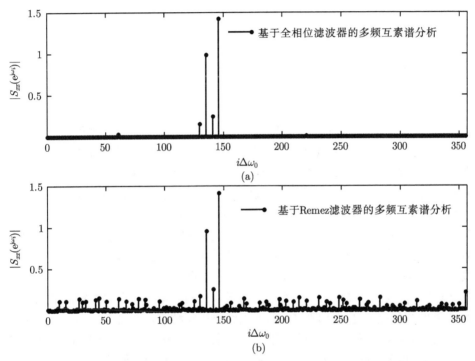

图 10-7 基于全相位滤波器配置和 Remez 滤波器配置的多频互素谱分析

由图 10-7(a) 可看出,基于全相位滤波器的互素谱在期望的位置 $i=130$、$i=135$、$i=141$、$i=146$ 处得到了 4 根纯净的谱线,且其功率谱幅度分别为 0.16、1、0.25、1.44,也与期望值相符,其他位置谱线幅度接近于 0,相互之间没有干扰,没有出现频谱泄漏;而图 10-7(b) 使用 Remez 滤波器的互素谱分析明显出现了很多干扰谱,导致功率谱幅值为 0.16 和 0.25 的两根期望谱线无法与因谱泄漏而产生的伪谱线区分开来,严重降低了互素谱的可读性。因此,全相位滤波器因容易抑制谱泄漏,相对于其他滤波器可以很好地配置互素谱结构。

故频率采样模式可自动选择解析全相位滤波器设计法,并将其应用于互素谱设计中,成功解决了互素谱分析中存在的频谱泄漏问题,而且在激励信号各个频率成分分布较密集、幅度相差较大的情况下,依然能准确识别各成分。

同时，只需将确定好的参数代入本节推导出的全相位滤波器解析式就能快速得到滤波器系数，因而大大节省了时间成本，提高了互素谱分析器的设计效率。

10.3 基于相位差谱校正的高精度、高效互素谱频率估计器

注意到图 10-2 所示的经典互素谱分析的输出谱是通过对两个 IDFT 子通道输出作统计互相关得到的，这种方式其实存在两个缺陷：第一，由于两个理想低通滤波器不可能实现，若输入信号成分的频偏值接近 0.5 个互素谱频率分辨单元，会产生伪峰效应；第二，会耗费很大的时延，即要经历很长的时间才可以得到质量较高的谱输出。因而克服这两个缺陷是非常必要的。灵活应用中国余数定理是克服这两个缺陷的根本途径。

注意到在图 10-2 的经典互素谱中，中国余数定理仅是用于谱序号 i 通道序号 k、l 识别的，由于这两类序号只能是整数，因而这里中国余数定理也仅限于整数重构。然而，近几年在夏香根教授的研究工作中，将经典中国余数定理作了改进，对整数重构问题放宽了限制，允许余数和重构值都为小数。例如，文献 [10]、[16] 提出了鲁棒中国余数定理算法，该算法中不仅允许余数为小数，而且还允许余数存在误差，即只要每个余数误差不超过所有模值的最大公约数 (greatest common divider, GCD) 的 1/4，则该算法仍然可以精确进行数值重构。因而，若能以经典互素谱中提取出包含小数信息的频率余数，再结合鲁棒的中国余数定理，设计出高效率、高精度而且可以绕过伪峰效应的频率估计器是可能的。

针对以上不足，文献 [17] 从两个方面予以改进：第一，在提高精度方面，使用第 5 章的相位差方法对两路 IDFT 输出结果进行校正，将 IDFT 的峰值谱提供的整数频点值与校正得到的小数偏移值加起来作为"余数"估计值，从而减小了 IDFT 谱估计偏差；第二，在降低耗费样本数量方面，利用中国余数定理 (Chinese remainder theorem, CRT) 对两路 DFT 谱校正输出的余数估计值进行综合而直接重构得到信号的频率估计，从而避开了文献 [11] 的互素谱分析流程的互相关求平均过程，因而有望节省大量的样本周期，大大降低频谱估计的时间延迟，提高样本利用率。

10.3.1 高效互素谱估计器流程

文献 [17] 提出的高效互素谱估计流程如图 10-8 所示。

图 10-8 中的互素谱估计流程分为三个部分，包括信号的互素感知处理、谱余数校正以及 CRT 重构频率。

1) 信号的互素感知处理

与图 10-2 的求统计互相关之前的互素谱分析流程相同，经过互素感知处理后，

在 u 通道的 n 时刻得到输出序列 $\{u_k(n), k=0,\cdots,M-1\}$, 在 v 通道的 n 时刻得到输出序列 $\{v_l(n), l=0,\cdots,N-1\}$。

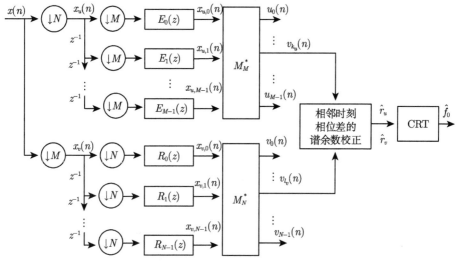

图 10-8 高效互素谱估计流程

2) 谱余数校正

分别对 IDFT 输出 $\{u_k(n), k=0,\cdots,M-1\}$ 和 $\{v_l(n), l=0,\cdots,N-1\}$ 作谱峰扫描, 得到谱峰位置的索引 k_u 和 l_v。

对于 u 路, 搜索 IDFT 输出 $u_k(n), (k=0,\cdots,M-1)$ 的谱峰位置 k_u, 对相邻输入快拍 (即第 n 个快拍和第 $n+1$ 个快拍) 的两根峰值 IDFT 谱线 (即 $u_{k_u}(n)$ 和 $u_{k_u}(n+1)$) 用相位差法进行谱校正, 得到校正后的频率 $\hat{r}_u$。

对于 v 路, 作类似处理, 得到校正后的频率 $\hat{r}_v$。

3) CRT 重构频率

以 M、N 作为模值, 将归类后的频率对 $(\hat{r}_u, \hat{r}_v)$ 作为余数, 按照闭合解析形式的中国余数定理进行处理, 重构出原始信号频率 $\hat{f}_0$。

10.3.2 高效互素谱估计原理

1. 相位差校正谱余数原理

来理论证明一下为什么在图 10-8 中, 可以利用相邻时刻的 IDFT 谱峰序列的相位差来提供 CRT 余数。

当输入信号 $x(n)$ 为只有一个频率时, 设

$$x(n) = a_0 \cdot e^{j(2\pi f_0 n + \theta_0)} \tag{10-22}$$

其中，a_0 是信号幅度，f_0 是归一化频率，$f_0 = (m+\delta)\Delta f$，$\Delta f = 1/(MN)$，m 为整数且 $m \in [0, MN-1]$，δ 是小数频率偏移，θ_0 是初始相位。

对于 u 路处理，经过 N 倍下采样后的稀疏信号 $x_u(n)$ 有如下形式：

$$-0.5 \leqslant \delta < 0.5 x_u(n) = x(Nn) = a_0 \cdot \mathrm{e}^{\mathrm{j}(2\pi f_0 Nn + \theta_0)} \quad (10\text{-}23)$$

对于 v 路处理，经过 M 倍下采样后的稀疏信号 $x_v(n)$ 有如下形式：

$$x_v(n) = x(Mn) = a_0 \cdot \mathrm{e}^{\mathrm{j}(2\pi f_0 Mn + \theta_0)} \quad (10\text{-}24)$$

然后进行多相滤波过程，其中 u 路多相滤波的结构图如图 10-9 所示。

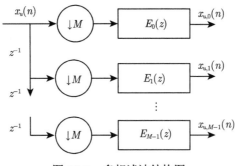

图 10-9 多相滤波结构图

其中 $E_p(z)(0 \leqslant p \leqslant M-1)$ 为截止频率为 π/M 的低通滤波器 $H(z)$ 的线性多相子滤波器，满足

$$H(z) = \sum_{p=0}^{M-1} z^{-p} E_p(z^M) \quad (10\text{-}25)$$

由于各路多相子滤波器 $E_p(z)$ 的长度相等，故各相子滤波会产生一近似的群延时 τ，该群延时会引起时延相位 θ_p，同时，会产生一幅度失真 c_p，从而各相子滤波输出信号 $x_{u,p}(n)$ 为

$$\begin{aligned}x_{u,p}(n) &= a_0 c_p \cdot \mathrm{e}^{\mathrm{j}[2\pi f_0 N(n-p)+\theta_0+\theta_p]}\big|_{n=Mn, f_0=(m+\delta)/(MN)} \\ &= a_0 c_p \cdot \mathrm{e}^{\mathrm{j}[2\pi\delta n-(m+\delta)2\pi p/M+\theta_0+\theta_p]}, \quad 0 \leqslant p \leqslant M-1\end{aligned} \quad (10\text{-}26)$$

同理，v 路各相子滤波输出信号 $x_{v,q}(n)$ 为

$$x_{v,q}(n) = a_0 \tilde{c}_p \cdot \mathrm{e}^{\mathrm{j}[2\pi\delta n-(m+\delta)2\pi q/N+\theta_0+\tilde{\theta}_q]}, \quad 0 \leqslant q \leqslant N-1 \quad (10\text{-}27)$$

其中，$\tilde{c}_p$ 是由滤波造成的幅度失真，$\tilde{\theta}_q$ 是相位偏移。θ_p、c_p、$\tilde{\theta}_q$ 和 $\tilde{c}_p$ 都是关于 p 的函数。然后对 u 路输出的 M 路子信号按列进行 IDFT(即对变量 p 作 IDFT)，得

到如下形式的信号：

$$u_k(n) = \frac{1}{M} \sum_{p=0}^{M-1} x_{u,p}(n) \cdot e^{j\frac{2\pi}{M}pk}, \quad k=0,1,\cdots,M-1 \quad (10\text{-}28)$$

然后对 v 路输出的 N 路子信号按列进行 IDFT(即对变量 p 作 IDFT)，得到如下形式的信号：

$$v_l(n) = \frac{1}{N} \sum_{q=0}^{N-1} x_{v,q}(n) \cdot e^{j\frac{2\pi}{N}ql}, \quad l=0,1,\cdots,N-1 \quad (10\text{-}29)$$

对于 u 路而言，由式 (10-28) 可以看出，由于 IDFT 是针对 $x_{u,p}(n)$ 的变量 p 而言的，且式 (10-26) 中的频率 $(m+\delta)2\pi/M$ 很可能超出 2π，故结合 IDFT 的循环周期性，只有当式 (10-28) 的谱序号 k 取值为 $(m+\delta)$ 模除 M 的四舍五入取整结果，即满足

$$k = [(m+\delta) \bmod M] = m \bmod M \quad (10\text{-}30)$$

时，IDFT 谱线才出现峰值。

同理，对于 v 路而言，只有当式 (10-29) 的谱序号 l 取值为 $(m+\delta)$ 模除 N 的四舍五入取整结果，即满足

$$l = [(m+\delta) \bmod N] = m \bmod N \quad (10\text{-}31)$$

时，IDFT 谱线才出现峰值。

以单成分指数信号为例，取 $M=11$, $N=7$, 令式 (10-22) 中输入信号频率 $f_0 = 36.3456\Delta f$, $\Delta f = 1/(MN)$, 幅值 $a=1$, 初始相位取值 $\theta = 45°$, 则根据式 (10-30) 和式 (10-31) 算出的理论上的信号谱余数的取整值分别为 $k=4$, $l=2$。按照互素谱分析流程进行谱分析，得到的 IDFT 幅值谱分别如图 10-10(a) 和 (b) 所示。

图 10-10(a) 为 u 路谱余数分布，(b) 为 v 路谱余数分布。由图 10-10 可以看出，两路 IDFT 谱的峰值谱位置 $k_u = 4$、$l_v = 2$ 与理论谱余数的取整值完全一致，故可对其进行谱峰搜索得到。

如前所述，由于经过 IDFT 提取的谱余数位于整数位置，而真实的余数并非都是整数，如果用这些位置的谱余数作为频率重构的余数，必然会引起估计误差。可以通过用相位差法对相邻输入快拍 (即第 n 个快拍和第 $n+1$ 个快拍) 的两根峰值 IDFT 谱线 (即 $u_{k_u}(n)$ 和 $u_{k_u}(n+1)$ 进行谱校正 [18]，来获得小数部分的余数，从而可消除这部分误差。原理及过程如下。

由于信号的互素感知处理不涉及非线性器件，从整体来看，是一个线性时不变系统，因此，对于 u 路，输入信号 $x(n)$ 与峰值 k_u 处的 IDFT 输出 $u_{k_u}(n)$ 之间的信号处理均是线性处理，可用下式表示：

$$u_{k_u}(n) = A_{k_u} e^{j\varphi_n} \quad (10\text{-}32)$$

其中，A_{k_u} 是幅度响应，φ_n 是相位响应。因为整个系统是时不变的，输入信号 $x(n)$ 幅度恒定，因此，输出 $u_{k_u}(n)$ 的幅度响应 A_{k_u} 不会随时间发生变化 (即不会随变量 n 发生变化)。

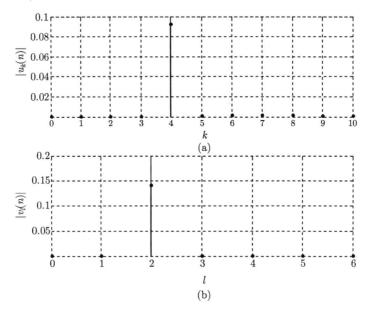

图 10-10 互素感知处理后的谱余数分布图

对于输入为 $x(n+MN)$ 的信号 (即以相邻的第 $n+1$ 个"快拍"作为激励，每一个"快拍"包含 MN 个样本)，将 $n=n+MN$ 代入式 (10-22) 得

$$x(n+MN) = x(n)\mathrm{e}^{\mathrm{j}2\pi f_0 MN} = x(n)\mathrm{e}^{\mathrm{j}2\pi\delta} \tag{10-33}$$

将式 (10-33) 作为激励，则类似于式 (10-32)，这时 IDFT 输出 $u_{k_u}(n+1)$ 可表示为如下形式：

$$u_{k_u}(n+1) = A_{k_u}\mathrm{e}^{\mathrm{j}\varphi_{n+1}} \tag{10-34}$$

由线性系统的齐次性，联立式 (10-33) 可推出 $u_{k_u}(n+1)$ 也可写成如下形式：

$$u_{k_u}(n+1) = u_{k_u}(n)\mathrm{e}^{\mathrm{j}2\pi\delta} \tag{10-35}$$

再联立式 (10-32)、式 (10-34) 和式 (10-35)，可得出两个相邻"快拍"输出之间的相位差

$$\varphi_{n+1} - \varphi_n = 2\pi\delta + 2k^*\pi, \quad k^* \in Z \tag{10-36}$$

其中，k^* 是由相位的 2π 周期性造成的相位整周期模糊。为了移除这个整数模糊度，需要对式 (10-36) 取 2π 模，则

$$\Delta\widetilde{\varphi} = (\varphi_{n+1} - \varphi_n) \mathrm{mod} 2\pi \tag{10-37}$$

由于频率小数偏移 $\delta \in [-0.5, 0.5)$，需要对得到的相位差进行相位调整，即

$$\Delta\varphi = \begin{cases} \Delta\widetilde{\varphi}, & \Delta\widetilde{\varphi} \in [0, \pi) \\ \Delta\widetilde{\varphi} - 2\pi, & \Delta\widetilde{\varphi} \in [\pi, 2\pi) \end{cases} \tag{10-38}$$

从而用 2π 对式 (10-38) 作归一化而得到估计的频率偏移 $\widehat{\delta}_u$ 为

$$\widehat{\delta}_u = \Delta\varphi/2\pi, \quad \widehat{\delta} \in [-0.5, 0.5) \tag{10-39}$$

对于 v 路，确定 IDFT 谱峰位置 l_v 后，根据以上步骤，可估计出小数频偏 $\widehat{\delta}_v$。则两个估计的余数 $\widehat{r}_u$、$\widehat{r}_v$ 可表示为

$$\begin{cases} \widehat{r}_u = k_u + \widehat{\delta}_u \\ \widehat{r}_v = l_v + \widehat{\delta}_v \end{cases} \tag{10-40}$$

2. 基于 CRT 的频率重构

利用闭式中国余数定理[9]可对原始信号的频率值进行重构，其中 CRT 所需的两个余数值由式 (10-40) 给出，两个模值选取为两个互素的下采样因子 M 和 N(最大公约数为 1)。由于在互素谱分析中，重构的通路只有 u、v 两路，故其对应的 CRT 重构方程为

$$\begin{cases} f_0/\Delta f = n_u \cdot M + (k_u + \delta_u) \\ f_0/f = n_v \cdot N + (l_v + \delta_v) \end{cases} \tag{10-41}$$

式中，整数值 k_u、l_v 可以通过搜索 IDFT 谱峰位置得到，而小数值 δ_u、δ_v 可以通过相位谱校正得到 (两者理论值相等)，M 和 N 为已知的素数对，通过中国余数定理可以求出折叠整数 n_u、n_v，进而求出频率估计 $\widetilde{f}_0$。

因在互素谱中，仅涉及 u、v 两路的余数参与重构，故其 CRT 重构过程较为简单。由式 (10-41)，有

$$n_u M = n_v N + (l_v - k_u) \tag{10-42}$$

根据丢番图公式[19]，进一步有

$$n_u = (l_v - k_u)\overline{\varGamma} + k(l_v - k_u)N \tag{10-43}$$

式中，$k \in Z$，$\overline{\varGamma}$ 是 M 模除 N 的模逆，即满足 $\overline{\varGamma}M = 1 \bmod N$。

注意式 (10-42) 中的折叠整数 n_u、n_v 满足 $0 \leqslant n_u < N$，$0 \leqslant n_v < M$。为去除式 (10-43) 中的整数 k 的模糊度，折叠整数 n_u、n_v 可由下面两个步骤来确定：

Step1 根据下式算出折叠整数 n_u：

$$n_u = (l_v - k_u)\overline{\varGamma} \bmod N \tag{10-44}$$

Step2 将 n_u 代入式 (10-42) 算出另一个折叠整数 n_v：

$$n_v = \frac{n_u M - (l_v - k_u)}{N} \tag{10-45}$$

将两折叠整数 n_u、n_v 代入式 (10-41)，利用相位差谱校正法得到的小数部分的余数估计 $\hat{\delta}_u$、$\hat{\delta}_v$，可各自得到 u 通道和 v 通道的频率估计 $\hat{f}_u$、$\hat{f}_v$：

$$\begin{cases} \hat{f}_u = (n_u M + k_u + \hat{\delta}_u)\Delta f \\ \hat{f}_v = (n_v N + l_v + \hat{\delta}_v)\Delta f \end{cases} \tag{10-46}$$

最后，取 $\hat{f}_u$、$\hat{f}_v$ 的平均值即可得到具有更高精度的频率估计结果 $\hat{f}_0$，即

$$\hat{f}_0 = (\hat{f}_u + \hat{f}_v)/2 \tag{10-47}$$

3. 计算复杂度和鲁棒性分析

从以上分析可发现，谱校正过程仅涉及对相邻快拍的 IDFT 谱峰相位值作差值及简单的相位调整操作，其计算复杂度几乎可忽略；另外，式 (10-44)~式 (10-47) 中所涉及的操作都有确切的解析式，故几乎不耗费计算量；而且图 10-8 的互素谱感知省去了图 10-2 经典互素谱感知中的求输出统计互相关的操作，即

$$S_{xx}(e^{j\omega_i}) = E[u_k(MNn)v_l^*(MNn)], \quad i = 0, \cdots, MN-1 \tag{10-48}$$

对于经典互素谱分析，式 (10-48) 中的统计互相关操作要在所有 MN 条谱线上进行，而且该互相关操作是关于快拍索引 n 作统计平均的，故若耗费 Q 个快拍，则图 10-8 的互素谱分析可以节省 QMN 次共轭复数乘法运算，因而是高效的。

如文献 [16] 所指出：只要余数误差控制在所有模值的最大公约数 (GCD) 的 1/4 范围内，即可实现准确的 CRT 重构。在图 10-8 结构中，显然有 $\text{GCD}(M,N)=1$，故其精确频率重构的条件为

$$\begin{cases} -0.25 \leqslant \hat{\delta}_u - \delta < 0.25 \\ -0.25 \leqslant \hat{\delta}_v - \delta < 0.25 \end{cases} \tag{10-49}$$

若式 (10-49) 满足，则折叠整数估计正确 (即 $\hat{n}_u = n_u$，$\hat{n}_v = n_v$)，从而可以保证式 (10-47) 的频率估计值 $\hat{f}_0$ 具有高精度。后续的仿真实验会证明，在一个很宽的信噪比范围内，式 (10-49) 中的精确频率重构条件都成立，故可以保证估计器具有很高的抗噪性。

另一个影响鲁棒性的因素就是系统初始化带来的时延。具体来说，在系统初始化阶段，每一个多相子滤波器会经历从暂态到稳态的过渡，这会耗费一小部分快拍

数据。假定原型滤波器 $H(z)$、$G(z)$ 的长度同为 L，而初始化所耗费的快拍数为 C。既然 u、v 通道的多相分解的下采样因子分别为 M、N，则 C 值为

$$C = \max(\lceil L/M \rceil, \lceil L/N \rceil) \tag{10-50}$$

其中，$\lceil \cdot \rceil$ 表示向上取整操作。也就是说，只需馈入 C 个快拍数据后，系统即可进入稳态，然后再利用任何两个相邻快拍数据即可实现高精度频率估计。

10.3.3 频率估计仿真实验

1. 不同样本数情况下的频率估计

考虑单频信号 $x(t) = \exp(j2\pi 107.4915 t)$，设两个互素的采样因子进行频率估计，互素的下采样因子 $M=17$，$N=13$，Nyquist 采样率为 $F_s = MN = 221$Hz（对应的采样间隔 $T=1/F_s=1/221$），从而互素谱分析的 u 路和 v 路的采样速率分别为 $f_{s1}=1(NT)=17$Hz，$f_{s2}=1(MT)=13$Hz，均远低于 Nyquist 采样速率，频率分辨率 $\Delta f = F_s/(MN) = 1$Hz。设定原型滤波器长度 $L=67$。根据式 (10-50)，初始化"快拍"数的临界值为 $C=6$。用 Q 表示需要消耗的"快拍"数，每次实验中，选取第 Q 个和第 $(Q-1)$ 个"快拍"用于频谱校正。图 10-11 为 $Q=8$ 时使用原始互素感知估计器得到的功率谱密度图，表 10-1 列出了 $Q=2 \sim 8$ 的各个情况下，使用本节的频谱估计方法得到的各个参数值。

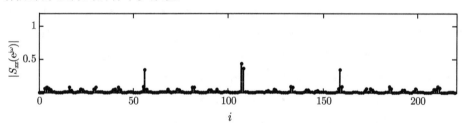

图 10-11 经典互素谱的功率谱密度图

表 10-1 基于中国余数定理的频率估计结果

Q	$\widehat{n}_u$	$\widehat{n}_v$	$\widehat{r}_u$	$\widehat{r}_v$	$\widehat{f}_0$/Hz	误差
2	3	4	5.4793	4.4550	56.4671	失效
3	6	8	5.3857	3.2302	107.3079	0.1836
4	6	8	5.4528	3.4491	107.4510	0.0405
5	6	8	5.4915	3.4702	107.4808	0.0107
6	6	8	5.4915	3.4883	107.4899	0.0016
7	6	8	5.4915	3.3456	107.4915	0
8	6	8	5.4915	3.3456	107.4915	0

图 10-11 表明，经典互素谱分析有个缺陷：虽然信号包含单一的频率成分，但

是其功率谱却在 $i=56,108,159$ 三个位置出现谱峰 (文献 [20] 指出,这是因为其信号的小数部分的频率 0.4915Hz 接近半个频率分辨率,即 0.5Hz)。而且在整个频谱图范围内,也出现了大量的小幅值干扰谱线,由于这时信号并没有加噪声,因此可以判定:这些干扰谱是由用于互相关平均的样本数目不足而造成的,从而验证了经典互素谱分析需要耗费大量样本作统计平均才可得到可接受的谱分析结果的事实。此外,在图 10-10 中,即使忽略干扰谱,将 $i=107$ 处的正确谱线提取出来,也仅仅可以将频率估计精确到整数倍的分辨率上,而小数偏移 0.4915Hz 就成了误差。

与经典互素谱分析不同,在本节提出的频率估计器的估计结果中,如表 10-1 所示,对于样本数为 $Q=3\sim 8$ 情况下,估计误差分别为 0.1836Hz,0.0405Hz,0.0107Hz,0.0016Hz,0Hz 和 0Hz,也就是说,只要实际耗费的样本数 Q 大于初始化需要耗费的样本数 C,估计误差就可忽略不计,即使对于很短的样本情况下,如 $3 \leqslant Q \leqslant C$,本节提出的估计器依然保持了很高的估计精度。

综上所述,本节提出的高效欠采样频率估计器不仅耗费的样本少,而且可以得到比经典互素谱分析更高的精度,此外,由于没有将功率谱描述成全景谱的形式,因而也不存在伪峰问题,不受到干扰谱的影响。

2. 不同模值和信噪比情况下的均方根误差

设定单频信号 $x(t) = \exp(\mathrm{j}2\pi \cdot 27.3456t)$,设 Nyquist 采样率 $F_s=MN=221$Hz,原型滤波器长度 $L=67$。考虑两种下采样情况:$M_1 = 17$,$N_1 = 17$ 和 $M_2 = 9$,$N_2 = 7$,则频率分辨率分别为 $\Delta f_1 = F_s/(M_1/N_1)=1$Hz 和 $\Delta f_2 = F_s/(M_2/N_2) =3.5079$Hz。根据式 (10-50),可算出两种情况初始化需要耗费的样本数分别为 $C_1 = 6$ 和 $C_2 = 10$,故设定两种情况下实际耗费的样本数 $Q_1 = C_1 = 6$,$Q_2 = C_2 = 10$。

为验证高效欠采样互素谱估计器对噪声的鲁棒性,需要在一个很宽的信噪比范围内对频率估计误差进行分析,对于每一个信噪比,进行 1000 次蒙特卡罗仿真模拟,并求其均方根误差,得到如图 10-12 所示的曲线。

从图 10-12 可以得出以下结论:

(1) 模值越大,即下采样因子越大,频率估计器对于噪声的鲁棒性越好。具体来说,大模值 ($M=17$,$N=13$) 的信噪比阈值(即小于这个值频率估计误差会显著增大)和小模值 ($M=9$,$N=7$) 的信噪比阈值分别为 3dB 和 5dB,因为大模值情况下进行 IDFT 的点数更多,对于随机噪声的抑制更好。

(2) 在大于信噪比阈值的区域,大模值情况下 RMSE 由 0.001Hz 变化到 0.01Hz,而小模值情况下则由 0.01Hz 变化到 0.1Hz,可见由于大模值情况下频率分辨率更高,所以大模值情况下频率估计误差更小。

(3) 通常情况下,两种模值的 RMSE 都很小,也就是说,都能较准确地估计出给定的信号频率。因此,可得出结论,只要信噪比不是太低,样本数不是太少,两

个折叠整数 $\widehat{n}_u$ 和 $\widehat{n}_v$ 总是可以完全准确地计算出来，进而整个频率估计器就有很高的鲁棒性。

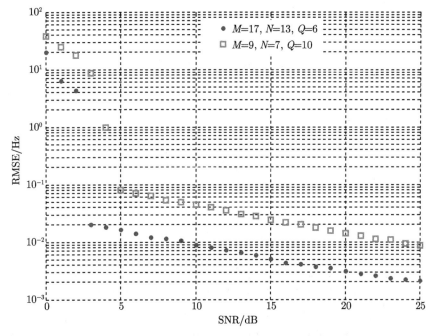

图 10-12　高效互素谱估计器的均方根误差曲线

10.4　基于鲁棒中国余数定理的余弦实信号频率估计器

10.3 节所介绍的利用互素谱和相位差谱校正的欠采样波形的频率估计器，仍存在以下三点不足：① 频率估计依赖于互素谱分析结构，涉及滤波器和多相滤波问题，过程仍比较复杂；② 鲁棒性还有待提高，若式 (10-49) 的余数误差绝对值超出 1/4，必然导致频率估计失败；③ 只能估计复信号的频率值。

鲁棒性的缺陷可以通过改进的中国余数定理来解决，而文献 [8]~[10] 指出：如果允许 CRT 的各个模值存在公约数 M，则允许的余数误差可以达到 $M/4$，这样就可以提升估计器对噪声的鲁棒性。实际上，现有的用中国余数定理的信号频率估计，如文献 [10] 将 CRT 用于欠采样下的复指数频率估计，文献 [21] 将 CRT 用于合成孔径雷达系统的解相 (phase unwrapping)，都是仅限于复指数信号的频率估计。

本节旨在解决欠采样下的余弦信号的频率估计问题，该问题所涉及的波形如图 10-13 所示 ($L = 3$ 路重构，高速率采样频率 $f_0 = 127.2\text{Hz}$，低速率采样频率

$f_{s1}=16\text{Hz}$, $f_{s2}=24\text{ Hz}$, $f_{s3}=40\text{ Hz}$, $M=8$)。

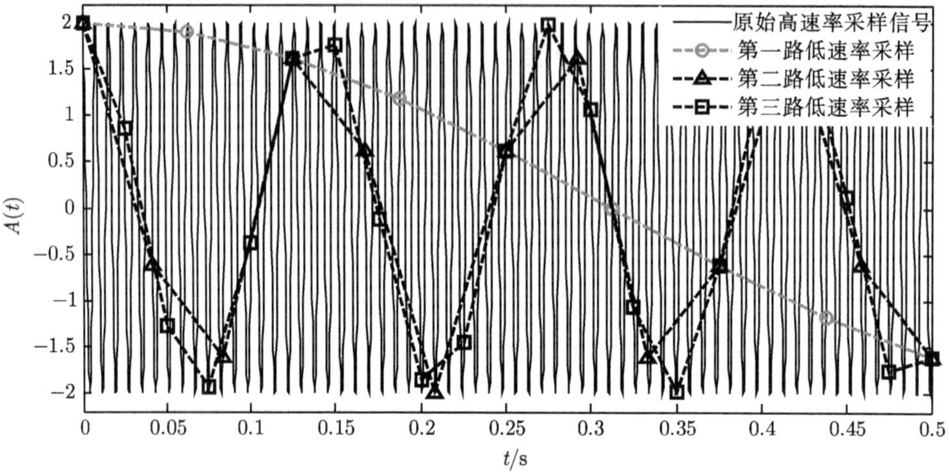

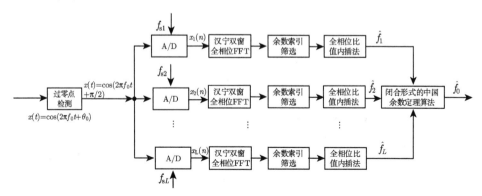

图 10-13 对高频余弦信号进行三路低频采样的情形

对于图 10-13 所示的高频余弦信号的频率估计问题,其测频难度在于:余弦信号包含两个复指数边带,故对于某一频率的余弦信号,从 L 路低速率采样作谱峰搜索,必然得到 $2L$ 路余数,怎样从 $2L$ 余数中挑选出 CRT 重构所需的有效的 L 路余数是个非常棘手的问题。本节将引入全相位 FFT 谱分析解决该问题,并结合闭合形式的中国余数定理,完成欠采样下的余弦信号的频率估计,解决以上三个问题。

10.4.1 测频方案及原理

本节提出的欠采样低速率下的高频余弦信号的高精度测量方法的流程如图 10-14 所示。

图 10-14 低采样速率下的高精度高频测量方法的流程图

图 10-14 的处理步骤如下：

Step1 对高频模拟信号进行过零点检测，取任一过零点作为原高频模拟余弦信号中心采样位置。

Step2 以过零检测点为中心，分别以 $f_{s1}\sim f_{sL}$ 对高频余弦信号进行 L 路低速率采样，每路均采集 $2M-1$ 个样点，并存储。

Step3 对低速率采样得到的 L 路信号，分别进行加汉宁双窗全相位快速傅里叶变换 (apFFT)，记为 $\{Y_i(k), i=0,\cdots,L-1; k=0,\cdots,M-1\}$ (其中 i 表示采样路序号，k 表示谱线标号)。

Step4 余数索引筛选：结合过零点类型和 apFFT 相位谱分布特征，从 $2L$ 个峰值幅度谱位置中挑选出 L 个谱位置索引值。

Step5 根据余数筛选结果，用全相位比值内插法对各路 apFFT 谱分别进行谱校正，得到 $\hat{f}_1, \hat{f}_2, \cdots, \hat{f}_L$。

Step6 利用各路谱校正得到的频率估计值作为余数，再按照闭合解析形式的中国余数定理对这些余数进行处理，以重构出原始高频信号的频率 f_0。

上述步骤中，要求 $f_{s1}\sim f_{sL}$ 为整数，且其最大公约数为 M，且除以公约数 M 后是两两互素的。

以上各处理步骤的原理解释如下。

1) 过零检测

对输入的模拟信号 $x(t)$ 进行过零点检测，对于余弦信号而言，过零点存在如图 10-15 所示的两种情况。

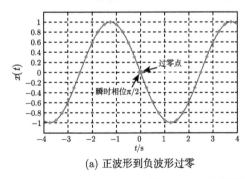
(a) 正波形到负波形过零

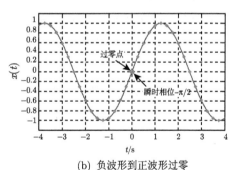
(b) 负波形到正波形过零

图 10-15 高频信号的过零点检测示例

图 10-15 中，(a) 对应为从正波形到负波形过零，这时过零点的瞬时相位为 $\pi/2$；(b) 对应为从负波形到正波形过零，这时过零点的瞬时相位为 $-\pi/2$。

过零点处 $\pi/2$ 或 $-\pi/2$ 的瞬时相位的符号，对于后面步骤从每路信号的 apFFT 比值校正法的两个余数中选取一个，起到决定作用。

模拟信号经过简单的触发电路可以很容易地确定过零点时刻。

2) L 路对称采样

以过零点为中心采集 $2M-1$ 点,一共采集 L 路信号。对于高频信号 $x(t) = a\cdot\cos(2\pi f_0 t + \pi/2)$,所测频率为 f_0,采样频率分别为 $f_{s1} \sim f_{sL}$,则各路采样信号为(其中 $n = -M+1,\cdots,M-1$)

$$x_1(n) = a \cdot \cos\left(2\pi \frac{f_0}{f_{s1}} n + \frac{\pi}{2}\right)$$
$$x_2(n) = a \cdot \cos\left(2\pi \frac{f_0}{f_{s2}} n + \frac{\pi}{2}\right) \tag{10-51}$$
$$\cdots\cdots$$
$$x_L(n) = a \cdot \cos\left(2\pi \frac{f_0}{f_{sL}} n + \frac{\pi}{2}\right)$$

采样速率要求 $f_{s1} \sim f_{sL}$ 满足具有公约数 M 且除以公约数 M 后是两两互素的。

3) 全相位 FFT

举例说明对式 (10-51) 的采样序列进行全相位 FFT 后的振幅谱和相位谱的特点。

直接对 $x(t) = a\cdot\cos(2\pi f_0 t + \pi/2)$ 作各路低速欠采样信号,进行 apFFT 操作而取峰值处的频率值,所得到的是一组整数,涉及的波形如图 10-15 所示 (L=3 路采样,高速率采样频率 f_0=601.1520Hz,低速率采样频率 f_{s1}=128Hz,f_{s2}=192Hz,f_{s3}=320Hz,易推出 $M=\mathrm{GCD}\{128,192,320\}$=64)。

图 10-16 的 apFFT 幅度谱 $Y_i(k)$ 和相位谱 $\varphi_i(k)$ 具有如下规律:

(1) 因实信号缘故,每路幅度谱均有两个谱峰,其位置关于频率轴中心对称。

(2) 每路信号两个谱峰位置对应的相位谱值是大小相等、符号相反的。

(3) 不同路数间的左右频率半轴的相位谱值的正负符号出现的顺序有差异。

(4) 从幅度谱中很明显看出存在谱泄漏,因此需要对频谱的峰值位置进行修正。

以上峰值谱和相位谱分布规律,可为后续 CRT 处理提供如下依据:

(1) 谱泄漏分布提供提升余数精度的依据。

由于所测信号频率常常是任意的,很难保证图 10-16 的理想峰值谱恰好落在整数倍的谱线位置,而是常常分布在以峰值谱线为中心的几根谱线上 (即形成谱泄漏)。可以对这些泄漏出来的谱线作进一步插值处理,估计出理性谱位置,从而提高 CRT 所需的余数精度。

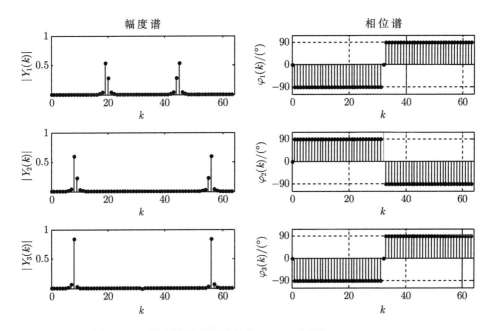

图 10-16 所有通道采样信号的 apFFT 谱图 ($L=3$, $M=64$)

(2) 相位谱分布为余数索引筛选提供分类依据。

由于中国余数定理所需的 L 路余数只能从峰值谱位置去确定，而图 10-16 中，每路的 apFFT 谱存在两个谱峰，总共有 $2L$ 个谱峰，故需要从中筛选出 L 个谱峰索引给 CRT 提供余数。而图 10-16 的相位谱分布规律给余数索引筛选提供了分类依据。

4) 余数索引筛选

其具体步骤如下：

(1) 由过零点过渡情况，确定过零点的瞬间相位 (+90° 或 −90°)。

(2) 从每路相位谱分布图中，确定与过零点瞬间相位一致的左半边带或右半边带。

(3) 从每路确定的半边带中，找出对应的幅度谱峰值位置，作为余数筛选所需的位置索引 $\{k_i^*, i=1,\cdots,L\}$。

如本例中，过零点是从正值到负值的过零点，其瞬间相位为 +90°，从图 10-16 相位谱图中可看出：第 1 路到第 3 路与 +90° 相一致的半边带分别为右边带、左边带和右边带，从这些边带提取出的峰值谱位置 $\{k_i^*, i=1,\cdots,L\}$ 分别为 $k_1^*=45$，$k_2^*=8$，$k_3^*=56$。

5) 全相位比值谱校正流程

全相位 FFT 的比值校正法是一种内插型的频谱校正法,可见于 4.2 节。引入该方法进行余数校正,是因为各路真实欠采样信号的频率不一定恰恰落在整数倍的谱线位置上 (该位置可以由上个步骤的余数索引筛选获得),故若取该位置的频率值作为 CRT 的余数,必然会引入测量误差而降低测量精度。而"全相位比值内插法"则可以对峰值谱和泄漏出的旁谱进行修正,从而可将每路的频率估计 $\widehat{f}_1, \widehat{f}_2, \cdots, \widehat{f}_L$ 精确到小数。针对本频率估计器情形,其具体操作如下:

Step1 在振幅谱线中选取相邻最大的两根进行比值 (即最高谱峰幅值除以旁边的次高谱幅值),将该比值记为 v,若峰值谱线处于 $k = k^*$ 的位置上,则

$$v = \sqrt{\frac{|Y(k^*)|}{\max(|Y(k^*-1)||Y(k^*+1)|)}} \tag{10-52}$$

Step2 根据 v 求取比例偏差因子 Δk,其中

$$\Delta k = \frac{2-v}{1+v} \tag{10-53}$$

Step3 根据比例偏差因子 Δk 进行频率校正,即检测到处于 $k = k^*$ 的谱峰位置上,则校正后的 $\widehat{f}$ 值为

$$\widehat{f} = \begin{cases} (k^* - |\Delta k|)f_s/N, & |Y(k^*-1)| > |Y(k^*+1)| \\ (k^* + |\Delta k|)f_s/N, & |Y(k^*-1)| \leqslant |Y(k^*+1)| \end{cases} \tag{10-54}$$

6) 利用闭合解析形式中国余数定理计算高频信号的频率值

上述所得出的各路信号的频率值 $\widehat{f}_1, \widehat{f}_2, \cdots, \widehat{f}_L$ 即为中国余数定理中所需的余数。将各路采样频率 $f_{s1}, f_{s2}, \cdots, f_{sL}$ 作为 CRT 的各路模值,结合最大公约数 M 值,按照文献 [9] 提出的如下闭合解析形式的中国余数定理的算法步骤,估计出高频信号频率值。

Step1 从所给的余数 $\widehat{f}_i(1 \leqslant i \leqslant L)$ 计算归一化余数 $\widehat{q}_{i,1}, 2 \leqslant i \leqslant L$,其中

$$\widehat{q}_{i,1} = \left[\frac{\widehat{f}_1 - \widehat{f}_1}{M}\right], \quad 2 \leqslant i \leqslant L \tag{10-55}$$

Step2 计算 $\widehat{q}_{i,l}\overline{\Gamma}_{i,1}$ 模除 Γ_i 的余数:

$$\widehat{\xi}_{i,1} = \widehat{q}_{i,1}\overline{\Gamma}_{i,1} \bmod \Gamma_i, \quad 2 \leqslant i \leqslant L \tag{10-56}$$

其中,$\overline{\Gamma}_{i,1}$ 是 Γ_1 模除 Γ_i 的模乘积的逆,可以提前算出。

Step3 计算折叠整数 $\widehat{n}_1$:

$$\widehat{n}_1 = \sum_{i=2}^{L} \widehat{\xi}_{i,1} b_{i,1} \frac{\gamma_1}{\Gamma_i} \bmod \gamma_1 \tag{10-57}$$

其中，$b_{i,1}$ 是 $\dfrac{\gamma_1}{\Gamma_{i,1}}$ 模除 Γ_i 的模乘积的逆，且 γ_1 由 $\gamma_i \triangleq \Gamma_1 \cdots \Gamma_{i-1}\Gamma_{i+1} = \Gamma/\Gamma_i$ 定义。

Step4 计算其他折叠整数 $\widehat{n}_i(2 \leqslant i \leqslant L)$：

$$\widehat{n}_i = \dfrac{\widehat{n}_1 \Gamma_1 - \widehat{q}_{i,1}}{\Gamma_i} \tag{10-58}$$

Step5 计算 $\widehat{f}_0$：由上述得到的 $\widehat{n}_i$，对于 $1 \leqslant i \leqslant L$，可得到第 i 路频率估计

$$\widehat{f}_{0i} = \widehat{n}_i M \Gamma_i + \widehat{f}_i, \quad 1 \leqslant i \leqslant L \tag{10-59}$$

为减小误差，取平均值作为最终的频率估计输出 $\widehat{f}_0$，即

$$\widehat{f}_0 = \dfrac{1}{L}\sum_{i=1}^{L}\widehat{f}_{0i} \tag{10-60}$$

10.4.2 仿真实验

仿真实验中所用正弦信号为 $x(t) = a \cdot \cos(2\pi f_0 n) + \pi/2$，其中，$a=2$。令最大公约数 $M=1024$，f_0 为待测高频信号的频率。我们采用 $L=3$ 路低速率采样，各路低速率采样频率分别为 $f_{s1}=2048\text{Hz}$，$f_{s2}=3072\text{Hz}$，$f_{s3}=5120\text{Hz}$，则根据中国余数定理，最大可测频率为 $f_{\max}=\text{LCM}(f_{s1}, f_{s2}, f_{s3}) = 3.072 \times 10^4 \text{Hz}$，其中 LCM 为最小公倍数 (least common multiplier, LCM)。我们取 f_0 为 $(0, f_{\max}]$ 范围内的一系列数值进行实验，分别在无修正的情况和使用内插法修正之后的情况下进行。

1) 无噪情况

表 10-2 给出了仅适用闭式鲁棒 CRT 和余数筛选的各路频谱信息无修正情况下高频信号频率测量结果统计，表 10-3 给出了除闭式鲁棒 CRT 和余数筛选外，还结合了 apFFT 比值法谱校正的各路频谱信息无修正情况下高频信号频率测量结果统计。

表 10-2　各路频谱信息无修正情况下高频信号频率测量结果统计　　（单位：Hz）

f_0	$\widehat{f}_1$	$\widehat{f}_2$	$\widehat{f}_3$	$\widehat{f}_0$	相对误差 σ
1.6363×10^4	2026	1002	1005	1.6363×10^4	1.1508×10^{-5}
1.9796×10^4	1364	1365	4435	1.9796×10^4	2.2620×10^{-5}
2.4866×10^4	290	291	4385	2.4866×10^4	9.2955×10^{-6}
1.8353×10^4	1970	2994	2995	1.8354×10^4	6.5886×10^{-5}
1.2076×10^4	1836	2859	1835	1.2075×10^4	1.7886×10^{-5}
1.1673×10^4	1432	2457	1435	1.1673×10^4	5.0154×10^{-5}
9.0108×10^3	818	2868	3890	9.0107×10^3	2.0272×10^{-5}
4.9582×10^3	862	1887	4960	4959	1.5571×10^{-4}
1.8535×10^4	102	102	3175	1.8534×10^4	1.7325×10^{-5}
1.0430×10^4	190	1215	190	1.0430×10^4	6.7705×10^{-5}

表 10-3　结合全相位比值频谱修正后频率测量结果统计　　　　（单位：Hz）

f_0	$\hat{f}_1$	$\hat{f}_2$	$\hat{f}_3$	$\hat{f}_0$	相对误差 σ
1.6363×10^4	2.0268×10^3	1.0028×10^3	1.0028×10^3	1.6363×10^4	2.3041×10^{-8}
1.9796×10^4	1.3644×10^3	1.3644×10^3	4.4364×10^3	1.9796×10^4	2.2352×10^{-8}
2.4866×10^4	0.2898×10^3	0.2898×10^3	4.3858×10^3	2.4866×10^4	1.8444×10^{-8}
1.8353×10^4	1.9691×10^3	2.9931×10^3	2.9931×10^3	1.8353×10^4	5.0151×10^{-8}
1.2076×10^4	1.8355×10^3	2.8596×10^3	1.8356×10^3	1.2076×10^4	1.2852×10^{-7}
1.1673×10^4	1.4327×10^3	2.4567×10^3	1.4327×10^3	1.1673×10^4	7.0099×10^{-8}
9.0108×10^3	0.8188×10^3	2.8668×10^3	3.8909×10^3	9.0109×10^3	1.0673×10^{-7}
4.9582×10^3	0.8622×10^3	1.8862×10^3	4.9582×10^3	4.9582×10^3	9.3850×10^{-8}
1.8535×10^4	0.1027×10^3	0.1027×10^3	3.1747×10^3	1.8535×10^4	3.3434×10^{-8}
1.0430×10^4	0.1896×10^3	1.2136×10^3	0.1896×10^3	1.0430×10^4	1.8216×10^{-7}

为评估频率估计的精度，定义如下频率估计的相对误差：

$$\sigma = \frac{\left|\hat{f}_0 - f_0\right|}{f_0} \times 100\% \tag{10-61}$$

对比表 10-2 和表 10-3 可看出，如果对各路频率信息不进行修正，也可以很准确地计算出高频信号的频率信息，只是存在微小的误差。但是如果对各路频率信息进行全相位比值内插法修正，我们所测量的高频信号的频率精度将提高 2~3 个数量级，在实际应用中，这么小的误差几乎可以忽略。

2) 加噪情况

在噪声环境下，信号频率固定取 $f_0=2\times10^4$Hz，其他参数设置与无噪情况相同。为进一步测试本测量装置的性能，我们选取高斯白噪声，且设定信噪比 SNR 在 [0,50](dB) 范围内进行变化，实验中待测信号的频率采取和上述无噪声条件下相同的频率 f_0，在不同信噪比下，通过多次实验（信噪比 SNR=1~50dB，每次加噪计算次数为 20 次）来计算频率估计的均方根误差，并与无噪声情况下频率估计的均方根误差作比较。图 10-17 给出了均方根误差的结果。

从图 10-17 可得出，本节所提出的高频测量方法具有很好的抗噪声性能，即便是在信噪比很低的情况下，频率测量的均方根误差也很小，如在 0dB 时，其频率估计的均方根误差也不到 0.1Hz(而信号频率高达 2×10^4Hz)。且在信噪比大于 35dB 以后，其测量结果和在理想情况下所测结果几乎是吻合的。因此，本节提出的结合鲁棒中国余数定理和全相位比值校正法的欠采样频率估计器具有很好的抗噪声性能，可以十分精确地测量高频信号频率，几乎是零误差的。

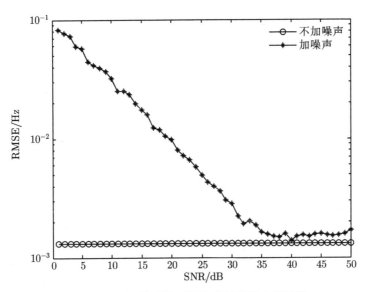

图 10-17 不同信噪比下频率估计的均方根误差

10.5 小　　结

本章将全相位信号处理与互素谱分析理论、中国余数定理结合起来,解决了欠采样速率下的信号的谱分析问题。

本章主要作了三方面工作:第一,提出一种解析的全相位滤波器设计法,可以根据互素谱分析中理想低通滤波器的截止频率的需求,自动在奇对称和偶对称滤波器间选择一种合适的频率采样模式,快速完成滤波器配置,从而完成整个互素谱分析器的配置,既提高了互素谱分析的配置效率,又可以抑制互素谱分析的带外抑制性能;而全相位滤波器系数具有明确解析表达式的优势[12],必然非常适合用于配置互素谱结构的参数;第二,提出基于相位差频谱校正的高效互素谱分析方法,利用经典互素谱分析中相邻两个快拍的谱峰处的相位差异,得到高精度的 CRT 余数估计,进而根据解析中国余数定理而获得高精度的频率估计结果,相比于经典互素谱估计,既避开了存在伪峰的问题,又提高了估计精度,大大减少了所耗费的样本数;第三,将鲁棒闭式中国余数定理与全相位比值欠采样法作了结合,解决了实数信号的频率估计问题,而且提高了抗噪声的鲁棒性。未来的研究集中在包含多频成分信号的互素谱估计和宽带信号的互素谱估计方面。

欠采样信号的互素谱分析是一个较前沿的信号处理理论,本章提出的与全相位谱分析及校正有关的互素谱分析方法,有望在移动通信、宽带无线网络、物联网中获得广泛应用。

参 考 文 献

[1] 黄翔东, 丁道贤, 孟天伟, 等. 基于中国余数定理的欠采样下余弦信号的频率估计. 物理学报, 2014, 63(19): 204304-1-214304-7.

[2] 杨小牛, 楼才义, 徐建良. 软件无线电原理与应用. 北京: 电子工业出版社, 2001.

[3] Gutierrez J A, Callaway E H, Barrett R L. Low-rate Wireless Personal Area Networks: Enabling Wireless Sensors with IEEE 802.15. 4. IEEE Standards Association, 2004.

[4] Vaidyanathan P P, Pal P. Sparse sensing with co-prime samplers and arrays. IEEE Transactions on Signal Processing, 2011, 59(2): 573-586.

[5] Vaidyanathan P P, Pal P. Theory of sparse coprime sensing in multiple dimensions. IEEE Transactions on Signal Processing, 2011, 59(8): 3592-3608.

[6] Pal P, Vaidyanathan P P. Coprime sampling and the MUSIC algorithm. Digital Signal Processing Workshop and IEEE Signal Processing Education Workshop (DSP/SPE), 2011: 289-294.

[7] Wang W J, Li X P, Wang W, et al. Maximum likelihood estimation based robust Chinese remainder theorem for real numbers and its fast algorithm. IEEE Transactions on Signal Processing, 2015, 63: 3317-3331.

[8] Xiao L, Xia X G, Wang W J. Multi-stage robust Chinese remainder theorem. IEEE Transactions on Signal Processing, 2014, 62(18): 4772-4785.

[9] Wang W J, Xia X G. A closed-form robust Chinese remainder theorem and its performance analysis. IEEE Transactions on Signal Processing, 2010, 58(11): 5655-5666.

[10] Li X W, Liang H, Xia X G. A robust Chinese remainder theorem with its applications in frequency estimation from undersampled waveforms. IEEE Transactions on Signal Processing, 2009, 57(11): 4314-4322.

[11] Parks T, McClellan J. Chebyshev approximation for nonrecursive digital filters with linear phase. IEEE Transactions on Circuit Theory, 1972, 19(2): 189-194.

[12] Huang X D, Jing S X, Wang Z H, et al. Closed-form FIR filter design based on convolution window spectrum interpolation. IEEE Transactions on Signal Processing, 2016, 64(5): 1173-1186.

[13] 王兆华, 黄翔东. 数字信号全相位谱分析与滤波技术. 北京: 电子工业出版社, 2009.

[14] 黄翔东, 王兆华. 基于两种对称频率采样的全相位 FIR 滤波器设计. 电子与信息学报, 2007, 29(2): 478-481.

[15] Reddy K S, Sahoo S K. An approach for FIR filter coefficient optimization using differential evolution algorithm. AEU-International Journal of Electronics and Communications, 2015, 69(1): 101-108.

[16] Wang W J, Xia X G. A closed-form robust Chinese remainder theorem and its performance analysis. IEEE Transactions on Signal Processing, 2010, 58(11): 5655-5666.

[17] Huang X D, Yan Z Y, Jing S X, et al. Co-prime sensing-based frequency estimation

using reduced single-tone snapshots. Circuits, Systems, and Signal Processing, 2016, 35(9): 3355-3366.

[18] Huang X D, Xia X G. A fine resolution frequency estimator based on double sub-segment phase difference. IEEE Signal Processing Letters, 2015, 22(8): 1055-1059.

[19] Szabo N S, Tanaka R I. Residue Arithmetic and Its Applications to Computer Technology. New York: McGraw-Hill, 1967.

[20] Huang X D, Han Y W, Yan Z Y, et al. Resolution doubled co-prime spectral analyzers for removing spurious peaks. IEEE Transactions on Signal Processing, 2016, 64(10): 2489-2498.

[21] Xia X G, Wang G Y. Phase unwrapping and a robust Chinese remainder theorem. IEEE Signal Processing Letters, 2007, 14(4): 247-250.

第11章 全相位谱分析的应用举例

既然谱分析的任务就是为解决"分析信号包含哪些成分"的基本问题,而全相位谱分析又可以"快""准""全""省"地把信号分析清楚,注定了可以在工业检测中发挥重要作用。近年来,国内同行们已将全相位谱分析广泛应用于图像内插与压缩编码、物联网感知、光学工程、电力谐波分析、旋转机械故障诊断、通信、仪器仪表、雷达水声、语音处理、生物医学等多个领域。

本章具体对介质损耗角测量、电力系统谐波分析、激光波长测量、激光测距、超分辨率时延估计、生物医学工程中的脑机接口设计、旋转机械故障诊断七个领域作详细介绍。

11.1 介质损耗角测量

11.1.1 问题描述

介质损耗角(介损角)正切是衡量电力设备绝缘性能的一个重要指标。近些年来,随着状态检测技术的发展,介质损耗在线检测技术也日益受到重视,逐渐开发出多种检测方法,主要形成了两大分支:其一主要靠"硬件"实现的方法,以过零点相位比较法(也称脉冲计数法[1])为代表,此法依靠硬件装置来实现相位差比较,因此受硬件本身的影响较大,准确度难以保证;其二主要靠"软件"实现的方法,其典型代表是谐波分析法[2,3],基于谐波分析法就是先通过传感器等装置分别测量运行电压和流经试品的电流,再将获得的模拟信号转化为数字信号,然后采用 FFT 频谱分析方法求出这两个信号的基波,最后通过相位比较求出介质损耗角。谐波分析法以其较好的抗干扰性和稳定性,成为目前较为理想的一种检测手段。但由于介损角 δ 的大小通常都很小(一般容性电力设备的介损角值通常都处于 0.001~0.01),因而当采样频率存在偏差或电网频率波动时,DFT 产生的栅栏效应和频谱泄漏会给介损角的精密测量带来很大的影响,虽然可通过加窗(如加汉宁窗[4])并结合频谱校正措施来改善由频谱泄漏和栅栏效应带来的问题,但其作用却是有限的。

为进一步简化谐波分析算法,文献[5]利用了三角函数的正交性,用正交滤波取代了 DFT 运算测量介损角,但正交滤波算法本身无法克服谱泄漏带来的问题,从文献[5]的图 5 a 的实验结果看出,简单正交滤波法的介损角测量误差在电网频率偏离 0.2Hz 时竟达 0.004rad,因为现在的高压套管、互感器等的 $\tan\delta$ 仅为千分之几,所以由简单正交滤波法得到的介损角测量误差是难以接受的。从而文献 [5] 采取了数字滤波 (主要用于滤除谐波) 和解析变换的措施改善此问题,这样就将测量误差从 10^{-3} rad 数量级降至 $\pm 0.01\%$ rad 以下 (信号包含谐波时),但这些附加措施会引入较大的计算量 (文献[5]分别使用了 60 阶和 48 阶的 FIR 滤波器来实现希尔伯特变换和低通滤波),这显然又违背了简化谐波分析算法的初衷。

本节将基于第 2 章介绍的全相位数据预处理的正交滤波算法用于介损测量[6],该算法计算量非常低,无需 DFT 措施,也无需解析变换和数字滤波措施即可将介损角测量误差降至 10^{-6} rad 数量级 (信号包含谐波时),具有很高的应用价值。

11.1.2 传统正交滤波缺陷及其原因

文献 [5] 提出了 "正交滤波" 的概念,正交滤波算法利用了三角函数的正交特性,将待分析的信号序列与某频率复指数序列进行内积运算,从而得到信号中含有该频率分量的幅值和相位信息。假设采样序列为 $\{u(n), 0 \leqslant n \leqslant N-1\}$,复指数序列为 $\{e^{-jn2\pi/N}, 0 \leqslant n \leqslant N-1\}$,则正交滤波结果为

$$U_1 = \frac{2}{N}\sum_{n=0}^{N-1} u(n)e^{-j\frac{2\pi}{N}n} = A_1 + jB_1 \tag{11-1}$$

而我们知道,$\{u(n), 0 \leqslant n \leqslant N-1\}$ 的 DFT 公式为

$$U(k) = \sum_{n=0}^{N-1} u(n)e^{-j\frac{2\pi}{N}nk}, \quad k = 0, 1, \cdots, N-1 \tag{11-2}$$

对比式 (11-1) 和式 (11-2) 可看出,搁置比例因子 $2/N$ 后,正交滤波算法实际就是取 $k=1$ 时的 DFT 运算,而我们知道 DFT 运算是通过 $N \times N$ 的 DFT 矩阵与长度为 N 的样本列向量作乘法操作完成的,因而正交滤波实际仅是 DFT 矩阵的第二行与样本序列的内积运算 (第一行对应直流分量运算结果) 而已,从而正交滤波无需求 DFT 全景谱,节省了计算量。

令工频值 $f_1=50$Hz,为通过正交滤波获得基波信息,需将采样频率设为 $f_s = Nf_1$,令式 (11-2) 的计算结果的模值和相角为

$$R = \sqrt{A_1^2 + B_1^2}, \quad \phi = \arctan\left(\frac{B_1}{A_1}\right) \tag{11-3}$$

式 (11-3) 模值 R 的大小反映了信号样本序列中所含有的基波信息量。为衡量正交滤波算法的性能,可按如下方法形成传统正交滤波算法的传输曲线[5]:将 $[0, \pi]$ 范围内所有频率的正弦序列进行正交滤波,将所有的正交滤波结果的模值连接起来即可形成其传输性能曲线,如图 11-1 所示。

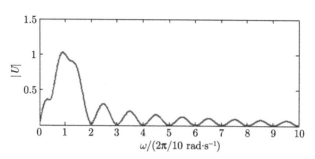

图 11-1 传统正交滤波算法的传输曲线

从图 11-1 可看出,传统正交滤波传输曲线在基频附近具有"带通"特性,但通带内的传输曲线存在凹凸且不平滑;另外,其他频带内的曲线起伏并没有得到彻底的抑制,这反映了信号除基波外的其他成分对基波测量的影响程度,该起伏越大,介损角测量精度会越低;正因如此,为抑制图 11-1 的旁瓣起伏,文献[5]采取了附加的数字滤波 (主要用于消除其他谐波成分对基频的干扰) 和解析变换 (主要用于消除正弦波的两个共轭复频率成分的相互干扰) 措施。

本质上,图 11-1 的这种凹凸不平的传输曲线,是由频谱泄漏造成的。从式 (11-1) 和式 (11-2) 可看出:采样序列未经过处理直接用来进行正交滤波 (即求 $k=1$ 时的 DFT 结果)。在第 5 章已经证明:当 $\{u(n), 0 \leqslant n \leqslant N-1\}$ 为单复指数序列 $x(n)$ 时,其理想傅里叶变换有如下关系 ('$\leftrightarrow$' 表示互为傅里叶变换对):

$$x(n)e^{j\omega_0 n} \leftrightarrow X(j\omega) = 2\pi\delta(\omega-\omega_0) \tag{11-4}$$

注意式 (11-2) 中的求和是在 $0 \leqslant n \leqslant N-1$ 的范围进行的,相当于用矩形窗序列 $\boldsymbol{R}_N$ 对 $x(n)$ 进行截断,截断后的序列为 $\{x_N(n), 0 \leqslant n \leqslant N-1\}$,则有

$$x_N(n) = x(n)R_N(n) \tag{11-5}$$

对式 (11-5) 两边进行傅里叶变换,并根据时域乘积与频域卷积的关系有

$$X_N(j\omega) = \frac{1}{2}X(j\omega)*R_N(j\omega) \tag{11-6}$$

其中,式 (11-6) 中的矩形窗傅里叶谱 $R_N(j\omega)$ 可表示为

$$R_N(j\omega) = \frac{\sin(\omega N/2)}{\sin(\omega/2)}e^{-j\frac{(N-1)\omega}{2}} = W_R(\omega)e^{-j\frac{(N-1)\omega}{2}} \tag{11-7}$$

将式 (11-4) 和式 (11-7) 代入式 (11-6),有

$$X_N(j\omega) = \frac{1}{2\pi}2\pi\delta(\omega-\omega_0)*R_N(j\omega) = R_N[j(\omega-\omega_0)] \tag{11-8}$$

式 (11-4) 表明：截断前信号的理想频谱是一个在 $\omega = 3.3\Delta\omega$ 处的幅值为 2π 的单脉冲 (图 11-2(a))，式 (11-8) 表明截断后的傅里叶谱只不过是将矩形窗谱的中心从 $\omega = 0$ 处搬移到 $\omega = 3.3\Delta\omega$ 处而已 (如图 11-2(c) 所示，由于为复数谱，图 11-2(c) 取了模值)，从图 11-2(b) 和 (c) 可看出，由于矩形窗谱的旁瓣过大，傅里叶谱 $X_N(\mathrm{j}\omega)$ 就出现了较大泄漏，对 $X_N(\mathrm{j}\omega)$ 在 $\omega = k\Delta\omega, k = 0, 1, \cdots, N-1$ 进行等间隔采样即得 $\{x_N(n)\}$ 的 DFT 谱 $X_N(k)$，比较图 11-2(a) 和 (d) 可发现，$X_N(k)$ 与理想频谱 $X(\mathrm{j}\omega)$ 存在很大的偏差，其原因在于用矩形窗进行了数据截断。

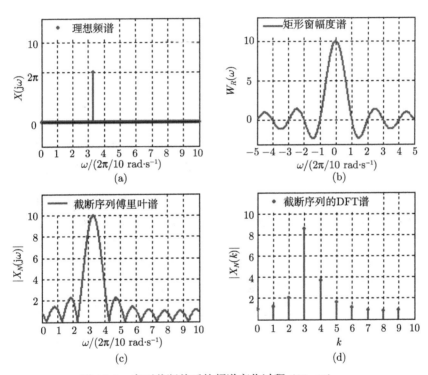

图 11-2 序列截断前后的频谱变化过程 (N=10)

因而传统正交滤波法的缺陷在于：直接将 N 个连续样本机械地截取下来进行正交滤波。也就是说，传统正交滤波法没有意识到这种强制截取会引起频谱泄漏，会影响后续的正交滤波性能。

11.1.3 基于全相位数据预处理的正交滤波

如果将图 11-2 的矩形窗谱替代为卷积窗谱，其旁谱泄漏将会大大减小。卷积窗谱的特性在第 3 章已作了详细介绍。为进行对照，图 11-3 给出了加汉宁窗的传统傅里叶谱和加卷积窗 (由汉宁窗和自身翻转的汉宁窗卷积而得到) 的全相位谱对照。

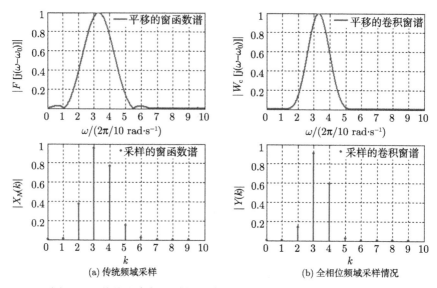

图 11-3 传统和全相位谱的频域采样图 ($N=10, \omega_0 = 3.3\Delta\omega$)

对比图 11-3(a) 和 (b) 的离散谱线的高度可看出,所有的全相位 DFT 谱线高度为对应传统加窗 DFT 谱线高度的平方,故旁谱线相对于主谱线高度也按平方关系衰减下去,从而主谱显得更为突出,谱线的泄漏范围也变窄。而观察区间不变,仍为 N 个样本长度。

基于全相位正交滤波法的传输曲线如图 11-4 所示。

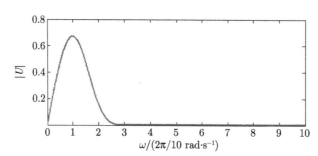

图 11-4 全相位正交滤波算法的传输曲线

比较图 11-1 与图 11-4 可明显看出,全相位正交滤波曲线相比于传统曲线具有更优良的基频附近的带通性能,通带内的曲线很平滑,消除了凹凸现象。更为重要的是,其他频带内传输幅值变得极小,从而其他频带对基带的泄漏得到抑制,正因如此,就没有必要引入附加的数字滤波措施和解析变换,从而不仅提高了介损角的测量精度,还简化了处理流程。

而第 2 章指出,与卷积窗紧密相联的处理就是全相位数据预处理,其步骤如下:①构造双窗卷积窗 w_c;②从采样序列中截取 $(2N-1)$ 个数据,按照全相位数据预处理流程生成长度为 N 的序列;③对此长为 N 的序列进行正交滤波即得处理结果。若在此基础上,再进行正交滤波,则可得到如图 11-5 所示的信号处理过程。

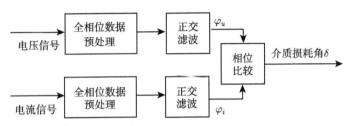

图 11-5 基于全相位正交滤波算法的介损角测量

由于对于电容性设备而言,电流信号相位比电压信号相位超前 $\pi/2-\delta$,因而图 11-5 中的相位比较部分的计算式为

$$\hat{\delta} = \frac{\pi}{2} - (\varphi_i - \varphi_u) \tag{11-9}$$

图 11-5 方案的计算开销非常小,下面给出与传统正交滤波法的定量对比分析:文献 [5] 分别使用了 60 阶和 48 阶的 FIR 滤波器来实现希尔伯特变换和低通滤波,这意味着,为获得一个正交滤波所需的样点,需要耗费 $(60+1)+(48+1)=110$ 次乘法运算量,则全部 N 个正交滤波样点需 $110N$ 次乘法运算。

而全相位方法则不同,图 11-4 的正交滤波前仅需全相位数据预处理而已,从图 11-4 可看出,此过程仅耗费 $2N-1$ 次乘法运算,无需任何 FIR 滤波操作。而后续的正交滤波是对两长度为 N 的序列作内积,其耗费的乘法次数是固定的,为 N 次。因而全相位法所需的全部乘法次数与传统方法相比为

$$\eta = \frac{(2N-1)+N}{110N+N} \times 100\% \approx \frac{3}{111} \times 100\% = 2.7\% \tag{11-10}$$

11.1.4 介质损耗角测量仿真实验及分析

令电网基波频率为 f,则角频率 $\omega = 2\pi f$,令工频值 $f_1=50\text{Hz}$,,将最终参与正交滤波的序列长度取为 $N=256$,以 $f_s = Nf_1 = 12.8\text{kHz}$ 的采样频率对电压 $u(t)$ 和电流 $i(t)$ 进行采样,假设此信号包含基波和三次谐波分量,其幅值分别为 $A_1=1, A_3=0.3$,初相分别为 φ_1、φ_3,则 $u(t)$ 为

$$u(t) = A_1\cos(\omega t + \varphi_1) + A_3\cos(3\omega t + \varphi_3) \tag{11-11}$$

令设备 (如高压套管、互感器等) 的介损角为 $\delta = 0.004\text{rad}$，电容量为 $C_0 = 500\mu\text{F}$，并且它们的大小不随频率发生变动，电网频率 f 在 $49.8 \sim 50.2\text{Hz}$ 的范围内变化，则根据线性电路的叠加定理可以推出流经电容型试品的电流为

$$i(t) = A_1 \omega C_0 \sqrt{1 + \tan^2 \delta}\ \mathrm{e}^{\mathrm{j}\left(\omega t + \phi_1 + \frac{\pi}{2} - \delta\right)}$$
$$+ 3A_3 \omega C_0 \sqrt{1 + \tan^2 \delta}\ \mathrm{e}^{\mathrm{j}\left(3\omega t + \phi_3 + \frac{\pi}{2} - \delta\right)} \tag{11-12}$$

令 $\varphi_1 = \varphi_3 = 0$，分别采用传统正交滤波分析法和全相位正交滤波法测到的介损角如表 11-1 所示。

表 11-1　初相为 0 时介损角测量对照　　　　　　　　　　(单位：rad)

f_1	49.8 Hz	49.9 Hz	50 Hz	50.1 Hz	50.2 Hz
传统方法	0.004099	0.004037	0.004000	0.003987	0.004000
全相位方法	0.004000	0.004000	0.004000	0.004000	0.004000

从表 11-1 可看出，初相为 0 时，传统正交滤波分析法的介损角测量误差与电网频率有关。基本上说，电网频率偏离工频越大，其介损角测量误差也越大。而全相位正交滤波分析法则不然，在电网频率偏离 0.2Hz 的范围内，介损角测量值几乎不出现偏差，其精度可达 10^{-10}rad。

当初相不为 0 时，令 $\varphi_1 = \pi/12$，$\varphi_3 = \pi/6$，测到的介损角如表 11-2 所示。

表 11-2　初相不为 0 时介损角测量对照　　　　　　　　　(单位：rad)

f_1	49.8 Hz	49.9 Hz	50 Hz	50.1 Hz	50.2 Hz
传统方法	0.0030868	0.0035323	0.0040000	0.0044895	0.0050007
全相位方法	0.0040002	0.0040005	0.0040008	0.0040013	0.0040019

与表 11-2 介损角测量数据对应的绝对误差曲线如图 11-6 所示。

从图 11-6(a) 可看出，初相不为 0 时，传统正交滤波法的测量误差处于 10^{-3}rad 数量级，文献 [5] 引入了解析变换和数字滤波后其测量误差也只能到 10^{-4}rad 数量级，而真实介损角也仅为 0.004rad，因此上述测量精度还是不够高。而图 11-6(b) 表明：全相位法的介损角测量误差处于 10^{-6}rad 数量级，分别比传统方法和改进的正交滤波法高出 3 个和 2 个数量级。

事实上，介损角测量算法的测量精度是由窗函数傅里叶谱的衰减值决定的。由于卷积窗傅里叶谱的衰减值为对应传统窗函数傅里叶谱的衰减值的 2 倍，因而全相位正交滤波法的测量精度相比于传统方法的精度要呈平方关系提高，从 10^{-3}rad 提升到 10^{-6}rad 数量级。

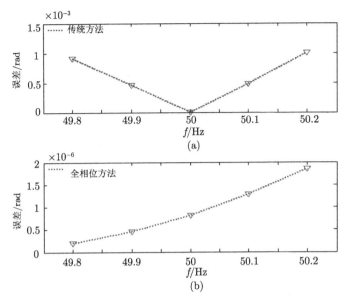

图 11-6 初相不为 0 时的介损角误差曲线

11.2 电力系统谐波分析

电力系统谐波分析的目的就是准确地去提取电网信号中各次谐波的频率、幅值和相位信息。通常借助 DFT 或 FFT 而实现，为方便处理，一般都将采样频率取为工频的整数倍。因而当实际电网频率没有偏离工频值时，采样是同步的，就能截取到包含整数倍信号周期的样本序列，对此序列作 FFT 即可获得各次谐波的准确信息。一旦电网频率偏离了工频值，就会出现所谓"不同步采样"的情况，此时无法截取到包含整数倍周期的样本序列，从而引起"频谱泄漏"现象。另外，FFT 因"栅栏效应"而无法直接估计频率值，往往需通过"频谱校正"的方法来解决，其中最直接的途径就是选择适当的窗序列进行 FFT 谱分析并作插值，Jain 等首次提出基于矩形窗的插值方法[7]，丁康等提出的三点卷积法[8]和能量重心法[9]都体现了谱线插值思想，Grandke 还提出了组合余弦窗插值[10]等，国内文献[11]、[12] 将组合余弦窗(最常用的是汉宁窗)插值用于电力系统谐波分析中。另外，"相位差"法因具有较高的校正精度近年来得到广泛应用，文献[13]提出的基于卷积窗(对矩形窗进行多重卷积而得)的谐波分析法实际上也采用了相位差思想，此法虽然精度较高，但却存在三个缺陷：一是不适合同步偏差较大的场合；二是需要"利用得到的当前帧的周期来安排下一帧的采样间隔"；三是不适合分析间谐波成分。

从而可通过两种途径来提高谐波分析精度：一是采用精度较高的"频谱校正

法"；二是采用能较好地抑制谱泄漏的新型谱分析方法。以往大部分的谐波分析法都是在传统 FFT 的架构下进行，FFT 所固有的谱泄漏必然会影响其谐波分析精度。而全相位 FFT(apFFT) 谱分析相比于传统 FFT 更好的抑制谱泄漏性能及其"相位不变性"(即无需任何相位校正措施就可得到初相值的估计)，使得 apFFT 在电力系统谐波分析中具有更突出的优势，因而最近国内出现了较多的将 apFFT 应用于电力系统谐波分析的报道[14-16]。

本节将基于 apFFT 的时移相位频谱校正法应用到电力系统谐波分析中，仿真实验表明此法不仅精度高，而且还适于分析能量较小的偶次谐波和间谐波成分。

11.2.1 电力谐波特点及全相位方法的优势

谐波分析中，频谱泄漏、三个电力参数(频率、相位、幅值)的估计次序以及谐波分析的精度问题是相互影响的。

由于电网信号存在多个谐波成分，因而由谱分析得到的各谐波的频谱泄漏会相互影响，由于 apFFT 的频谱泄漏相比于传统 FFT 要小得多，这非常有利于提高谐波分析精度；另外，各次谐波能量分布是不均匀的，基波能量最高，高次谐波能量和间谐波能量较低，且偶次谐波的能量通常比相邻的奇次谐波能量小得多（例如，2 次谐波能量比基波和 3 次谐波能量都小），这必然会造成偶次谐波的主谱线受到相邻奇次谐波泄漏较大的影响，由于 apFFT 具有很优良的抑制频谱泄漏性能，这就会紧缩各次谐波泄漏的频带范围，因此基于 apFFT 的频谱校正法非常适合于密集频谱的校正场合，这无疑会提高偶次谐波和间谐波的分析精度。

而第 4 章和第 5 章指出：对于 FFT 谱校正而言，其理想观测相位谱 $\varphi_X(k)$ 与频偏值 $(\beta-k)$ 密切相关，这意味着必须先估算出信号频率 $\omega_0 = \beta\Delta\omega$ 的数值，才可得到初相 θ 的估计，若频率估计不准，就会把频率估计的误差传递到初相估计中去，这也是基于传统 FFT 的电力谐波相位分析算法的弊病。而全相位 FFT 具有相位不变性，在 apFFT 主谱线附近所测出的各条谱线的相位值几乎都等于理想初相值，且精度很高，因而基于 apFFT 的相位估计是完全独立于频率估计的，频率估计的误差不会"蔓延"到相位估值中去。

基于全相位 FFT 的频率、幅值、相位估计的三参数估计方法很多，在获得各次谐波的谱峰值后，本节将采用第 5 章介绍的全相位时移相位差频谱校正法估计出各谐波参数(信号处理流程详见图 5-4)。

总之，apFFT 优良的抑制谱泄漏性能决定了初相估计的高精度性能，初相估计的高精度性能又决定了频率估计的高精度性能，而频率估计的高精度性能又决定了幅值估计的高精度性能。

11.2.2 仿真实验

近年来,比值法[11](也称双峰谱线法)被广泛应用于电力谐波分析中,原因是此法只需两根谱线即可校正出各电力参数。其优势是所用的谱线少,受噪声的污染也小。此法涉及选窗问题,汉宁窗具有很好的旁瓣衰减性能。

假设基波频率 $f_1=50.3$Hz,采样频率 $f_s=1500$Hz,实验将 FFT 点数 N 取为 256,假设该信号包含了各整数次谐波、间谐波[17](频率分别为 1/3 倍和 1.5 倍基频)成分,各谐波的真实频率、幅值和初相如表 11-3 所示。在无噪和加噪(加入方差为 1 的白噪声)情况下,分别用双峰谱线法和全相位时移相位差法进行谐波分析,为提高估计精度,对 100 次蒙特卡罗实验结果取了平均,得到的电力参数估计值如表 11-3 所示。

表 11-3 双峰谱线法和全相位时移相位差法的电力系统谐波分析实验结果

	谐波次数		间谐波	基波	间谐波	2 次谐波	3 次谐波	5 次谐波
	真实频率/Hz		16.76667	50.30000	75.45000	100.6000	150.9000	251.5000
	真实幅值/V		2.000000	310.0000	2.000000	10.00000	90.00000	60.00000
	真实初相/(°)		10.00000	20.00000	30.00000	40.00000	50.00000	70.00000
无噪	双峰谱线法	频率/Hz	18.42629	50.30381	76.87137	100.4969	150.9104	251.5189
		幅值/V	2.437904	309.6094	8.157781	100.5562	89.90933	59.97590
		相位/(°)	−31.66764	19.87959	55.46441	43.86040	49.66055	69.41220
	全相位法	频率/Hz	16.76627	50.30000	75.41594	100.5999	150.8999	251.4999
		幅值/V	2.000688	309.9976	2.031768	100.0009	89.99873	59.99853
		相位/(°)	10.00420	19.99999	29.69791	39.99983	49.99999	69.99999
加噪	双峰谱线法	频率/Hz	18.41403	50.30374	76.88615	100.4968	150.9102	251.5203
		幅值/V	2.445741	309.6093	8.169088	10.04986	89.90215	59.96016
		相位/(°)	−31.57867	19.88067	55.45131	43.87311	49.67141	69.33732
	全相位法	频率/Hz	16.76738	50.30010	75.39367	100.5988	150.9004	251.4995
		幅值/V	2.033872	310.0147	2.033605	10.00011	90.01901	59.99056
		相位/(°)	9.646597	20.00392	30.09241	39.91950	50.01481	69.98584

从表 11-3 可总结如下规律:

(1) 无论是在无噪还是加噪情况下,用全相位时移相位差法得到的电力谐波的频率、幅值和相位的分析精度都高于双峰谱线法。在无噪时,基波和整数倍谐波的频率和相位估计精度甚至比双峰谱线法高出 5 个数量级;在加噪(信噪比约为 40dB)时,它的频率和相位估计精度也比传统比值法基本高出 1~2 个数量级。

(2) 传统方法在分析偶次谐波时的估计精度变得相当粗糙。频率估计偏差达到 0.1~0.2Hz,相位估计偏差甚至达到 3.8°;而全相位方法则不然,其频率估计偏差为 0.02~0.04Hz,相位估计偏差不超过 0.1°。

(3) 由于间谐波能量太小,传统方法基本已无法对其进行精确分析,而全相位方法仍可较精确地估计间谐波和次谐波参数。

以上分析结果表明：将基于 apFFT 的"全相位时移相位差校正法"应用到电力系统谐波分析中，算法具有很高的谐波分析精度，因而非常适合于分析电网信号。比如在对两个电网系统进行并网的场合要很精确地测得两电网各自的基波和谐波参数，"全相位时移相位差校正法"就可发挥其高精度的优势。因此，"全相位时移相位差校正法"在电网安全维护、电网规划、电力调度等领域有着很广阔的应用前景。

11.3 激光波长测量

11.3.1 激光波长测量方法及其模型

随着激光技术的广泛应用，许多应用场合 (如光电情报与技术侦察、攻击和防护等方面) 需要实现探测概率高、虚警率低、反应时间短的激光探测及波长测量。目前激光波长测量方法主要有光谱识别法和相干识别法两种，一般说来，光谱识别法的激光波长探测精度不如相干探测法[18]。相干探测法的原理是利用了激光的相干特性，通过测量空间分布的干涉条纹间隔的距离来算出激光波长的大小。常用的基于相关识别的激光测量装置有多种，如法布里--珀罗型标准具[18]、迈克耳孙干涉仪、斐索干涉仪[19] 以及近年来的光学劈尖法[20] 等。用这些干涉仪测量干涉条纹距离时存在一个共同的问题，那就是激光易受在大气中传输的影响，其空间相干性会变差，因此，相干识别法更多利用的是时间相干性. 文献[20]都采用了线阵电荷耦合器件 (CCD 装置) 进行空--时转换处理，将光强呈梯度变化的空间周期干涉条纹信息转化为类似于正弦波的时域周期信号，通过测量正弦波的频率来计算出激光波长，因而正弦波频率估计的精度直接决定了激光波长的测量精度。

为精确估计正弦波频率 (或周期)，文献[20]首先对激光波长进行了粗估计，并且定义了一滤波函数，通过将干涉条纹的光强分布函数与此滤波函数进行卷积，再把卷积结果的所有零点综合起来依据最小二乘法进行曲线拟合，拟合后的直线斜率即作为正弦波周期的估计，为提高精度，需通过迭代的方式重复上述步骤。显然，此算法的信号处理过程较复杂，不利于实时实现。

为实现激光波长的快速测量，程玉宝等在文献[21]提出基于 FFT 的数字化测量算法，但 FFT 的"栅栏效应"又限制了此算法的分辨率，为进一步提高波长测量精度，文献[21]中提出了改进算法，该算法采用的是"频谱校正"思路，利用 FFT 峰值谱线与附近较大的一根谱线的幅值比来"校正"出正弦波频率，由于克服了"栅栏效应"，因而测量精度得到较大提高。事实上 FFT 还存在固有的"频谱泄漏"效应，但文献[21]并没有考虑减小谱泄漏的措施。

从而可选择两条途径来进一步提高波长测量精度，一是采用具有比传统 FFT 更好的抑制谱泄漏性能的谱分析方法，二是采用比文献 [21] 精度更高的"频谱校正"法。故基于全相位 FFT 的谱校正方法适合于高精度激光波长测量，本节将"全相位时移相位差频谱校正法"应用到激光波长测量中，获得很高的测量精度。

光学劈尖如图 11-7 所示。

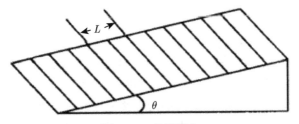

图 11-7 光学劈尖

当一束激光垂直照射到该装置的光学劈尖表面时，激光在劈尖表面上会产生明暗相间的干涉条纹。用 CCD 将这种空间周期信号转换为一种类似于正弦波的时域周期信号，再经过线性放大和 A/D 转换后，即可得采样后的样本序列 $x(n)$，再按照第 5 章介绍的"全相位时移相位差频率测量法"对该序列进行处理，即可测出信号频率 f。

令光学劈尖夹角为 θ，折射率为 n，线阵 CCD 像元的点心距为 d，由文献 [21] 可推出其激光波长的测量公式为

$$\lambda = \frac{2n\sin\theta \cdot d}{f} \tag{11-13}$$

11.3.2 激光波长测量仿真及分析

令 $\theta = 0.15°$，$n = 1$，$d = 14\mu m$，根据文献 [21] 的合理假设，令 CCD 的输出信号的表达式为

$$x(t) = 2\sin(2\pi f_0 t + \pi/3) + 5$$

当 f_0 分别取 5Hz、16Hz、30Hz、50Hz、80Hz、100Hz 时，根据式 (8) 可算出其对应的激光波长 λ_0 分别为 14.7175μm、4.5812μm、2.4433μm、1.4660μm、0.9163μm、0.7330μm。用 $f_s = 1$kHz 的采样频率对 $x(t)$ 进行采样，再用阶数 $N=512$ 的全相位时移相位差法估算出频率 f_0，则测得的信号的频率偏离值（Δk 个 $2\pi/N$ 表示）及其激光波长测量误差 $\Delta\lambda$ 如表 11-4 所示（与文献 [21] 进行了对照）。

表 11-4　激光波长测量结果对照($N=512$)

f_0/Hz	$\Delta k/(2\pi/N)$			$\Delta\lambda/\mu m$	
	理论值	文献 [21]	全相位法	文献 [21]	全相位法
5	0.4400	0.4400	0.44000040753838	0.0574	0.00000233391359
16	0.1920	0.2073	0.19199999927990	0.0085	0.00000000040273
30	0.3600	0.3692	0.35999999998784	0.0015	0.00000000000193
50	0.4000	0.4081	0.40000000000073	0.0005	0.00000000000004
80	0.0400	0.0401	0.04000000000000	0	0.00000000000000
100	0.2000	0.2023	0.19999999999997	0	0.00000000000000

从表 11-4 可看出：基于全相位时移相位差法所测出的激光波长误差比文献 [21] 要小得多，并且是数量级别上的区别，全相位方法测出的精度比文献 [21] 高出 4~11 个数量级! 可惜的是文献 [21] 只给出了小数点后 4 位的测量结果，使得全相位方法无法在比 10^{-4} 更高的数量级上与之进行对比。

从表 11-4 发现：频率越高 (对应的激光波长越短)，两种方法所测量的结果越精确。这是为什么呢？文献 [21] 并没有对此深究下去。其实，只要观察一下它的谱线分布就可以得到诠释。当 f_0 分别取 5Hz、16Hz、30Hz、50Hz、80Hz、100Hz 时，其相应的全相位 FFT 幅度谱如图 11-8 所示 (为方便研究，图 11-8 没有考虑直流成分，在实际工程中，也可很容易地去除直流偏置的影响)。

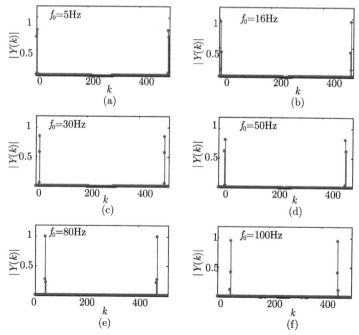

图 11-8　与激光波长相对应的正弦波全相位谱 ($N=512$)

图 11-8 可解释激光波长越短, 测量精度反而越高的原因: 由于 CCD 采集下来的信号肯定为实数信号, 其傅里叶谱就包含两个对称的边带, 这在图 11-8(a)~(f) 中很清楚地反映出来。另外, FFT 谱本身就隐含了周期性, 因而不应孤立地去看图 11-8 中的各簇谱线, 图 11-8(a) 中的两簇谱线看似相隔很远, 但若对其作周期延拓, 则这两簇谱线几乎是紧挨着的。频率越小, 则两簇谱线的实际距离挨得越近, 谱间干扰就越大, 波长测量精度当然就越低。

因而可很直观地想象, 当两簇谱线分别处于 $k = N/4$ 和 $k = 3N/4$ 附近时 (这时取样频率 f_s 应为正弦波频率的 4 倍), 两簇谱线隔得最开, 谱间干扰最低, 其波长测量精度也最高。这就给我们提供了另外一个提高波长测量精度的途径: 将该取样频率设置为正弦波频率的 4 倍左右, 然后再根据基于全相位 FFT 的时移相位差法进行激光波长的精密测量。

11.4 激光测距

激光测距的方法分为脉冲式激光测距、相位式激光测距[22] 以及调频连续波激光测距[23] 等三种, 现在应用比较广泛的是相位式激光测距法, 此方法是通过测量激光调制波往返于测距仪和目标位置的起止相位来估计激光的传递时间, 进而确定其距离。随着激光技术、信号处理技术、计算技术和集成电路的发展, 激光相位测距正朝着数字化、自动化、小型轻便化方向发展, 因而提高测距精度和测距速率的关键之一在于测相技术的改进, 相位测量的精度决定了整个测距的精度。

文献 [24] 提出一种基于全相位 FFT 的激光测距算法, 通过全相位 FFT 来测量激光测距的往返相位, 全相位 FFT 的测相方法简单, 既不需要同步采样, 又无需附加的校正措施, 基于此本节构造出一套测距方案, 此方案同步机制简单, 易于硬件实现。仿真实验表明, 本节提出的激光测距方法具有较高的精度。

11.4.1 基本测距原理

相位激光测距通过测量激光调制波的往返相位差来实现: 测距仪的激光光源发出连续光, 经调制器调制后成为其光强按正弦波规律变化的激光调制波, 测定光波往返过程中的整周期数 n 及不足一个周期的正弦函数的相位差 $\Delta\varphi$, 即可确定光波的往返时间 Δt, 进而计算出所测距离 D。如图 11-9 所示。

令激光调制波的频率为 f_1, 光速为 c, 则以下两式成立:

$$D = \frac{1}{2}c \cdot \Delta t \tag{11-14}$$

$$\Delta t = \left(n + \frac{\Delta\varphi}{2\pi}\right) \cdot \frac{1}{f_1} \tag{11-15}$$

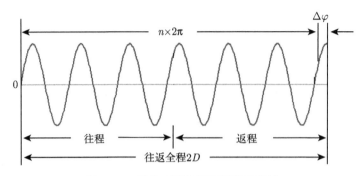

图 11-9 相位式激光测距原理示意图

将式 (11-15) 代入式 (11-14)，有

$$D = \frac{c}{2f_1} \cdot n + \frac{c}{4\pi f_1} \cdot \Delta\varphi \tag{11-16}$$

令 $L_1 = \dfrac{c}{2f_1}$，即为相应于半个调制周期内的光波传输距离，称为电尺长度，则式 (11-16) 变为

$$D = n \cdot L_1 + \frac{\Delta\varphi}{2\pi} \cdot L_1 \tag{11-17}$$

则其测距误差表达式为

$$\Delta D = \frac{\Delta(\Delta\varphi)}{2\pi} \cdot L_1 = \frac{\Delta(\Delta\varphi)}{2\pi} \cdot \frac{c}{2f_1} \tag{11-18}$$

式 (11-17) 表明，若确知整周数 n 和一周内的相位差 $\Delta\varphi$，则可算出距离 D。其中整周数 n 可通过用单频或辅频的手段来确定，而式 (11-18) 表明测距精度完全由相位差 $\Delta\varphi$ 决定，因而相位差 $\Delta\varphi$ 的测量是关键，由于全相位 FFT 的测相法具有很高的测相精度，因而可以胜任此工作。

11.4.2 基于全相位 FFT 的单频测距方案

单频测距要求只能使用一种激光调制波的频率，因而激光调制波传递的往返时间必须限制在一个正弦波周期内 (即要求整周数 $n=0$)，从而要求其所测距离 D 要小于其电尺长度 L_1，即

$$D \leqslant L_1 \frac{c}{2f_1} \tag{11-19}$$

因而单频测距仅需用全相位 FFT 测出其相位差 $\Delta\varphi$ 即可实现，这就涉及如何对激光调制波进行采样的问题。理论上，测出激光调制波发出时刻的相位 (如

图 11-10 的 A_1 点所示) 和返回时刻的相位 (如图 11-10 的 B_1 点所示),即可确定其相位差 $\Delta\varphi$。然而,图 11-10 指出,测出 A_1 点的相位需采样其前后 $2N-1$ 个数据,由于 A_1 点是起始时刻点,因而是不可实现的。

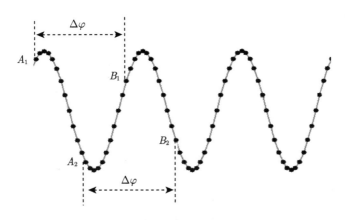

图 11-10 激光调制波的样点选取

尽管如此,由于测距并不关心其激光调制波的往返时刻的绝对相位,而是关心其相位差 $\Delta\varphi$。因而可将 A_1 点和 B_1 点往后延迟相同的时间,得到如图 11-10 所示的 A_2 点和 B_2 点,显然以 A_2 点和 B_2 点为中心的 $2N-1$ 个数据均能被采样到,因而通过 apFFT 测出 A_2 点和 B_2 点的相位,再取其差值同样可得到 $\Delta\varphi$。

假设采样频率为 f_s,则激光调制波的数字角频率 $\omega = 2\pi f_1/f_s$ 则可推出下面的测距公式:

$$\Delta\varphi = \omega \cdot \Delta t, \quad 即 \Delta\varphi = 2\pi \frac{f_1}{f_s} \cdot \frac{2D}{c} \tag{11-20}$$

$$\Rightarrow D = \frac{\Delta\varphi \cdot f_s \cdot c}{4\pi f_1} = \frac{\Delta\varphi \cdot f_s}{2\pi} \cdot L_1 \tag{11-21}$$

需注意的是,在激光测距仪看来,在系统进入稳态后,只需在同一时刻对发出和接收到的调制波信号分别进行连续采样,即可得到对 A_2 点和 B_2 点作 apFFT 所需的数据。因而其系统硬件实现框图如图 11-11 所示。

图 11-11 系统实现的关键在于,要求两个 A/D 转换器以相同采样速率 f_s 分别对当前发射出和接收到的激光调制波进行采样,并且要求其采样时刻是同时的。这是非常容易实现的,因为这两个 A/D 转换器都在同一个测距仪装置中,无需因其位置不同而建立附加的同步机制。

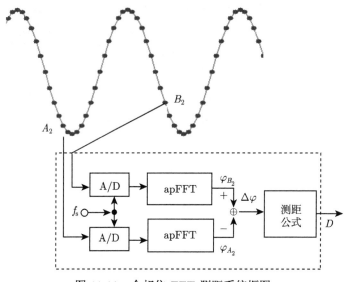

图 11-11 全相位 FFT 测距系统框图

11.4.3 基于全相位 FFT 的辅频测距方案

单频测距的优点在于,硬件实现简单,只需一种调制频率即可。但其弊端在于:①测距范围小,只能限制在一个电尺长度 L_1 的范围内;②精度较低,由式 (11-18) 可知,为提高精度,必须增大调制频率 f_1,而 f_1 的增大又使得电尺长度 L_1 减小,从而更加缩短了测距范围。可通过添加辅助频率的办法解决此矛盾。假设所添加的辅频 $f_2=0.9f_1$,其相应的电尺长度为 L_2,则满足 9 L_2=10 L_1;若用主频 f_1 和辅频 f_2 分别测距 (其测距方案仍按图 11-11 的全相位 FFT 测距方案进行),则以下两式成立:

$$D = n_1 \cdot L_1 + \frac{\Delta\varphi_1}{2\pi} \cdot L_1 \qquad (11\text{-}22)$$

$$D = n_2 \cdot L_2 + \frac{\Delta\varphi_2}{2\pi} \cdot L_2 \qquad (11\text{-}23)$$

设置 f_1 调制波和 f_2 调制波在 $D=0$ 时具有相同的初相,则只有当 D 等于 $10L_1$ 或 $10L_1$ 的整数倍时两者测出的相位才相等,这就意味着,通过引入辅频,其测距范围可从 L_1 扩大到 $10L_1$,如图 11-12 所示。

由图 11-12 可知,这和物理学上使用游标卡尺相比于简单刻度尺的提高精度的原理是相似的。D 落在 $[0, 10L_1)$ 内不同位置时,其整周数和相位差的大小关系可分为两种情况:

11.4 激光测距

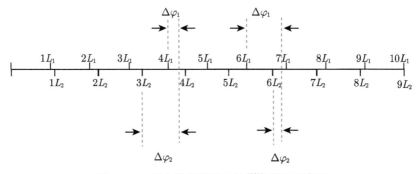

图 11-12 引入辅频测量后的测距原理示意图

当 $\Delta\varphi_1 < \Delta\varphi_2$ 时,$n_1 = n_2 + 1$,联立式 (11-22) 和式 (11-23) 有

$$\begin{cases} n_1 = \dfrac{9\Delta\varphi_1 - 10\Delta\varphi_2}{2\pi} + 10 \\ D = 10\left(\dfrac{\Delta\varphi_1 - \Delta\varphi_2}{2\pi} + 1\right)L_1 \end{cases} \quad (11\text{-}24)$$

当 $\Delta\varphi_1 > \Delta\varphi_2$ 时,$n_1 = n_2$,联立式 (11-22) 和式 (11-23) 有

$$\begin{cases} n_1 = \dfrac{9\Delta\varphi_1 - 10\Delta\varphi_2}{2\pi} \\ D = \dfrac{10(\Delta\varphi_1 - \Delta\varphi_2)}{2\pi}L_1 \end{cases} \quad (11\text{-}25)$$

同理,可再引入一辅频 $f_3 = 0.99 f_1$,在 f_2 辅频测距的基础上,按照图 11-11 全相位 FFT 测距方案再进行测距实验 (仅需改变电尺长度而已),则可进一步扩大测距范围和提高测距精度。

11.4.4 激光测距仿真实验

令主频 $f_1 = 10 \times 10^6 \mathrm{Hz}$,辅频 $f_2 = 9 \times 10^6 \mathrm{Hz}$(则其电尺长度 $L_1 = 15 \mathrm{m}$,$L_2 = 16.67\,\mathrm{m}$),采样频率 $f_s = 43 \times 10^6 \mathrm{Hz}$,分别采用单频 apFFT 测距法和双频 apFFT 测距法 (阶数 N 均选为 512),在 MATLAB 中通过设置不同信噪比环境来测试不同的距离,表 11-5~表 11-7 给出了其实验结果。

表 11-5 SNR=50dB 的实验结果

	D=5m	D=10m	D=80m
单频法	4.9996580969	9.9999926336	失效
双频法	4.9960792407	10.004290621	79.997668345

表 11-6　SNR=30dB 的实验结果

	D=5m	D=10m	D=80m
单频法	4.9986398549	10.000764986	失效
双频法	4.9580832896	9.8844901043	80.027951564

表 11-7　SNR=10dB 的实验结果

	D=5m	D=10m	D=80m
单频法	4.9864900956	9.9442472349	失效
双频法	4.8187068919	9.4170784514	80.104977192

以上实验数据表明，在信噪比较高的情况下 (SNR 为 30dB 以上，作为精密测距的光学仪器一般情况下均在高信噪比的环境下工作)，单频法和双频法均可获得较高的测距精度。当测距距离大于 10 倍的主频电尺长度时，单频法测距已失效，而双频法仍有效，但是这种测距范围的扩大是以降低测距精度为代价的，表 11-5~表 11-7 的实验数据都表明双频法的测距精度均低于单频法。

在实际工程应用中，可均衡成本、精度和测距范围等多个方面，选用基于全相位 FFT 测相的单频测距法或双频测距法。这两种测距方法在激光测距、RFID 定位等应用领域有着广阔的前景。

11.5　超分辨率时延估计

11.5.1　问题描述

时延估计 (time delay estimation, TDE) 一直是各工程领域中重要的课题，在雷达、声纳、无线通信、地质探测等领域有广泛应用。对于两路或多路信号间的时延问题，如何设计信号处理算法，在提高估计精度 (即实现 "超分辨率" (super resolution)) 的同时具备较高的抗噪性能是时延估计中的难题。

作者调研文献发现，对于 "超分辨率" 时延估计问题，由于对时延的 "分辨力" 的界定不同，目前学术界对超分辨率时延估计问题存在两种理解，都是从两路信号的互相关函数的区分能力出发的[25]。第一种理解是针对宽带信号而言，把时延估计的分辨率与信号带宽 B 联系在一起，如在文献 [26]、[27] 中，认为时延估计分辨力的极限为带宽 B 的倒数，也就是说，互相关函数无法区分相对时延小于 $1/B$ 的两路信号，已有国内外学者对这类超分辨率时延估计作了大量研究[28,29]；第二种理解是针对窄带信号而言，把时延估计的分辨力与采样速率 f_s 联系在一起，认为时延估计的分辨力的极限是采样间隔 $T_s=1/f_s$，也就是说，互相关函数无法区分相对时延小于 $T_s=1/f_s$ 的两路信号，目前这类超分辨率时延估计以时域内插法为主

(如文献 [29] 提出的 Lagrange 内插，文献 [30] 提出的 ASDF 内插，以及文献 [31] 提出的基于信号重心估计的平均误差平方函数 (average square difference function ASDF) 内插等)。虽然这类超分辨率时延估计法可获得亚采样间隔 (sub-sample) 的估计精度，但由于是时域内进行估计，故抗噪性能差，不适合于低信噪比情况。

从定量角度来看，第二种超分辨率时延估计要求更高些 (如对于第一种情况，文献 [6] 的仿真实验中设定的时延间隔仍为 T_s 的整数倍，而第二种情况文献 [3] 中设定的时延间隔则为 T_s 的小数倍)，本节讨论的是第二种情况。

对于两路窄带信号，为实现超出一个采样间隔的时延估计分辨率，文献 [3] 提出了结合重心与均方差函数内插的估计方法，该方法先求出第 1 路信号的重心位置，然后计算第 1 路信号与延迟整数倍采样间隔后的第 2 路信号的均方误差，取出最小均方误差对应的整数倍时延，代入固定的内插公式而算出真正时延。然而文献 [3] 的实验表明，该方法在高信噪比时具有很高的精度，但在信噪比小于 15dB 时，会出现较大的时延估计误差。

利用两路信号的相位差信息求时延，也是超分辨率时延估计的一个重要途径 [32,33]。众所周知，相位对噪声具有敏感性，因而直接采用相位差方法同样难以适用于信噪比较低的场合。然而噪声能量分布是宽频段的，而信号能量分布是窄带的。从而如果可以设计出恰好能提取信号主要成分的窄带数字滤波器，则可把噪声的影响大大降低，也可提供超分辨率时延估计的鲁棒性。数字滤波器可分为无限冲激响应 (infinite impulse response,IIR) 滤波器和有限冲激响应 (FIR) 滤波器两种，但是 IIR 滤波器不具有线性相位特性，而且会破坏信号的时延关系，故只宜采用 FIR 滤波器。因而如何设计中心频点可任意控制的窄带 FIR 滤波器是超分辨率时延估计的关键，这也是滤波器领域的难题之一，作者在文献 [34]、[35] 中设计了全相位 FIR 陷波器，解决了窄带滤波器的中心频点精确控制问题，故文献 [36] 在此基础上设计出具有"点通"传输特性的窄带滤波器，基于此，在频域中计算两路信号相位差，不仅取得了很好的超分辨率时延估计效果，而且提高了抗噪性能。

全相位滤波器与全相位谱分析一样，都是基于全相位数据预处理而推导出来的。时延估计中，经全相位滤波后，仍需对信号进行谱分析来提取相位信息，故可近似看成全相位谱分析的应用。

11.5.2 数学模型

设 $y_1(t)$ 和 $y_2(t)$ 分别为两路具有时延的信号，其表达式如下：

$$y_1(t) = s(t) + n(t) \tag{11-26}$$

$$y_2(t) = Ks(t - D) + m(t) \tag{11-27}$$

式中，$s(t)$ 为发射信号，K 为幅度衰减因子，$n(t)$ 和 $m(t)$ 为加性干扰信号，D 为要估计的时延量。

很显然，若不考虑噪声，令所关心的频率为 f，对 $x_1(t)$ 和 $x_2(t)$ 进行理想傅里叶变换分别为 $X_1(2\pi f)$ 和 $X_2(2\pi f)$，根据傅里叶变换的时移与相移的关系，有

$$X_2(\mathrm{j}2\pi f) = \mathrm{e}^{-\mathrm{j}2\pi f D} X_1(\mathrm{j}2\pi f) \tag{11-28}$$

令傅里叶变换 $X_1(2\pi f)$ 与 $X_2(2\pi f)$ 的相位谱为 $\varphi_1(f)$ 与 $\varphi_2(f)$，则有

$$\Delta\varphi(f) = \varphi_1(f) - \varphi_2(f) = 2\pi f D \tag{11-29}$$

从而有

$$D = \frac{\Delta\varphi(f)}{2\pi f} \tag{11-30}$$

因而只要求出某频点 f 上两路信号的相位谱差值，由式 (11-30) 就可很容易地求出时延估计。需指出，由于基于相位差作时延估计，故要求式 (11-29) 的时延估计值 D 小于信号周期，否则会出现整周模糊问题，而引入测相不确定性。

然而信号采样后，在存在噪声的场合，直接作 FFT 按照式 (11-30) 求出的相位差变得不准确。对信号作窄带滤波处理后，相位差测量的方差会改善。因而窄带滤波是关键。

11.5.3 全相位窄带滤波

文献 [34]、[35] 中解决了中心频点可精确控制的全相位 FIR 陷波器设计问题。假设滤波器阶数为 N（最终全相位 FIR 滤波器长度为 $2N-1$），文献 [34] 指出，只需代入下面的解析公式，即可设计出数字中心频率为 ω_0 的陷波器：

$$g(n) = \begin{cases} -\dfrac{2w_\mathrm{c}(n)}{NC} \cos\left[\dfrac{2(m-\lambda)n\pi}{N}\right], & n \neq 0 \\ \dfrac{N-2}{N}, & n = 0 \end{cases} \tag{11-31}$$

式中，$w_\mathrm{c}(n)$ 为卷积窗；$\omega_0 = (m+\lambda)\Delta\omega$，其中 m 为整数，代表中心频点的粗略位置，λ 为整数，代表中心频点的精确位置。

用全通滤波器系数 $\delta(n)$ 减去 $g(n)$，即可得与陷波器互补的具有"点通"特征的窄带滤波器系数 $h(n)$：

$$\begin{aligned} h(n) &= \delta(n) - g(n) \\ &= \begin{cases} 2\dfrac{2w_\mathrm{c}(n)}{NC} \cos\left[\dfrac{2(m-\lambda)n\pi}{N}\right], & n \in [-N+1, -1] \cup [1, N-1] \\ \dfrac{2}{N}, & n = 0 \end{cases} \end{aligned} \tag{11-32}$$

例如，令 $N=32$, $m=2$, $\lambda=0.4$，分别代入式 (11-31) 和式 (11-32)，可得陷波器系数 $g(n)$ 和"点通"滤波器系数 $h(n)$，分别求其幅频响应，得到其幅频曲线 $|G(\omega)|$、$|H(\omega)|$ 如图 11-13(a) 和 (b) 所示。

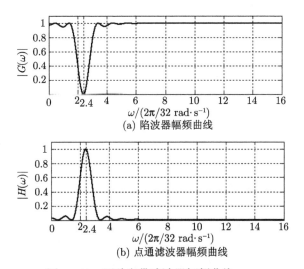

图 11-13 两种窄带滤波器幅频曲线

从图 11-13(a) 和 (b) 可看出，陷波器和"点通"滤波器的中心频点被精确地设定在 $\omega_0 = (m+\lambda)\Delta\omega = 2.4\Delta\omega$ 的位置；而"点通"滤波器则可以用来获得单频成分的信号输出，在时延估计中有很大作用。

11.5.4 基于全相位窄带滤波的时延估计算法

为说明点通滤波器在时延估计中的作用，不妨对比一下滤波前后的波形。

例如，比较余弦波 $s_1(t)=\cos(2\pi f_0 t+\theta_0)$ 与 $s_2(t)=s_1(t-D)=\cos(2\pi f_0(t-D)+\theta_0)$ 的不含噪采样情况、含噪情况及其点通滤波后的波形 (其中 $\theta_0=50°$，$f_0=2.4$Hz，采样速率 $f_s=32$Hz，故采样间隔 $T_s=1/f_s=1/32$s，时延量 $D=3.2T_s$)。

其中不含噪情况的采样波形 $s_1(n)$、$s_2(n)$ 描绘如图 11-14(a) 所示，可看出：$s_1(n)$、$s_2(n)$ 的样点分布能反映出恒定时延。

对余弦序列 $s_1(n)$、$s_2(n)$ 加入方差为 1 的随机噪声 $\xi(n)$，则其信噪比 SNR$=10\log_{10}(1/2) = -3$dB，从而得到含噪序列 $y_1(n) = s_1(n) + \xi(n)$，$y_2(n) = s_2(n) + \xi(n)$，其波形如图 11-14 (b) 所示。可看出：由于噪声干扰，$y_1(n)$、$y_2(n)$ 的样点分布无法反映恒定时延。

令 $N=32$, $m=2$, $\lambda=0.4$，代入式 (11-32) 获得点通 FIR 滤波器系数，再分别对含噪序列 $y_1(n)$、$y_2(n)$ 进行滤波，其滤波输出 $s_1'(n)$、$s_2'(n)$ 如图 11-14 (c) 所

示。可以看出：除轻微的幅度失真外，恢复的波形 $s_1'(n)$、$s_2'(n)$ 基本与无噪波形 $s_1(n)$、$s_2(n)$ 样点分布一致，能反映出恒定的时延。

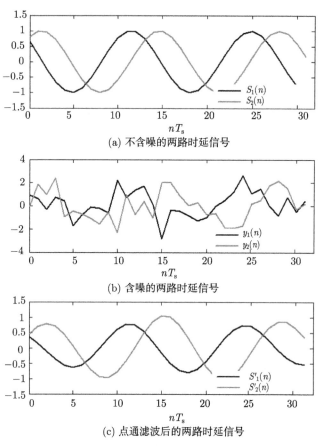

图 11-14　不同情况下两时延信号波形

以上仿真实验说明，若确知中心频率，依据式 (11-32) 即可设计出点通滤波器，再对含噪信号滤波后，可以恢复易于提取时延信息的信号，在此基础上再作时延估计，有望获得很高的估计精度。

对图 11-14(a)~(c) 的各序列分别作 FFT，可得如图 11-15 第 1 列所示的振幅谱，取其两路相位谱再求差值后，可得如图 11-15 第 2 列所示的相位差谱。

从图 11-15(b) 的振幅谱可看出，由于噪声干扰，其振幅谱和相位差谱与图 11-15(a) 无噪情况都差别很大；而从图 11-15(c) 的振幅谱可看出，经过点通滤波后，其振幅谱基本恢复，而相位差谱仅与滤波前存在细微差别。

观察主谱线位置 $k=m=2$ 处的相位差值 $\Delta\varphi_{12}$，由于相位差为频率对时间的

11.5 超分辨率时延估计

累积,理想情况下的两路信号的相位差是 $\Delta\varphi_{12} = 2\pi f_0 \cdot D = 2\pi \times 2.4 \times (3.2 \times 1/32) = 1.508\text{rad} = 86.4°$。因所取阶数 $N=32$ 较小,且余弦信号存在两个边带而相互影响,图 11-15(a) 的相位差值 $\Delta\varphi_{12}(2) = 93.4°$,而由于噪声干扰影响,图 11-15(b) 的相位差值 $\Delta\varphi_{12}(2) = 73.6°$,存在较大偏差,经点通滤波后,图 11-15(c) 的相位差值 $\Delta\varphi_{12}(2) = 95.8°$,偏差大大减小。可见,经过点通滤波后,相位差值估计更为准确。

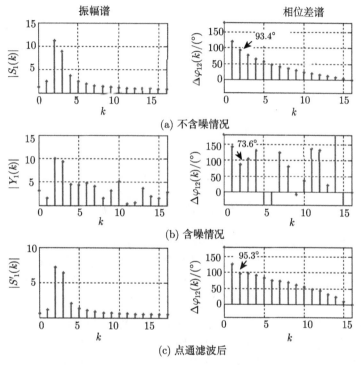

图 11-15 不同情况下振幅谱和相位谱比较

为衡量点通滤波对相位差测量的稳定性,在不同信噪比下分别进行 1000 次蒙特卡罗模拟,将所测得的相位差的方差作统计,其结果如表 11-8 所示。

表 11-8 不同信噪比下的相位差测量方差

	相位差统计方差/rad²			相位差统计方差/rad²	
	点通滤波前	点通滤波后		点通滤波前	点通滤波后
SNR=−6dB	1.4325	0.5851	SNR=0dB	0.1525	0.0773
SNR=−5dB	1.0416	0.4942	SNR=1dB	0.0901	0.0546
SNR=−4dB	0.6239	0.2040	SNR=2dB	0.0780	0.0504
SNR=−3dB	0.4678	0.1470	SNR=3dB	0.0608	0.0379
SNR=−2dB	0.3798	0.1222	SNR=4dB	0.0441	0.0274
SNR=−1dB	0.2565	0.0912	SNR=5dB	0.0354	0.0214

从表 11-8 可看出，在不同噪声干扰强度下，点通滤波后的相位差统计方差都比直接相位差测量小得多 (最小情况 SNR=−2dB, 仅约为滤波前的 1/3)。

表 11-8 数值表明，引入全相位窄带滤波器后，可以大大提高相位差估计性能，再依据如下公式：

$$\hat{D} = \Delta\varphi_{12}/\omega_0 \tag{11-33}$$

就可得到时延估计。窄带滤波的引入提高了相位差的估计精度，故有望提高时延估计精度。

基于以上全相位窄带点通滤波对相位差的分析，可推出如图 11-16 所示的时延估计算法。

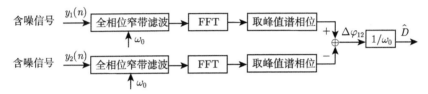

图 11-16 基于全相位窄带滤波的时延估计

图 11-16 中，需依据中心数字角频率 ω_0 值代入式 (11-32) 得到全相位点通滤波器系数 $h(n)$，用该滤波器分别对两路含噪信号进行滤波，再对其输出分别作 FFT，取峰值谱线相位的差值即得 $\Delta\varphi_{12}$，再除以频率 ω_0 值即可获得时延估计 $\hat{D}$。

很明显，$\hat{D} = \Delta\varphi_{12}/\omega_0$ 值是估计式，而不像互相关时延估计法那样只能搜索到整数倍采样间隔的时延值，故互相关法无法获得超采样间隔的分辨率，而本节方法与文献 [31] 提出的重心内插法一样，具有时延估计的解析表达式，故可获得超分辨率的时延估计。由于本节方法引入了全相位窄带滤波器，故其抗噪性能比文献 [31] 提出的方法要高。以下通过实验来验证。

11.5.5 时延估计仿真实验及分析

例如，对超声窄带信号 ($\alpha = 10^9, f_0 = 250\text{kHz}, A = 10^5, \xi(t)$ 为高斯白噪声)

$$s(t) = Ate^{-\alpha t^2} \cdot \cos(2\pi f_0 t) + \xi(t) \tag{11-34}$$

以 f_s=20MHz 的速率进行采样获得序列 $s(n)$，令时延估计的真实值 D=33.6T_s，阶数 N 取为 1204。在信噪比 SNR∈[0,50dB] 的区间内改变噪声 $\xi(t)$ 的强度，分别按照文献 [31] 中的超分辨率时延估计法和本节方法进行时延估计，其中对于每一次 SNR 情况进行 200 次蒙特卡罗模拟，对每一种 SNR 情况统计其估计标准差，可得到如图 11-17 所示的曲线。

11.5 超分辨率时延估计

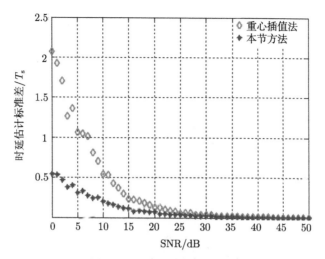

图 11-17 两种算法的时延估计标准差随信噪比变化曲线

从图 11-17 可看出，在信噪比 SNR>25dB 的场合，两种算法均可获得很高的时延估计精度，其估计标准差小于 $0.05T_s$，即实现了超分辨率（即采样间隔 T_s）的时延估计，其中本节方法的时延估计标准差比重心插值法稍低些，但优势不大。究其原因，是在高信噪比场合，由于噪声干扰小，因而重心插值法估计信号重心位置是准确的，基于此，搜索的两路间最小均方误差对应的整数倍位置也准确，代入插值公式也可以获得高精度、超分辨率的实验估计。

对典型的适中信噪比 10dB<SNR<25dB 的情况，为更深刻地解释两种算法的估计精度，图 11-18 给出了 SNR=10dB 时，无噪情况、受噪声干扰及全相位窄带滤波后的信号波形。

从图 11-18 可看出，当 SNR=10dB 时，图 11-18(b) 中的超声窄带信号存在较严重的波形失真，从而会导致波形重心位置估计出现偏差，而从图 11-18 (b) 的失真信号经过全相位窄带滤波后得到图 11-18 (c) 所示的波形可看出：窄带滤波输出仍为较纯正的正弦波信号，受到噪声干扰的影响很小，故图 11-17 中 SNR∈[10dB,25dB) 段的本节方法的时延估计标准差仍小于 $0.2T_s$，仍属于较精确的超分辨率估计范畴；而该段的重心插值法得到的时延估计误差则比本节方法大得多（误差为本节方法的 2 倍以上）。

对于低信噪比 0<SNR<10dB 的情况，从图 11-17 可看出，重心插值法的时延估计的标准差急剧超出 $0.5T_s$，在 SNR=0dB 时，其标准差达到 $2T_s$ 以上，已基本失去超分辨率时延估计的意义。而随信噪比变小，本节方法的误差虽然也增大，但增速没有重心插值法快，大多数 SNR 情况的时延估计标准差仍小于 $0.5T_s$，故仍可粗略地用作超分辨率时延估计。

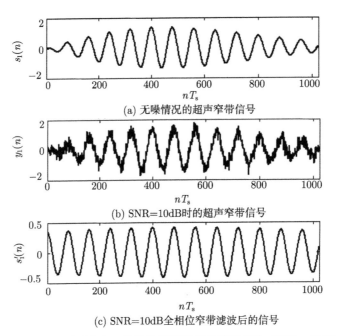

图 11-18 不同噪声干扰及窄带滤波后的波形对比 (SNR=10dB)

由于噪声是宽带分布的,因而用可精确控制中心频点的窄带滤波后,噪声对有用信号的干扰大大减小,保证了全相位方法在 SNR 较小的场合,仍具备较高的超分辨率估计精度。

基于全相位窄带滤波的相位差时延估计方法,其核心措施是把中心频带可精确设置的全相位点通滤波器引入到含噪波形的预处理中,再结合传统的相位差时延估计法获得了很高的估计精度。该方法充分利用了宽带分布的噪声对包含有用成分的窄带信号影响较小的特点,从而保证了本节方法具有较高的抗噪性能,实验表明: 本节方法的 SNR 适用范围比重心插值法放宽了 10dB。

需指出的是,本节方法有一个前提,那就是需获知信号中心频率位置的先验信息 (要求采样速率不能太高),在很多工程场合 (如超声波定位),其发射信号的中心频率是预先知道的,因而本节方法仍具有较广阔的应用前景。

11.6 基于全相位 FFT 的脑机接口设计

11.6.1 基于稳态视觉诱发电位的脑机接口系统构成

自进入 21 世纪以来,脑科学、计算机科学、信号处理技术等新型技术飞速发展,帮助瘫痪患者及其他生活不便的人提高生活质量,在大脑和外部环境之间建立起一种直接的交流和控制通道是十分必要的,脑机接口 (brain computer interface,BCI[37]) 技术在这种大背景和需求下应运而生,脑机接口技术使得人类利用脑电信号同计算机及其他装置进行通信成为了可能。

尽管世界上各研究组对 BCI 的研究方法各有不同,但整体结构框架相似。BCI 系统通常由四个部分组成:信号采集、特征提取、选择分类和外部控制装置,以基于稳态视觉诱发电位 (stable state visual evoked potential, SSVEP) 信号特征提取的脑机接口系统配置为例,如图 11-19 所示。

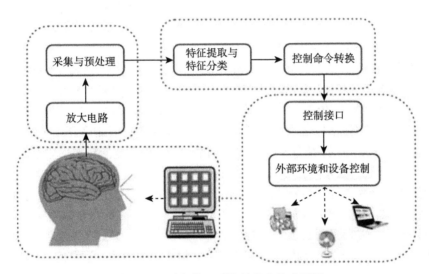

图 11-19　脑机接口系统的基本构成框图

图 11-19 所示的脑机接口系统大致可分为四个组成部分:

(1) 由外界产生各种包含不同频率和初相信息(即编码信息)的诱发电位生成激励信号。

(2) 在皮层电极或头皮电极对神经电信号进行采集,并进行多通道放大、滤波和 A/D 转换,完成预处理。

(3) 特征提取与控制命令生成,即利用信号处理和模式识别算法,提取出诱发电位的特征信息,并进行分类、解码和转换,产生与神经活动模式相对应的控制命令。

(4) 利用产生的控制命令来操纵外部环境和设备。

在以上步骤中,特征提取部分为系统中最为重要的环节,只有提取出准确的信号特征并扩大信号特征的识别范围,才能提高系统可识别的目标数,丰富脑机接口的外部控制功能。

具体来说，即在屏幕上激励产生多个不同闪烁频率的显示方块，刺激受试者的眼睛，再从电极帽中采集受试者的视觉诱发电位信号，然后从视觉诱发电位信号中提取信号特征（即激励信号的频率、相位等信息）进行分类识别，最后将识别的结果转化为命令，用于驱动室内被控装置。这样，可以实现四肢伤残的患者对周围环境的非接触控制。

显然，图中闪烁显示方块承载的信息量以及特征检测环节中的信息提取能力两个因素直接决定了系统的性能，而后者更是决定因素，若信息提取能力不足，那么显示方块就不可能承载足够多的信息。需要指出的是，特征检测环节的信息提取过程，也就是在获得 SSEVP 数据后，进行信号处理而从中提取信息的过程。因而信号处理的能力成为决定系统性能的最关键因素。

然而，实验发现在 10~18Hz 这一狭窄频带范围内，人脑对闪烁激励很敏感，易产生较有效的响应。故为提高信息转化率，就必须让这个窄带承载足够多的信息。承载信息的方式有多种，既可以是频率编码[38,39]，也可以是相位编码[40]。其中频率调制是一种最典型的编码方式，这种方式即要求为不同的闪烁方块制定不同的闪烁频率。然而，限于窄的有效频带，仅采用频率调制会限制所能产生的目标数。对于 LCD 的闪烁情况，所能产生的闪烁频率还受到屏幕刷新频率的限制，因而缺少可用的调制频率成为限制信息转化率的一个瓶颈。

近年来，研究者们已经将目光转入到 SSVEP 信号的"相位编码"中。对 SSVEP 信号进行相位编码，就意味着对于单一的闪烁频率，在触发时刻可以携带多个不同的初相，而每个初相就对应着一个控制命令，从而可以大大提高系统的信息容量。目前国内有研究者已在此领域做了部分工作，但仍有很大的改进空间。

11.6.2　SSVEP-BCI 实验平台介绍

在本 SSVEP-BCI 系统中，采用是新型的混合频率相位差式的激励方式，使用频率和相位作为 SSVEP 的特征对其进行混合编码并作解码处理，实验借助澳门大学搭建的频率相位混合编码平台，并采用多种方法进行特征提取。

本应用实验所设置的采样速率 f_s=600Hz，另外需要一 22in(1in=2.54cm)、刷新频率为 120Hz、屏幕分辨率为 1680×1050 的显示器，如图 11-20 所示。

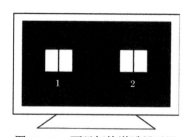

图 11-20　两目标块激励显示器

11.6 基于全相位 FFT 的脑机接口设计

实验中用来作为 SSVEP 激励的刺激频率是通过对该显示器的行扫描信号分频得到的。显示器屏幕分为左右两个激励目标块，每个目标块又由左右两个子分块组成；编码时，赋予这两个子分块以不同的闪烁频率及相位，解码时，通过检测每对目标块对应的相位差来判别受试者注视的目标。

在该测相实验中，经一系列信号处理措施处理过的 SSVEP 测量相位 (记为 φ_m) 并不是 SSVEP 的激励相位 (记为 φ_s)。事实上，在 SSVEP 激励与响应之间存在人脑的反应时间，该大脑反应延迟会相应产生因人而异的延时相位 φ_l。这三者之间满足如下关系：

$$\varphi_m = \varphi_s + \varphi_l \tag{11-35}$$

由于解码是依据激励相位 φ_s 而不是测量相位 φ_m，因此需要进一步确定延时相位 φ_l，而延时相位仅依靠单频激励是不容易求出来的。

本研究引入的双频 SSEVP 激励方案，巧妙地避免了这一点。通过求出两个激励频率 f_1 与 f_2 的校正后的测量相位差 $\varphi_m(f_1) - \varphi_m(f_2)$ 来识别激励目标。该相位差表示为

$$\begin{aligned}\varphi_m(f_1) - \varphi_m(f_2) &= [\varphi_s(f_1) + \varphi_l(f_1) - \varphi_s(f_2) + \varphi_l(f_2)] \\ &= [\varphi_s(f_1) - \varphi_s(f_2)] + [\varphi_l(f_1) - \varphi_l(f_2)]\end{aligned} \tag{11-36}$$

式 (11-36) 中，当激励频率 f_1 和 f_2 很接近时，延时相位差值可忽略不计，因此目标识别时则可用测量相位差取代实际相位差，便捷地识别出目标激励块。但在本 SSVEP 测相实验中，选取的两个测试频率 f_1 和 f_2 分别为刷新频率 120Hz 的 10 分频和 11 分频，即 12Hz (包括两个初相为 0° 和 180° 的激励) 和 10.9Hz(包括两个初相为 0° 的激励)，其对应目标块激励频率和目标块频率编码表如表 11-9 所示。

表 11-9　半场混合激励相位编码显示器参数表

	左半场		右半场	
	频率值/Hz	相位/(°)	频率值/Hz	相位/(°)
激励块 1	10.9	0	12	0
激励块 2	10.9	0	12	180

显然表 11-9 所选择的两频率仍存在一定间隔。故式 (11-36) 中的延时相位差 $(\varphi_l(f_1) - \varphi_l(f_2))$ 不可忽略，需借助多次临床实验来确定。多次实验发现，这时两激励频率的延时相位差值 $(\varphi_l(f_1) - \varphi_l(f_2))$(记为 φ_c) 相对固定为 36°，因此实际应用时需在测量相位差的基础上补偿 36° 才能更准确地识别目标块。

很显然，式 (11-36) 中的关键是如何测出准确的测量相位 $\varphi_m(f_1)$ 和 $\varphi_m(f_2)$，既可以用 apFFT 法，也可以用 FFT 测相法。

11.6.3 基于全相位 FFT 测相的 SSVEP-BCI 解码

在基于 apFFT 的测相实验中, 主要分为以下几个步骤:

Step 1 对采集到的 SSVEP 信号进行 apFFT 估计出两个相位值 ($\varphi_\mathrm{m}(f_1)$ 和 $\varphi_\mathrm{m}(f_2)$)。

Step 2 求取 Step 1 中估计出的测量相位差值 ($\varphi_\mathrm{m}(f_1) - \varphi_\mathrm{m}(f_2)$), 用来代替实际相位差 ($\varphi_\mathrm{s}(f_1) - \varphi_\mathrm{s}(f_2)$)。

Step 3 求取相位差值 $\varphi_\mathrm{s}(10.9) - \varphi_\mathrm{s}(12) \approx (\varphi_\mathrm{m}(10.9) - \varphi_\mathrm{m}(12)) - 36°$。

Step 4 用式 (5-8) 所示的判别准则对 Step 3 算出的相位差值进行判别:

$$R_k = |\cos((\varphi_\mathrm{m}(10.9) - \varphi_\mathrm{m}(12) - 36° - C_k)/2)|, \quad C_k = (k-1) \cdot \frac{360°}{M}, \quad k = 1, \cdots, M \tag{11-37}$$

进而目标块 p 可判别为

$$p = \arg \max_{k=1,\cdots,M} R_k \tag{11-38}$$

式中, M 为目标数, C_k 为相应的理想聚类中心。因此判断该目标块的类别时只需从 R_1 到 R_M 中找出最大值 p(即寻求 R_k 值最接近于 1 时对应的 k 值), 即为所识别的目标块标号。

按照上述实验步骤, 为方便与前文所述的两种方法进行对比, 本节给出相同 SSVEP 信号采用 apFFT 求得相位的实验结果。其中表 11-10 为双激励实验的识别准确率。

表 11-10 不同窗长不同受试者的目标识别准确率($M=2$)

受试者	方法	8	窗长/s				平均值
			3	4	5	6	
S1	apFFT	POZ	0.94	1.00	1.00	0.98	0.98
	FFT	PO7	0.92	0.88	0.78	0.78	0.84
S2	apFFT	O2	0.98	1.00	1.00	1.00	1.00
	FFT	P2	0.92	0.88	0.84	0.64	0.82
S3	apFFT	P1	0.80	0.96	0.92	0.94	0.91
	FFT	PZ	0.92	0.94	0.88	0.74	0.87
平均值	apFFT	—	0.91	0.99	0.97	0.97	0.96
	FFT	—	0.92	0.90	0.83	0.73	0.84

从表 11-10 可明显看出, apFFT 算法比一般的 FFT 算法具有更高的识别率 (通常高出 10%)。

下面选取窗长为 4s, 将目标数 M 设置为 4, 假定对应的相位分别为 0°、90°、180°、270°, 再次对 SSVEP 信号进行处理, 对比目标识别的准确率结果如表 11-11 所示。

11.6 基于全相位 FFT 的脑机接口设计

表 11-11 不同受试者的估计相位和特征识别 R_k（均值 ± 标准差）

受试者	方法	激励块 j	$\varphi_m(12)/(°)$	$\varphi_m(10.9)/(°)$	R_1	R_2	R_3	R_4
S1	apFFT	1	322.74±29.3	6.84±31.4	0.985±0.03	0.133±0.11	0.741±0.1	0.651±0.13
	apFFT	2	126.52±23.1	2.25±27.2	0.253±0.16	0.954±0.05	0.56±0.18	0.789±0.18
	FFT	1	329.22±39.3	57.09±38.0	0.857±0.17	0.416±0.26	0.896±0.1	0.378±0.22
	FFT	2	151.46±31.9	49.97±34.1	0.422±0.22	0.865±0.16	0.445±0.23	0.848±0.19
S2	apFFT	1	334.22±36.1	23.10±35.5	0.983±0.03	0.132±0.12	0.771±0.09	0.62±0.12
	apFFT	2	146.96±31.0	17.47±35.7	0.193±0.13	0.972±0.04	0.601±0.16	0.774±0.12
	FFT	1	332.91±32.2	72.68±37.7	0.833±0.11	0.511±0.19	0.95±0.06	0.25±0.18
	FFT	2	148.24±29.4	50.71±28.8	0.421±0.19	0.881±0.12	0.362±0.16	0.916±0.07
S3	apFFT	1	15.04±42.4	34.66±43.2	0.899±0.11	0.347±0.25	0.538±0.31	0.75±0.24
	apFFT	2	198.30±26.0	24.81±35.5	0.339±0.21	0.913±0.09	0.822±0.19	0.471±0.27
	FFT	1	9.71±39.0	73.81±36.8	0.899±0.13	0.349±0.24	0.794±0.22	0.508±0.27
	FFT	2	198.94±24.5	81.04±38.3	0.323±0.26	0.892±0.19	0.522±0.22	0.814±0.15
平均值	apFFT	1	—	—	0.956±0.06	0.204±0.16	0.683±0.17	0.674±0.17
	apFFT	2	—	—	0.262±0.17	0.946±0.06	0.661±0.18	0.678±0.19
	FFT	1	—	—	0.863±0.14	0.425±0.23	0.88±0.13	0.379±0.22
	FFT	2	—	—	0.389±0.22	0.879±0.16	0.443±0.2	0.859±0.14

由表 11-11 可清楚地看到两种方法求得的 $\varphi_m(10.9)$ 相位有很大的差别。实验中由于采样率 f_s 为 600Hz，窗长设置为 4s，因此 FFT 点数 $N=2400$，相应的频率分辨率 $\Delta f = f_s/N = 0.25$Hz，则激励频率 f_1 可记为 $f_1 = 43.6\Delta f$，43.6 非整数倍，所以谱泄漏的存在会引起求得相位的不准确。而 apFFT 因具有相位不变性，所以无需进行谱校正即可获得较为准确的相位信息。

同样的，对于 f_2 对应的相位 $\varphi_m(12)$，由于 $f_2=12$Hz$=48\Delta f$，所以不存在频率偏移，这种情况下不管是 FFT 还是 apFFT 均不存在频谱泄漏，所以测得的相位也较为准确。

此外，由于激励块 1 和 2 是通过相位差的方式进行 SSVEP 诱导的，即通过判定不同激励块的相位差识别出目标激励，因此相位差判断得越准确，则目标也就识别得越准确。实验中，由于 FFT 方法求得的相位值 $\varphi_m(10.9)$ 不准确，所以导致 $\varphi_m(10.9)$ 和 $\varphi_m(12)$ 的差值远远偏离 36°（如第 3 行、第 7 行和第 11 行所示），相位的不准确也进一步使得识别目标产生了错误（由 $R_k(k)$ 可知）。

同上述实验，下面给出设定四个目标激励时（每个激励块的右半场对应相位分别为 0°、90°、180°、270°），采用 apFFT 测相求得的目标判定准确率。结果如表 11-12 所示。

表 11-12　不同窗长不同受试者的目标识别准确率($M=4$)

受试者	方法	电极	窗长/s				平均值
			3	4	5	6	
S1	apFFT	POZ	0.80	0.90	0.90	0.84	0.86
	FFT	PO7	0.67	0.43	0.18	0.18	0.37
S2	apFFT	O2	0.92	0.90	0.98	0.90	0.93
	FFT	P2	0.54	0.28	0.16	0.06	0.26
S3	apFFT	P1	0.54	0.58	0.68	0.74	0.64
	FFT	PZ	0.56	0.62	0.46	0.30	0.49
平均值	apFFT	—	0.75	0.79	0.85	0.83	0.81
	FFT	—	0.59	0.44	0.27	0.18	0.37

在模拟的四个激励块实验中，同双激励块 (表 11-10) 对照，可发现准确率有一定程度的下降，这是由其他目标块激励产生的干扰引起的，但也均在 80% 以上，远高于 FFT 对应的 37%。因此 apFFT 谱分析理论有望应用到 SSVEP-BCI 临床诊断领域。

11.7　基于全相位 FFT 的旋转机械故障诊断

11.7.1　旋转机械故障的谐波特征

谐波特征是旋转机械故障信号的重要特征，而旋转机械信号的产生本质上是由转子以某速率绕轴心旋转引起的，各转速周期的信号是重复的，故障诊断振动信号稳定，故振动信号中总包含一个由转子转速引起的占能量比例最高的谐波——基波；另外，旋转机械上的其他部件的数目 (如扇叶个数、轴承中的滚珠个数) 又会使得振动信号包含基波整数倍的其他谐波；当发生故障时，各次谐波的特征都与正常运转时的谐波特征产生差异。故谐波特征提取在旋转机械故障诊断中非常重要。

旋转机械振动信号的频谱包含很丰富的工况信息，然而现有的 FFT 谱分析却无法将这些信息直接准确地提取出来。20 世纪 80 年代，我国振动领域著名专家屈梁生院士发现了用 FFT 将采集到的信号转换为离散功率谱后，其谱图上对应的机器转速的谱线频率和车间仪表盘所显示的机械转频相比总是相差 1~2Hz，1~2Hz 的误差相当于每分钟转速上百转的偏差，是不可以忽略不计的[41]。于是他采用了内插技术来纠正离散功率谱的这种幅值、频率、相位偏差，并且用之于旋转机械故障检测仪器的改造中 [10]，这些仪器就立即比当时的一些进口仪器 (如 BK2032、HP5892A) 具有更高的处理精度；显然，屈院士所用的纠正离散功率谱的内插技术其实就是基于 FFT 的频谱校正法，故而基于此他深刻认识到："机械故障诊断是以机械学和信息论为依托、多学科融合的技术，本质是模式识别"[41]。

传统 FFT 可以用于对旋转机械故障诊断作大致分析，如诊断时从 FFT 谱图上即可大致了解谐波振幅大小，而谐波频率也可从振幅最大值处所对应的整数频率获知，然而这些数值都是未校正的振幅值、频率值，故而这些谐波参数估计误差必然会降低诊断精度。

传统 FFT 除了在振幅谱 (或功率谱) 存在不准确的缺陷外，其相位谱也是紊乱的，故主要依靠其振幅谱来识别故障特征。然而在许多情况下，光靠振幅谱却无法完成准确的故障判断。这是因为，有时相同的振幅谱可以对应着两三个解释，如某台从旋转机械采集到的信号频谱中存在着较大的 2 倍频分量，则表明这台机器可能存在不对中或者轴弯曲或者机械松动的问题，到底是哪一种情况，很难一下说清楚，这时如果结合相位分析，则很容易得出准确的判断；文献 [42] 指出，设备故障的相位分析诊断法可实现检测不对中和轴弯曲的关系、检测反作用力与不平衡的关系以及识别转子不平衡的类型等诊断功能；文献 [43] 指出："振动信号的幅频信息对某些故障差别不大，而相位信息却能有效地区分这些故障。例如，转子初始弯曲与热弯曲都表现为振动工频分量幅值增大，但在转速不变时，初始弯曲引起的工频分量振动的相位是不变的，而热弯曲引起的工频分量振动的相位是随热负荷的变化而变化的"。从而结合振幅谱和相位谱来诊断民航设备故障位置，是一种考虑更为全面的手段。显然，apFFT 由于具有很高的相位信息提取精度，故在机械故障诊断中具有独特的优势。

11.7.2 基于全相位 FFT 谱校正谐波提取的故障信号重构

机械振动中的模式识别，其核心在于对旋转机械信号的振幅、频率和相位特征进行识别。如果我们采用的信号处理方法能够准确地提取出振动信号的振幅、频率和相位信息，并且基于这些特征信息能够反过来对旋转机械信号进行准确的重构，无疑这种信号处理方法是可胜任机械故障检测的任务的。本节中，我们用 apFFT 及其频谱校正法去完成信号特征的提取和信号重构，对于机械故障诊断学有一定的参考价值。

转子不对中、动静碰磨、油膜涡动、支架松动是常见的旋转机械故障信号，本节依次对这些信号进行分析、重构。这些信号文件全部来自文献 [41]。

图 11-21 对应于转子不对中的情况 (采样数据来自文献 [41] 的 ALN1_H 文件)，其中图 11-21(a) 为采集到的原信号，图 11-21(b) 为原信号的 apFFT 振幅谱，图 11-21(c) 为原信号的 FFT 振幅谱，图 11-21(d) 为重构信号的 FFT 振幅谱，图 11-21(e) 即为依据 apFFT 提取的振幅、频率、相位的信息而重构合成的信号。

从图 11-21 可看出，由全相位 FFT 完成重构的波形 (图 (e)) 基本与原信号一致 (图 (a))，重构后的 FFT 振幅谱 (图 (d)) 和原信号的 FFT 振幅谱 (图 (c)) 也基本与表 11-13 给出的参数估计结果保持一致。

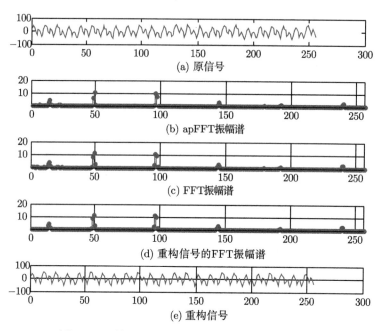

图 11-21　转子不对中信号的谱分析及其重构波形

表 11-13　转子不对中信号的参数估计结果

		间谐波	一次谐波	二次谐波	三次谐波	四次谐波	五次谐波
振幅		10.434	24.995	25.434	4.9985	2.685	4.9985
频率/Hz	估计值	12.739	47.708	95.416	143.14	191.83	238.53
	理论值	—	47.708	95.416	143.124	190.83	238.54
相位/rad		2.1813	2.9074	0.57634	0.80538	3.715	4.648

图 11-22 对应于动静碰磨情况 (采样数据来自文献 [41] 的 RUB2_DVH 文件)，其中图 11-22(a) 为采集到的原信号，图 11-22(b) 为原信号的 apFFT 振幅谱，图 11-22(c) 为原信号的 FFT 振幅谱，图 11-22(d) 为重构信号的 FFT 振幅谱，图 11-22(e) 即为依据 apFFT 提取的振幅、频率、相位的信息而重构合成的信号。

从图 11-22 可看出，由全相位 FFT 完成重构的波形 (图 (e)) 基本与原信号一致 (图 (a))。表 11-14 给出了参数估计结果。

图 11-22 和表 11-14 表明：动静碰磨信号有 7 个频率，第 1 个 f_1 是基频，第 2~7 个是 f_1 的 2~7 倍，即括号中列出的理论倍频值，它们和实测各谐波频率值基本一致，这也反映了实测频率值或正确的谐波关系。

图 11-23 对应于油膜涡动情况 (采样数据来自文献 [41] 的 WPH4-H 文件)，其中图 11-23 (a) 为采集到的原信号，图 11-23 (b) 为原信号的 apFFT 振幅谱，图 11-23 (c) 为原信号的 FFT 振幅谱，图 11-23 (d) 为重构信号的 FFT 振幅谱，

11.7 基于全相位 FFT 的旋转机械故障诊断

图 11-23(e) 即为依据 apFFT 提取的振幅、频率、相位的信息而重构合成的信号。

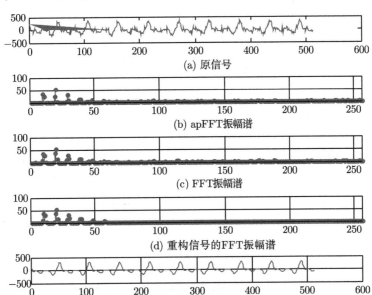

图 11-22 动静碰磨信号的谱分析及其重构波形

表 11-14 动静碰磨信号的参数估计结果

		基频	二次谐波	三次谐波	四次谐波	五次谐波	六次谐波	七次谐波
振幅		86.702	112.23	66.12	40.268	20.043	17.262	5.5776
频率/Hz	估计值	9.3651	18.738	28.11	37.48	46.841	56.213	65.573
	理论值	—	18.7302	28.0953	37.4604	46.8255	56.1306	65.5557
相位/rad		2.3615	5.0378	2.2798	4.6283	5.6968	2.8101	5.3868

从图 11-23 可看出，由全相位 FFT 完成重构的波形 (图 (e)) 基本与原信号一致 (图 (a))。表 11-15 给出了参数估计结果。

理论上，油膜涡动故障会引入一个存在 0.4~0.5 倍基频的干扰成分，从图 11-23 和表 11-13 可见，而由 apFFT 得出的实际估计值 3.555/8.7576≈0.4059 正处于这一范围内。

图 11-24 对应于支架松动情况 (采样数据来自文献 [41])，其中图 11-24(a) 为采集到的原信号，图 11-24 (b) 为原信号的 apFFT 振幅谱，图 11-24 (c) 为原信号的 FFT 振幅谱，图 11-24 (d) 为重构信号的 FFT 振幅谱，图 11-24 (e) 即为依据 apFFT 提取的振幅、频率、相位的信息而重构合成的信号。

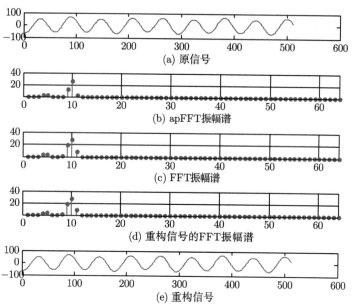

图 11-23 油膜涡动信号的谱分析及其重构波形

表 11-15 油膜涡动信号的参数估计结果

	间谐波	基频
振幅	8.8421	58.573
频率/Hz	3.5585	8.7576
相位/rad	5.7418	1.3684

图 11-24 支架松动信号的谱分析及其重构波形

从图 11-24 可看出，由全相位 FFT 完成重构的波形 (图 (e)) 基本与原信号一致 (图 (a))。表 11-16 给出了参数估计结果，进一步验证了这种一致性。

表 11-16　支架松动信号的参数估计结果

		直流	一次谐波	二次谐波	三次谐波	四次谐波
振幅		37.779	114.54	36.339	8.1061	4.1032
频率/Hz	估计值	0	23.057	46.1	69.078	92.076
	理论值	—	—	46.114	67.171	92.228
相位/rad		3.1416	4.0095	5.9606	5.871	1.1158

11.8　小　　结

频率、幅值、相位三个参数对应着各工业部门的具体的物理参数信息 (如激光波长、距离测量、阵列入射角、通信中的星座点等)，而全相位谱分析及其校正技术可以实现这三个参数的高精度估计，故全相位谱分析，基本都是在工业检测中展开应用。

近年来，从各图书数据库收集的资料来看，国内同行对全相位谱分析的应用呈现逐步增长的趋势，因而本章系统地将这些应用以典型例子呈现，有望给读者以更深刻的启发，为同行将全相位谱分析方法在相关领域展开应用提供有益的技术参考，产生更大的生产效益和经济价值。

参 考 文 献

[1] 赵秀山, 谈克雄. 介质损耗角的数字化测量. 清华大学学报: 自然科学版, 1996, 36(9): 51-56.

[2] 王楠, 律方成, 梁英, 等. 基于高精度 DFT 的介损数字测量方法. 高电压技术, 2003, 29(4): 3-5.

[3] Wang P, Raghuveer M R, McDermid W, et al. A digital technique for the on-line measurement of dissipation factor and capacitance. IEEE Transactions on Dielectrics and Electrical Insulation, 2001, 8(2): 228-232.

[4] 徐志钮, 律方成, 赵丽娟. 基于加汉宁窗插值的谐波分析法用于介损角测量的分析. 电力系统自动化, 2006, 30(2): 81-85.

[5] 尚勇, 杨敏中, 王晓蓉, 等. 谐波分析法介质损耗因数测量的误差分析. 电工技术学报, 2002, 17(3): 67-71.

[6] 黄翔东, 王兆华. 采用全相位基波信息提取的介损测量. 高电压技术, 2010, 36(6): 1494-1500.

[7] Jain V K, Collins W L, Davis D C. High-accuracy analog measurements via interpolated FFT. IEEE Transactions on Instrumentation & Measurement, 1979, 28(6): 113-122.

[8] 丁康, 谢明. 离散频谱三点卷积幅值修正法的误差分析. 振动工程学报, 1996, 9(1): 92-98.

[9] 丁康, 江利旗. 离散频谱的能量重心校正法. 振动工程学报, 2001, 14(3): 354-358.

[10] Grandke T. Interpolation algorithms for discrete Fourier transforms of weighted signals. IEEE Transactions on Instrumentation and Measurement, 1983, 32(2): 350-355.

[11] 刘敏, 王克英. 基于加窗双峰谱线插值的高精度 FFT 谐波分析. 电测与仪表, 2006, 43(3): 20-23.

[12] 祁才君, 陈隆道, 王小海. 应用插值 FFT 算法精确估计电网谐波参数. 浙江大学学报: 工学版, 2003, 37(1): 112-116.

[13] 张介秋, 梁昌洪, 陈砚圃. 基于卷积窗的电力系统谐波理论分析与算法. 中国电机工程学报, 2004, 24(11): 48-52.

[14] 曹浩, 刘得军, 冯叶, 等. 全相位时移相位差法在电力谐波检测中的应用. 电测与仪表, 2012, 49(7): 24-28.

[15] 付贤东, 康喜明, 卢永杰, 等. 全相位 FFT 算法在谐波测量中的应用. 电测与仪表, 2012, 49(2): 19-22.

[16] 张万新, 刘晨曦, 金伟, 等. 电力系统谐波检测全相位频谱分析研究. 电子设计工程, 2012, 20(21): 162-165.

[17] 钱昊, 赵荣祥. 基于插值 FFT 算法的间谐波分析. 中国电机工程学报, 2005, 25(21): 87-91.

[18] 魏光辉, 杨培根. 激光技术在兵器工业中的应用. 北京: 兵器工业出版社, 1995.

[19] 宋建明, 是度芳. 利用斐索干涉测量激光波长. 量子电子学报, 2001, 18(3): 224-227.

[20] 程玉宝, 周慧鑫, 刘上乾. 一种激光探测与波长测定装置的研究. 光电工程, 2002, 29(6): 25-27.

[21] 程玉宝, 王炳健, 刘上乾. 一种提高激光波长测量精度的改进算法. 光子学报, 2003, 32(9): 1041-1044.

[22] 金国藩, 李景镇. 激光测量学. 北京: 科学出版社, 1998.

[23] Journet B, Bazin G. A low-cost laser range finder based on an FMCW-like method. IEEE Transactions on Instrumentation and Measurement, 2000, 49(4): 840-843.

[24] 崔海涛, 黄翔东, 蒋长丽. 基于全相位 FFT 的激光测距法. 计算机工程与应用, 2011, 47(8s): 61-63.

[25] Knapp C, Carter G. The generalized correlation method for estimation of time delay. IEEE Transactions on Acoustics, Speech, and Signal Processing, 1976, 24(4): 320-327.

[26] Wu R B, Li J. Time-delay estimation via optimizing highly oscillatory cost functions. IEEE Journal of Oceanic Engineering, 1998, 23(3): 235-244.

[27] Wu R B, Li J, Liu Z S. Super resolution time delay estimation via MODE-WRELAX. IEEE Transactions on Aerospace and Electronic Systems, 1999, 35(1): 294-307.

[28] Ge F X, Shen D X, Peng Y N, et al. Super-resolution time delay estimation in multipath environments. IEEE Transactions on Circuits and Systems I: Regular Papers, 2007, 54(9): 1977-1986.

[29] Li J, Pei L, Cao M Y, et al. Super-resolution time delay estimation algorithm based on the frequency domain channel model in OFDM systems. 2006 6th World Congress on Intelligent Control and Automation, 2006: 5144-5148.

[30] Jacovitti G, Scarano G. Discrete time techniques for time delay estimation. IEEE Transactions on Signal Processing, 1993, 41(2): 525-533.

[31] 丁向辉, 李平, 孟晓辉. 结合信号重心与ASDF估计超声窄带信号时延. 数据采集与处理, 2011, 26(6): 718-722.

[32] Viola F, Walker W F. A comparison between spline-based and phase-domain time-delay estimators. IEEE Transactions on Ultrasonics, Ferroelectrics, and Frequency Control, 2006, 53(3): 515-517.

[33] 邱天爽, 尤国红, 沙岚, 等. 一种基于频差补偿的相位谱时延估计方法. 大连理工大学学报, 2012, 52(1): 90-94.

[34] Huang X D, Chu J H, Lu W, et al. Simplified method of designing FIR filter with controllable center frequency. Transactions of Tianjin University, 2010, 16(4): 262-266.

[35] 黄翔东, 王兆华. 基于全相位幅频特性补偿的FIR滤波器设计. 电路与系统学报, 2008, 13(2): 1-5.

[36] 闫格, 黄翔东, 刘开华. 基于全相位窄带滤波的超分辨率时延估计. 天津大学学报, 2014, 47(3): 249-254.

[37] 王萍, 杨静丽, 万柏坤. 脑机接口技术研究. 医疗卫生装备, 2007, 28(11): 229-232.

[38] Bin G Y, Gao X R, Wang Y J, et al. VEP-based brain-computer interfaces: Time, frequency, and code modulations [Research Frontier]. IEEE Computational Intelligence Magazine, 2009, 4(4): 22-26.

[39] Lin Z L, Zhang C S, Wu W, et al. Frequency recognition based on canonical correlation analysis for SSVEP-based BCIs. IEEE Transactions on Biomedical Engineering, 2006, 53(12): 2610-2614.

[40] Jia C, Gao X R, Hong B, et al. Frequency and phase mixed coding in SSVEP-based brain——computer interface. IEEE Transactions on Biomedical Engineering, 2011, 58(1): 200-206.

[41] 屈梁生. 机械故障的全息诊断原理. 北京: 科学出版社, 2007.

[42] 左经刚. 设备故障的相位分析诊断法. 中国设备管理, 2001, (5): 37-39.

[43] 周丽芹, 葛安亮, 牛培峰. 一种转速信号测量和相位信息获取的方法. 振动、测试与诊断, 2004, 24(4): 303-305.